国家科学技术学术著作出版基金资助出版

深空行星形貌测绘的
理论技术与方法

徐 青 邢 帅 周 杨 蓝朝桢
耿 迅 何 钰 李建胜 王 栋 著

U0310325

科 学 出 版 社

北 京

内 容 简 介

深空探测是人类拓展生存空间、寻找地外生命、探索宇宙奥秘的必然途径，也是体现一个国家航天科技能力和空间科学技术水平的重要标志。经过 50 多年的探索，人类开展的深空探测活动已基本覆盖了月球、太阳、七大行星、小行星和彗星等太阳系各类天体。我国已成为第三个实现地外天体软着陆的国家，且已将火星探测和小行星探测列入未来的深空探测计划之中。形貌测绘是人类各种探测活动的先行者，也是各项深空探测活动的一项重要基础工作。本书在国家 973 计划、863 计划、自然科学基金项目的支持下，对深空行星形貌测绘的理论技术与方法的研究成果进行了梳理，总结阐述深空测绘的概念、理论、系统、技术方法等，重点解决深空环境下，在无控制、弱轨道约束、大倾角、小基高比等复杂摄影成像以及行星表面影像信息贫乏等困难条件下，较高精度和高效率地获取行星表面形貌及其特征并制作正射影像图的系统理论、技术和方法，并构建用于深空测绘成果展示与深空探测活动分析的深空环境可视化仿真系统。

本书可作为从事深空探测、航天遥感、行星测绘、深空导航等方向研究与开发的科研人员参考使用，也可以作为高等院校相关专业的教学用书或参考资料。

图书在版编目（CIP）数据

深空行星形貌测绘的理论技术与方法/徐青等著. —北京：科学出版社，2016.11

ISBN 978-7-03-049436-8

Ⅰ.①深…　Ⅱ.①徐…　Ⅲ. ①行星–测绘–研究　Ⅳ.①V11

中国版本图书馆 CIP 数据核字(2016)第 170833 号

责任编辑：苗李莉　朱海燕　李　静 / 责任校对：何艳萍
责任印制：肖　兴 / 封面设计：图阅社

科学出版社 出版

北京东黄城根北街 16 号
邮政编码：100717
http://www.sciencep.com

中国科学院印刷厂 印刷
科学出版社发行　各地新华书店经销

*

2016 年 11 月第 一 版　开本：787×1092 1/16
2016 年 11 月第一次印刷　印张：25 1/2
字数：605 000

定价：229.00 元

(如有印装质量问题，我社负责调换)

前　言

卫星应用、载人航天和深空探测是航天技术的三个重要应用领域。

深空探测是人类拓展生存空间、寻找地外生命、探索宇宙奥秘的必然途径，也是体现一个国家航天科技能力和空间科学技术水平的重要标志。

经过 50 多年的探索，人类开展的深空探测活动已基本覆盖了月球、太阳、七大行星、小行星和彗星等太阳系各类天体。

21 世纪是我国航天活动蓬勃发展的新纪元，2000 年我国发布了《中国航天》白皮书，首次提出要开展以月球探测为主的深空探测。2004 年，中国月球探测工程"嫦娥工程"正式立项。2007 年 10 月，我国首颗探月卫星"嫦娥一号"的成功发射标志着我国的探月工程正式拉开序幕，成为我国航天事业发展的第三个里程碑。"嫦娥二号""嫦娥三号"相继发射成功，分别实现了小行星探测、月球登陆和巡视勘察，使我国成为第三个实现地外天体软着陆的国家。火星探测和小行星探测也已经列入我国未来的深空探测计划之中。

测绘，由于其特殊的使命和任务特点，总是成为人类各种探测活动的先行者。在深空探测活动中也不例外，"嫦娥一号"作为我国探月工程"绕、落、回"一期工程中的首颗探月卫星，主要科学目标就是利用获得的科学探测数据进行月球测绘，制作月球表面数字地形图（DLG）、数字高程模型（DEM）和正射影像图（DOM），并在此基础上制作月球表面的三维影像图。完成这一科学目标的核心技术支撑就是航天摄影测量技术。

在火星和小行星探测中，人类首先的探测目标仍然是通过航天遥感测绘的手段，获得尽可能高精度和分辨率的行星表面数字形貌图和正射影像图，从而为后续的一系列探测活动奠定基础并提供基础形貌数据保障。

本书编著者为核心科研团队，从"十一五"期间，承担并完成了国防预研课题和国家 863 计划的相关课题。特别需要强调的是，在"十二五"期间，我们非常荣幸地有机会参加了我国首个深空探测方向上的国家 973 项目——"行星表面精确着陆导航与制导控制问题研究"（课题编号：2012CB720000）的研究。在该项目首席科学家崔平远教授的统一部署下，与哈尔滨工业大学、中科院上海天文台等单位合作，承担了第一课题"行星表面地形时空表征与特征识别理论方法"的研究任务，重点解决了深空环境下，在无控制、弱轨道约束、大倾角、小基高比等复杂摄影成像，以及行星表面影像信息贫乏等困难条件下，较高精度和高效率地获取行星表面形貌及其特征并制作正射影像图的系统理论、技术和方法。此外，本书还结合了两项国家自然科学基金项目"深空目标表面形貌精细重建技术研究"（课题编号：41371436）和"火星地形测绘多源数据联合平差与密集匹配技术研究"（课题编号：41401533）的研究成果。

在初步总结相关研究成果的基础上，我们首先提出深空测绘的定义。我们认为，深空测绘（技术）是获取月球和其他空间天体的形貌和影像信息并测绘其形貌图；测绘各个天体及天体之间的重力场和磁场；测定深空天体及探测器的轨道、形状、位置和大小；提供深空导航服务；收集近地及深空环境其他要素（如空间碎片、大气层、电离层、高能粒子等）的模式和数据的理论、技术、方法及其保障体系的总称。

深空测绘作为测绘科学与技术的一个重要发展方向，是未来测绘保障范围拓展的必然要求；深空测绘又蕴含着综合、复杂的理论和技术体系，涉及天文、导航、航天、测绘、测控等多个学科核心交叉、相互渗透的理论知识和技术方法。本书的核心内容正是以该973项目为主的一系列相关课题的研究成果的提炼和总结。

本书在结构上充分考虑了内容的系统性和完整性，全书共分8章。

第1章主要论述深空测绘的内在含义和研究意义；第2章和第3章分别介绍深空测绘的时空基准和行星摄影测量技术基础知识，主要为非摄影测量与遥感学科的读者介绍深空测绘和行星摄影测量的基础理论；第4~6章分别介绍月球、火星及小行星形貌测绘的理论和方法；第7章介绍行星形貌测绘成果在特征表征和识别、陨石坑和障碍物提取中的应用技术；第8章论述深空测绘成果的三维可视化技术，为读者展示建立一个高度真实感的太阳系深空环境所采用的技术原理和方法。

附录一至附录三供读者参考，附录的内容与全书各个章节内容构成了深空星体遥感测绘的完整的理论体系、技术原理和方法手段。

本书第1章由徐青撰写，第2、8章由周杨、蓝朝桢、李建胜撰写，第3、6章由邢帅撰写，第4章由何钰撰写，第5章由耿迅撰写，第7章由王栋撰写。此外，施群山博士、李鹏程博士、康宁硕士、博士研究生侯一凡、吕亮、卢万杰，硕士研究生葛忠孝、沈鹏、江腾达、王丹茚、李鹏也为本书作出了重要贡献。全书由徐青、邢帅统稿，徐青定稿。

除了编著者外，本书的完成还凝结了许多专家和学者的研究成果和辛勤劳动。

在书稿完成之际，首先感谢中国工程院院士、解放军信息工程大学地理空间信息学院王家耀教授对深空测绘研究方向的热忱关心和一贯支持，特别感谢他老人家在深空探测973项目立项中的鼎力支持。

着重感谢解放军信息工程大学地理空间信息学院姜挺教授、龚志辉教授、马东洋副教授、江刚武副教授在深空测绘等课题中作出的重要贡献；感谢航天科技集团五院研发部王立研究员、宋政吉研究员、宋海丰所长、徐立宏副处长为深空测绘课题所作出的辛勤努力和大力支持；感谢总参测绘研究所史世平研究员在深空探测课题中作出的贡献。

感谢以龚建村研究员为首的国家863-703主题全体专家组成员和办公室对作者所在研究团队在深空探测领域的项目立项与研究工作的长期支持、指导和帮助。

感谢北京理工大学宇航学院副院长、973项目首席科学家崔平远教授、徐瑞副教授、乔栋副教授、尚海滨副教授、朱圣英副教授、高艾讲师，以及由他们率领的973项目科研团队对我们的全力支持、亲密协作和无私帮助。

感谢哈尔滨工业大学深空探测基础研究中心崔祜涛教授，以及他的科研团队对我们的热心指导和帮助；感谢中科院上海天文台金双根研究员对我们研究工作的大力协助。

此外，本书的完成还得到了军事测绘导航工程重点实验室和智慧中原地理信息技术河南省协同创新中心的大力支持。

我国的深空探测还刚刚起步，任重道远；深空测绘，开路先行，责无旁贷。深空测绘的研究仅仅有了一个良好的开端。由于作者的理论和技术水平有限，学术视野所限，更缺乏深空探测工程的切身体验和实践，加上作者承担的相关科研任务的成果总结只是代表了某一方面的成果。故本书中难免有许多不妥之处，敬请广大读者批评指正。

作　者

2016 年 4 月

目　　录

第1章 绪 论

1.1 深空探测简述

浩渺深邃的宇宙充满着未知与梦想，永远激励着人类去探索与追求。自从 1957 年 10 月 4 日世界上第一颗人造地球卫星成功进入太空以来，人类就一直没有停止探索宇宙空间的步伐，在应用航天技术对地进行观测的同时，也开展了对浩瀚深空的探测活动。深空探测是指脱离地球引力场，进入宇宙空间进行的探测活动，是探索人类和宇宙奥秘的一项特殊的科学研究，是继卫星应用、载人航天之后的又一重要航天技术发展领域[①]（叶培建和彭兢，2006；欧阳自远，2005；徐青，2006；徐青等，2014；王鹏等，2009）。目前，深空探测主要集中在以下 5 个重点领域：

（1）月球探测；

（2）火星探测；

（3）小行星与彗星探测；

（4）水星与金星探测；

（5）巨行星及其卫星的探测。

1959 年 1 月 2 日，苏联发射了"月球 1 号"探测器，从距离月球表面 5000 多千米处飞过，是人类首颗抵达月球附近的探测器；直至 1976 年，美国与苏联共发射了 108 个月球探测器，其中成功或部分成功的比例约为 48%。

1994 年 1 月 25 日和 1998 年 1 月 7 日，美国先后发射了"克莱门汀号"和"月球勘测者号"月球探测器，奏响了人类重返月球的序曲。相继美国、苏联之后，欧洲、日本、中国以及印度等航天大国也纷纷开展了相关的探月活动，有环月绕飞勘测、探测器着陆、巡视器巡视勘察等。

一直以来，火星是深空探测的又一个主要目标，1964 年 11 月 28 日，美国发射了"水手 4 号"火星探测器，并于 1965 年 7 月 14 日成功飞越了火星。在此之前，苏联也发射了数颗火星探测器，但均以失败告终。继美苏之后，日本的"希望号"探测器于 1998 年 7 月 4 日发射，但并未进入火星轨道；欧洲空间局（简称欧空局，ESA）的"火星快车"于 2003 年 6 月 2 日发射，同年 12 月 25 日进入火星轨道，其轨道器仍在运行但着陆器着陆失败。历史上约有 2/3 的火星探测计划是部分或全部失败的。

1972 年，"水手 9 号"探测器近距离拍摄了火星两颗卫星的影像，它们被认为是被火星捕获的小行星。美国的"伽利略号"探测器分别在 1991 年 10 月 29 日和 1993 年 8 月 28 日掠过了 951 Gaspra 小行星和 243 Ida 小行星。1996 年 2 月 17 日，美国发射了"尼尔"探测器，是首个专门探测小行星的太空计划，于 2000 年 2 月 14 日抵达 433 Eros 小

[①] 中华人民共和国国务院新闻办公室. 中国的航天. 北京，2000.

行星，开启了人类探测空间小天体的新纪元。进入 21 世纪后，日本、欧洲和中国都相继对小行星进行了探测。

在人类近 50 多年的深空探测活动中，美国、苏联（俄罗斯）、欧空局和日本等国家和组织有计划、有步骤地对太阳系各个天体进行了探测，走在了国际深空探测活动的前列。美国与苏联正是通过月球探测建立和完善了庞大的航天工业技术体系，有力地带动和促进了一系列科学技术的快速发展，其深空探测技术在军事和民用领域得到延伸和应用，形成了一大批高科技工业群体，包括微电子、计算机、遥感、遥测与遥控、微波雷达、红外与激光、液体燃料火箭、无线电制导、合成材料、超低温、超高温和超高真空技术，以及冶金、化工、机械、电子视听声像和信息传递等，产生了显著的社会经济效益。据统计，从"阿波罗"登月计划派生出了大约 3000 多种应用技术成果。在登月后的短短几年内，这些应用技术就取得了巨大的效益——在登月计划中每投入 1 美元就可获得 4～5 美元的产出。

深空探测作为人类航天活动的第三大领域，对一个国家的科学研究、潜在经济效益和军事应用价值都有着一般航天活动无法比拟的特殊作用，是国家综合国力和科学技术发展水平的重要特征与标志，是人类开发浩瀚无垠宇宙资源的前奏，已成为当前国际竞争的重要焦点之一。因此，开展我国的深空探测活动可以促进空间科学和航天技术的发展，延长我国航天的持续时间和扩展航天的边界，提升我国开发利用更高、更远空间的能力，甚至会引发技术与科学领域的创新与革命，带动我国高新技术和工业制造技术的快速发展，保持和发展我国在国际社会中科学、国防地位和影响力意义重大。

1.2　深空测绘概念与技术

1.2.1　深空测绘的内容与技术特点

深空测绘的主要研究内容包括：

（1）深空天体基准体系的确立（包括时间基准和天球坐标系、各行星坐标系与探测器坐标系的定义、被探测天体控制网与大地坐标系的建立）；

（2）空间物体空间属性的测定（包括星历数据、各天体的轨道与反照率等基本信息）；

（3）行星表面形貌图的测绘（包括不同比例尺测绘产品的测制如形貌图、正射影像图、数字高程模型等）；

（4）行星表面形貌特征的分类与识别；

（5）行星物理数据和环境信息（包括行星重力场、行星磁场、行星空间环境等）的测绘、收集、管理和应用；

（6）空间测绘信息的表达与显示（包括行星的形状、位姿及其轨道，空间环境及其态势的显示等）；

（7）深空测绘信息的服务与保障（如深空信息的共享与服务等）。

行星表面形貌测绘通常采用的科学仪器有光学 CCD 相机、激光高度计以及其他辅助设备，其中光学相机分为线阵相机和面阵相机两类，后来又有学者提出用雷达干涉测量的方法来测绘行星表面形貌信息。硬件设备是获取行星表面形貌数据的基础，只有经过探测数据的处理分析才能得到其表面形貌信息。

从"月球 3 号"首次获取月球背景影像算起，美国、俄罗斯（苏联）、欧洲就开始了月球、火星以及其他行星与小行星的形貌测绘，其采用方法主要为摄影测量处理方法。经过近半个世纪的发展，在火星、金星等行星形貌测绘数据处理方面已经形成一套体系，其数据存储、处理、发布已经比较规范。

目前，美国国家航空航天局（NASA）深空探测任务均使用行星数据系统（planetary data system，PDS），数据预处理通常使用 ISIS（integrated system for imagers and spectrometers）系统，卫星的位置、姿态与传感器的几何参数等辅助信息则使用了 SPICE 库方式存储。此外，欧空局、日本、印度的部分深空探测任务数据也采用了这样的方式存储数据、发布产品。

随着深空探测任务数量的逐渐增多，一些摄影测量系统与地理信息系统软件（如 Socet Set、PCI、ArcGIS、GlobalMapper 等）在最新版本中都提供了行星制图功能，甚至均添加了月球、火星、金星、小行星等椭球参数。美国 USGS 处理深空探测任务数据就采用了 Socet Set 系统，其摄影测量处理模块是以插件形式单独开发的。但是，部分摄影测量系统如 ERDAS、PCI 并未直接提供关于行星的摄影测量处理模块。

以火星表面形貌测绘为例，其数据基础包括影像数据、激光测高数据以及其他辅助数据，应用摄影测量处理来获取其形貌信息，数据处理基本流程如图 1.1 所示。首先，结合甚长基线干涉测量（VLBI）、多普勒测速、天文导航、星敏感器、惯导等设备获取的卫星位置、姿态数据，可以计算出影像的初始外方位元素；然后，用检校数据对影像进行辐射校正和几何纠正；接着，应用影像匹配算法来获取立体影像的同名像点；再以初始外方位元素数据为参数，由同名像点坐标信息计算出对应的地面点坐标，并与激光测高数据进行联合平差处理，以提高形貌信息的精度（王之卓，2007；钱曾波等，1992）。最后，生成相应的火星表面数字高程模型、正射影像图等测绘产品。

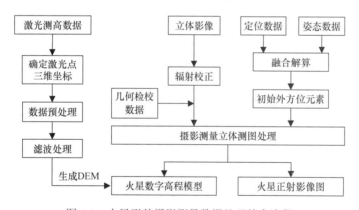

图 1.1　火星形貌摄影测量数据处理基本流程

1.2.2　深空测绘的定义

1）深空的概念

从学术和科学研究的角度，深空的概念或定量化定义有以下多种表述。

（1）国际学术组织的定义：国际电信联盟（ITU）《无线电规则》第 1.177 款中指出，所谓深空是指与地球的距离大于或等于 $2×10^6 km$ 的空间（1990 年后）。

（2）国际权威航天部门的定义：美国 NASA 把除地球以外的所有空间探测活动称为"太阳系及以外探测"（solar system and beyond-exploration），有时也简称月球和行星探测（Lunar and planet exploration）。

（3）我国官方定义：《中国大百科全书·航空航天卷》和 GJB 421A—1997《卫星术语》中将深空定义为"距地球约等于或大于地月平均距离（约 $3.84×10^5$ km）的宇宙空间"。

（4）国内文献其他定义：深空探测主要包括月球探测、行星及其卫星探测和行星际探测三大方面；深空探测包括除地球以外的所有天体探测和环境探测活动；深空探测指日地平衡点以外的空间探测（150 万 km 以外）。

考虑目前我国开展深空探测的活动能力和范围，原则上采用《中国大百科全书·航空航天卷》和 GJB 421A—1997《卫星术语》中的深空定义，将深空定义为"距地球约等于或大于地月平均距离（约 $3.84×10^5$ km）的宇宙空间"。

本书中深空测绘的研究对象包括月球、火星、小行星等深空目标的形貌、重力场、磁场，以及深空探测器、环境要素和星图等，进一步的研究对象还包括太阳系内的其他大行星、小行星、彗星和行星卫星等自然天体及其间星际物质、场属性等。

2）深空探测的特点

特点 1：探测范围无限大

宇宙到底有多大？深空到底有多深？仰望无边无际的浩瀚宇宙，敬畏之心与好奇之心油然而生。目前，世界上深空探测距离最远的设备是美国的哈勃空间望远镜（Hubble space telescope），现已加装了第 3 代设备——先进的测量相机（advanced camera for surveys），可以观测到距离地球 150 亿～300 亿光年的天体。

据估计，宇宙中有成千上万个星系，而银河系就是其中一个。银河系是一个由大约 1400 亿颗恒星和大量星际物质组成的庞大天体系统，而太阳又是银河系中一颗中等的恒星。以太阳为中心存在着一个受其引力支配的天体系统，我们称之为太阳系，是当前人类深空探测器活动的主要空间。其包括八大行星（由内而外依次为水星、金星、地球、火星、木星、土星、天王星、海王星）、矮行星和众多的小行星（大多数分布在火星与木星轨迹之间，称为主带小行星；而少数小行星的轨迹与地球的轨迹很接近，称为近地小行星）、卫星、彗星及其他空间物质等。太阳系以冥王星轨道为界，其直径为 $1.18×10^{10}$ km。目前，探测距离最远的深空探测器是"旅行者 1 号"探测器，于 2014 年 9 月 13 日确定已离开太阳系，进入恒星际空间。

与此同时，宇宙还是在不断变化和发展的，而太阳系内各天体也是在不断运动的，甚至天体的状态也在发生着变化。例如，地球与火星的运转周期是不一样的，因而它们之间的距离也是变化的，其最近距离为 $5.5×10^7$ km，最远距离超过 $4.0×10^8$ km；由引力作用促使了小行星撞向空间天体，造成了其他天体表面出现大大小小的撞击坑特征，以 Vesta 小行星为例，其表面就有一个特大撞击坑特征——Herschel Crater，其直径约为 133km，接近该小行星半径的 1/3。这就需要我们构建更大范围的"时间"和"空间"尺度，考虑一种崭新的多维、动态和时态的数据模型和表达形式。

特点 2：探测数据无限多

在太阳系中，除地球外的八颗行星作为深空探测的目标外，其周围还存在一定数据的卫星，如火星有火卫一（Phobos）和火卫二（Deimos）两颗卫星，而木星现已确认的卫星有 67 颗，其中木卫六的半径最大为 2575km。

此外，太阳系中现已统计的小行星约有数十万颗，正式命名的就达到 1 万多颗，其直径大的约有 1000km，小的则只有几十米。在主带小行星中，直径大于 240km 的小行星有 16 颗之多，如 Ceres 小行星（谷神星）的直径约有 1000km；Vesta 小行星（灶神星）的直径约有 580km。这些空间天体都是深空探测的重要目标，承载着人类的梦想与希望，需要我们一步一个脚印地去探索与研究。

一个深空探测计划往往包含了多个探测任务，探测器需要携带多台探测仪器，获取多种科学数据。例如，我国的"嫦娥二号"的探测目标有获取月球表面三维影像、探测月球物质成分、探测月壤特性、探测地月与近月空间环境等。因此，"嫦娥二号"探测器共配置了 5 类 7 台科学探测仪器，有高分辨率的 CCD 立体相机、激光高度计、γ 射线光谱仪、X 射线光谱仪和微波探测仪等，其中单影像数据就占数个太字节（TB）的容量，可想而知深空探测数据量之大。

特点 3：探测技术要求高

无论是天基望远镜观测，还是深空探测器远距离观测，其硬件设施的实践难度都相当大，全世界仅有个别的航天强国能够实施深空探测计划。而深空测绘既是深空探测的重要内容，也是深空探测的有力保障，对深空探测器及其携带的设备提出了严格的要求。例如，DAWN 探测器（亦称"黎明号"探测器）所携带的立体相机不仅在发射前需进行严格标定，测定出其初始的辐射和几何畸变参数，在空间飞行过程中仍然需不断地对其辐射参数和几何畸变参数进行星上标定，以补偿距离变化所产生的光辐射变化和飞行震动带来的几何变化。

与传统的地面测绘相比，空间天体的表面形貌测绘通常属于无控测绘，这就需要深空探测器的位姿参数更为精确，以保证影像前方交会的精度；由于天体表面纹理相对贫乏，给立体影像的匹配造成了一定的困难，需要提出更为可靠的影像匹配算法。为了进一步提高探测数据的利用效率，要考虑融合处理相关的探测数据，如将立体影像及其参数与激光测高数据进行联合平差，可以获得更高精度的天体表面形貌信息。

另外，深空探测目标多、数据类型多且数据量巨大，需要考虑深空数据的传输、存储以及共享等技术问题。

3）深空测绘的定义

深空探测的一个重要内容是深空测绘技术，主要内容包括月球和火星、水星、金星、巨行星及其卫星、小行星和彗星等星体地形表面测绘数据的获取、技术规范和理论体系的建立。

参照传统测绘的定义，结合现有的技术能力和探测任务，结合相关课题的研究成果，笔者归纳出深空测绘的定义如下：深空测绘是获取月球、行星和其他深空星体的形貌和影像信息并测绘其形貌图；测绘深空星体的重力场和磁场；测定各类深空探测器的轨道、形状、位置和尺寸；提供深空导航服务；收集深空环境要素（如大气、电离层、磁场等）的模式和数据的理论、技术、方法及保障体系的总称。

1.3 行星表面形貌测绘的研究现状

从深空测绘的定义可知，行星表面形貌测绘技术是深空测绘的核心技术，行星表面形貌是指行星表面地形的起伏状态及其特点，而其测绘产品主要有形貌图、正射影像图、数字高程模型数据等。纵观深空探测历史可以发现，月球探测是深空探测的起始，除此之外已被探测的天体主要有火星、水星、金星、巨行星及其卫星、小行星和彗星等。到目前为止，深空测绘技术及其应用主要体现在对月球、火星和小行星的表面形貌测绘上，下面分别予以简要介绍。

1.3.1 月球测绘

月球是人类探测次数最多、了解最为详细的地外天体，在地月空间环境、月球磁场、月壤成分及其分布等方面都取得了丰硕的探测成果，而月球表面的形貌测绘成果尤为突出。从 1959 年至今，月球探测与测绘可以分为三个阶段。

1）第一次探月高潮期（1959～1976 年）

1959 年，苏联的"月球 3 号"探测器拍摄了第 1 批月球照片，并制作了第 1 幅月球背面图。1966 年，利用"月球 12 号"探测器所获取的月球影像及其相关数据制作了一幅比例尺为 1∶100 万的月球表面图。

为了实现登陆月球，美国分别用"徘徊者 7 号"探测器与"月球轨道器 1-5 号"所获取的月球影像制作了其局部区域的月貌图。1962～1967 年，美国制作了一系列 1∶100万的月球图，共 100 多幅，反映了月球正面 80°N～80°S 的月貌情况。为了提供月球地形情况，美国陆军地图署在 1964 年用地基观测数据制作了比例尺为 1∶500 万和 1∶200万、等高距为 1km 的月球正面地形图。在此期间，美国和苏联在月球表面布设了五个激光反射器，为形成月面控制网奠定了基础。

随后，"阿波罗 15-17 号"安装了全景相机、地形相机和激光高度计，获取了大量的月表数据。1974 年，美国国防地图局利用其影像数据制作了 1∶25 万的月球地形正射影像图，等高距为 100m，精度为 25～70m；分别制作了 1∶10 万、1∶20 万和 1∶50万的大比例尺月球局部地区的地形图；又制作了 1∶100 万的月球晕渲地形图和 1∶100万的月球图。

2）宁静期（1976～1994 年）

随着国际形势趋于缓和，为了缓解前期深空探测活动的财资消耗，使得这一阶段几乎没有进行任何月球探测活动。但是，学者的研究重点主要在于前期月球探测所获取的大量科学数据，并进行分析、处理、研究和总结。例如，美国地质调查局在此期间用月球影像制作了比例尺为 1∶50 万的月球晕渲地形图。

3）重返月球

在美国"重返月球"探测计划的推动下，很多国家开始了新一轮的月球探测计划。1994 年和 1998 年，美国成功发射了"克莱门汀"和"月球勘探者"号月球探测器，对月球形貌、资源、水冰等进行了探测。其中，"克莱门汀"号月球探测器携带了 5 台光学相机用来获取月面影像，其分辨率为 100～400m，覆盖月表约 99%的面积；还携带了高精度的激光高度计用以绘制月面地形形貌。NASA 利用激光高度计获取的测量数据制作了第 1 个近全月（75°N～75°S）分辨率约为 7km 的月球 DEM 数据；利用摄影测量处理方法制作了南北两极地区的 DEM，弥补了以往的月球形貌数据中南北两极的大面积空白区。同时，解算了 27 万多个月面控制点坐标，建立了月球控制网。

进入 21 世纪后，欧空局、日本、中国和印度、美国相继进行了月球探测活动。

2003 年 9 月 27 日，欧洲首个月球探测器 SMART-1 发射成功，完成了多项工程与科学任务，在轨工作期间，共传回了 2 万多张月球表面图像，制作了月球表面的整体外貌图。

2007 年 9 月 14 日，日本的"月亮女神"号探测器发射成功，其主要任务是观测月球表面地质地貌和勘测月面元素，研究月球磁场和测定月球引力场。该探测器携带了地形测绘相机和激光高度计，可以获取高分辨率的月球影像和高精度的月球高程信息。从 2007 年 12 月至 2008 年 3 月，其携带的激光高度计获取了 677 万个测量数据，制作了空间分辨率约为 2km 的全月球 DEM 模型，高程测量精度为 5m，平面精度为 77m；其相机为前、后视线阵相机，空间分辨率为 10m，共获取了 100%覆盖月球表面的影像数据，制作了空间分辨率优于 10m 的全月镶嵌影像图。

2008 年 10 月 22 日，印度成功发射了"月船 1 号"探测器，其目的是对月球表面矿物质、化学和地形等特征进行全面深入的探测，并绘制月球表面的立体电子地图。"月船 1 号"探测器携带了自主研制的三线阵 CCD 相机和激光测距仪。其中，相机可以获取分辨率为 5m、幅宽为 40km 的全色照片，并最终生成三维地形；激光测距仪用于月表地貌高度的标定和月球重力场的测量，数据经过处理后，可得出精度优于 5m 的距离信息。可惜的是，探测器运行一段时间后，因设备故障，只获取了 70%月球表面的影像数据。

2009 年 6 月 18 日，NASA 成功发射了月球勘测轨道飞行器（Lunar recnnaissance orbiter，LRO），以及月球坑观测和传感卫星。LRO 携带了月球轨道器激光高度计和月球勘测轨道器相机，其中，激光高度计的测距精度为 0.1m，可直接生成全月球的地形模型；相机由 2 台窄视场相机和 1 台宽视场相机组成，窄视场相机的全色分辨率为 0.5m，可用于分辨月面小尺寸的特征，识别着陆点和描述月球的地形与成分，发现载人着陆器着陆时可能遇到的障碍，而宽视场相机有 7 个谱段（波长 300～680nm），分辨率约为 100m，可拍摄全月球表面彩色和紫外图像。NASA 利用获取的影像数据和激光测高数据分别制作了空间分辨率为 100m 的全月面地形图和全月面 DEM。

2007 年 10 月，我国发射了"嫦娥一号"探测器，是我国首个月球探测器。它携带了 8 个有效科学载荷，有 CCD 立体相机、激光高度计和成像光谱仪等。其中，CCD 立体相机是三线阵 CCD 相机，如图 1.2 所示，轨道高度为 200km，地面分辨率为 120m，月面覆盖宽度为 60km。利用"嫦娥一号"影像数据制作了我国第一幅全月球影像图，相对定位精度优于 240m，平面定位精度为 100m 至 1.5km。而激光高度计在轨累计开机 3309h，共获取了 1369 轨探测数据，有效测距点有 912 万个，对月球表面实现了全覆盖，制作了月球地形模型 CLTM-s01：以月球质心为参考球心，以月球平均半径 1738 km 正球面为参考基准，径向高程测量精度约为 31m，沿赤道区域空间分辨率为 7～8km。

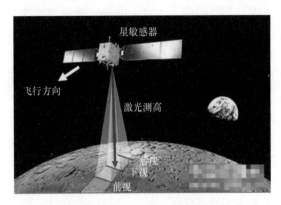

图 1.2　嫦娥一号三线阵相机

为了向月球科学家提供更高分辨率的三维影像，并为"嫦娥三号"着陆器和月球车提供虹湾地区着陆区的高精度地形数据，2010 年 10 月，我国发射升空的"嫦娥二号"探测器搭载了三线阵高分辨率 CCD 立体相机。100km 的圆轨道上，影像的空间分辨率约为 10m，而在 15～100km 的椭圆轨道近月弧段上可获取分辨率优于 1.5m 的局部区域立体影像。结合"嫦娥二号"影像数据，制作了 746 幅 7m 分辨率的全月正射影像图，为"嫦娥三号"顺利实现月面软着陆奠定了基础。

图 1.3 是月球表面分辨率为 1∶118 的全球 DEM 模型。

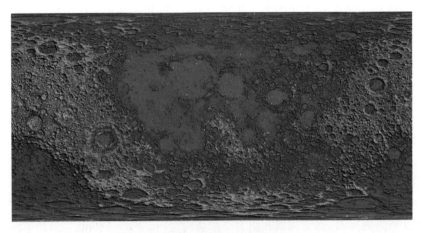

图 1.3　月球全球 DEM 深度图（比例尺为 1∶118）

结合"嫦娥"工程及其获取的相关数据，我国科研人员主要对月球表面形貌测绘开展了大量研究。

西安测绘研究所王任享院士提出了三线阵影像平差的等效框幅式像片（简称 EFP）法，并利用"嫦娥一号"影像数据进行了实验验证（王任享，2008）。其中，EFP 法对三线阵 CCD 影像进行了两种处理：①将平差转换至切面坐标；②在摄影测量坐标系内，在平差过程中增加对前、后视线阵相机主距的附加改正项，用以补偿因月球曲率而产生的前、后视影像比例尺的差异。

中科院国家天文台李春来等（2010）研究了"嫦娥一号"三线阵 CCD 数据摄影测量处理及全月球数字地形图生成技术。

信息工程大学何钰（2012）对基于月面 CCD 影像和激光测高数据的月球形貌测绘技术进行了研究，针对严格成像几何模型中解算外方位元素相关的问题，论述了几种去相关性的方法，利用"嫦娥一号"月面 CCD 影像，采用 SURF 算子提取特征点并基于准核线约束进行影像匹配，实现了月球 DEM 的自动提取。

武汉大学赵双明等针对直接利用"嫦娥一号"激光测高数据制作的月球表面模型分辨率与精度较低的问题，用激光测高数据改善三线阵 CCD 数据立体定位精度，通过基于物方空间到像方空间的快速反投影算法，研究了立体影像与激光高度计数据的不一致性，其目的是为后续"嫦娥一号"三线阵影像数据与激光测高数据联合平差处理提供相对基准控制（赵双明等，2011）。

信息工程大学周杨等（2009）研究了月面形貌的三维可视化方法，在研究大范围地形可视化算法的基础上，综合利用球面视域裁剪、球面视点控制等技术对 geometry clipmaps 算法进行改进，实现了全月面海量数据的实时动态三维可视化。

1.3.2 火星测绘

在太阳系内的各大行星中，火星各方面特征与地球最为接近，也最具科学研究价值。至火星探测任务实施以来，与形貌测绘相关的火星探测任务主要有海盗号火星探测器、火星全球勘测者轨道探测器、火星快车探测器、火星侦察轨道器等。

1976 年，美国发射了"海盗号"火星探测器，包括轨道探测器与着陆探测器，两者均圆满完成了预定任务。实际上，"海盗号"火星探测器有"海盗 1 号"与"海盗 2 号"，"海盗 1 号"轨道器在轨运行时间为 1976 年 6 月 19 日至 1980 年 8 月 17 日；而"海盗 2 号"轨道器在轨运行时间为 1976 年 8 月 6 日至 1978 年 7 月 25 日。利用"海盗号"轨道探测器获取的立体影像数据，通过摄影测量处理首次制作了 1∶200 万比例尺火星全球影像图。"海盗号"火星探测任务的成功实施，揭开了火星的神秘面纱，极大地提高了人类对火星的认识。

1996 年 11 月，美国发射了"火星全球勘测者"探测器，卫星工作轨道为 300 km，测绘相机有宽视场相机与窄视场相机，宽视场相机地面分辨率为 230～500 m，窄视场相机地面分辨率为 1～5m，通过对 MOC（Mars orbiter camera）线阵相机与激光测高数据（MOLA）的联合处理，生成了分辨率 200～300 m（1/256°）的火星全球地形数据（两极地区地形分辨率更高），高程精度为 5～30 m，是目前可公开获取的分辨率最高的火星全球地形数据。

火星快车是欧洲的首个火星探测任务，于 2003 年 6 月发射，2003 年 12 月飞抵火星，原计划绕火星飞行两年，计划顺利完成后又成功执行了一系列扩展任务，目前仍在轨飞行。火星快车上搭载了 HRSC（high resolution stereo camera）高分辨率立体测绘相机，影像分辨率达 10 m，可制作火星全球 1∶20 万比例尺地形图，相对定位精度为 10～20 m。火星快车的主要任务之一是获取高精度火星地形数据，目前 HRSC 获取的高分辨率影像已经基本覆盖火星全球。火星快车同时搭载了"猎兔犬 2"着陆器，但是着陆器在着陆时由于气囊、降落伞和着陆器计算机系统出现问题，未能按期成功着陆，而轨道器则非常成功，发回了大量有价值的火星表面高清晰图像。利用 HRSC 影像数据可以获取分辨率优于百米的火星全球地形数据，但是目前欧空局并未发布高分辨率火星全球地形数据，部分区域可获取 20～50 m 分辨率地形数据。HRSC 相机可同时获取高分辨率全色影像与低分辨率多光谱影像，通过融合处理可以生成高分辨率多光谱影像。

2005 年，美国发射的火星侦察轨道器携带了 HiRISE 相机，其影像分辨率优于 0.5m，是目前为止分辨率最高的火星探测器，但是仅能覆盖火星表面不足 1%的区域。HiRISE 适用于对着陆区等重点探测区域进行详细测绘，在实施好奇号着陆探测计划时，利用 HiRISE 对多个备选着陆区进行了详细探测，获取了备选着陆区的精确地形数据，确保了好奇号探测任务的顺利实施。

几种与地形测绘相关的火星探测任务特点及测绘产品情况见表 1.1，其中 1∶483 的火星全球 DEM 深度图如图 1.4 所示。

表 1.1　火星形貌测绘相关的探测任务及传感器

任务名称	国家/地区	任务时间	测绘相机	测绘相机类型	立体方式	轨道高度/km	分辨率/m	形貌测绘成果
Viking	美国	1975	不详	框幅式	异轨立体	300	150～300	1∶200 万比例尺地形图
MGS	美国	1996	MOC	单线阵	异轨立体	300	250	200～300m 全球地形数据
MEX	欧洲	2003	HRSC	单镜头多线阵	同轨立体	250	10	20～50m 全球地形数据（基本涵盖火星全球）
MRO	美国	2005	HiRISE	多线阵拼接	异轨立体	300	0.5	局部地区优于 1m 分辨率地形数据

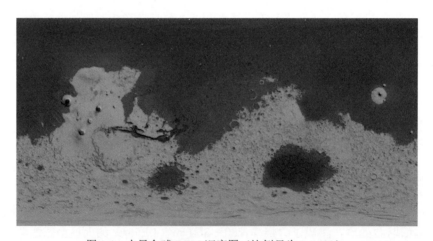

图 1.4　火星全球 DEM 深度图（比例尺为 1∶483）

在成像传感器方面，"海盗 1 号"与"海盗 2 号"任务实施较早（20 世纪 70～80 年代），搭载的是框幅式相机，而随后的火星探测成像传感器均使用线阵相机，其中 MOC、HiRISE 为单线阵传感器，采用异轨方式构成立体影像，立体影像灰度差异较大，立体像对选取相对困难一些，后期摄影测量数据处理难度相对较大。MOC 宽视场影像虽具备全球覆盖能力但是影像分辨率较低，而 HiRISE 虽然分辨率较高，但是覆盖范围有限，不能制作火星全球形貌图。相比其他火星探测器，欧空局火星快车携带的 HRSC 相机采用三线阵原理，可构成同轨立体，在影像分辨率及全球覆盖性方面具有优势。

在火星探测影像的测绘处理方面，美国学者 Rosiek 等（2005）介绍了 USGS 利用海盗号影像，以及 MOLA 激光测高数据制作火星地形产品的处理流程与技术方法，即利用海盗号影像数据与 MOLA 激光测高数据进行处理，以 MOLA 激光测距信息作为海盗号影像的控制信息进行光束法平差，并经过影像匹配及自动 DEM 提取。

Kirk 等（2003）研究了基于 MGS 任务 MOC 窄视场影像构建高分辨率地形数据的方法，并利用构建的地形数据评估了 MER 探测器着陆区的安全性。

Shan 等（2005）也研究了 MGS 影像数据的摄影测量处理方法，提出了一种将影像数据与激光测高数据配准处理的方法，并对 MOLA 激光测高数据与 MOC 影像的不符值进行了分析。

Joerg 等（2005）比较系统地研究了欧空局火星快车 HRSC 影像摄影测量处理方法，影像匹配过程中应用由粗至精分层匹配的思想，并结合多视影像匹配，提出了用多视最小二乘匹配方法提高匹配精度。

Heiko（2008）提出了半全局匹配算法（semi-global matching，SGM），SGM 算法以互信息作为匹配测度，其匹配精度与计算效率得到了广泛认可，目前已经应用于多个商业摄影测量系统，并且已经成功应用于火星快车 HRSC 影像匹配及 DEM 自动提取。

信息工程大学的耿迅（2014）在分析火星形貌测绘技术难点的基础上，对火星形貌摄影测量涉及的探测遥感影像几何处理、火星表面影像与激光测高数据联合平差、火星表面影像密集匹配，以及 DEM 自动提取等技术难点进行了深入的研究。

北京理工大学崔平远等（2014）在研究火星精确着陆制导问题的基础上，对火星好奇号探测器的着陆精度及着陆区地形进行了分析，指出好奇号实际着陆位置位于预定着陆区中心东北方向约 2 km 处，即其着陆精度为千米级，而之前的火星着陆任务的着陆精度一般为几十至几百千米。早期火星着陆任务选择在平坦地区着陆以降低着陆过程的危险，然而复杂地形分布着各种地貌，更有利于获得丰富的科学数据，因此未来的火星着陆探测更倾向于在复杂地形着陆。复杂地形的精确着陆对火星形貌测绘提出了更高的要求。

1.3.3 小行星测绘

目前，开展小行星测绘工作的主要是美国与欧洲，尤其是美国在小行星测绘方面处于绝对领先地位。

在早期深空探测器空间旅行过程中，就已获取了一些小行星的数据资料，如"水手 9 号""海盗号""旅行者号"等深空探测器获取了 951 Gaspra、253 Mathilde、S10 Janus、M1 Phobos 等数颗小行星的影像与光谱信息。Thomas 等（2000）应用这些小行星光学影像绘制了它们的三维模型及局部正射影像，下面列举出 243 Ida、253 Mathilde、M2 Deimos 小行星的模型，如图 1.5 所示，243 Ida、M2 Deimos 小行星局部正射影像，如图 1.6 和图 1.7 所示。其中，243 Ida 小行星模型是对 Gelileo 影像进行立体摄影测量与格网点匹配处理而得到的，由一组经纬度间隔为 2° 的格网点云构成，而局部正射影像是由该小行星模型信息与 Galileo 携带的 SSI 传感器获取的部分影像处理生成的。

由图 1.6 和图 1.7 可知，对 20 世纪发射的深空探测器所获取的影像数据进行处理得到的小行星模型虽然能够表现出其整体的基本轮廓，但是由于其生成的模型点数较为稀疏，并不能很好的表现小行星的局部细节；小行星局部的正射影像也存在不完整和漏洞

  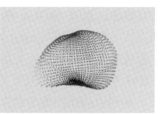

(a) 243 Ida小行星　　　　　　　(b) 253 Mathilde小行星　　　　　　(c) M2 Deimos小行星

图 1.5　典型小行星模型

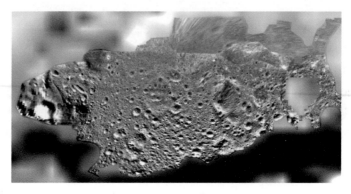

图 1.6　243 Ida 小行星表面的局部正射影像

图 1.7　M2 Deimos 小行星的局部正射影像

现象，局部影像还相对较为模糊。其原因主要是探测器携带的传感器分辨率较低，多数探测器只是飞越相关小行星且影像数据不足。另外，采用的数据类型较为单一，仅有影像数据，而无激光测距、雷达测量等信息。

2002 年 3 月 7 日，哈勃空间望远镜（简称 HST）加装了第 3 代设备——先进的测量相机（简称 ACS），其目的是增强 HST 的成像效率，提高影像的测量精度。NASA 的 Li 等（2008）利用 HST 所获取的 267 幅 535nm、335nm、223nm 波长的 1Ceres 小行星的光学影像来重建其三维模型，生成其表面反照率图等小行星测绘产品，为深空探测小行星任务提供了初始的保障信息。

随着科学技术的发展，深空探测器所携带的传感器越来越先进，如 DAWN 探测器携带了立体框幅相机，分辨率也有所提高，为 1024×1024pixel；MUSES-C 探测器不仅携带了相机，还携带了激光雷达，为小行星的形貌测绘提供了多种高质量的数据源。下面重点介绍 Vesta 与 Itokawa 小行星形貌的重建实例。

美国的喷气推进实验室、德国宇航中心，以及 UCLA 等多家机构联合对 DAWN 所获取的 Vesta 小行星表面立体影像进行摄影测量处理，获得了 Vesta 小行星的全球 DTM 模型（Preusker et al., 2014）。获取的数据包括 2700km 轨道上获取的 1179 幅影像（2011 年 8 月），700km 轨道上获取的 5550 幅滤波立体影像对（2011 年 9 月～2012 年 7 月），前者分辨率为 255m/pixel，而后者分辨率为 65m/pixel，至少覆盖 Vesta 小行星表面区域面积的 95%。结合现已成熟的立体摄影测量处理软件模块，对 Vesta 小行星表面影像进行多重影像匹配、空间前方交会，以及光束法平差等摄影测量处理，共获取了近 250 亿个目标点的三维信息，使其地形形貌的精度提高至 8m。经过内差与规一化处理，又制作了一套最新的 DTM，其球面的空间分辨率为经纬方向上每度 48 个坐标点，投影至椭圆面如图 1.8 所示。

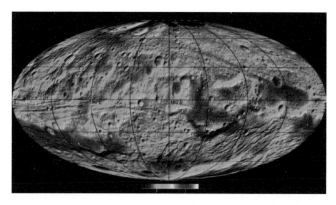

图 1.8　Vesta 小行星的全球 HAMO DTM（赤道上空间分辨率为 90m）

国内信息工程大学蓝朝桢等提出了一种基于序列影像的小天体三维形状重建方法（蓝朝桢等，2014）。首先，在无位姿辅助数据的情况下，利用稀疏光束法平差方法求解出小天体序列影像间的内在几何约束关系；再应用核心几何约束、半全局匹配、多视最小二乘匹配等策略进行小天体序列影像的密集匹配，以重建出其三维信息。最后，以 DAWN 探测器获取的 Vesta 小行星影像数据为例，依据构像模型将序列影像中的纹理信息映射至三维模型上，其重建的 Vesta 小行星模型如图 1.9 所示。

图 1.9　带纹理的 Vesta 小行星模型

从 2003 年 5 月 11 日发射至 2005 年 11 月 19 日，Hayabusa 探测器携带的多谱段摄像机（简称 AMICA）共获取了 1662 幅 Itokawa 小行星影像，并为其中 1339 幅影像提供了像素的几何信息。Gaskell（2008）利用 AMICA 所获取的影像数据重建了 Itokawa 小行星的形貌模型，并于 2007 年 8 月 29 日分别发布了四边形和三角面的球型模型，包含坐标点的个数为 1579014，其演示结果如图 1.10 所示。

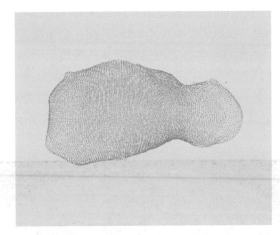

图 1.10　Itokawa 小行星的形貌模型

另外，Hayabusa 探测器携带的激光雷达高度计是为了确定 Itokawa 小行星与探测器之间的距离，以服务于探测器的导航。结合生成的高分辨率形貌模型与激光雷达数据，不仅可以提高模型的精度，而且可以优化探测器的飞行轨迹。2012 年 2 月 10 日，Carol Neese 等发布了该探测器的激光雷达数据，以供科研与学界的研究之用。

结合"嫦娥二号"所获取的"图塔蒂斯"小行星影像及其辅助数据，重建了该小行星的三维模型，其结果如图 1.11 所示。

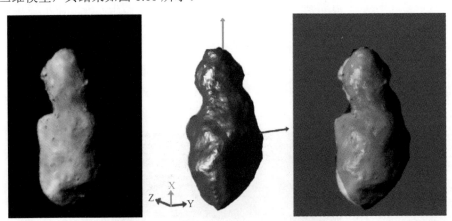

图 1.11　"图塔蒂斯"小行星三维重建的效果图

总体而言，与世界航天强国相比，我国在深空测绘整体技术上主要还存在以下差距。

（1）有效载荷的制造水平不高。我国深空探测器所携带的科学设备，如相机、激光测距仪等，其分辨率、覆盖范围、波段、精度等指标水平相对不高，尤其与欧美国家存在较大差距。

（2）探测数据处理的相关理论与技术研究不足。我国深空探测起步较晚，对深空探测的相关理论研究不足，相关领域的技术储备相对薄弱。

（3）深空探测信息的管理与服务体制尚未建立。目前，国内深空探测任务是由中科院和航天部门组织来实施的，与主要用户在体制机制上有脱节，处理成果的应用不明确，至今没有一个统一的管理部门，深空信息及其成果亦没有统一的标准和信息共享机制，使得在深空探测信息服务方面急需规范。

参 考 文 献

崔平远, 胡海静, 朱圣英. 2014. 火星精确着陆制导问题分析与展望. 宇航学报, 35(3): 245~253

耿迅. 2014. 火星形貌摄影测量技术研究. 郑州: 解放军信息工程大学博士学位论文

何钰. 2012. 基于月面CCD影像和激光测高数据的月球形貌测绘技术研究. 郑州: 解放军信息工程大学博士学位论文

蓝朝桢, 耿迅, 徐青, 崔平远. 2014. 基于序列影像的小天体三维形状重建方法研究. 深空探测学报, 1(2): 140~145

李春来, 刘建军, 任鑫, 等. 2010. 嫦娥一号图像数据处理与全月影像制图. 中国科学: 地球科学, 40(3): 294~306

欧阳自远. 2005. 月球科学概论. 北京: 中国宇航出版社

钱曾波, 刘静宇, 肖国超. 1992. 航天摄影测量. 北京: 解放军出版社

王鹏, 徐青, 李建胜, 周杨, 蓝朝桢, 等. 2009. 空间环境建模与可视化仿真技术. 北京: 国防工业出版社

王任享. 2008. 月球卫星三线阵CCD影像EFP光束法空中三角测量. 测绘科学, 33(4): 5~7

王之卓. 2007. 摄影测量原理. 武汉: 武汉大学出版社

徐青. 2006. 数字空间与深空测绘及其支撑技术. 测绘科学技术学报, 23(2): 97~100

徐青, 耿迅, 蓝朝桢, 邢帅. 2014. 火星地形测绘研究综述. 深空探测学报, 1(1): 28~35

叶培建, 彭兢. 2006. 深空探测与我国深空探测展望. 中国工程科学, 8(10): 13~18

赵双明, 李德仁, 牟伶俐. 2011. CE-1立体相机影像与激光高度计数据不一致性分析. 测绘学报, 40(6): 751~755

周杨, 徐青, 康宁, 等. 2009. 月面形貌的3维可视化算法. 测绘学报, 38(6): 539~544

Heiko H. 2008. Stereo processing by semi-global. matching and mutual Information. IEEE Transactions on Pattern Analysis and Machine Intelligence, 30(2): 328~341

Joerg A, Maria A, Janet B, et al. 2005. HRSC on Mars express - photogrammetric and cartographic research. Photogrammetric Engineering and Remote Sensing, 71(10): 1153~1166

Kirk R L, Howington-Kraus E, Redding B, et al. 2003. High-resolution topomapping of candidate MER landing sites with Mars orbiter camera narrow-angle images. Journal of Geophysical Research, 108(12): 343~358

Li J Y, McFadden L A, Thomas P C, et al. 2008. Photometric mapping of Asteroid (4) Vesta from HST observation. 39th Lunar & Planetary Science Conference, 1391

Preusker F, Scholten F, Matz K D, et al. 2014. Global Shape of (4) Vesta from Dawn FC Stereo Images. Vesta in the Light of Dawn: First Exploration of a Protoplanet in the Asteroid Belt

Rosiek M, Kirk R L, Archinal B A, et al. 2005. Utility of viking orbiter images and products for mars mapping. Photogrammetric Engineering and Remote Sensing, 71(10): 1187~1195

Shan J, Yoon J, Lee D S, et al. 2005. Photogrammetric analysis of the Mars global surveyor mapping data. Photogrammetric Engineering and Remote Sensing, 71(1): 97~108

Thomas P C, Yoder C F, Synnott S P, et al. 2000. Small Body Shape Models V2.1. Nasa Planetary Data System, 173

第2章 深空测绘的时空基准

深空测绘的目标是确定星体的位置、运动，测定重力场，确定星体参考系的大地测量几何参数与物理常数，最终对星体全球、区域或局部的三维位置精确定位。研究星体的位置与运动需要一个稳定的、高精度的天球参考系，而对于星体表面测量，则涉及星体参考坐标系统的建立。将星体测量与地球测量的成果集成在一个统一时空框架中，确定天球参考系、星体参考坐标系、地球参考坐标系统之间的转换关系也是非常重要的研究内容。本章将讨论深空测绘所涉及的时间和空间基准，明确时空基准的分类，提出不同时空基准之间的转换关系，并对部分重要转换模型进行推导。

地理空间中任何物体位置的描述必须相对于某个参考基准，不同的参考基准将会得出不同的地理空间数据，因此在使用地理空间数据时必须研究了解地理空间数据的参考基准。深空测绘获取的深空环境信息与传统的地理信息一样，可以划分为空间、时间和属性三域。时间域（时间坐标）和空间域（空间坐标）构成了深空环境信息的时空基准。要进行深空探测和深空测绘，时间和空间坐标系的建立是最为基础的工作。目前美国、俄罗斯、日本、印度和欧洲空间大国对深空天体基准都有专门的独立研究，美国、俄罗斯处于领先地位。

2.1 时间系统定义与转换

2.1.1 时间系统定义

时间计量是深空计算的第一个基础。时间概念的发生，源于人类生活生产的需要。白昼和黑夜交替，月圆和月缺轮换，炎夏和寒冬往复，自然界中这些周期发生的现象与人类的生存息息相关，很自然地成为计时的依据，抽象出日、月和年的概念，把这些基本元素组织成一个协调实用的计时系统，就产生了历法。

太阳在天球上每天一次经过南北子午圈的视运动是"太阳日"概念的来源。以太阳日为基本单位的计时系统，叫做世界时，简记为UT1。天空中太阳相对于地面上南北子午圈的位置依赖于当地的地理经度，时间的度量因而也与地理经度有关，不同地理经度的观测地有不同的时间，这就是地方时。为了统一，规定世界时为本初子午线或零经度线上的地方时，这条经线经过英国伦敦的格林尼治天文台，因此也叫做格林尼治时间。

比太阳的视运动简单一点的是遥远恒星每天一次经过南北子午圈的视运动，它只是地球绕轴转动的一种运动反映，与之相联同时系的概念是恒星时。恒星时虽然单纯，却远离生活，因而没有成为计时的基础。随着观测技术的发展和观测精度的提高，到了20世纪，人们终于发现，无论是地球的自转还是公转，都是不均匀的，都不宜用作精密计时的尺度。

从1967年开始，改用原子振动的周期作为计时的尺度，规定铯-133原子基态的两个超精细能级在零磁场下跃迁辐射振荡 9192631770 周所持续的时间为一个国际制秒。时间计量从此与地球的运动脱钩，这样的时间尺度叫做原子时，由设在法国巴黎的国际度量局（BIPM）计算得到，简记为 TAI。TAI 的原点取在 1958 年 1 月 1 日世界时 0 时。根据爱因斯坦的广义相对论，时间的快慢与局部引力场有关。在太阳系内，有两个处所是紧要的：一个是太阳系质心，所有太阳系天体的运动都与它相联系；另一个是地球质心，包括地面观测者在内所有地球物体的运动都与它相联系。这样就从原子时派生出两个时间系统：以太阳系质心为参照的质心力学时，简记为 TDB；以地球质心为参照的地球力学时，简记为 TT。这两个时间尺度差别主要部分的振幅为 1.7ms，周期为一年。而地球力学时与地面原子时的尺度是完全一样的，因为历史的原因两者的起点有 32.184s 的差，两者间的转换公式是

$$TT = TAI + 32.184 \qquad (2-1)$$

以更加稳定的原子时作为基准，世界时的不均匀性就显现了出来，经过积累会盈余或短缺 1s，而且还有长期变慢的趋势。但世界时以地球的自转和公转运动为基础，既反映地球在空间中的指向和方位，又符合人们千百年来的生活习惯，具有实际应用价值。为了协调原子时和世界时两种不同的时间尺度，就产生了协调世界时 UTC，并且从 1979 年起成为世界各国使用的正式时间标准。协调世界时的单位为国际制秒，它与 TAI 的差保持为整数秒，而与 UT1 之差的绝对值保持小于 0.9s。当 UTC 领先 UT1 0.9s 时，加入一个正闰秒；当 UTC 落后 UT1 0.9s 时，加入一个负闰秒。实施闰秒的日期首先为 6 月 30 日和 12 月 31 日的最后一秒，其次为 3 月 31 日和 9 月 30 日的最后一秒。不过从 1972 年实行以来，迄今还只在 6 月 30 日和 12 月 31 日加入过闰秒。这样，协调世界时一日所含的国际制秒数不再是常数 86400。闰秒的设置是由国际时间局（BIH）根据天文观测资料决定和发布。由于地球自转的长期变慢，随着时间的推移，UT1 和 UTC 的计时将逐渐落后于 TAI。UT1 与 UTC，TAI 与 UTC 的差值是天文计算必须的，其准确值可以从国际地球自转服务机构（IERS）的网站[①]下载。

2.1.2　主要时间系统

目前测绘中常用的时间系统主要包括以下几种：恒星时、世界时、历书时与力学时、国际原子时、协调世界时和卫星定位系统时间（孔祥元等，2014）。

1. 恒星时

以春分点作为基本参考点，有春分点周日视运动确定的时间，称为恒星时（ST）。春分点连续两次经过同一子午圈上中天的时间间隔为一个恒星日，分为 24 个恒星时，某一地点的地方恒星时，在数值上等于春分点相对于这一地方子午圈的时角。

由于岁差和章动的影响，地球自转轴的指向在空间是变化的，从而导致春分点的位置发生变化，相应于某一时刻瞬时极的春分点称为真春分点，相应于平极的春分点称为平春分点，据此把恒星时分为真恒星时和平恒星时。真恒星时等于真春分点的地方时角（LAST），平恒星时等于平春分点的地方时角（LMST），真春分点的格林尼治时角（GAST）、平春分点的格林尼治角（GMST）与 LAST、LMST 的关系为（图 2.1）

---

① http://www.iers.org/MainDisp.csl?pid=36-9.

$$\text{LAST} - \text{LMST} = \text{GAST} - \text{GMST} = \Delta\Psi\cos\varepsilon \tag{2-2}$$

$$\text{GMST} = 1.0027379093 \times \text{UT1} + 24110.54841 + 8640184.812866T$$
$$+ 0.093104T^2 - 6.2\times10^{-6}T^3 \tag{2-3}$$

$$\text{GMST} - \text{LMST} = \text{GAST} - \text{LAST} = \lambda \tag{2-4}$$

式中，$\Delta\Psi$ 为黄经章动；ε 为黄赤交角；T 为 J2000.0 至计算历元之间的儒略世纪数。

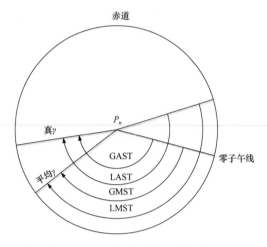

图 2.1　真春分点格林尼治时角、平春分点格林尼治角与 LAST、LMST 的关系

2. 世界时

以真太阳作为基本参考点，由其周日视运动确定的时间，称为真太阳时。由于真太阳时的视运动速度都是不均匀的，因而真太阳时不是均匀的时间尺度，为此引入虚拟的在赤道上匀速运行的平太阳，其速度等于真太阳周年运动的平均速度。平太阳连续两次经过同一子午圈的时间间隔，称为一个平太阳日，分为 24 个平太阳小时。以格林尼治子夜起算的平太阳时称为世界时。未经任何改正的世界时表示为 UT0，经过极移改正的世界时表示为 UT1，进一步经过地球自转速度的季节性改正后的世界时表示为 UT2：

$$\text{UT1} = \text{UT0} + \Delta\lambda \tag{2-5}$$

$$\text{UT2} = \text{UT1} + \Delta T \tag{2-6}$$

$$\Delta\lambda = \frac{1}{15}(x_P\sin\lambda - y_P\cos\lambda)\tan\varphi \tag{2-7}$$

$$\Delta T = 0.22\sin(2\pi\cdot t) - 0.012\cos(2\pi\cdot t) - 0.006\sin(4\pi\cdot t) + 0.007\cos(4\pi\cdot t) \tag{2-8}$$

式中，λ、$\tan\varphi$ 为天文经纬度；t 为白塞尔年岁首回归年的小数部分。

平太阳连续两次经过平春分点的时间间隔为一回归年，等于 365.24219879 个平太阳日，在民用中则采用整数 365 天，每四年一个闰年为 366 天。为了便于计算两个给定日期的天数而引入儒略日（JD），其起点是公元前 4713 年 1 月 1 日格林尼治时间平午（世界时 12：00），即 JD0 指定为 4713 B.C.1 月 1 日 12：00UT 到 4713 B.C. 1 月 2 日 12：00UT 的 24 个小时，以平太阳日连续计算，1900 年 3 月以后的格林尼治午正的儒略日计算方法为

$$\text{JD} = 367\times Y - 7\times\left[Y + (M+9)/12\right]/4 + 275\times M/9 + D + 1721014 \tag{2-9}$$

式中，Y，M，D 分别为年月日；"/"为整除。

由于儒略日数字很大，通常采用简化儒略日 MJD，MJD=JD−2400000.5，MJD 相应的起点是 1858 年 11 月 17 日世界时 0 时，36525 个平太阳日称为一个儒略世纪。

由于地球自转的同时又绕太阳公转，对应平太阳连续两次经过同一子午圈的时间间隔，地球的自转量超过一圈，而一个恒星日正好对应于地球自转一周，如图 2.2 所示。其关系式为：1 平太阳日=（1+1/365.25）恒星日。

如果以平太阳时间尺度计算，一个恒星日等于 23 小时 56 分 04 秒。

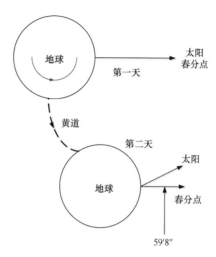

图 2.2　平太阳日与恒星日关系

3. 历书时（ET）与力学时（DT）

由于地球自转速度不均匀，导致用其测得的时间不均匀。1958 年第 10 届国际天文学协会（IAU）决定，自 1960 年起开始以地球公转运动为准的历书时来量度时间，用历书时系统代替世界时。历书时的秒长规定为 1900 年 1 月 1 日 12 时整回归年长度的 1/31556925.9747，起始历元定在 1900 年 1 月 1 日 12 时。

历书时对应的地球运动的理论框架是牛顿力学，根据广义相对论，太阳质心系和地心系的时间将不相同，1976 年国际天文学联合会（IAUI）定义了这两个坐标系的时间：太阳系质心力学时和地球质心力学时（TDT），称为"力学"，这两个时间尺度可以看做行星绕日运动方程和卫星绕地运动方程的自变量（亦即时间）。TDT 和 TDB 可以看做 ET 分别在两个坐标系中的实现，TDT 代替了过去的 ET。

TDT 与 TDB 的关系式为

$$TDB = TDT + 0.001658\sin\left(g + 0.0167\sin g\right) \tag{2-10}$$

$$g = \left(357.528° + 35999.050°T\right)\left(2\pi/360\right) \tag{2-11}$$

4. 国际原子时

国际原子时是由全世界约 50 个时间实验室的合作而形成的。国际权度局用分布在世界各地的这些实验室总共 250 个左右自由运转的原子钟的数据，采用 ALGOS 算法计算得到自由原子时 EALo TAI 则是参照基准频标，对自由原子时 EAL 经过频率修正后导出的。

5. 协调世界时

原子时与地球自转没有直接联系，由于地球自转速度长期变慢的趋势，原子时与世界时的差异将逐渐变大，为了保证时间与季节的协调一致，便于日常使用，建立了以原子时秒长为计量单位、在时刻上与平太阳时只差小于 0.9s 时间系统，称为 UTC。当 UTC 超过平太阳时之差 0.9s 时，拨快或拨慢 1s，称为闰秒。闰秒由国家计量局向全世界发出通知，一般在 12 月最后 1min 进行。如果一年内闰 1s 还不够，就在 6 月再闰 1s。到目前为止，由于地球自转速度越来越慢，都是拨慢 1s，60s 改为 61s，出现负闰秒的情况还没有发生过。

6. 卫星定位系统时间

时间的计量对于卫星定轨、地面点与卫星之间距离测量至关重要，精确定时设备是导航定位卫星的重要组成部分。卫星系统是连续运行的，要求时间系统是连续的，为了进行高精度定位，要求卫星上的时间计量设备具有很高的精度，因而原子时是最合适的选择。例如，GPS 的时间系统采用基于美国海军观测实验室（USNO）维持的原子时，称为 GPST，它与 UTC 的关系是：$GPST = UTC + n$。在 1980 年 1 月 6 日，GPSP 与 UTC 相等，当前（2005 年），$GPST = UTC + 13''$。

2.1.3 时间系统转换

对于上述时间系统的计量依据如 2.1 所示。

表 2.1 时间系统的计量依据

时间系统	计量依据
恒星时	以春分点为参考点的地球自转
世界时	以太阳为参考点的地球自转
历书时、力学时	地球公转（已被原子时所代替）
原子时、卫星定位系统时间	原子钟
世界协调时	原子钟+闰秒

不同时间系统之间的转换关系可用图 2.3 表示。

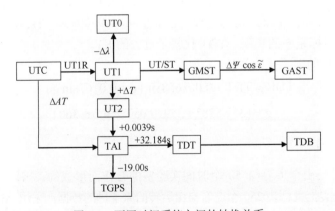

图 2.3 不同时间系统之间的转换关系

2.2　常用空间坐标系定义及转换

2.2.1　常用空间坐标系统定义

1．基本概念

1）空间坐标参考系

为了测量天体的位置，必须有一个做为参考的空间坐标系 $\{O; e_1, e_2, e_3\}$，选定坐标系 $\{O; e_1, e_2, e_3\}$，需要做三件事：①选定坐标原点 O；②选定基本平面 (e_1, e_2)，第三坐标轴 e_3 垂直于基本平面，是它的法线；③在基本平面上选定基本方向，也就是第一坐标轴 e_1 的方向。

2）空间参考框架

如何实现用数学模型定义的参考系，一般称之为参考框架（reference frame，RF）。参考框架是在空间参考系的某一个特定坐标系统（笛卡儿坐标系统、地理坐标系统、投影坐标系统等）中具有精确坐标的一组物理点。这样的参考框架被认为是参考系的实现。

3）地球坐标参考系统

地球参考系统（terrestrial reference system，TRS）是一个空间参考系统，它联系着在空间作周日运动的地球。在这样的坐标系中，与地球固体表面有联系的点的位置，由于地球物理的作用（如板块运动、潮汐形变等），其坐标随时间会有小的变化。地球参考系统是以旋转椭球为参照体建立的坐标系统，分为大地坐标系和空间直角坐标系两种形式。

大地坐标系如图 2.4 所示，P 点的子午面 NPS 与起始子午面 NGS 之间的夹角 L 叫做大地经度，由起始子午面起算，向东为正，称为东经（$0° \sim 180°$），向西为负，称为西经（$0° \sim 180°$），P 点的法线 PK 与赤道面的夹角 B，称做 P 点的大地纬度，由赤道面起算，向北为正，称北纬（$0° \sim 90°$），向南为负，称南纬（$0° \sim 90°$）。如果 P 不在椭球面上，它沿椭球的法线方向到椭球面的距离为大地高 H。因而，在大地坐标系中，P 点的坐标用 (L, B, H) 表示。

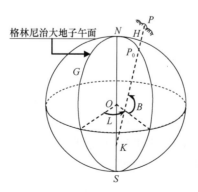

图 2.4　大地坐标系

空间直角坐标系如图 2.5 所示，空间任意点的坐标用 (X, Y, Z) 表示，坐标原点位于地球质心或参考椭球中心，Z 轴与地球平均自转轴相重合，亦即指向某一时刻的平均北极点，X 轴指向平均自转轴与平均格林尼治天文台所决定的子午面与赤道面的交点 G_e，而 Y 轴与 XOZ 面垂直，且指向东为正。

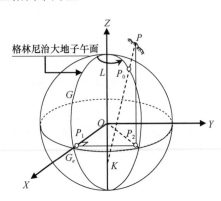

图 2.5　大地空间直角坐标系

4）天球坐标参考系统（celestial reference system）

由于地球的旋转轴是不断变化的，通常约定某一时刻 t_0 作为参考历元，把该时刻对应的瞬时自转轴经岁差和章动改正后的指向作为 z 轴，以对应的春分点作为 x 轴的指向点，以 xoz 的垂直方向为 y 轴建立天球坐标系，又称为协议天球坐标系。天球坐标系原点可以位于太阳系中任一星体上，以研究不同星体的空间运动，以太阳系质心为原点的协议天球坐标系称为太阳系质心协议天球坐标系，以地心为原点的协议天球坐标系统称为地心协议天球坐标系。

原点在地心的天球坐标系又可称为赤道坐标系。由于章动、岁差等因素的影响，作为基本面的天赤道和决定基本方向的春分点都在运动，赤道坐标系的框架因而随着时间转动。对于日期 t，框架在空间中的方位是确定的，称为瞬时真赤道坐标系或真赤道坐标系。只有同时考虑了岁差和章动效应的坐标系才是真赤道系，相应的基本平面和春分点叫做真赤道和真春分点。只考虑岁差不考虑章动的坐标系仅代表了真赤道系在一段时间里的平均位置，叫做平赤道系。相应的基本平面和春分点叫做平赤道和平春分点。

5）国际地球自转服务

国际地球自转服务（International Earth Rotation Service，IERS）是 1988 年由国际天文学联合（IAU）和国际大地测量学与地球物理学联合会（IUGG）共同建立的国际组织，在 2003 年更名为 International Earth Rotation and Reference Systems Service，目前该组织的任务主要有以下几个方面：

（1）维持国际天球参考系统（ICRS）和它的实现国际天球参考框架（ICRF）；

（2）维持国际地球参考系统（ITRS）和它的实现国际地球参考框架（ITRF）；

（3）为当前应用和长期研究提供及时准确的地球自转参数（EOP）；

（4）指定国际协议，即标准、常数和模型；

（5）说明 ICRF 和 ITRF 时空转换或者 EOP 变换时所需的地球物理参数，并对 EOP 变化模型化。

2. 深空测绘坐标系统的分类

深空测绘所涉及的空间坐标参考坐标系主要分为五大类型：天球坐标系、地球坐标系、测站坐标系、卫星星体坐标系和行星质心坐标系。如图 2.6 所示，天球坐标系用于研究天体和人造卫星的定位与运动。地球坐标系用于研究地球上物体的定位与运动。测站坐标系用于表达地面观测站对航天器的各种观测量。卫星星体坐标系主要用于研究卫星对自然星体进行的信息探测。行星质心坐标系则用于研究和描述行星表面及其内部的各种信息。

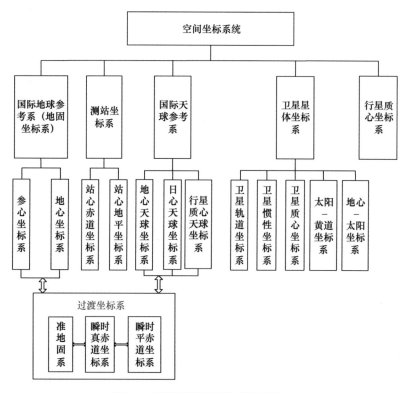

图 2.6　深空测绘空间坐标系的分类

从图 2.6 中可看到,传统的国际天球参考系包括地心天球坐标系和日心天球坐标系,针对深空测绘的应用需求,本书引入了行星质心天球参考系,其定义可参考下述关于国际天球参考系的定义。日心国际天球参考系是惯性坐标系,不随时间变化,而其他坐标系都与时间相关,本书以后不再单独指明。国际地球参考系又称地固系,是固连在地球上与地球一起旋转的坐标系,可分为参心坐标系和地心坐标系。瞬时平赤道坐标系、瞬时真赤道坐标系和准地固系则是国际天球参考系与国际地球参考系之间进行转换使用的过渡坐标系。

3. 深空测绘坐标系统的转换流程

深空测绘主要是对地球以外的其他星体进行的测绘,因而其实质是行星地理信息从行星质心坐标系向国际地球参考系的转换。但由于深空测绘各个系统所获取的数据采用的坐标系统各不相同，并且不同应用系统对输入的坐标数据要求不同，这就要实现不同应用系统的观测数据之间的坐标转换。从月球测绘的角度认为这些转换包括如下三方面。

（1）测控系统采用 VLBI 测站和 USB 测站所获取的数据均属于站心坐标系，VLBI 站已经在 ITRF2000 系统中，而 USB 站一般采用 WGS-84 坐标系统，需要由 WGS-84 坐标转换至 ITRF2000。

（2）在描述行星探测卫星的运动时，要采用惯性坐标系来描述，如 J2000.0 地心坐标系，而 USB 测站和 VLBI 测站观测数据采用站心坐标系（如 ITRF2000），因而需要实现从站心坐标系 ITRF2000 向 J2000.0 地心系的转换。这一过程必须先从站心坐标系 ITRF2000 转换到地固系，再由地固系转换为 J2000.0 地心系。

（3）环月等深空探测卫星上搭载的传感器获取的数据，要经过几何纠正等处理实现月面目标的几何定位，几何纠正的数据处理模型的输入参数（卫星轨道位置、姿态参数等），以及输出的坐标成果都在月球地理坐标系中。因而卫星的轨道位置在输入前要实现从 J2000.0 地心系向月球地理坐标系的转换。这一转换过程首先要实现 J2000.0 地心系向月心赤道坐标系的转换，然后再从月心赤道坐标系转换到月球地理坐标系。对于卫星姿态测量数据采用卫星质心坐标系，在数据之前要实现从卫星质心轨道坐标系向月球地理坐标系的转换。这一转换过程首先从卫星质心轨道坐标系转换到历元星心坐标系，最后转换到星球地理坐标系。

图 2.7 是实现深空测绘所需要涉及的时空间坐标系之间的转换流程。

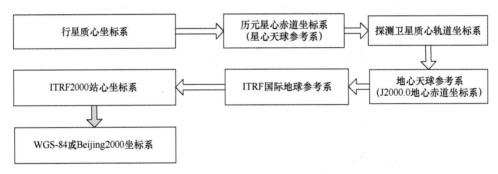

图 2.7　深空测绘时空坐标系之间的转换流程

下面将详细阐述几个重要坐标系的定义，推导国际地球参考系与地心天球参考系之间的转换公式、地固系与站心赤道坐标系之间的转换公式，以及卫星质心轨道坐标系与历元星心赤道坐标系之间的转换公式。

4. 赤道坐标系

为了测量天体的位置，必须有一个作为参考的坐标系。选定坐标系 $\{O;e_1,e_2,e_3\}$，需要做三件事：首先，选定坐标原点 O；其次，选定基本平面 $(e_1\ e_2)$，第三标架向量 e_3 垂直于基本平面，是它的法线；最后，在基本平面上选定基本方向，也就是第一标架向量 e_1 的方向。

通常的做法是根据观测地选择坐标系，取观测地为原点，地平面为基本平面，正南方向为基本方向，这样建立的坐标系叫做地平坐标系。地平坐标系的缺点是显而易见的：天极附近区域以外大多数天体的坐标由于天球的周日视运动而随时间快速变化。改进的办法是让坐标系脱离地面而和天球挂钩：选取看起来不动的北天极方向作为第三向量 e_3 的方向，如此得到的与 e_3 垂直的基本平面就是天球赤道面，坐标系叫赤道坐标系。如果仍然取正南方向为基本方向，那么天体的纬度不再改变，而经度仍然快速变化，这个坐标系叫第一赤道坐标系或时角坐标系。在时角坐标系中，天体与基本方向之间的夹角或经度随着时间的流逝而顺时针增加，因而选取第二向量的方向为向西，坐标系成为左手系。习惯上地平坐标系也是左手系，因此两个坐标系有着公共的第二方向，而由地平标架到时角标架的变换是绕第二轴逆时针旋转 90°−ϕ 角的一个转动，其中角 ϕ 为测站的地理纬度。天体在时角坐标系中的经度随时间增加，因而叫做时角，这也是时角坐标系名称的由来。

经度快速变化的原因是基本方向仍然与地面连接，为了把经度也固定下来，应该使基本方向与地面脱钩而指向某个天体。首选天体莫过于太阳，但太阳在天球上并不固定，绝大多数时间也不在基本面上，一年里只在春分和秋分两个时刻才穿过天赤道，从基本面的一侧进入另一侧。春分点幸运地被选中为基本方向，这样建立的坐标系叫做第二赤道坐标系，今后所说的赤道坐标系，指的就是第二赤道坐标系。这个坐标系还没有与地面完全脱钩，它的原点还在测站。不同测站有不同的原点，测量得到的天体坐标就会有叫做周日视差的差异。改进的办法是选取地球质心作为原点，这样一来，测量标准就统一了。地心赤道坐标系的第三方向就是地球自转轴的方向，它与天球相交于天极，与地球表面相交于地极。

时角坐标系与赤道坐标系有着共同的基本平面，只是第一方向不同。由于赤道坐标系是右手系，所以两者的第二方向相差 180°。赤道坐标系的第一方向指向春分点，所以春分点的时角成为联系两个坐标系和反映地球自转特性的重要物理量，叫做恒星时。显然，由时角标架到赤道标架的变换是绕第三轴顺时针旋转恒星时 ST，同时还要将第二向量取反。

另一种用得不多但很重要的坐标系是黄道坐标系，它的原点和第一标架向量与赤道坐标系相同，基本面是黄道面而非赤道面。这里所说的黄道面，严格地说是地月质心围绕太阳运动的轨道平面，而不是通常粗略而言的地球围绕太阳运动的轨道平面。因此由赤道标架到黄道标架的变换为绕第一轴逆时针旋转 ε 角，ε 角为黄道平面与赤道平面的夹角，叫做黄赤交角。

在赤道坐标系内测量，除了日月和行星之外其他天体的坐标，就基本上不变了，这也就是恒星一词中"恒"字的含义。说基本上不变，指的是古代精度不高的观测，在短期内难以察觉坐标的变化，但是变化毕竟还是存在的，这就是岁差。地球并不是一个正球体，而是一个赤道部分隆起，两极部分扁平的椭球体。它在空间中的运动类似于高速旋转的玩具陀螺，赤道隆起部分受到来自太阳和月亮引力的牵拉时不倒下，而是自转轴沿着一个圆锥面转动，这种运动叫做进动，如图 2.8 所示。圆锥面的对称轴就是黄道面的法线，指向黄极方向。地球自转轴绕黄道面法线旋转时，天球北极就沿半径 23.5° 的小圆围绕黄极旋转，赤道面随着旋转，春分点则沿黄道移动。这些转动都是顺时针方向的，转动一周的时间是 25800 年。这一现象在西方叫做进动（precesion），在中国叫做岁差。以上所说只是岁差的主要部分，由于其他行星的影响，黄道面本身还在缓慢转动，所以实际情形还要更复杂一点。现代精确的理论和观测所确定的黄经总岁差，也就是春分点沿黄道西移的速度在历元 J2000 是每世纪 5028.80 角秒，此值不是常数，每世纪还要增加 1.11 角秒。由此推算，在公元前 2 世纪伊巴谷时期为每百年 1.39°。

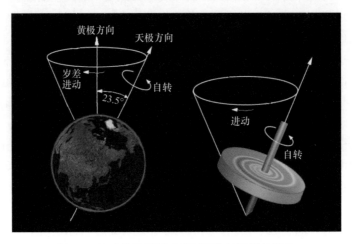

图 2.8　地球的岁差运动类似于旋转陀螺的进动

　　作为基本面的天赤道和决定基本方向的春分点都在运动，赤道坐标系的框架因而随着时间转动。对于日期 t，框架在空间中的方位是确定的，叫做瞬时真赤道坐标系，简称真赤道系。考虑了岁差影响的赤道框架，已经非常接近真赤道系，但它们之间还有非常复杂的短周期小振幅的相对变化。这种变化通常只有几个角秒，需要精密观测才能觉察，所以直到 1727 年才由英国天文学家布拉得雷（James Bradley，1693～1762 年）发现，叫做章动。周期最长，振幅最大的章动效应是月亮轨道平面围绕黄道面法线转动引起的，周期为 18.6 年，幅度为 17 角秒。只有同时考虑了岁差和章动效应的坐标系才是真赤道系，相应的基本平面和春分点叫做真赤道和真春分点。只考虑岁差不考虑章动的坐标系仅代表了真坐标系在一段时期里的平均位置，叫做平赤道坐标系。相应的基本平面和春分点叫做平赤道和平春分点。由于黄道坐标系和赤道坐标系公用由春分点确定的基本方向，上面关于"真"和"平"的界定对于黄道坐标系也是成立的。

5. 地球的轴和极、极移

　　考虑地球参考系和天球参考系之间的变换，必须首先理清轴和极的概念。描述地球的运动时，除了自转轴和形状轴之外，还有一个重要的轴就是角动量轴。角动量向量 H 在转动运动中的作用，有如动量向量在平动运动中的一样。如图 2.9 所示，O 为地心，T 为形状轴方向的单位向量，Ω 为角速度向量，如果把地球看作刚体，动力学上可以证明下列性质。

　　（1）地球的形状轴，自转轴和角动量轴（图 2.9 中的 OT、OR 和 OH 轴）共面。过向量 T 的端点 T 做平面垂直于 T，并与角动量轴和自转轴交于 H,R 两点，则 T，H,R 三点共线，而且三者之间的距离保持如下比例关系：

$$\frac{TH}{HR} = \frac{A}{C-A} = 304.4 \qquad (2\text{-}12)$$

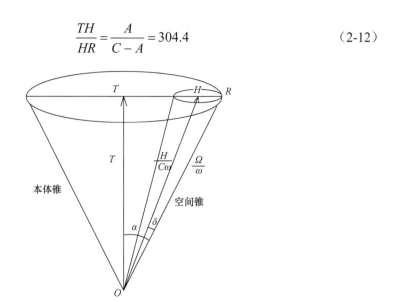

图 2.9   地球自转的空间锥和本体锥 $\omega = \Omega \cdot T$

根据观测，形状轴和自转轴间的夹角 $\alpha \cong 0.2$ 角秒，由此可以推得，角动量轴和自转轴间的夹角 δ 只有约 0.7 毫角秒。图 2.9 中为了看得清楚，大大夸大了这两个角度。

（2）在地心天球参考系中观察时，如果不考虑地球受到的外力作用，则角动量向量的大小和方向都保持不变；如果考虑地球受到的外力作用，则角动量向量做进动运动，这个运动在理论上是完全可以预报的。无论哪种情况，自转轴都绕角动量轴转动，其运动也可以从理论上预报。由于顶点 O 不动，其轨迹为一个锥面，叫做空间锥。由于共面关系，形状轴也随着绕角动量轴转动。

（3）在地球坐标系中观察时，形状轴保持不动，而动量矩轴围绕形状轴转动，轨迹也形成一个锥面，叫做本体锥。如果不考虑地球受到的外力作用，动量矩轴相对于形状轴的运动只取决于地球的动力学状态，迄今还无法准确预报；如果考虑地球受到的外力作用，那么还要增加由于外力作用而引起的运动即所谓受迫运动，这一部分运动是可以预报的。

（4）在地球坐标系中观察时，自转轴在围绕动量矩轴转动的同时，随动量矩轴绕形状轴转动，同时保持三者之间的共面关系。这相当于空间锥沿着本体锥的内表面纯滚动。

真赤道系的第 3 轴在下面所讨论的地天变换中起着关键的中介作用。图 2.10 画出了本体锥底面内的有关点和向量，形状轴和角动量轴分别与平面相交于极点 T 和 H。极 H 在地球参考系中的的位置由叫做极移的向量 ρ 确定。通过岁差章动和下面讨论真天变换已经完全确定了极 H 在天球参考系中的位置，如果再知道了极移，地天变换就大功告成。概括地说，起中介作用的极 H 把地极 T 的运动划分成了两部分：天文部分和地球部分。天文部分指的是极 H 相对于天球参考系的运动，即章动（包括岁差）；地球部分指的是极 H 相对于地球参考系的运动即极移。由于这个原因，这种在地天变换中起中介作用的轴和极，就叫做中间轴和中间极。

动力学进一步证明，对于刚体地球，极移有两个分量：

$$\rho = \rho_E + \rho_F \qquad (2\text{-}13)$$

式中，ρ_E 为假定地球不受外力作用时就存在的自由分量，是不可预报的；ρ_F 为地球受到日月引力作用产生的受迫分量，是可以预报的。杰弗雷斯（H. Jeffreys）和阿特金森（Atkinson）先后在 1963 年和 1975 年提出，采用图 2.10 中的 N 点作为中间极，称为天球历书极（CEP）。这样一来，就能完全分离地极运动的可预报部分和不可预报部分，周日受迫极移也被归入天文章动，不再是极移的组成部分。无论从天球参考系还是从地球参考系观察，天球历书极都没有周期接近一日的运动。

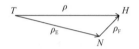

图 2.10　本体锥底面

　　天球历书极的采用推动了理论的发展，对于极移和章动的周日和半日项的研究达到了微角秒精度；同时观测精度和时间分辨率也不断提高，GPS 和改进的 VLBI 观测已能将天球历书极的位置确定到亚毫角秒精度。这些进入研究者视野的新运动带来了新问题，提出了改进天球历书极定义的要求。天球历书极在实践上是由所采用的章动级数实现的。观测和理论精度的提高，在章动和极移之间产生了模糊带，如极移的潮汐变化、日月引力引起的半日章动项等，都在这个模糊带中，它们既可以解释为章动，也可以解释为极移，只取决于中间极位置的选择。如图 2.11 所示，C 为天球参考系的极，T 为地球参考系的极，介于两者之间的中间极 N 的位置，根据 1996 章动模型可以安排在从 N 到 N'' 之间任何位置，不同的安排意味着对这部分章动和极移的不同划分。表 2.2 列出了中间极最主要的周日和亚周日章动，它们既可以在天球参考系中看作章动，也可以在地球参考系中看作极移，当然由于地球自转的影响，两者的周期是不同的。表 2.2 中所列幅角中 Φ 为格林尼治平恒星时与一迟延项之和。

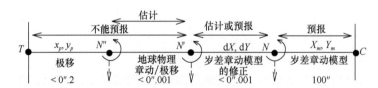

图 2.11　章动和极移之间的模糊带

表 2.2　主要周日和亚周日章动的周期和振幅（微角秒）及其对应的极移项

幅角（在天球参考系中）						周期（天球参考系）	周期（地球参考系）	振幅/μas	
Φ	l	l'	F	D	Ω			sin	cos
1	0	0	−1	0	−1	1.03305	−27.3216	15.6	2.0
1	1	0	−1	0	−1	0.99758	−3231.496	12.2	2.1
1	−1	0	1	0	1	0.99696	3231.496	−15.8	−3.0
1	0	0	1	0	1	0.96215	27.3216	16.6	2.0
2	0	0	−2	0	−2	0.51753	1.07581	11.3	−6.5
2	0	0	0	0	0	0.49863	0.99727	−14.0	8.0

注：表中数据取自 Folgueira 等（2001）。

IERS 规范在高频范围内改进了天球历书极的定义，并正式命名为天球中间极（CIP）。新定义明确，天球中间极在天球参考系（CRS）中的运动主要由作用于地球的外力矩引起，只包含周期大于 2 日（频率不大于每恒星日 ±0.5 次）的长周期部分。在地球参考系（TRS）中观察，这部分运动的频率为–1.5～–0.5（即逆行周日频带），在此频带之外的所有高频运动，全部归于极移，如图 2.12 所示。同一运动在 CRS 和 TRS 中观察时的频率相差–1，是由于地球的周日自转引起的。

图 2.12　章动和极移的频带划分

结合下文介绍的岁差、章动和真天变换，可以确定所说真赤道系的极轴是地球自转轴，只是一种权宜的近似说法。由于那时引用的章动模型已经是 IAU2000 章动模型，遵守的是 IERS 2000 规范，因此真赤道系的极轴应该是天球中间极，而真赤道也应该是中间赤道。

6. IERS 地球参考系

1）通用地球参考系统

理想的地球参考系统（TRS）定义为一个与地球紧密结合并一起转动的三面体，这样的参考三面体就是欧氏三维仿射（Affine）空间的欧氏仿射框架(O, E)，O 是空间一个点，称为原点。E 是关联的矢量空间的一个基础，采用的是右手、直角、基本矢量等长的规定。和基本矢量共线的 3 套单位矢量就表示了 TRS 的方向，而这些矢量的公共长度就是 TRS 的比例尺。

通用地球参考系统（CTRS）是由系统的原点、比例尺、定向，以及它们的时变量的有关规范、算法和常数来定义。其特点是：①原点位于（接近）地球质心（地心）；②定向于赤道；③Z 轴指向极；④比例尺应接近于 SI（国际单位系统）的米（m）。除了笛卡儿坐标系，还可以使用其他坐标系，如地理坐标系。

2）通用地球参考框架

通用地球参考框架（CTRF）由一组物理点定义，这些点在特定的坐标系统内具有被精确测定的坐标。CTRF 是理想的 CTRS 的实现。当前有动力的和动态的两种类型的坐标框架，两者的不同之处在于求定坐标时是否采用动力学模型。

3）国际地球参考系

A. 国际地球参考系统（international terrestrial reference system，ITRS）的定义

按 IUGG 的决议（No.2，维也纳，1991），IERS 负责对 ITRS 进行定义、实现和改进。该决议中建议 TRS 有如下定义：

（1）通用地球参考系统的定义，它是空间旋转的（从地球外部看）、地心非旋转的

（在地球上看）似笛卡儿系统；

（2）地心非旋转系和 IAU 决议所定义的地心参考系（GRS）是等同的；

（3）CTRS 和 GRS 的坐标时是地心坐标时（TCG）；

（4）该坐标系统的原点是地球质量（包括陆地、海洋和空气）的中心；

（5）相对于地表的水平位移而言，该系没有全球性的残余旋转。

B. 国际地球参考系统应满足的条件

（1）坐标原点是地心，它是整个地球（包含海洋和大气）的质量中心；

（2）长度单位为 m。这一比例尺和地心局部框架的 TCG 时间坐标保持一致，符合 IAU 和 IUGG1991 年的决议，它是由相应的相对论模型得到的；

（3）Z 轴从地心指向国际时间局（BIH）1984.0 定义的协议地球极（CTP）；

（4）X 轴从地心指向格林尼治平均子午面与 CTP 赤道的交点；

（5）Y 轴与 XOZ 面垂直而构成右手坐标系；

（6）在采用相对于整个地球的水平板块运动没有净旋转的条件下，确定方向的时变。

4）国际地球参考框架

国际地球参考框架（international terrestrial reference frame，ITRF）通过 IERS 建立。建立一个高精度的完整的 ITRF，需要某些地区、国际组织基准网的综合处理。ITRF 的历史可以追溯到1984年，最初的 TRF 称之为 BTS84，是 BIH 通过 MERIT 计划利用 VLBI、LLR、SLR 和 DOPPLER/TRANSIT（GPS 前身）观测得到的，完成了 3 个连续的 BTS 后，以 BTS87 结束。1988 年 IUGG 和 IAU 共同创建了 IERS。IERS 建立的地球参考框架称之为 ITRF，目前已经发布了 10 个版本的 ITRF，分别为 ITRF88～ITRF94、ITRF96、ITRF97 和 ITRF2000。

目前 ITRF2000 是所有天文、地球科学应用的标准。ITRF 的主测站由 VLBI、LLR、SLR、GPS 和 DORIS 技术进行观测，并由阿拉斯加、南极洲、亚洲、欧洲、南北美洲和太平洋局域 GPS 进行加密，最后由不同技术实现的局部参考系使用可去约束、弱约束或最小二乘约束建立起来。ITRF2000 有以下特征：

（1）ITRF2000 的尺度是通过把 ITRF2000 与 VLBI、SLR 实现的地球参考系之间的尺度及其时间演化设置为零来实现，不同于 ITRF97 采用的 TCG 时间尺度，ITRF2000 采用的是 TT 时间尺度；

（2）ITRF2000 原点是通过把 ITRF2000 和 SLR 实现的参考架之间的平移参数及其时间导数的加权平均设置为零来确定；

（3）ITRF 的定向及其随时间演化在历元 1997.0 时与 ITRF97 保持一致，仍然采用 NNRNUVEL-1A 板块运动模型。

7. IERS 天球参考系统

1）国际天球参考系

IAU 决议 A4 （1991）在基于对以上所述的天球参考系的定义的基础上，对新的规范的天球参考系明确建议：

（1）其原点位于太阳系的质心；

（2）它的轴的方向相对于遥远的河外射电源是固定的；

（3）该天球参考系的基本平面应该尽可能靠近 J2000.0 的平赤道面；

（4）该基本平面的赤经原点应该尽可能靠近 J2000.0 动力学春分点。

在假定可见的宇宙无旋转、遥远的河外源在惯性参考架中无整体运动、源的残余相对运动小到可忽略的前提下（这些假定对目前的观测精度而言，是正确的），并考虑到利用甚长基线干涉测量技术（VLBI）能以好于角分的精度水平确定河外源的位置，决议确定选择一组河外射电源的精确位置来实现这种天球参考系。按以上定义，这种参考系并不取决于地球自转，也不取决于黄道的极。它的基本面和经度起算点经最初确定后，完全脱离太阳系动力学。

国际天球参考系（international celestial reference system，ICRS）的原点在太阳系质心，实际应用中常常需要把坐标原点平移到地球质心，这样得到的坐标系叫地心天球参考系（GCRS）。这两个系统所用的时间尺度是不同的，国际天球参考系使用的是质心力学时 TDB；地心天球参考系使用的是地球力学时 TT。两个尺度的时间只有幅度为 1.7ms 的周年差，通常情况下可以忽略不计。

2）国际天球参考框架

国际天球参考系是由一组测定了精密坐标的河外射电源的具体实现，这组射电源就叫做国际天球参考框架（international celestial reference frame，ICRF）。组中包括三类射电源。第一类观测期长，位置精度高，叫定义天体，用于维持框架；现有 212 个，分布在全天，如图 2.13 所示，位置精度好于 ±0.4 毫角秒。第二类精度稍差，叫候选天体，随着观测数据的增加今后有望升格为定义天体。第三类精度虽不很高，在和其他框架连接的时候却有用，叫其他天体。

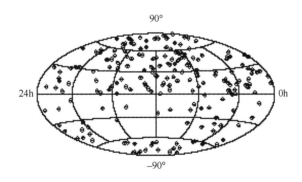

图 2.13　ICRF 定义天体的全天分布

从 1988 年至今，IERS 每年根据各分析中心提供的射电源表，通过数学方法进行综合，给出一本综合射电源表，用以定义和实现天球参考架，并维持天球参考架的稳定，自 1993 年以来指向精度一直稳定在几十微角秒的量级。1999 年 4 月利用 VLBI 观测数据建立的天球参考框架称之为 ICRF-Ext.1。该参考架中定义天体的位置和误差从最初实现 ICRF 至今一直没有变化，212 颗定义天体的中误差分别是：赤经为 ±0.35mas、赤纬为 ±0.40mas。在假设射电源没有自行且相对于空间没有整体性旋转的情况下，不同天球参考系之间旋转参数的离散性表明，在 ±0.02mas 的精度上由河外射电源实现的天球参考架是稳定的。另外，在建立射电源参考架时，必须对候选天体和其他天体的位置和误差进行重新计算并列于星表中。目前星表中三类天体的总数已达 667 个，今后还会继续增加。

载有恒星精密位置和自行数据的星表虽然不宜用来定义天球参考系，但可以作为它的光学实现。1991 年 IAU 指定当时最精密的 FK5 星表充当天球参考系的临时实现，1997 年又决定以更加精密的依巴谷（Hipparcos）星表取代替 FK5 星表。依巴谷星表是依巴谷天体测量卫星在太空中三年半时间工作的成果。依巴谷卫星的英文全名是 high precision parallax collecting satellite（高精度自行采集卫星），取每个单词的前一个或几个斜体字母，就组成了缩写的名字 Hipparcos，与古希腊天文学家依巴谷的名字 Hipparchus 只差最后几个字母。依巴谷星表给出了 118000 颗恒星在历元 1991.25 时的 ICRS 赤道坐标和自行、光行差数据，位置精度好于一个毫角秒。

类似地，给定太阳系天体精密位置的 DE 405 /LE 405 行星月球历表被 IAU 指定作为天球参考系的动力学实现。

8. 星心坐标系（以月心坐标系为例）

讨论行星探测卫星的运动，通常选取行星心赤道坐标系。以月球卫星为例，为了与地心天球参考系（J2000.0 地心赤道坐标系）相联系，可选择历元月心赤道坐标系。参考 J2000 地心天球参考系的定义，可定义月心坐标系统为：

（1）坐标原点是月心，它是整个月球的质量中心；

（2）它的轴的方向相对于遥远的河外射电源是固定的；

（3）该天球参考系的基本平面应该尽可能靠近 J2000.0 的月球平赤道面；

（4）该基本平面（月球平赤道面）的 x 方向是 J2000.0 平春分点按弧 YN 在月球赤道上的投影方向。

为了描述月球表面物体的位置、月球表面的三维结构并分析和应用遥感手段获取月球表面的数据，必须建立月球空间坐标参考系统。和建立地球空间参考系统一样，同样要解决与行星坐标系、行星椭球体、投影基准面、星图投影等有关的问题。

9. 卫星星体坐标系统

卫星星体坐标系原点卫星质心，根据不同的坐标轴指向可分为以下五种类型：

（1）卫星惯性坐标系：坐标原点位于卫星质心，坐标轴向与地心赤道惯性坐标系平行；

（2）卫星轨道坐标系：坐标原点位于卫星质心，Z 轴由卫星质心指向地心，X 轴在轨道面内指向卫星运动方向，Y 轴与 X、Z 轴构成右手系；

（3）太阳-黄道坐标系：以太阳黄道面为坐标平面，X 轴指向太阳圆盘中心，Z 轴指向黄极，Y 轴与 XZ 面构成左手空间直角坐标系；

（4）星心-太阳坐标系：以卫星-行星-太阳平面为坐标平面，Z 轴在此平面内并指向行星心，X 轴在此平面内与 Z 轴垂直且朝向太阳方向为正，Y 轴与 XZ 垂直且构成左手直角坐标系；

（5）卫星质心坐标系：原点为卫星质心，三轴平行于整星机械坐标系的对应轴。

2.2.2　常用空间坐标系统之间的转换

传统测绘的研究主要对象是地球，获取的数据是地球表面的空间信息，这些信息都在地球坐标系内描述。深空测绘的主要研究对象是远离地球的星体，需要测绘的是这些星体的空间位置、运动规律，以及星体表面的各种形貌数据。星体在空间的位置和运动规律需要在天球坐标系中来描述，而测绘星体表面的形貌数据，首先必须基于与星体固联的星体坐标系。为了实现深空测绘数据成果的无缝转换和统一管理，必须研究深空测绘中涉及的时空坐标系之间的转换算法。

1. 天地变换—地球质心天球参考系至国际地球参考系转换

国际天球参考系的原点在太阳系质心，实际应用中常常需要把坐标原点平移到地球质心，得到地球质心天球参考系。这两个系统所使用的时间尺度是不同的，国际地球参考系采用的是质心力学时，地心天球参考系使用的是地球力学时。由于两个时间尺度只有幅度为 1.7ms 的周年差，本书在此忽略不计。

IERS 给出了国际地球参考系到地球质心天球参考系坐标转换的两个等价过程。第一过程可称为经典地天变换，是基于春分点实现瞬时 t 的中间参考系，使用转换矩阵 $R(t)$ 中的格林尼治恒星时（GST）和转换矩阵 $Q(t)$ 中的标准岁差章动参数。第二过程称为基于无转动原点的地天变换，该变换基于"非旋转原点"（NRO）实现瞬时 t 的中间参考系，使用"地球自转角"（ERA），以及转换矩阵 $Q(t)$ 中 GCRS 的两个天球参考系。本书将对这两个等价的转换过程进行详细推导。

1）经典天地变换

图 2.14 表示了实现地球质心天球参考系到国际地球参考系的经典转换过程。流程可分为两大步骤：第一步为地球质心天球参考系到瞬时真赤道坐标系的转换，本书称之为真天变换；第二步为瞬时真赤道系到国际地球参考系的变换，本书称之为地真变换。其中瞬时真赤道坐标系本书又称之为瞬时历元的中间参考系，在转换过程中起到中介作用，以建立天地参考系之间的联系。

图 2.14　经典天地变换流程

A. 历元偏置变换

根据定义，国际天球参考系只是十分接近 J2000.0 平赤道系，两者间仍然有微小的旋转，对于高精度应用不能忽略。本书将 J2000.0 平赤道系称为历元平赤道系。如图 2.15所示，记国际天球参考系为 $\{O; e_1, e_2, e_3\}$，历元平赤道系为 $\{O; \overline{e}_1, \overline{e}_2, \overline{e}_3\}$。两个参考系之间的变换可以用三个量确定：$(\xi_0 \quad \eta_0)$ 是历元平天极向量在国际天球参考系中的坐标，

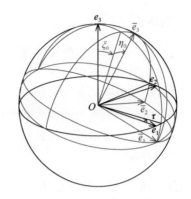

图 2.15 历元偏置变换

也是两个天极在第一和第二坐标轴方向上的角距离,叫历元平天极偏置,确定了历元平赤道的位置;$\mathrm{d}\alpha_0$ 是历元平春分点在国际天球参考系中的赤经,叫春分点偏置,确定了历元平春分点的位置。从国际天球参考系标架到历元平赤道系标架的变换,可分别绕三个坐标轴的三次基本旋转实现。其变换公式为

$$(\bar{e}_1 \quad \bar{e}_2 \quad \bar{e}_3) = (e_1 \quad e_2 \quad e_3)B \tag{2-14}$$

$$
\begin{aligned}
B &= R_1(\eta_0)R_2(-\xi_0)R_3(-\mathrm{d}\alpha_0) \\
&= \begin{bmatrix} 1 & 0 & 0 \\ 0 & \cos\eta_0 & -\sin\eta_0 \\ 0 & \sin\eta_0 & \cos\eta_0 \end{bmatrix} \begin{bmatrix} \cos{-\xi_0} & 0 & \sin\xi_0 \\ 0 & 1 & 0 \\ \sin{-\xi_0} & 0 & \cos{-\xi_0} \end{bmatrix} \begin{bmatrix} \cos{-\mathrm{d}\alpha_0} & \sin\mathrm{d}\alpha_0 & 0 \\ -\sin\mathrm{d}\alpha_0 & \cos\mathrm{d}\alpha_0 & 0 \\ 0 & 0 & 1 \end{bmatrix}
\end{aligned} \tag{2-15}
$$

式中,$(\mathrm{d}\alpha_0, \xi_0, \eta_0)$ 三个参数与时间无关,IERS2003 规范给出的值为

$$
\begin{aligned}
\mathrm{d}\alpha_0 &= (-0.01460 \pm 0.00050)'' \\
\xi_0 &= (-0.0166170 \pm 0.00001)'' \\
\eta_0 &= (-0.0068192 \pm 0.00001)''
\end{aligned} \tag{2-16}
$$

B. 历平变换——J2000.0 平赤道系到瞬时平赤道系变换(岁差改正)

讨论 J2000.0 历元地心平赤道系到时间 t 的平赤道系的变换,应取历元时刻 J2000.0 作为计时起点,时间单位取为儒略世纪。对于任一单位为日的地球力学时 TT,按公式转化为从 J2000.0 开始的儒略世纪数 t,作为转换所需的时间变量:

$$t = (\mathrm{TT} - \mathrm{J2000.0})/36525 \tag{2-17}$$

记 J2000.0 平赤道系为 $\{O; \bar{e}_1, \bar{e}_2, \bar{e}_3\}$,日期 t 的平赤道系为 $\{O; e'_1, e'_2, e'_3\}$,由 J2000.0 平赤道系到平赤道系的变换可以写为

$$(e'_1 \quad e'_2 \quad e'_3) = (\bar{e}_1 \quad \bar{e}_2 \quad \bar{e}_3)P(t) \tag{2-18}$$

式中,旋转矩阵 $P(t)$ 叫做岁差矩阵。如历元偏置变换所述,岁差矩阵可由三个基本旋转矩阵构成,但物理意义不明确。2003 年日本天文学家福岛登纪夫(T. Fukushima)提出了一种物理意义明确的四旋转变换,为 IAU2000 岁差章动模型采用。

如图 2.16 所示,黑色表示的坐标系 $\{O; \bar{e}_1, \bar{e}_2, \bar{e}_3\}$ 为历元(J2000.0)平赤道系,黑色水平大圆为历元(J2000.0)平赤道,蓝色表示的坐标系 $\{O; e'_1, e'_2, e'_3\}$ 为日期 t 的平赤道系,

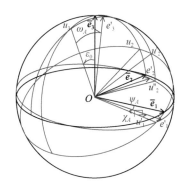

图 2.16　岁差的四旋转变换

蓝色大圆为日期 t 的瞬时平赤道，四旋转变换的关键是借助了历元黄道，其中以红色倾斜大圆表示。四个变换步骤为：

（1）$\{\overline{e}_1,\overline{e}_2,\overline{e}_3\}$ 绕第一轴 $\overline{e}_1$ 逆时针旋转 ε_0 角至 $\{\overline{e}_1,u_2,u_3\}$：

$$\begin{pmatrix}\overline{e}_1 & u_2 & u_3\end{pmatrix}=\begin{pmatrix}\overline{e}_1 & \overline{e}_2 & \overline{e}_3\end{pmatrix}R_1(-\varepsilon_0)=\begin{pmatrix}\overline{e}_1 & \overline{e}_2 & \overline{e}_3\end{pmatrix}\begin{bmatrix}1 & 0 & 0 \\ 0 & \cos\varepsilon_0 & \sin\varepsilon_0 \\ 0 & -\sin\varepsilon_0 & \cos\varepsilon_0\end{bmatrix}\quad（2\text{-}19）$$

式中，ε_0 为历元黄赤交角；$(\overline{e}_1,u_2)$ 在历元黄道面上；u_3 指向历元黄极。

（2）$\{\overline{e}_1,u_2,u_3\}$ 绕第三轴 u_3 在历元黄道面上顺时针旋转 ψ_A 角至 (u_1',u_2',u_3)，ψ_A 角是天体黄经增加的角度，叫做黄经岁差。黄经岁差是由日月引力引起的。有

$$\begin{pmatrix}u_1' & u_2' & u_3\end{pmatrix}=\begin{pmatrix}\overline{e}_1 & u_2 & u_3\end{pmatrix}R_3(\psi_A)=\begin{pmatrix}\overline{e}_1 & u_2 & u_3\end{pmatrix}\begin{bmatrix}0 & \cos\psi_A & -\sin\psi_A \\ 0 & \sin\psi_A & \cos\psi_A \\ 0 & 0 & 1\end{bmatrix}\quad（2\text{-}20）$$

（3）(u_1',u_2',u_3) 绕第一轴 u_1' 顺时针旋转 ω_A 角至 (u_1',u_2'',e_3')，基本平面转到了瞬时平赤道面 $(u_1'\ u_2'')$，ω_A 是瞬时平赤道面与历元黄道面的交角。有

$$\begin{pmatrix}u_1' & u_2'' & e_3'\end{pmatrix}=\begin{pmatrix}u_1' & u_2'' & u_3\end{pmatrix}R_1(\omega_A)=\begin{pmatrix}u_1' & u_2'' & u_3\end{pmatrix}\begin{bmatrix}1 & 0 & 0 \\ 0 & \cos\omega_A & -\sin\omega_A \\ 0 & \sin\omega_A & \cos\omega_A\end{bmatrix}\quad（2\text{-}21）$$

（4）(u_1',u_2'',e_3') 绕第三轴 e_3' 逆时针旋转 χ_A 角至 (e_1',e_2',e_3')，χ_A 角是天体赤经减少的角度，叫做赤经岁差，是又行星引力引起黄道面转动产生的。有

$$\begin{pmatrix}e_1' & e_2' & e_3'\end{pmatrix}=\begin{pmatrix}u_1' & u_2'' & e_3'\end{pmatrix}R_3(-\chi_A)=\begin{pmatrix}u_1' & u_2'' & e_3'\end{pmatrix}\begin{bmatrix}\cos-\chi_A & \sin\chi_A & 0 \\ -\sin\chi_A & \cos\chi_A & 0 \\ 0 & 0 & 1\end{bmatrix}\quad（2\text{-}22）$$

以上绕第一轴和第三轴各两次，共四次旋转，将历元（J2000.0）平赤道坐标系变换到了瞬时平赤道坐标系，结合以上四式得

$$\begin{pmatrix}e_1' & e_2' & e_3'\end{pmatrix}=\begin{pmatrix}\overline{e}_1 & \overline{e}_2 & \overline{e}_3\end{pmatrix}P(t)=\begin{pmatrix}\overline{e}_1 & \overline{e}_2 & \overline{e}_3\end{pmatrix}R_1(-\varepsilon_0)R_3(-\psi_A)R_1(\omega_A)R_3(-\chi_A)\quad（2\text{-}23）$$

式中，$P(t)$ 即为岁差矩阵的四旋转变换式。

Capitaine 等（2003）在 J.H. Lieske 1977 年工作的基础上于 2003 年给出了四旋转法岁差参数的分析表达式：

$$\psi_A = 5038.47875''t - 1.07259''t^2 - 0.001147''t^3$$
$$\omega_A = \varepsilon_0 - 0.02524''t + 0.05127''t^2 - 0.007726''t^3$$
$$\varepsilon_A = \varepsilon_0 - 46.84024''t - 0.00059''t^2 + 0.001813''t^3 \qquad （2\text{-}24）$$
$$\chi_A = 10.5526''t - 2.38064''t^2 - 0.001125''t^3$$

式中，$\varepsilon_0 = 84381.448''$ 为历元（J2000.0）平黄赤交角；ε_A 为瞬时平赤道面与瞬时黄道面的交角，称为瞬时平黄赤交角。由式（2-24）计算得到的岁差量的精度，在四个世纪内不超过 1 个微角秒（10^{-6} 角秒）。岁差虽然是周期运动，但周期长达 26000 年，对于几百年乃至上千年的应用，可以近似表达为时间 t 的多项式。

C. 平真变换——瞬时平赤道坐标系到瞬时真赤道坐标系的变换（章动改正）

通过岁差矩阵 $P(t)$ 由历元（J2000.0）平赤道参考系 $\{O; \overline{e}_1, \overline{e}_2, \overline{e}_3\}$ 变换得到了日期 t 的平赤道系 $\{O; e_1', e_2', e_3'\}$，现设日期 t 的真赤道系为 $\{O; e_1'', e_2'', e_3''\}$，由平赤道系到真赤道系的坐标系变换可以写为（图 2.17）

$$\begin{pmatrix} e_1'' & e_2'' & e_3'' \end{pmatrix} = \begin{pmatrix} e_1' & e_2' & e_3' \end{pmatrix} N(t) \qquad （2\text{-}25）$$

式中，$N(t)$ 为章动旋转矩阵。以上变换简称为平真变换。如图 2.17 所示，黑色表示的坐标系 $\{O; e_1', e_2', e_3'\}$ 为日期 t 的平赤道坐标系，黑色水平大圆为历元平赤道，蓝色表示的坐标系为瞬时真赤道坐标系 $\{O; e_1'', e_2'', e_3''\}$，蓝色近水平大圆为瞬时真赤道，红色大圆为黄道，由平赤道坐标系 $\{O; e_1', e_2', e_3'\}$ 到真赤道坐标系 $\{O; e_1'', e_2'', e_3''\}$ 的变换可借助黄道经三次基本旋转实现：

（1）(e_1', e_2', e_3') 绕第一轴 e_1' 逆时针旋转角度 ε_A 到 (e_1', u_2, u_3)，基本平面转至黄道面，变换矩阵为 $R_1(-\varepsilon_A)$；

（2）(e_1', u_2, u_3) 绕第三轴 u_3 在黄道面内顺时针旋转角度 $\Delta\psi$ 到 (e_1'', u_2', u_3)，变换矩阵为 $R_3(\Delta\psi)$；

（3）(e_1'', u_2', u_3) 绕第一轴 e_1'' 顺时针旋转角度 $\varepsilon_A + \Delta\varepsilon$ 到 (e_1'', e_2'', e_3'')，变换矩阵为

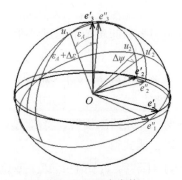

图 2.17　平真变换

$R_1(\varepsilon_A + \Delta\varepsilon)$，由此可得

$$\left(e_1'' \ e_2'' \ e_3''\right) = \left(e_1' \ e_2' \ e_3'\right)N(t) = \left(e_1' \ e_2' \ e_3'\right)R_1(-\varepsilon_A)R_1(\varepsilon_A + \Delta\varepsilon)R_3(\Delta\psi) \qquad (2\text{-}26)$$

参数 ε_A 的表达式由式（2-27）给出，$\Delta\psi$ 和 $\Delta\varepsilon$ 分别表示黄经章动和倾角章动，可用若干正弦和余弦函数的和来表示。其表达式如下：

$$\Delta\psi = \Delta\psi_p + \sum_{i=1}^{77}\left[\left(A_{i1} + A_{i2}t_i\right)\sin\alpha_i + A_{i3}\cos\alpha_i\right] \qquad (2\text{-}27)$$

$$\Delta\varepsilon = \Delta\varepsilon_p + \sum_{i=1}^{77}\left[\left(A_{i4} + A_{i5}t_i\right)\cos\alpha_i + A_{i6}\sin\alpha_i\right] \qquad (2\text{-}28)$$

式中，$\Delta\psi_p = -0.135$；$\Delta\varepsilon_p = 0.388$。这两项是行星的长周期项，单位为毫角秒。式中的求和符号"Σ"表示的是 77 个正弦余弦项的和，每一项都是一个正弦项和一个余弦项相加。黄经章动的正弦项和倾角章动的余弦项的系数是时间的线性函数，由两个系数确定；另一项只需要一个系数。总共需要的常数系数是 462 个。

幅角 α_i 可以表示成 5 个与太阳月亮位置有关的基本幅角的线性组合的形式：

$$\begin{aligned}\alpha_i &= \sum_{k=1}^{5} n_{ik}F_k \\ &= n_{i1}l + n_{i2}l' + n_{i3}F + n_{i4}D + n_{i5}\Omega \qquad (i = 1,\cdots,77)\end{aligned} \qquad (2\text{-}29)$$

$n_{ij}(i=1,\cdots,77, j=1,\cdots,5)$ 是整数，5 个与太阳月亮位置有关的基本幅角的表达式为

$$\begin{aligned}
F_1 &\equiv l = 134.96340251° + 1717915923.2178''t \\
F_2 &\equiv l' = 357.52910918° + 129596581.0481''t \\
F_3 &\equiv F = 93.27209062° + 1739527262.8478''t \\
F_4 &\equiv D = 297.85019547° + 1602961601.2090''t \\
F_5 &\equiv \Omega = 125.04455501° - 6962890.5431''t
\end{aligned} \qquad (2\text{-}30)$$

它们的物理意义分别是：

太阳平近点角 l'，表示地月质心在轨道上相对于近日点的平位置；

月亮平近点角 l，表示月亮在轨道上相对于近地点的平位置；

月亮平升交点角距 F，表示月亮在轨道上相对于升交点的平位置；

日月平角距 D，表示日月相对平位置；

月亮升交点平黄经 Ω，表示月亮轨道的空间方位。

表 2.3 和表 2.4 仅列出 $i = 1 \sim 10$ 的数据供参考。需要提一下的是，式（2-20）中各量在版本 B 中截断表示为如上时间 t 的线性函数，而在版本 A 中，由于要求的精度高出三个数量级，表示为时间 t 的 4 次多项式。

D. 真地变换——瞬时真赤道坐标系到国际地球参考系的变换

记国际地球参考系为 $\{O; e_1''', e_2''', e_3'''\}$，由真赤道系 $\{O; e_1'', e_2'', e_3''\}$ 到地球系之间的转换可以式（2-31）表示（图 2.18）：

$$\left(e_1''' \ e_2''' \ e_3'''\right) = \left(e_1'' \ e_2'' \ e_3''\right)R(-\text{GAST})W(t) \qquad (2\text{-}31)$$

表 2.3　章动量级数前 10 项幅角的系数

i	n_{i1}	n_{i2}	n_{i3}	n_{i4}	n_{i5}
1	0	0	0	0	1
2	0	0	2	−2	2
3	0	0	2	0	2
4	0	0	0	0	2
5	0	1	0	0	0
6	0	1	2	−2	2
7	1	0	0	0	0
8	0	0	2	0	1
9	1	0	2	0	2
10	0	−1	2	−2	2

表 2.4　章动量级数前 10 项的系数　　　　　　　　（单位：毫角秒）

i	A_{i1}	A_{i2}	A_{i3}	A_{i4}	A_{i5}	A_{i6}
1	−17206.4161	−17.4666	3.3386	9205.2331	0.9086	1.5377
2	−1317.0906	−0.1675	−1.3696	573.0336	−0.3015	−0.4587
3	−227.6413	−0.0234	0.2796	97.8459	−0.0485	0.1374
4	207.4554	0.0207	−0.0698	−89.7492	0.0470	−0.0291
5	147.5877	−0.3633	1.1817	7.3871	−0.0184	−0.1924
6	−51.6821	0.1226	−0.0524	22.4386	−0.0677	−0.0174
7	71.1159	0.0073	−0.0872	−0.6750	0.0000	0.0358
8	−38.7298	−0.0367	0.0380	20.0728	0.0018	0.0318
9	−30.1461	−0.0036	0.0816	12.9025	−0.0063	0.0367
10	21.5829	−0.0494	0.0111	−9.5929	0.0299	0.0132

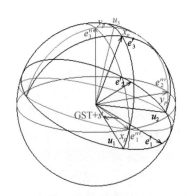

图 2.18　真地变换

式中，$W(t)$ 的表达形式为

$$W(t) = R_3(-s') R_2(x_p) R_1(y_p) \qquad (2-32)$$

历元 t_0 到 t 之间 ITRS 中相应的 NRO 的运动是由 s' 计算得到的。在 2003 年 1 月 1 日以前的经典转换中 s' 的值忽略不计，但对于"瞬时本初子午线"的精确实现需提供其量值。s' 的单位为微角秒，其表达式是坐标 x_p 和 y_p 的函数：

$$s'(t) = \frac{1}{2} \int_{t_0}^{t} (x_p \dot{y}_p - \dot{x}_p y_p) \mathrm{d}t \qquad (2\text{-}33)$$

但由于 x_p 和 y_p 不能事先知道，而 s' 的量级又很小，因此可以用下面的线性公式代替：

$$s' = -47t \qquad (2\text{-}34)$$

式中，另外两个旋转角 x_p 和 y_p 为天球中间极（CIP）在地球坐标系（ITRS）中的极坐标，亦即向量 e_3'' 在地球坐标系内的第一坐标和第二坐标。

转换矩阵 $R(-\mathrm{GAST})$ 中的 GAST 称为格林尼治真恒星时。由于国际地球参考系 $\{O; e_1''', e_2''', e_3'''\}$ 的基本向量 e_1''' 在参考系赤道平面上指向零经度线——本初子午线方向。真赤道系 $\{O; e_1'', e_2'', e_3''\}$ 的基本向量 e_1'' 在真赤道面上指向真春分点方向。由于地球的自转，在地球参考系中观测时，春分点随天球按顺时针方向（从东向西），向量 e_1'' 和本初子午线方向在真赤道平面上的夹角随之变化。这个夹角就是真春分点的时角——格林尼治真恒星时（GAST）。记 t 为从历元 J2000.0 开始的儒略世纪数，则 t 时刻的格林尼治真恒星时可以表达为

$$\begin{aligned}
\mathrm{GAST} = {}& \theta + 4612''.157482t + 1''.39667841t^2 - 0''.00009344t^3 + 0''.00001882t^4 \\
&+ \Delta\psi\cos\varepsilon_A - \sum_{i=1}^{33} C_i \sin\alpha_i - 0''.002012
\end{aligned} \qquad (2\text{-}35)$$

式中，$\Delta\psi\cos\varepsilon_A$ 为经典的"二均差"；C_i 为振幅；α_i 为幅角。幅角 α_i 可以表示成 8 个与太阳月亮和行星位置有关的基本幅角的线性组合的形式：

$$\begin{aligned}
\alpha_i = {}& n_{i1}l + n_{i2}l' + n_{i3}F + n_{i4}D + n_{i5}\Omega \\
&+ n_{i6}L_{VE} + n_{i7}L_E + n_{i8}p_A
\end{aligned} \qquad (i=1,\cdots,33) \qquad (2\text{-}36)$$

式中，前 5 个参数已经在式（2-30）中给出，后三个参数分别为金星、地球的平黄经和黄经总岁差，单位为弧度，表达式为

$$\begin{aligned}
L_{\mathrm{VE}} &= 3.176146697 + 1021.3285546211t \\
L_{\mathrm{E}} &= 1.753470314 + 628.3075849991t \\
p_{\mathrm{A}} &= 0.024381750t + 0.00000538691t^2
\end{aligned} \qquad (2\text{-}37)$$

式（2-35）中 θ 是 CIP 赤道圈上 t 时刻天球历书原点 CEO 和地球历书原点 TEO 之间的夹角，称为地球自转角（ERA）。ERA 表示地球绕 CIP 轴的恒星自转，也可称为恒星角。其表达式可用与 UT1 的简单线性关系表达，如式（2-38）：

$$\theta(T_u) = 2\pi(0.7790572732640'' + 1.00273781191135448'' T_u)$$
$$T_u = JD(UT1) - \mathrm{J}2000.0 = JD(UT1) - 2451545.0 \qquad (2\text{-}38)$$

系数 1.00273781191135448 为世界时一日地球自转的周数。显然，地球自转角与 UT1 时间之间呈线性关系。真地变换的表达式可用式（2-39）表示：

$$\begin{pmatrix} e_1''' & e_2''' & e_3''' \end{pmatrix} = \begin{pmatrix} e_1'' & e_2'' & e_3'' \end{pmatrix} R_3(-\theta) R_3(-s') R_2(x_p) R_1(y_p) \qquad (2\text{-}39)$$

综合前面四个变换步骤，最后可得到从地球质心天球参考系到国际地球参考系的变换表达式为

$$\left(e_1''' \; e_2''' \; e_3'''\right) = \left(e_1 \; e_2 \; e_3\right)Q(t)R(t)W(t) = \left(e_1 \; e_2 \; e_3\right)BP(t)N(t)R(t)R_3(-s')R_2(x_p)R_1(y_p) \quad （2-40）$$

式中，$Q(t)$ 为真天矩阵：

$$Q(t) = BP(t)N(t) \quad （2-41）$$

式中，B 为历元偏置变换矩阵；$P(t)$ 历平变换矩阵；$N(t)$ 为平真变换矩阵；$R(t)$ 为绕极轴逆时针旋转恒星时角的旋转矩阵；$W(t)$ 又称为极移矩阵。

实现了地心国际天球参考系（GRCS）至国际地球参考系的变换后，如果已知任一点的地球参考系坐标 $\left(x''', y''', z'''\right)$，可求得其天球参考系坐标 (x, y, z)：

$$\begin{pmatrix} x \\ y \\ z \end{pmatrix} = Q(t)\,R(t)\,W(t)\begin{pmatrix} x''' \\ y''' \\ z''' \end{pmatrix} \quad （2-42）$$

极移的主要部分是假定地球不受外力作用时角动量极运动的自由分量 ρ_E。现在知道，极移频谱中还包含有复杂的高频成分。图 2.19 为 2001～2006 年的天球中间极在地球坐标系内移动的轨迹。实线所示为极的平均位置从 1900 年以来的长期变化，显示出向西 80° 方向的不规则漂移。

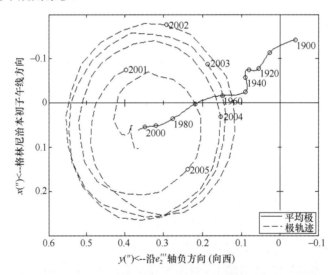

图 2.19 　2001～2006 年的极轨迹和 1900 年以来的平均极

IERS 负责根据 ITRF 观测网的数据归算处理并发布地球自转参数 UT1-UTC、UT1-TAI、x_p 和 y_p 等。有关公告可以从网站 http：//www.iers.org/MainDisp.csl?pid=36-9 查阅或下载。

2）基于无转动原点（nonrotating origin，NRO）的地天变换

在真赤道坐标系里，选择真春分点作为赤经起算原点，但真春分点相对于真赤道在旋转，其度量值就是赤经岁差和章动。如果作为基准的原点不固定，将会为精密测量工

作带来不必要的困难。IERS2003 规范采用更加准确的中间极和中间赤道取代了真天极和真赤道的概念，原来的真赤道也代之以新的中间参考系，而经典的天地变换也应该代之以新的变换。

2000 年在曼彻斯特召开的第 24 届 IAU 大会通过了关于参考系、天极和原点的定义、IAU 2000 岁差章动模型等决议。决议规定从 2003 年 1 月 1 日起，采用 IAU 2000A 岁差章动模型代替 IAU 1976 岁差模型和 IAU 1980 章动模型；采用天球中间极（CIP）代替过去的天球历书极（CEP），CIP 的定义是对 CEP 在天球参考系（CRS）和地球参考系（TRS）运动中高频部分的扩充，同时与 CEP 运动的低频部分相一致；在 CRS 和 TRS 中都使用 NRO 作为新的赤经和经度起算点，这些原点定义为在 CRS 中 CIP 赤道上的 NRO——天球历书原点（CEO）和在 TRS 中 CIP 赤道上的 NRO——地球历书原点（TEO）。

A. 无转动原点（NRO）

设地心国际天球参考系（ICRS）相对宇宙背景整体无旋转，国际地球参考系相对平均地表整体无旋转和平移。若天球参考极（CEP 或 CIP）向量 e_3'' 相对 ICRS 的球面坐标的经角和余纬角用 (E, d) 表示，直角坐标用 (X, Y, Z) 表示，则有

$$\begin{cases} X = \sin d \cos E \\ Y = \sin d \sin E \\ Z = \cos d \end{cases} \qquad (2\text{-}43)$$

定义一个右旋的瞬时直角坐标系 $O\text{-}e_1'' e_2'' e_3''$，它的 e_3'' 轴指向天球参考极，e_1'' 轴指向对应赤道上的 σ 点。σ 点的选取应满足如下条件：当天球参考极在天球上运动时，瞬时坐标系相对 ICRS 在 Oe_3'' 方向上没有旋转分量，s 它随着中间赤道在纬度方向转动，s 称为在该赤道上的非旋转原点。

根据 NRO 的定义，在历元 t_0 到 t 期间。σ 的运动可由 s 计算得到：

$$s = \int_{t_0}^{t} (\cos d - 1)\dot{E}\mathrm{d}t + s_0 = \int_{t_0}^{t} \frac{X(t)\dot{Y}(t) - Y(t)\dot{X}(t)}{1 + Z(t)}\mathrm{d}t - (\sigma_0 N_0 - \Sigma_0 N_0) \qquad (2\text{-}44)$$

式中，常数 $s_0 = (\sigma_0 N_0 - \Sigma_0 N_0)$ 取决于初值，如果忽略历元偏置和章动即等于零。

B. 基于 CEO 的中天变换

由图 2.20 可见，天球参考系赤道与中间参考赤道的交线向量 u_2 与两个极向量 e_3 和 e_3'' 垂直，因而也垂直于 e_3'' 在天球赤道面内的投影线 u_1；e_2 与交线 u_2 的夹角等于 e_1 与交

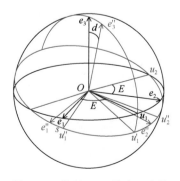

图 2.20　基于 CEO 的中天变换

线 u_1 的夹角 E。由标架 (e_1, e_2, e_3) 的极向量 e_3 到标架 (e_1'', e_2'', e_3'') 的极向量 e_3'' 的变换，可以分两步实现：

（1）(e_1, e_2, e_3) 在天球赤道面内绕第三轴 e_3 逆时针旋转角 E，到 (u_1, u_2, e_3)，交线向量成为第二方向，变换矩阵为 $R_3(-E)$；

（2）(u_1, u_2, e_3) 在垂直于交线的平面内绕第二轴 u_2 逆时针旋转角 d，得到 (u_1', u_2, e_3'')，天球赤道面旋转到中间赤道面（真赤道面），极向量 e_3 转至 e_3''，变换矩阵为 $R_2(-d)$；

再继之以如下变换：

（3）(u_1', u_2, e_3'') 在中间赤道面内绕中间极向量 e_3'' 顺时针旋转角 E，到 (u_1'', u_2'', e_3'')，变换矩阵为 $R_3(E)$，则第一向量变换至中间赤道面内的向量 u_1''，接近天球系第一向量 e_1；

（4）(u_1'', u_2'', e_3'') 在中间赤道面内绕第三轴 e_3'' 顺时针旋转角 s，到 (e_1'', e_2'', e_3'')，变换矩阵为 $R_3(s)$。

这样，经典的带历元偏置的岁差章动矩阵 $BP(t)N(t)$ 可以用下面的三参数矩阵取代：

$$Q(t) = R_3(-E)R_2(-d)R_3(E)R_3(s) \tag{2-45}$$

中间赤道上向量 e_1'' 的方向，就是所寻找的无转动原点，叫做天球历书原点，缩写为 CEO。位置角 s 就叫做天球历书原点位置角。这样建立的参考系就是中间参考系，而变换式（2-45）就叫做基于 CEO 的中天变换。

需要强调的是，虽然中间轴和中间赤道就是真赤道系的极轴和参考平面，但由于两个坐标系 X 轴的方向不同，中间参考系的 X 轴指向天球历书原点 CEO，而真赤道系的则指向真春分点，所以矩阵式（2-34）并不等于岁差章动矩阵 $P(t)N(t)$。联系两者的关系将在下面给出。

以式（2-42）代入式（2-45）右边前三个矩阵的表达式中，得到：

$$a = \frac{1}{1+\cos d} = \frac{1}{1+z} \tag{2-46}$$

简化可得

$$Q(t) = \begin{pmatrix} 1-aX^2 & -aXY & X \\ -aXY & 1-aY^2 & Y \\ -X & -Y & 1-a(X^2+Y^2) \end{pmatrix} R_3(s) \tag{2-47}$$

式（2-42）对 t 求导，可得 $s = -\int_{t_0}^{t} \frac{X\dot{Y} - Y\dot{X}}{1+Z} dt + s_0$

$$\begin{pmatrix} \dot{X} \\ \dot{Y} \end{pmatrix} = \begin{pmatrix} -Y \\ X \end{pmatrix} \dot{E} \tag{2-48}$$

解得

$$\dot{E} = \frac{X\dot{Y} - Y\dot{X}}{1-Z^2} \tag{2-49}$$

代入式（2-43）得

$$s = -\int_{t_0}^{t} \frac{X\dot{Y} - Y\dot{X}}{1+Z} \mathrm{d}t + s_0 \tag{2-50}$$

或

$$s = \int_{t_0}^{t} Y(t)\dot{X}(t)\mathrm{d}t - \frac{1}{2}\left[X(t)Y(t) - X(t_0)Y(t_0)\right] + s_0 \tag{2-51}$$

式中，参数 X，Y 和 s 展开为时间 t 的级数。

IERS 规范根据伽毕丹（N. Capitaine）等的研究，给出中间极坐标 X，Y 和天球历书原点位置角 s 的函数 $s + XY/2$ 展开为力学时 t 的表达式：

$$X \text{ or } Y \text{ or } s + XY/2 = \sum_{j=0}^{5} a_j t^j + \sum_{j=0}^{4}\sum_{i=1}^{m_j}\left(A_{ji}t^j \sin\alpha_{ji} + B_{ji}t^j \cos\alpha_{ji}\right) \tag{2-52}$$

其特点是：①表达式为两部分之和，一部分是时间 t 的 5 次多项式，另一部分是非多项式；②多项式部分由 6 个系数 $a_j(j = 0,1,\cdots,5)$ 给定，其值列于表 2.5。

表 2.5　X，Y 和 $s + XY/2$ 展开式多项式部分的系数　　　　（单位：微角秒）

系数	a_0	a_1	a_2	a_3	a_4	a_5
X	−16616.99	2004191742.88	−427219.05	−198620.54	−46.05	5.98
Y	−6950.78	−25381.99	−22407250.99	1842.28	1113.06	0.99
$s+XY/2$	94.0	3808.35	−119.94	−72574.09	27.70	15.61

$$多项式部分 = a_0 + a_1 t + a_2 t^2 + a_3 t^3 + a_4 t^4 + a_5 t^5 \tag{2-53}$$

非多项式部分由两重求和构成，展开第一重求和，可以写成：

非多项式部分

$$
\begin{aligned}
= & \sum_{i=1}^{m_0}\left(A_{0i}\sin\alpha_{0i} + B_{0i}\cos\alpha_{0i}\right) + \sum_{i=1}^{m_1}\left(A_{1i}t\sin\alpha_{1i} + B_{1i}t\cos\alpha_{1i}\right) \\
& + \sum_{i=1}^{m_2}\left(A_{2i}t^2\sin\alpha_{2i} + B_{2i}t^2\cos\alpha_{2i}\right) + \sum_{i=1}^{m_3}\left(A_{3i}t^3\sin\alpha_{3i} + B_{3i}t^3\cos\alpha_{3i}\right) \\
& + \left(A_{41}t^4\sin\alpha_{41} + B_{41}t^4\cos\alpha_{41}\right)
\end{aligned} \tag{2-54}
$$

除 $j = 4$ 的和式只有一项外，其余和式的项数 $n_j(j = 0,1,2,3)$ 在三个表达式中各不相同，列于表 2.6，5 个和式的总项数见表的末行。三个表达式所有非多项式和式的总项数为 2941。

表 2.6　X，Y 和 $s + XY/2$ 展开式非多项式部分的项数 m_j

j	X	Y	s
0	1306	962	33
1	253	277	3
2	36	30	25
3	4	5	4
4	1	1	1
总项数	1600	1275	66

和式的每项又由一个正弦项和一个余弦项相加而成，有 2 个振幅；正弦函数和余弦函数共用一个幅角 α_{ji}，它可以表示为 14 个基本幅角 F_k 的线性函数：

$$\alpha_{ji} = \sum_{k=1}^{14} n_{jik} F_k \tag{2-55}$$

组合乘数 n_{jik} 为整数。每个幅角决定于 14 个乘数；因此，和式每项对应着 14 个整数乘数和 2 个浮点数振幅。

前 5 个基本幅角 $F_k (k = 1, \cdots, 5)$ 的意义和 B 版本表达式已经给出。$F_6, \cdots, F_{13}$ 为水星、金星、地球、火星、木星、土星、天王星和海王星的平黄经。F_{14} 为黄经总岁差，它是日月黄经岁差和行星赤经岁差合成的结果。全部基本幅角的 A 版本分析表达式如下：

$$
\begin{aligned}
F_1 &\equiv l = 134.96340251° + 1717915923.2178''t + 31.8792''t^2 \\
&\quad + 0.051635''t^3 - 0.00024470''t^4 \\
F_2 &\equiv l' = 357.52910918° + 129596581.0481''t - 0.5532''t^2 \\
&\quad + 0.000136''t^3 - 0.00001149''t^4 \\
F_3 &\equiv F = 93.27209062° + 1739527262.8478''t - 12.7512''t^2 \\
&\quad - 0.001037''t^3 + 0.00000417''t^4 \\
F_4 &\equiv D = 297.85019547° + 1602961601.2090''t - 6.3706''t^2 \\
&\quad + 0.006593''t^3 - 0.00003169''t^4 \\
F_5 &\equiv \Omega = 125.04455501° - 6962890.5431''t + 7.4722''t^2 \\
&\quad + 0.007702''t^3 - 0.00005939''t^4 \\
F_6 &\equiv l_{Me} = 4.402608842 + 2608.7903141574t \\
F_7 &\equiv l_{Ve} = 3.176146697 + \ \ 1021.3285546211t
\end{aligned} \tag{2-56}
$$

$$
\begin{aligned}
F_8 &\equiv l_E = 1.753470314 + 628.3075849991t \\
F_9 &\equiv l_{Ma} = 6.203480913 + 334.0612426700t \\
F_{10} &\equiv l_{Ju} = 0.599546497 + 52.9690962641t \\
F_{11} &\equiv l_{Sa} = 0.874016757 + 21.3299104960t \\
F_{12} &\equiv l_{Ur} = 5.481293872 + 7.4781598567t \\
F_{13} &\equiv l_{Ne} = 5.311886287 + 3.8133035638t \\
F_{14} &\equiv p_a = 0.024381750\,t + 0.00000538691t^2
\end{aligned} \tag{2-57}
$$

式（2-56）中常数项的单位为度，其余系数的单位为角秒；式（2-57）中各量的单位为弧度；两式中的自变量 t 均为从历元 J 2000 开始的 TT 时间儒略世纪数。

C. 基于 CEO 的地天变换

类似于经典的真地变换，中间系 $\{O; e_1'', e_2'', e_3''\}$ 到地球系 $\{O; e_1''', e_2''', e_3'''\}$ 的转换可以表达为

$$\left(e_1''' \ \ e_2''' \ \ e_3''' \right) = \left(e_1'' \ \ e'' \ \ e_3'' \right) R_3(-\theta) R_3(-s') R_2(x_p) R_1(y_p) \tag{2-58}$$

取代原来绕极轴的旋转 $R_3(-\text{GMST})$ 的是 $R_3(-\theta)$。角 θ 是中间赤道上由地球历书原点 TEO 到天球历书原点 CEO 的角度。这两个原点都是无转动原点，所以角 θ 确切地表达了地球的自转角（ERA）。

联系到式（2-34），可得到天球参考系 $(e_1 \ e_2 \ e_3)$ 到地球参考系 $(e_1''' \ e_3''' \ e_3''')$ 的变换为

$$(e_1''' \ e_2''' \ e_3''') = (e_1 \ e_2 \ e_3) R_3(-E) R_2(-d) R_3(E) R_3(s) R_3(-\theta) W(t) \qquad (2\text{-}59)$$

对比经典天地变换给出的基于真赤道系的经典变换式，可以得到变换矩阵间的关系：

$$B P(t) N(t) = R_3(-E) R_2(-d) R_3(E) R_3(s) R_3(-\theta + \text{GST}) \qquad (2\text{-}60)$$

2. 地固系与站心赤道坐标系之间的转换

由于站心赤道坐标系的主方向是真春分点方向，所以它与地固系（国际地球参考系）之间的转换关系为旋转加平移，可用式（2-61）表示：

$$R = (\text{ER})\rho + R_A \qquad (2\text{-}61)$$

式中，R_A 为测站在地固坐标系中的位置矢量；$(\text{ER}) = R_Z(S_G)$ 为地球旋转矩阵，S_G 为格林尼治恒星时。

3. 星心天球参考系至卫星质心轨道坐标系的转换

深空探测卫星在围绕深空中某一自然星体进行运转时，要对探测卫星上的传感器所获取的数据进行测绘处理，首先必须实现被探测星体质心惯性参考系与探测卫星质心轨道坐标系之间的转换。下面以月球探测为例讨论月球质心天球参考坐标系与探测卫星质心轨道坐标系之间的转换。

参考地心国际天球参考系的定义，月心天球参考坐标系 $(O\text{-}XYZ)$ 各坐标轴的指向与地心国际天球参考系的一致，坐标原点位于星体质心（如月球质心）。

如图 2.21 所示，质心轨道坐标系 $(O_1\text{-}X_0Y_0Z_0)$ 的定义为：原点 O_1 位于卫星质心；X_0 轴位于卫星轨道平面内，正方向与卫星的运动方向一致；Z_0 轴为从卫星质心指向地心，即卫星的矢径；Y_0 轴与 X_0，Z_0 轴构成右手系。

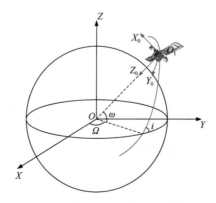

图 2.21　星心天球参考系与卫星质心轨道坐标系转换

两坐标系之间的转换，首先可根据月心国际天球参考系下卫星的位置和速度矢量，求解卫星的轨道根数；然后利用解算出的卫星轨道根数，计算月心国际天球参考系到卫星质心轨道坐标系的姿态转换矩阵，从而实现坐标系的转换。

设空间中任一点 P 在月心国际天球参考系和卫星质心轨道坐标系的坐标矢量分别为 $(e_1\ e_2\ e_3)'$ 和 $(e_1'\ e_2'\ e_3')'$，转换算法可由下式表示：

$$\left(e_1'\ e_2'\ e_3'\right)' = M_O M_Z(\omega) M_X(i) M_Z(\Omega) \left(e_1\ e_2\ e_3\right)' \tag{2-62}$$

式中，M_X 和 M_Z 分别为绕 X，Z 轴旋转的旋转矩阵；ω，i，Ω 分别为卫星开普勒轨道根数中的近地点幅角、轨道倾角和升交点赤经；M_O 为坐标轴的反向矩阵，且

$$M_O = \begin{bmatrix} 0 & 1 & 0 \\ 0 & 0 & -1 \\ -1 & 0 & 0 \end{bmatrix} \tag{2-63}$$

从式（2-62）可知，要实现两坐标系之间的转换，需求解 u，i，Ω 三个轨道根数。目前求解卫星轨道根数主要有两种方法：一是直接利用卫星的速度和位置进行求解；二是利用球面坐标表示的卫星运动状态参数求解。刘洋（2007）给出了第二种方法的推导公式，本书以第一种方法为例，推导卫星轨道根数的具体表达式。

已知航天器的速度矢量为 V，位置矢量为 R，μ 为引力常数（地球引力常数为 $3.986 \times 10^{14} \mathrm{m}^3/\mathrm{s}^2$，月球引力常数为 $4.902 \times 10^3 \mathrm{m}^3/\mathrm{s}^2$）。则可求得轨道半长轴 a 为

$$a = -\frac{\mu}{2\varepsilon} \tag{2-64}$$

式中，$\varepsilon = \dfrac{V^2}{2} - \dfrac{\mu}{R}$。

为了确定偏心率 e，需要定义一个偏心率矢量 E。其从行星心指向近地点，大小等于偏心率 e，计算公式如下：

$$E = \frac{1}{\mu}\left[\left(\|V\|^2 - \frac{\mu}{\|R\|}\right)R - \left(R \cdot V\right)V\right] \tag{2-65}$$

式中，E 为偏心率矢量；μ 为行星引力常数；V 为速度矢量；R 为位置矢量。

轨道倾角 i 的计算公式如下所示：

$$i = \arccos\left(\frac{\hat{K} \cdot h}{\|K\|\|h\|}\right) \tag{2-66}$$

式中，$\hat{K}$ 为通过行星北极的单位矢量；$h = R \times V$ 为比角动量矢量。

升交点赤经 Ω 计算公式为

$$\Omega = \arccos\left(\frac{\hat{I} \cdot n}{\|I\|\|n\|}\right) \tag{2-67}$$

式中，$\hat{I}$ 为主方向上的单位矢量；$n = \hat{K} \times h$ 为升交点矢量。

近地点幅角为升交点与近地点之间的夹角，其计算公式为

$$\omega = \arccos\left(\frac{n \cdot e}{\|n\|\|e\|}\right) \qquad (2\text{-}68)$$

2.3 深空测绘时空基准的建立

目前，我国航天活动开展的过程中，绝大多数参考基准信息的来源主要是地面、近空间、近地空间和地月空间等目标，由于不涉及系外信息或惯性系内绝对精度要求不高（相对精度可以很高），对上述四类空间中的测绘信息处理可以在地球参考系进行，相应的与地表固接测站对上述空间内的观测信息直接对应于地球参考系，时间系统可以按世界协调时（与原子时、恒星时对应），可以满足一般精度下在上述空间范围内的人类活动需求，如地表测绘、地球空间环境要素测绘、航天器的轨道、和基于地球轨道人工星座的导航授时等。

然而，随着人类活动范围的扩展，以及对未知空间不断探索和知识扩张，对测绘时空基准信息的精度要求不断提高、对可测绘利用的空间范围需求不断增加。例如，对用于高精度自然天体（脉冲星导航）定位授时和天文导航应用的星体坐标信息，开展太阳系内非地球中心引力场范围内的航天活动的时空基准信息，以及基础物理研究与利用的引力波探测、相对论效应检验等高精度、大时空尺度的空间活动与信息利用技术，都是相对于国际天球坐标系（ICRS）获取的。时间尺度是以太阳系质心为参考的质心力学时（TDB）。

考虑到广义相对论效应，如上两个时空框架（地球参考系和国际天球参考系）的时间和空间尺度、时间起点、坐标原点、基本平面等都不尽相同。在高精度要求下，存在着对应精度转换关系。

在地球坐标系下，地球自转、潮汐、地壳运动、外天体引力等因素引起的岁差、章动、极移、时角均会在地球参考系有体现，而地球相对太阳系质心的公转在国际天球参考系中将带来广义相对论效应，导致时间尺度的不同（严格的更高精度要求应用下，空间尺度也有差别）。

当前的问题是，地面测站和近地空间航天器对深空目标和基准信息的观测都是在相对地球参考系下进行的，而对于处理天体观测数据而言，精确信息或惯性系是相对国际天球坐标系的。因此，解决高精度的深空时空信息测绘和应用问题，必须首先解决深空时空基准与转换问题，该问题是深空测绘技术研究基础与核心。

现今月球激光测距的精度已提高至亚厘米级，地月运动中许多微小的摄动因素都已凸现出来，如高次带谐和田谐摄动、不同频率的潮汐摄动、弹性和滞弹性引起的摄动、核幔耦合摄动等。这些都需要在历表模型中加以考虑。

由于观测精度的极大提高，牛顿框架已不能满足需要。现今深空探测参考系和基准都是建立在爱因斯坦广义相对论时空理论的基础上的。广义相对论的数学表达极为复杂，在实际使用中需根据工程精度要求及计算能力，开发各种近似理论和算法。考虑广义相对论后，不同的参考系有不同的时间尺度，或者说时钟由于引力和速度会变慢。UT1（地球自转时间基准）、UTC（协调世界时）和 TAI（国际原子时）是地心参考系（GRS）的时间尺度，该参考系相对地球是共转或非旋转的。天文观测和深空测绘必须在 BRS

和 GRS 中定义各种时间尺度。由于历史原因，BRS 有两个时间尺度 TCB 和 TDB，他们之间相差一个固定比率。当把 TCB 变换为 TDB 时，会引起度规或空间坐标的变化。

美国、苏联两国从 20 世纪 60 年代开始太阳系探测，迄今已探测了除冥王星外的太阳系所有主要天体，包括部分大行星卫星、小行星和彗星。在此过程中，极大地推进了地月系和太阳系动力学的研究，发展了深空定位和导航的理论和技术。在已有研究工作的基础上，国际天文学会（IAU）和国际地球自转服务（IERS）定义了基于射电源网的国际天球参考系和基于地面测站网国际地球参考系作为处理观测数据的基本参照系。当前最新版本由 IAU 2000 决议和在 IERS 2003 规范给出，根据 IAU2000 决议，在 2003年 1 月 1 日以后章动计算的参考极采用天球中间极（CIP）取代以前的天球历书极（CEP），以新定义的天文中间极 CIP 赤道上的天球历书零点（CEO）和 CIP 赤道上的真春分点作为基本参照。解除了经度原点和春分点之间的联系，实现了天文参考系与太阳系动力学参考系的脱离。这虽可能对最后结果不会有重大影响，但将大大改变参考系变换的算法。

星历表以地月系和太阳系动力学理论为基础的行星月球历表是深空定位导航的基础，美国 NASA-JPL 从 20 世纪 60 年代开始，推出了 DE/LE 系列行星月球历表。其中DE405 历表所定义的太阳系质心参考系（BRS），该历表考虑了太阳的 2 阶带谐系数 J2和地球形状产生的牛顿引力，与国际天球参考系符合到 1 毫角秒，是深空定位导航和仿真实际使用的基本参考系。而目前，更精确的理论模型仍然在不断开发中。由于它对深空测绘、导航与信息利用的关键作用，相关研究将不断深入（图 2.22、图 2.23）。

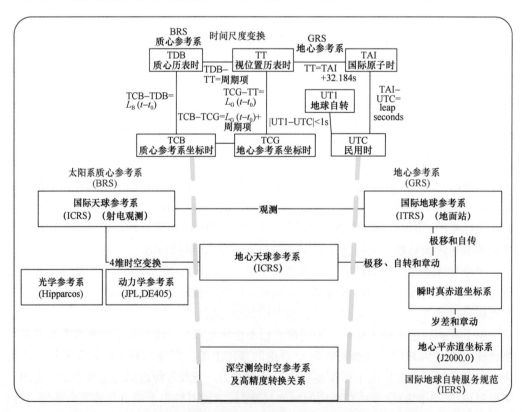

图 2.22　深空测绘时空参考系及高精度转换关系

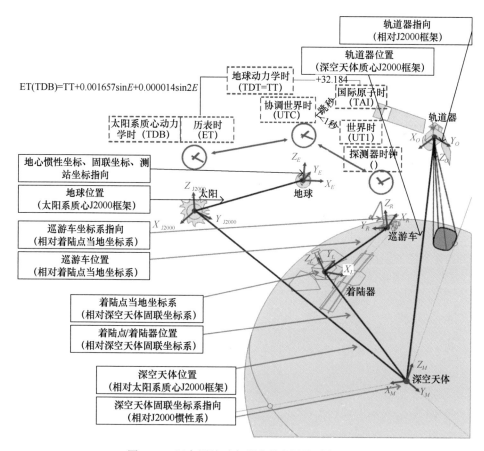

$$ET(TDB)=TT+0.001657\sin E+0.000014\sin 2E$$

图 2.23　深空测绘时空基准的应用关系实例图

参 考 文 献

高布锡. 1997. 天文地球动力学原理. 北京: 科学出版社

金文敬, 夏一飞, 韩春好. 2001. 第 24 届 IAU 大会决议和天体测量的前沿课题. 天文学进展, 19(2): 271~276

孔祥元, 郭际明, 刘宗泉. 2014. 大地测量学基础. 武汉: 武汉大学出版社

李广宇. 2009. IERS 规范(2003)时空基准和转换程序的算法与编程. 中国科学院紫金山天文台

刘林. 2000. 航天器轨道理论. 北京: 国防工业出版社

刘洋, 易东云, 王正明. 2007. 地心惯性坐标系到质心轨道坐标系的坐标转换方法. 航天控制, 25(7): 4~8

聂桂根. 2005. 卫星导航系统中的天文学. 北京师范大学学报(自然科学版), 41(3): 277~279

欧阳自远. 2007. 月球科学概论. 北京: 中国宇航出版社

潘炼德. 2002. 最新规范的参考系及有关问题. 陕西天文台台刊, 25(2): 131~140

王正明. 2004. TAI 和 UTC 的进展. 宇航计测技术, 24(1): 11~15

夏一飞, 金文敬, 唐正宏. 2001. 天球和地球历书原点. 天文学进展, 19(3): 346~352

张捍卫. 2005. 地球参考系的基本理论和方法研究进展. 测绘科学, 30(3): 104~108

张捍卫, 许厚泽, 王爱生. 2005. 天球参考系的基本理论和方法研究进展. 测绘科学, 30(2): 110~113

Boucher C, Altamimi Z. 1996. International terrestrial reference frame. Journal of Geophysical Research Atmospheres, 108(B4): 283~299

Capitaine N. 1990. The celestial pole coordinates. Celestial Mechanics & Dynamical Astronomy, 48(2): 127~143

Capitaine N, Willace P T, Chapront J. 2003. Expressions for IAU 2000 precession quantities. Astronomy and Astrophysics, 412(2): 567~586

Fernandes M J D S, Amorim R P, Carneiro J E M, et al. 2000. Definition of the celestial ephemeris origin and of UT1 in the international reference frame. Routledge, 355(1): 398~405

Folgueira M, Bizouard Ch, Souchay J. 2001. Diurnal and subdiurnal luni-solar nutations: Comparisons and effects. Celestial Mechanics & Dynamical Astronomy, 81(3): 191~217

McCarthy D, Petit G. 2004. IERS Conventions (2003). Iers Conventions Iers Technical Note, 13: 95

第3章 行星摄影测量技术基础知识

行星形貌测绘的核心技术是行星摄影测量。行星摄影测量与地球测绘中摄影测量的基本技术路线是相同的，其中的关键部分包括建立传感器构像模型、模型参数解算、区域网平差、影像匹配、空间前方交会、影像纠正，以及影像融合。本章主要对行星摄影测量技术中涉及的基础知识进行介绍，如传感器构像模型、模型参数解算方法、区域网平差模型、影像匹配基础、影像纠正与融合的基本方法等，以便于读者，尤其是非测绘专业读者，更好地了解月球、火星、小行星形貌测绘技术内容提供一些准备。

在建立传感器构像模型时，不可避免地要涉及不同坐标系下的坐标变换，因此本章首先给出摄影测量中各类坐标系的定义。由于目前应用于行星形貌测绘的传感器主要为面阵和线阵的可见光相机，因此本章主要介绍面阵和线阵传感器的摄影测量基础，然后介绍摄影测量关键技术之一的影像匹配原理与方法，最后介绍遥感影像纠正与融合的基础知识。

3.1 摄影测量常用坐标系的定义

3.1.1 像方坐标系

摄影测量常用的像方坐标系有以下几种：像平面坐标系、扫描坐标系、瞬时图像坐标系和像空间坐标系（刘静宇，1995；王之卓，1979；张永生等，2001；张祖勋和张剑清，1996）

1. 像平面坐标系

像平面坐标系（$o\text{-}xy$）通常是右手直角坐标系，如图 3.1 所示，一般以投影中心向像平面所做垂线的垂足即像主点为原点，以接近航线方向的框标连线作 x 轴，且取航摄飞行方向或其反方向为正方向，y 轴与 x 轴垂直并按右手直角坐标系的规则确定正方向。

图 3.1 像平面坐标系

2. 扫描坐标系

对于数字影像，像点坐标是由它所在扫描坐标系中的列号 c 与行号 r 来表示的。通常取影像左上角点为扫描坐标系（$o'\text{-}cr$）的原点，列方向为横轴，行方向为纵轴，如图 3.2 所示。

图 3.2　扫描坐标系

3. 瞬时图像坐标系

瞬时图像坐标系（o_i - xy）以图像上每条扫描线的主点 o_i 为原点，沿着扫描线方向为 x 轴，垂直于扫描线方向为 y 轴（指向平台运行方向），y 坐标通常等于 0，如图 3.3 所示。

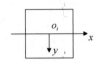

图 3.3　瞬时图像坐标系

4. 像空间坐标系

像空间坐标系（S-xyz）是以投影中心 S 为原点，x、y 坐标轴与以像主点为原点的像平面坐标系相应轴平行，z 轴由右手规则确定的空间直角坐标系，如图 3.4 所示。任一像点在像空系中的坐标为 $(x, y, -f)$，其中 (x, y) 是像点的像平面坐标，f 是投影中心至像平面的焦距。

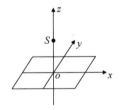

图 3.4　像空间坐标系

3.1.2　导航相关坐标系

导航相关的坐标系有：本体坐标系和轨道坐标系（刘军，2003；张过，2005）。

1. 本体坐标系

本体坐标系（O_1-$X_1Y_1Z_1$）的原点 O_1 在平台质心，X_1 轴、Y_1 轴、Z_1 轴分别取平台的三个主惯量轴。X_1 轴沿着平台横轴，Y_1 轴沿着纵轴指向平台飞行方向，Z_1 轴按照右手规则确定，如图 3.5 所示。平台姿态测量在本体坐标系中进行，描述其空间姿态的三个参数是俯仰角（pitch-ω）、滚动角（roll-φ）和航偏角（yaw-κ）——俯仰为绕 X_1 轴的旋转，滚动为绕 Y_1 轴的旋转，航偏为绕 Z_1 轴的旋转。

2. 轨道坐标系

轨道坐标系（O_2-$X_2Y_2Z_2$）的原点 O_2 也在平台质心，Z_2 轴指向地心反向，Y_2 轴在平台轨道面上指向平台运动的方向，X_2 轴按照右手规则确定，如图 3.5 所示。

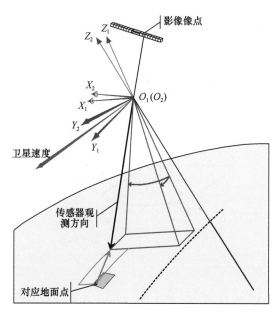

图 3.5 本体坐标系和轨道坐标系

3.1.3 物方坐标系

摄影测量中常用的物方坐标系有：导航坐标系、局部切（割）面坐标系、行星地心坐标系（刘军，2003；张过，2005；李立钢，2006；张艳，2003）。

1. 导航坐标系

导航坐标系（$n\text{-}X_nY_nZ_n$）又称为当地水平坐标系或地理坐标系，是以行星椭球面、法线为基准面和基准线建立的局部空间直角坐标系。其原点位于飞行器中心，X_n轴沿参考椭球子午圈方向指向北，Y_n轴沿参考椭球卯酉圈方向指向东，Z_n轴沿法线方向指向天底。导航坐标系在椭球面上是随飞行平台的运动而变化的，如图 3.6 所示。

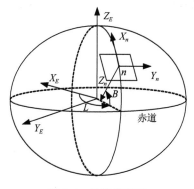

图 3.6 导航坐标系

2. 局部切（割）面坐标系

局部切（割）面坐标系（$m\text{-}X_mY_mZ_m$）是一种过渡坐标系，相当于地面辅助坐标系。原点 m 一般位于测区或图像覆盖范围的中心，过该点椭球面法线为 Z_m 轴，正方向指向椭球体外。$X_m Y_m$ 面与 Z_m 轴垂直，Y_m 轴在原点的大地子午面内与 Z_m 轴正交且指向北点方向，如图 3.7 所示。

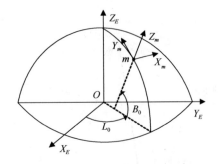

图 3.7　本局部切（割）面坐标系

3. 行星地心坐标系

行星地心坐标系（$O_G\text{-}BLH$ 或 $O_G\text{-}X_G Y_G Z_G$）是以在全球范围内与大地体最密合的行星椭球为基准建立的坐标系统，包括地心大地坐标和地心直角坐标两种形式，如图 3.8 所示。

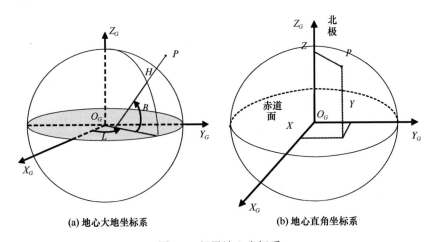

(a) 地心大地坐标系　　　　　　**(b) 地心直角坐标系**

图 3.8　行星地心坐标系

1）地心大地坐标系

地心大地坐标系采用大地经纬度和大地高来描述空间位置。如图 3.8（a）所示，点 P 的大地纬度 B 为过该点的椭球法线与椭球赤道面之间的夹角，从赤道面起算，向北为正。大地经度 L 为该点所在之椭球子午面与大地首子午面（格林尼治平大地子午面）之间的夹角，以大地首子午面起算，向东为正。大地高 H 为沿 P 点的法线到椭球面的距离，向上为正。

2）地心直角坐标系

地心直角坐标系的原点位于行星质心，Z_G 轴指向行星北极，X_G 轴指向行星赤道面与大地首子午面的交点，Y_G 轴在赤道平面内与 $X_G Z_G$ 构成右手坐标系统，如图 3.8（b）所示。

根据上述两个坐标系统的定义，P 点的坐标可表示为 (B,L,H) 和 (X,Y,Z)。它们是等价的，可以互相换算。

3.2 面阵传感器摄影测量技术基础

3.2.1 构像模型

传感器的构像模型是描述像点与对应地面点空间位置关系的数学表达式，是进行对地定位、影像测图及纠正的基础。目前应用于摄影测量的传感器对应的构像模型主要分为两类：一类是严格物理模型，另一类是通用模型。严格物理模型是指从传感器的成像机理出发利用几何条件推导的严格物像关系，而通用模型是指不顾及传感器的成像机理而单纯依据数学理论建立的物像关系表达式。在行星摄影测量中，由于难以实现在行星表面布设密集的控制点，且要尽可能保证测量的精度，因此主要采用的是严格物理模型（刘静宇，1995；王之卓，1979；江延川，2001；徐青等，2007）。

面阵传感器所成影像称为画幅式影像，其是面中心投影影像，每景影像有唯一的投影中心（摄影机物镜中心 S），所摄地区地面上各点的反射光线通过投影中心到达像平面上形成影像，如图 3.9 所示，其中，$O\text{-}XYZ$ 为地面坐标系，$S\text{-}xyz$ 为原点在摄站的摄影测量坐标系，$o\text{-}xy$ 为像平面坐标系，So 为主光轴方向。

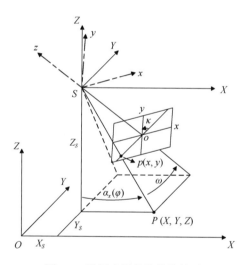

图 3.9　画幅式影像的物像关系

面阵传感器的构像模型是共线条件方程（co-linearity condition equations），即地面点 $P(X,Y,Z)$ 和像点 $p(x,y)$，以及投影中心 S 共线，得到画幅式影像的严格成像模型为

$$\begin{cases} x = -f\dfrac{a_1(X-X_S)+b_1(Y-Y_S)+c_1(Z-Z_S)}{a_3(X-X_S)+b_3(Y-Y_S)+c_3(Z-Z_S)} \\ y = -f\dfrac{a_2(X-X_S)+b_2(Y-Y_S)+c_2(Z-Z_S)}{a_3(X-X_S)+b_3(Y-Y_S)+c_3(Z-Z_S)} \end{cases} \tag{3-1}$$

式中，f 为摄影像机的焦距；(x,y) 为像点 p 在 o-xy 中的像平面坐标；(X,Y,Z) 为地面点 P 在地面坐标系 O-XYZ 中的坐标；(X_S,Y_S,Z_S) 为摄站 S 在地面坐标系 O-XYZ 中的坐标；a_i,b_i,c_i（$i=1,2,3$）为 φ,ω,κ 三个外方位角元素所确定的旋转矩阵中的元素。

式（3-1）进行线性化后可得

$$\begin{cases}C_{11}\mathrm{d}X_S + C_{12}\mathrm{d}Y_S + C_{13}\mathrm{d}Z_S + C_{14}\mathrm{d}\varphi + C_{15}\mathrm{d}\omega + C_{16}\mathrm{d}\kappa \\ -C_{11}\mathrm{d}X - C_{12}\mathrm{d}Y - C_{13}\mathrm{d}Z + C_{17}\mathrm{d}f + C_{18}\mathrm{d}x_0 + C_{19}\mathrm{d}y_0 - l_x = 0 \\ C_{21}\mathrm{d}X_S + C_{22}\mathrm{d}Y_S + C_{23}\mathrm{d}Z_S + C_{24}\mathrm{d}\varphi + C_{25}\mathrm{d}\omega + C_{26}\mathrm{d}\kappa \\ -C_{21}\mathrm{d}X - C_{22}\mathrm{d}Y - C_{23}\mathrm{d}Z + C_{27}\mathrm{d}f + C_{28}\mathrm{d}x_0 + C_{29}\mathrm{d}y_0 - l_y = 0\end{cases} \quad （3-2）$$

其中：

$$\begin{cases}C_{11} = \dfrac{(a_1 f + a_3 x)}{\bar{Z}} & C_{21} = \dfrac{(a_2 f + a_3 y)}{\bar{Z}} \\[2mm] C_{12} = \dfrac{(b_1 f + b_3 x)}{\bar{Z}} & C_{22} = \dfrac{(b_2 f + b_3 y)}{\bar{Z}} \\[2mm] C_{13} = \dfrac{(c_1 f + c_3 x)}{\bar{Z}} & C_{23} = \dfrac{(c_2 f + c_3 y)}{\bar{Z}} \\[2mm] C_{14} = \dfrac{xy}{f}b_1 - \left(f + \dfrac{x^2}{f}\right)b_2 - yb_3 & C_{24} = \left(f + \dfrac{y^2}{f}\right)b_1 - \dfrac{xy}{f}b_2 + xb_3 \\[2mm] C_{15} = -\dfrac{x^2}{f}\sin\kappa - \dfrac{xy}{f}\cos\kappa - f\sin\kappa & C_{25} = -\dfrac{xy}{f}\sin\kappa - \dfrac{y^2}{f}\cos\kappa - f\cos\kappa \\[2mm] C_{16} = y & C_{26} = -x \\[2mm] C_{17} = \dfrac{x}{f} & C_{27} = \dfrac{y}{f} \\[2mm] C_{18} = 1 & C_{28} = 0 \\[2mm] C_{19} = 0 & C_{29} = 1 \\[2mm] l_x = x_{计} - x_{计} & l_y = y_{计} - y_{计}\end{cases} \quad （3-3）$$

在式（3-3）中，$\bar{Z}$ 和 $x_{计}$、$y_{计}$ 应参照式（3-4）和式（3-5）计算，即

$$\begin{bmatrix}\bar{X} \\ \bar{Y} \\ \bar{Z}\end{bmatrix} = \begin{bmatrix}a_1 & a_2 & a_3 \\ b_1 & b_2 & b_3 \\ c_1 & c_2 & c_3\end{bmatrix}^{\mathrm{T}}\begin{bmatrix}X - X_S \\ Y - Y_S \\ Z - Z_S\end{bmatrix} \quad （3-4）$$

$$\left.\begin{aligned}x_{计} = -f\dfrac{\bar{X}}{\bar{Z}} \\ y_{计} = -f\dfrac{\bar{Y}}{\bar{Z}}\end{aligned}\right\} \quad （3-5）$$

每景画幅式影像有 6 个外方位元素，采用 3 个以上不共线的地面控制点根据式（3-2）利用空间后方交会就可以求解影像 6 个外方位元素。

3.2.2　立体定位

由摄影测量的基本原理可知，在没有约束条件的情况下，利用单张像片是无法确定

地面点的空间坐标的。解决这一问题必须依靠至少两张影像构成像对通过立体定位来实现。立体定位技术，即立体摄影测量，是以立体像对为基础，通过对立体像对的观察和量测确定地面目标的形状、大小、空间位置及性质的一门技术（刘静宇，1995）。

图 3.10 中所示为一立体像对，地面上任一点 $G(X,Y,Z)$ 在左右两张像片上的像点为 p_1、p_2。如果两幅影像的内外定向参数均已知，即 p_1、p_2 与 G 的投影关系已知，则由两个投影关系的交集可确定 $G(X,Y,Z)$，这就是立体定位的基本原理。

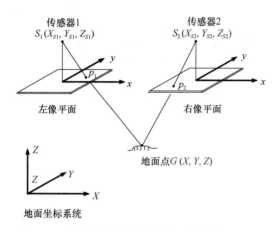

图 3.10　立体定位原理示意图（巩丹超，2003）

立体定位的方式通常有两种：一种是先相对定向后绝对定向，另一种是先外定向后空间前方交会。前者是首先获取两张像片的连接点，依据连接点可对立体像对进行相对定向，此时由同名像点坐标可计算对应地面点的模型坐标，再利用若干地面控制点或其他方法对立体模型进行绝对定向，将地面点的模型坐标转化为大地坐标。对于光学影像，相对定向的过程可由投影中心的平移与姿态角的旋转来描述，既可以依据几何条件来进行推导，也可以利用共线条件方程直接计算。后者是直接利用两张像片的外定向参数，由同名像点坐标通过空间前方交会直接计算出对应地面点的大地坐标。由于行星表面的控制点通常难以获得或数量有限，观测影像的外定向参数通常由上一章中介绍的传感器定姿定轨方法计算得到，因此在行星摄影测量中后者较为常用。

画幅式光学影像立体定位模型如图 3.11 所示，S、S' 表示两张影像的投影中心，$S\text{-}XYZ$ 是以左影像投影中心为原点的物方坐标系，在右影像投影中心 S' 建立一个与 $S\text{-}XYZ$ 相互平行的物方坐标系 $S'\text{-}X'Y'Z'$。其中，$(\Delta X,\Delta Y,\Delta Z)$ 是物方点 A 在 $S\text{-}XYZ$ 中的坐标，$(\Delta X',\Delta Y',\Delta Z')$ 是 A 在 $S'\text{-}X'Y'Z'$ 中的坐标，(X,Y,Z) 是 A 在左片上的相应像点 a 在 $S\text{-}XYZ$ 中的坐标，(X',Y',Z') 是 A 在右片上的相应像点 a' 在 $S'\text{-}X'Y'Z'$ 中的坐标，(B_X,B_Y,B_Z) 是 S' 在 $S\text{-}XYZ$ 中的坐标。

由几何条件可得

$$\begin{cases} \Delta X = NX = B_X + N'X' \\ \Delta Y = NY = B_Y + N'Y' \\ \Delta Z = NZ = B_Z + N'Z' \end{cases}$$　　　　（3-6）

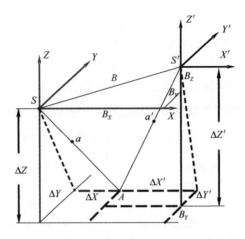

图 3.11　画幅式光学影像立体定位模型示意图（刘静宇，2001）

式中，N 和 N' 为投影系数，它们由式（3-6）得到：

$$\begin{cases} N = \dfrac{B_X Z' - B_Z X'}{XZ' - X'Z} \\ N' = \dfrac{B_X Z - B_Z X}{XZ' - X'Z} \end{cases} \tag{3-7}$$

式（3-6）和式（3-7）便是画幅式光学影像立体定位模型的基本公式。

3.2.3　区域网平差

区域网平差，又称为区域网空中三角测量，就是使用计算的方法，根据像片上所量测的像点坐标，以及极少量的地面控制点，求出地面上加密点的大地位置（王之卓，1979）。区域网平差是摄影测量中的一项重要工作，是生成大范围 DEM 的必要工序。在区域网平差的结果中，不仅包括加密点的大地坐标，还有所有像片的定向参数。区域网平差具有以下几个优点（Toutin，2004）：

（1）减少了所需地面控制点的数量；

（2）所有影像的定向参数可以一起解算；

（3）影像间的相对精度会有所提高；

（4）正射影像镶嵌的精度会有所提高；

（5）可以获得更多分布均匀的地面控制点。

在传统摄影测量中，区域网平差方法有三种：①航带法，是以单个航带作为平差运算的基本单元；②独立模型法，是以单个立体像对构成的模型作为平差运算的基本单元；③光束法，是以每条投影光线作为平差运算的基本单元。由于光束法区域网平差的平差单元是投影光线，即以单个像点为单位建立误差方程，参与平差运算的是直接观测值，对影像之间的关系没有特殊的要求，且精度也是三种方法中最高的。尽管光束法平差的运算量较其他方法大，但随着计算机软硬件水平的提升，这一问题已经不明显。因此，光束法区域网平差方法已成为目前摄影测量中最常用的区域网平差方法，也是最适合于行星摄影测量的区域网平差方法。

光线束法区域网空中三角测量亦称为光线束法区域网平差，它是以光线束（像片）为基本单元的一种区域网平差的方法。

光线束法区域网平差使用共线条件列出误差方程。在式（3-2）中，(dX,dY,dZ) 表示地面点的地面坐标之近似值的改正数，(dX_S,dY_S,dZ_S) 表示摄影站点的坐标之近似值的改正数，(da_3,db_3,da_2) 表示与像片外方位角元素 φ,ω,κ 相当的三个独立方向余弦的近似值的改正数。直接把像坐标 x,y 作为观测量，则得出光线束法区域网平差的基本观测方程式为

$$\left.\begin{aligned}
&c_{11}da_3 + c_{12}db_3 + c_{13}da_2 + c_{14}dX_S + c_{15}dY_S + c_{16}dZ_S \\
&+c_{17}dX + c_{18}dY + c_{19}dZ - l_x = v_x \\
&c_{21}da_3 + c_{22}db_3 + c_{23}da_2 + c_{24}dX_S + c_{25}dY_S + c_{26}dZ_S \\
&+c_{27}dX + c_{28}dY + c_{29}dZ - l_y = v_y
\end{aligned}\right\} \tag{3-8}$$

其中的系数和常数项是：

$$\left.\begin{aligned}
&c_{11} = f + \frac{x^2}{f} && c_{21} = \frac{xy}{f} \\
&c_{12} = \frac{xy}{f} && c_{22} = f + \frac{y^2}{f} \\
&c_{13} = -y && c_{23} = x \\
&c_{14} = -c_{17} = \frac{f}{Z'} && c_{24} = c_{27} = 0 \\
&c_{15} = c_{18} = 0 && c_{25} = -c_{28} = \frac{f}{Z'} \\
&c_{16} = -c_{19} = \frac{x}{Z'} && c_{26} = -c_{29} = \frac{y}{Z'} \\
&l_x = x - x_{计} && l_y = y - y_{计}
\end{aligned}\right\} \tag{3-9}$$

在运用误差方程式（3-8）进行光线束法区域网平差时，要区别不同类型的点。

第一类是加密点，区域中的所有加密点都可以参加平差。加密点的每一条投影光线（或每一个对应的像点）都可以按式（3-8）列出一组误差方程，并使其权为1。

第二类是控制点，在区域中，位于立体重叠范围内的所有控制点（包括平高控制点、平面控制点和高程控制点）都可以参加平差；只构象在单张像片上的控制点必须是平高控制点才能参加平差。控制点的每一条投影光线都可以按式（3-8）列出一组误差方程式，并按控制点的精确程度分别给以一定的权值，但应区别控制点的不同类型作如下处理：

对平高点，令 $dX = dY = dZ = 0$；

对平面点，令 $dX = dY = 0$；

对高程点，令 $dZ = 0$。

以上是不考虑控制点本身的误差的情况。如果我们还要考虑到控制点本身的误差，即把控制点的已知坐标当做具有一定权值的观测量来看待，则控制点的每一条投影光线

（或称每一相应象点）除按式（3-8）列出一组误差方程（并使其权为 1）外，每个控制点还应增列下面的一组误差方程式：

对平高控制点，有

$$\left.\begin{array}{ll} dX = v_X & P_平 \\ dY = v_Y \quad 权 & P_平 \\ dZ = v_Z & P_高 \end{array}\right\} \tag{3-10}$$

对平面控制点，有

$$\left.\begin{array}{ll} dX = v_X \quad 权 & P_平 \\ dY = v_Y & P_平 \end{array}\right\} \tag{3-11}$$

对高程控制点，有

$$dZ = v_Z \quad 权 \quad P_高 \tag{3-12}$$

由上述可见，如果我们给定了区域中每张像片的外方位元素的近似值和所有加密点的地面坐标的近似值，就可以列出区域中所有加密点和控制点的误差方程式，将所有这些误差方程式组成相应的法方程式，按最小二乘法的原则进行整体的平差运算，即可同时确定出每张像片的外方位元素近似值的改正数和每个加密点的地面坐标的近似值的改正数。由这些改正数，便可修正每张像片的外方位元素和加密点的地面坐标。当然，由于式（3-8）只是共线条件方程的一次项近似关系，因此需要一个迭代过程，即把修正后的像片的外方位元素值和加密点的坐标值当作新的近似值看待，重新进行平差运算，以求得这些平差参数的进一步的改正数。如此反复进行，直到满足规定的精度要求时为止，在通常的条件下，如果能够给出平差参数以较佳的近似值，2～3 次迭代即足。

光线束法区域网平差的基本数学条件就是满足共线方程。为了满足这一理论条件，必须事先消除像点坐标中的各项系统误差。否则，尽管光线束法区域网平差的理论是最严格的直接平差方案，也难以取得最精确的加密成果，实验证明，光线束法区域网平差对于系统性的影像误差的影响是最为敏感的。

在光线束法区域网平差中，包含两类特定的平差参数：一类是每张像片的外方位元素，另一类是每个加密点的地面坐标。这后一类未知参数的数目往往更大，并且随加密点的多寡而变化，事先难以料定，光线束法区域网平差的主要困难在于大规模的法方程式的解算，运算工作量总是很大的，为了尽可能地减少计算量，同在独立模型法区域网平差中相类似，可以采用对原始误差方程式进行等效改化的方法，消去加密点坐标这一类未知参数，组成等效误差方程式和相应的简化法方程式，从而首先解出各张像片的外方位元素，然后再用多片前方交会的办法，逐点计算加密点的地面坐标。

3.3　线阵传感器摄影测量技术基础

3.3.1　构像模型

线阵 CCD 影像是由线阵列传感器沿飞行方向推扫而成的，每一扫描行图像与被摄物体之间具有严格的中心投影关系，每一扫描行都具有各自的外方位元素。但在平台飞行过程中，其姿态变化可认为是相当平稳的，所以可以假设每景影像的像平面坐标原点为中央扫描行的中点，每一扫描行的外方位元素随 y 值变化，则外方位元素可描述为

$$\begin{cases} \varphi_i = \varphi_0 + \dot{\varphi} \cdot y \\ \omega_i = \omega_0 + \dot{\omega} \cdot y \\ \kappa_i = \kappa_0 + \dot{\kappa} \cdot y \\ X_{S_i} = X_{S_0} + \dot{X}_S \cdot y \\ Y_{S_i} = Y_{S_0} + \dot{Y}_S \cdot y \\ Z_{S_i} = Z_{S_0} + \dot{Z}_S \cdot y \end{cases} \tag{3-13}$$

式中，$(\varphi_i, \omega_i, \kappa_i, X_{S_i}, Y_{S_i}, Z_{S_i})$ 为第 i 扫描行的外方位元素；y 为该扫描行沿飞行方向的像平面坐标；$(\varphi_0, \omega_0, \kappa_0, X_{S_0}, Y_{S_0}, Z_{S_0})$ 为中心扫描行的外方位元素；$(\dot{\varphi}, \dot{\omega}, \dot{\kappa}, \dot{X}_S, \dot{Y}_S, \dot{Z}_S)$ 为外方位元素的一阶变率（巩丹超，2003）。

如图 3.12 所示，i 扫描行上的像点与相应地面点间的中心投影关系为

$$\left. \begin{aligned} x_i &= -f \frac{a_1(X - X_{S_i}) + b_1(Y - Y_{S_i}) + c_1(Z - Z_{S_i})}{a_3(X - X_{S_i}) + b_3(Y - Y_{S_i}) + c_3(Z - Z_{S_i})} \\ 0 &= -f \frac{a_2(X - X_{S_i}) + b_2(Y - Y_{S_i}) + c_2(Z - Z_{S_i})}{a_3(X - X_{S_i}) + b_3(Y - Y_{S_i}) + c_3(Z - Z_{S_i})} \end{aligned} \right\} \tag{3-14}$$

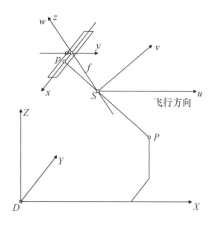

图 3.12　线阵 CCD 的物像关系

写成矩阵形式为

$$\begin{bmatrix} x_i \\ 0 \\ -f \end{bmatrix} = \frac{1}{\lambda} M_i^{\mathrm{T}} \begin{bmatrix} X - X_{S_i} \\ Y - Y_{S_i} \\ Z - Z_{S_i} \end{bmatrix} = \frac{1}{\lambda} \begin{bmatrix} a_1 & a_2 & a_3 \\ b_1 & b_2 & b_3 \\ c_3 & c_2 & c_3 \end{bmatrix}^{\mathrm{T}} \begin{bmatrix} X - X_{S_i} \\ Y - Y_{S_i} \\ Z - Z_{S_i} \end{bmatrix} \tag{3-15}$$

式中，$(x_i, 0)$ 为第 i 行上像点的像平面坐标；(X, Y, Z) 为其对应地面点的地面坐标；$(X_{S_i}, Y_{S_i}, Z_{S_i})$ 为第 i 行的摄站坐标；λ 为比例尺系数；$a_i, b_i, c_i\,(i=1,2,3)$ 为由第 i 行的外方位角元素 $\varphi_i, \omega_i, \kappa_i$ 所确定的旋转矩阵中的九个元素，即

$$\begin{cases} a_1 = \cos\varphi_i \cos\kappa_i - \sin\varphi_i \sin\omega_i \sin\kappa_i \\ a_2 = -\cos\varphi_i \sin\kappa_i - \sin\varphi_i \sin\omega_i \cos\kappa_i \\ a_3 = -\sin\varphi_i \cos\omega_i \\ b_1 = \cos\omega_i \sin\kappa_i \\ b_2 = \cos\omega_i \cos\kappa_i \\ b_3 = -\sin\omega_i \\ c_1 = \sin\varphi_i \cos\kappa_i + \cos\varphi_i \sin\omega_i \sin\kappa_i \\ c_2 = -\sin\varphi_i \sin\kappa_i + \cos\varphi_i \sin\omega_i \cos\kappa_i \\ c_3 = \cos\varphi_i \cos\omega_i \end{cases} \tag{3-16}$$

对式（3-14）线性化后可得

$$\begin{cases} C_{11}\mathrm{d}\varphi_0 + C_{12}\mathrm{d}\omega_0 + C_{13}\mathrm{d}\kappa_0 + C_{14}\mathrm{d}X_{S_0} + C_{15}\mathrm{d}Y_{S_0} + C_{16}\mathrm{d}Z_{S_0} + \\ \quad C_{11}y\mathrm{d}\dot{\varphi} + C_{12}y\mathrm{d}\dot{\omega} + C_{13}y\mathrm{d}\dot{\kappa} + C_{14}y\mathrm{d}\dot{X}_S + C_{15}y\mathrm{d}\dot{Y}_S + C_{16}y\mathrm{d}\dot{Z}_S - \\ \quad C_{14}\mathrm{d}X - C_{15}\mathrm{d}Y - C_{16}\mathrm{d}Z - l_x = v_x \\ C_{21}\mathrm{d}\varphi_0 + C_{22}\mathrm{d}\omega_0 + C_{23}\mathrm{d}\kappa_0 + C_{24}\mathrm{d}X_{S_0} + C_{25}\mathrm{d}Y_{S_0} + C_{26}\mathrm{d}Z_{S_0} + \\ \quad C_{21}y\mathrm{d}\dot{\varphi} + C_{22}y\mathrm{d}\dot{\omega} + C_{23}y\mathrm{d}\dot{\kappa} + C_{24}y\mathrm{d}\dot{X}_S + C_{25}y\mathrm{d}\dot{Y}_S + C_{26}y\mathrm{d}\dot{Z}_S - \\ \quad C_{24}\mathrm{d}X - C_{25}\mathrm{d}Y - C_{26}\mathrm{d}Z - l_y = v_y \end{cases} \tag{3-17}$$

式中，$\mathrm{d}\varphi_0 \cdots \mathrm{d}\dot{Z}_S$ 为各外方位元素的改正数；$\mathrm{d}X$、$\mathrm{d}Y$、$\mathrm{d}Z$ 为地面点坐标改正数；C_{ij} $(i=1,2; j=1,\cdots,6)$ 为各改正数的系数；l_x、l_y 为常数项。即

$$\left.\begin{array}{ll} C_{11} = -(f + \dfrac{x^2}{f})b_2 & C_{21} = fb_1 + xb_3 \\[2mm] C_{12} = -(f + \dfrac{x^2}{f})\cos\kappa & C_{22} = -f\cos\kappa \\[2mm] C_{13} = 0 & C_{23} = -x \\[2mm] C_{14} = \dfrac{a_3 x + fa_1}{\overline{Z}} & C_{24} = \dfrac{fa_2}{\overline{Z}} \\[2mm] C_{15} = \dfrac{b_3 x + fb_1}{\overline{Z}} & C_{25} = \dfrac{fb_2}{\overline{Z}} \\[2mm] C_{16} = \dfrac{c_3 x + fc_1}{\overline{Z}} & C_{26} = \dfrac{fc_2}{\overline{Z}} \\[2mm] l_x = x_i + x_{\dot{\mathrm{H}}} & l_y = 0 - y_{\dot{\mathrm{H}}} \end{array}\right\} \tag{3-18}$$

$$\overline{Z} = a_3(X - X_S) + b_3(Y - Y_S) + c_3(Z - Z_S) \tag{3-19}$$

写成矩阵形式为

$$A \cdot X + B \cdot \dot{X} - L = V \qquad 权\ P \tag{3-20}$$

$$A = \begin{bmatrix} C_{11} & C_{12} & C_{13} & C_{14} & C_{15} & C_{16} & yC_{11} & yC_{12} & yC_{13} & yC_{14} & yC_{15} & yC_{16} \\ C_{21} & C_{22} & C_{23} & C_{24} & C_{25} & C_{26} & yC_{21} & yC_{22} & yC_{23} & yC_{24} & yC_{25} & yC_{26} \end{bmatrix}$$

$$B = \begin{bmatrix} -C_{14} & -C_{15} & -C_{16} \\ -C_{24} & -C_{25} & -C_{26} \end{bmatrix}$$

$$X = \begin{bmatrix} \mathrm{d}\varphi_0 & \mathrm{d}\omega_0 & \mathrm{d}\kappa_0 & \mathrm{d}X_{S_0} & \mathrm{d}Y_{S_0} & \mathrm{d}Z_{S_0} & \mathrm{d}\dot\varphi & \mathrm{d}\dot\omega & \mathrm{d}\dot\kappa & \mathrm{d}\dot X_S & \mathrm{d}\dot Y_S & \mathrm{d}\dot Z_S \end{bmatrix}^{\mathrm{T}}$$

$$\dot X = \begin{bmatrix} \mathrm{d}X & \mathrm{d}Y & \mathrm{d}Z \end{bmatrix}^{\mathrm{T}}$$

$$L = \begin{bmatrix} l_x & l_y \end{bmatrix}^{\mathrm{T}}$$

$$P = \begin{bmatrix} p_x & 0 \\ 0 & p_y \end{bmatrix}$$

其中，A 为系数矩阵；L 为观测值向量；X 为未知参数向量；V 为观测误差向量；权阵 P 一般是对称正定的；$\dot X$ 为地面点坐标改正数向量。

影像上的每个像点都可以按式（3-17）列出两个误差方程式，对于控制点 $\mathrm{d}X = \mathrm{d}Y = \mathrm{d}Z = 0$，此时方程式中含有 12 个未知参数，利用 6 个以上不共线的控制点即可进行求解。

3.3.2 立体定位

与画幅式光学影像类似，线阵 CCD 光学影像也是通过左右投影光线相交得到地面点坐标，但由于单幅影像外定向的误差，以及同名像点的量测误差无法避免，所以左右投影光线不一定相交或交点不是所求的地面点，因此采用投影光线相交得到的不一定是最优解，此时可采用空间前方交会的严密线性化算法解算地面坐标。

在内外方位元素已知的条件下，根据式（3-12）对左右像片同名像点可以得到：

$$\begin{cases} v_x = C_{14}\mathrm{d}X + C_{15}\mathrm{d}Y + C_{16}\mathrm{d}Z + F_x \\ v_y = C_{24}\mathrm{d}X + C_{25}\mathrm{d}Y + C_{26}\mathrm{d}Z + F_y \\ v'_x = C'_{14}\mathrm{d}X + C'_{15}\mathrm{d}Y + C'_{16}\mathrm{d}Z + F'_x \\ v'_y = C'_{24}\mathrm{d}X + C'_{25}\mathrm{d}Y + C'_{26}\mathrm{d}Z + F'_y \end{cases} \tag{3-21}$$

式中，各项系数的定义同式（3-18）。

式（3-21）是线阵 CCD 光学影像立体定位模型的计算公式，与投影光线相交的直接解相比，它得到的地面坐标精度较高。

3.3.3 区域网平差

1. 平差模型

建立传感器轨道模型的目的，是利用模型描述传感器在获取影像期间的位置和姿态变化情况。以传感器轨道模型为基础进行光束法平差，可将平差未知数从每个扫描行的外方位元素的求解转化为求解轨道模型参数，从而减少未知数个数。常用的轨道模型（张过和李德仁，2007）有如下几种。

1）低阶多项式模型

低阶多项式模型（low-order polynomial model，LPM）是在卫星飞行状态比较平稳，传感器的位置和姿态变化可以用低阶多项式拟合的假设下，将各扫描行的外方位元素描述为飞行时间 t 的低阶多项式（一般不超过 2 次），在光束法平差中直接解算多项式系数。其中线性多项式应用最为广泛。各扫描行的瞬时外方位元素可表示为

$$\begin{cases} X_S = X_0 + a_X + b_X \cdot (t - t_0) \\ Y_S = Y_0 + a_Y + b_Y \cdot (t - t_0) \\ Z_S = Z_0 + a_Z + b_Z \cdot (t - t_0) \\ \varphi = \varphi_0 + a_\varphi + b_\varphi \cdot (t - t_0) \\ \omega = \omega_0 + a_\omega + b_\omega \cdot (t - t_0) \\ \kappa = \kappa_0 + a_\kappa + b_\kappa \cdot (t - t_0) \end{cases} \tag{3-22}$$

式中，t 为当前扫描行的时刻；t_0 为 CCD 影像起始扫描行的时刻；$a_X, a_Y, a_Z, a_\varphi, a_\omega, a_\kappa$ 和 $b_X, b_Y, b_Z, b_\varphi, b_\omega, b_\kappa$ 为关于起始扫描行外方位元素的多项式系数。

2）分段多项式模型

分段多项式模型（piecewise polynomial model，PPM）是将整个飞行轨道按照一定的时间间隔分成若干段，每一段采用一个飞行时间 t 的低阶多项式描述外方位元素，并且在轨道分段处考虑外方位元素变化的连续性和光滑性。对于第 i 个轨道分段内的时刻 t，PPM模型可以表示为

$$\begin{cases} X_S = X_0 + X_i^0 + X_i^1 \cdot (t - t_0) + X_i^2 \cdot (t - t_0)^2 \\ Y_S = Y_0 + Y_i^0 + Y_i^1 \cdot (t - t_0) + Y_i^2 \cdot (t - t_0)^2 \\ Z_S = Z_0 + Z_i^0 + Z_i^1 \cdot (t - t_0) + Z_i^2 \cdot (t - t_0)^2 \\ \varphi = \varphi_0 + \varphi_i^0 + \varphi_i^1 \cdot (t - t_0) + \varphi_i^2 \cdot (t - t_0)^2 \\ \omega = \omega_0 + \omega_i^0 + \omega_i^1 \cdot (t - t_0) + \omega_i^2 \cdot (t - t_0)^2 \\ \kappa = \kappa_0 + \kappa_i^0 + \kappa_i^1 \cdot (t - t_0) + \kappa_i^2 \cdot (t - t_0)^2 \end{cases} \tag{3-23}$$

式中，X_i^0, X_i^1, X_i^2，Y_i^0, Y_i^1, Y_i^2，Z_i^0, Z_i^1, Z_i^2，$\varphi_i^0, \varphi_i^1, \varphi_i^2$，$\omega_i^0, \omega_i^1, \omega_i^2$ 和 $\kappa_i^0, \kappa_i^1, \kappa_i^2$ 为关于起始扫描行外方位元素的第个轨道的多项式系数。

在分段边界处，为了保证轨道光滑，应保证相邻两个分段计算出的外方位元素相等，当采用高次多项式时还应保证轨道分段处外方位元素的一阶导数相等，即相邻轨道的外方位元素应满足下列约束条件：

$$\begin{cases} X_i^0 + X_i^1 \cdot (t - t_0) + X_i^2 \cdot (t - t_0)^2 = X_{i+1}^0 + X_{i+1}^1 \cdot (t - t_0) + X_{i+1}^2 \cdot (t - t_0)^2 \\ Y_i^0 + Y_i^1 \cdot (t - t_0) + Y_i^2 \cdot (t - t_0)^2 = Y_{i+1}^0 + Y_{i+1}^1 \cdot (t - t_0) + Y_{i+1}^2 \cdot (t - t_0)^2 \\ Z_i^0 + Z_i^1 \cdot (t - t_0) + Z_i^2 \cdot (t - t_0)^2 = Z_{i+1}^0 + Z_{i+1}^1 \cdot (t - t_0) + Z_{i+1}^2 \cdot (t - t_0)^2 \\ \varphi_i^0 + \varphi_i^1 \cdot (t - t_0) + \varphi_i^2 \cdot (t - t_0)^2 = \varphi_{i+1}^0 + \varphi_{i+1}^1 \cdot (t - t_0) + \varphi_{i+1}^2 \cdot (t - t_0)^2 \\ \omega_i^0 + \omega_i^1 \cdot (t - t_0) + \omega_i^2 \cdot (t - t_0)^2 = \omega_{i+1}^0 + \omega_{i+1}^1 \cdot (t - t_0) + \omega_{i+1}^2 \cdot (t - t_0)^2 \\ \kappa_i^0 + \kappa_i^1 \cdot (t - t_0) + \kappa_i^2 \cdot (t - t_0)^2 = \kappa_{i+1}^0 + \kappa_{i+1}^1 \cdot (t - t_0) + \kappa_{i+1}^2 \cdot (t - t_0)^2 \end{cases} \tag{3-24}$$

$$\begin{cases} X_i^1 + 2 \cdot X_i^2 \cdot (t - t_0) = X_{i+1}^1 + 2 \cdot X_{i+1}^2 \cdot (t - t_0) \\ Y_i^1 + 2 \cdot Y_i^2 \cdot (t - t_0) = Y_{i+1}^1 + 2 \cdot Y_{i+1}^2 \cdot (t - t_0) \\ Z_i^1 + 2 \cdot Z_i^2 \cdot (t - t_0) = Z_{i+1}^1 + 2 \cdot Z_{i+1}^2 \cdot (t - t_0) \\ \varphi_i^1 + 2 \cdot \varphi_i^2 \cdot (t - t_0) = \varphi_{i+1}^1 + 2 \cdot \varphi_{i+1}^2 \cdot (t - t_0) \\ \omega_i^1 + 2 \cdot \omega_i^2 \cdot (t - t_0) = \omega_{i+1}^1 + 2 \cdot \omega_{i+1}^2 \cdot (t - t_0) \\ \kappa_i^1 + 2 \cdot \kappa_i^2 \cdot (t - t_0) = \kappa_{i+1}^1 + 2 \cdot \kappa_{i+1}^2 \cdot (t - t_0) \end{cases} \tag{3-25}$$

如果采用二阶多项式模型，则仅需要求出 18 个多项式系数即可根据任意扫描行的曝光时刻计算出外方位元素。Shan 等（2005）、Yoon 和 Shan（2005）在对 MGS 任务 MOC 影像进行光束法平差时采用了二阶多项式数学模型。Chen（2008）利用二阶多项式模型表示外方位元素，同时对传感器内方位元素进行建模构建了 HiRISE 影像平差模型。Li 等（2011）利用三阶多项式建立了 HiRISE 影像的严格平差模型。Michael（2007）利用三阶多项式进行 HRSC 影像的光束法平差，并引入漂移误差改正模型进一步补偿系统误差，提高定位精度。

3）定向片模型

多项式模型未知数个数少，计算过程简单，但是不适用于影像获取时间较长的卫星影像。如果卫星影像获取时间较长，则可以采用分段多项式模型或者定向片模型。定向片模型（Hinsken et al.，2002）的基本思想是平差求解定向片位置的外方位元素，然后内插其他扫描线的外方位元素，基本原理如图 3.13 所示，火星地面点 P 对应的下视影像像点 P_N 成像于第 K 和第 $K+1$ 定向片之间，通常可以利用该点附近 4 个定向片时刻的外方位元素按照 Lagrange 多项式内插出 P_N 的外方位元素。

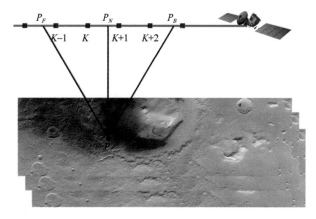

图 3.13　线阵传感器定向片模型

定向片（orientation image）时刻就是指在传感器的飞行轨道上按照一定时间间隔抽取的若干离散的扫描周期，如图 3.13 中的 t_K, t_{K+1}。基于定向片内插的光束法平差，就是将定向片时刻的外方位元素作为平差未知数，影像上其他扫描线的外方位元素利用定向片时刻的外方位元素通过内插得到。

定向片法平差一般采用 Lagrange 多项式进行外方位元素内插。

图 3.13 中，月面点 P 对应的下视影像像点 P_D 成像于第 $K+1$ 和第 $K+2$ 定向片之间，通常可以利用 K、$K+1$、$K+2$ 和 $K+3$ 时刻处的外方位元素按照 Lagrange 多项式内插出该点的外方位元素。假设这四个时刻的外方位元素为 X_j、Y_j、Z_j、ϕ_j、ω_j、κ_j（$j = K, K+1, K+2, K+3$），则像点 P_D 所在扫描线的瞬时外方位元素可以利用三阶 Lagrange 多项式表示为

$$\begin{cases} X_p = \sum_{j=K}^{K+3}\left(X_j \prod_{\substack{i=K \\ i!=j}}^{K+3} \frac{t-t_i}{t_j-t_i} \right), Y_p = \sum_{j=K}^{K+3}\left(Y_j \prod_{\substack{i=K \\ i!=j}}^{K+3} \frac{t-t_i}{t_j-t_i} \right), Z_p = \sum_{j=K}^{K+3}\left(Z_j \prod_{\substack{i=K \\ i!=j}}^{K+3} \frac{t-t_i}{t_j-t_i} \right) \\ \phi_p = \sum_{j=K}^{K+3}\left(\phi_j \prod_{\substack{i=K \\ i!=j}}^{K+3} \frac{t-t_i}{t_j-t_i} \right), \omega_p = \sum_{j=K}^{K+3}\left(\omega_j \prod_{\substack{i=K \\ i!=j}}^{K+3} \frac{t-t_i}{t_j-t_i} \right), \kappa_p = \sum_{j=K}^{K+3}\left(\kappa_j \prod_{\substack{i=K \\ i!=j}}^{K+3} \frac{t-t_i}{t_j-t_i} \right) \end{cases} \tag{3-26}$$

对于位于第 i 行和第 $i+1$ 行之间的点的 Lagrange 系数可以写为

$$\begin{cases} t_1 = \dfrac{(r-r_i)(r-r_{i+1})(r-r_{i+2})}{(r_{i-1}-r_i)(r_{i-1}-r_{i+1})(r_{i-1}-r_{i+2})} \\[3mm] t_2 = \dfrac{(r-r_{i-1})(r-r_{i+1})(r-r_{i+2})}{(r_i-r_{i-1})(r_i-r_{i+1})(r_i-r_{i+2})} \\[3mm] t_1 = \dfrac{(r-r_{i-1})(r-r_i)(r-r_{i+2})}{(r_{i+1}-r_{i-1})(r_{i+1}-r_i)(r_i-r_{i+2})} \\[3mm] t_1 = \dfrac{(r-r_{i-1})(r-r_i)(r-r_{i+1})}{(r_{i+2}-r_{i-1})(r_{i+2}-r_i)(r_{i+2}-r_{i+1})} \end{cases} \tag{3-27}$$

式中，$r_i < r < r_{i+1}$，r 为 CCD 影像像点位于扫描行方向的像坐标；r_i 为第 i 个定向片位于扫描行方向的像坐标。

2. 权值确定

权值设定是影响光束法平差结果的一个重要因素，观测值 L_i 的权可定义为

$$P_i = \sigma_0^2 / \sigma_i^2 \tag{3-28}$$

式中，σ_0 为单位权中误差；σ_i 为各观测值的中误差，由于单位权中误差一般以像点坐标量测精度作为测度，因此通常将像点坐标观测值的权定为 1。实际上 σ_0 也是平差结果的一个重要指标，可通过平差后的残差值计算得出，其公式如下：

$$\sigma_0 = \sqrt{\frac{\sum_{i=1}^{n} e_i p_i e_i}{r}} \tag{3-29}$$

式中，e_i 为观测值之残差值；p_i 为各类观测值之权值；r 为平差多余观测数；σ_0 可以综合反映平差结果的整体情况，该值与外方位元素初值、连接点分布及精度、权值、地形等因素有关。

光束法区域网联合平差的数学模型由函数模型和随机模型两部分构成，函数模型主要指参加光束法区域网平差中各类观测值建立的方程，而随机模型通常指这些参加平差的观测值的权值。

1）像点坐标观测值

像点坐标观测值主要包括两类：一类是平差区域内的影像上的连接点，另一类是将激光测高数据投影至像片上对应的像点。连接点坐标可以利用影像匹配获取，初始的激

光测高数据对应的像点坐标则通过激光点在行星表面的"足印"与三线阵 CCD 影像进行配准的方式计算得到。连接点和激光测高数据对应的像点观测值方程可由共线条件方程建立。

光束法区域网平差中，连接点观测值的权值取单位权，而激光测高数据对应的像点观测值的权根据激光测高数据与三线阵 CCD 影像的配准精度确定。

2）激光测高数据的坐标观测值

激光测高数据在物方坐标系中的坐标 $A(X_F, Y_F, Z_F)$ 作为观测值，参与光束法联合平差。

激光测高数据可以建立如下的方程：

$$F_{XYZ} = \begin{bmatrix} X_F - (X_F) \\ Y_F - (Y_F) \\ Z_F - (Z_F) \end{bmatrix} = 0 \qquad (3\text{-}30)$$

式中，(X_F)、(Y_F)、(Z_F) 为通过激光测高数据与三线阵 CCD 影像配准后，利用其对应像点坐标按摄影测量的空间前方交会原理计算得到。

激光测高数据作为月面的控制约束条件数据，通常设置较高权值。

3）定向片影像外方位元素视为平差观测值

基于定向片内插的光束法区域网平差，就是将定向片时刻的外方位元素作为平差计算中的未知数，CCD 影像上其他扫描行的外方位元素利用定向片时刻的外方位元素通过 Lagrange 多项式内插得到。

在计算过程中，为了避免各未知数的相关，每个定向片影像的外方位元素均视为加权"观测值"，建立虚拟误差方程进行平差计算。这类"观测值"的权值依据卫星定轨精度和测姿精度确定。

根据上述各类观测值方程建立不同的误差方程进行光束法区域网联合平差。影像上像点坐标取单位权值，其余各类观测值根据其先验方差定权，在平差计算迭代过程中采用验后方差分量估计的方法确定其权值。平差计算 CCD 影像对应每条扫描行的精确外方位元素，以及激光测高数据的精确行星表面坐标，其成果可以用于制作高分辨率的行星表面数字表面模型、立体测图等。

3.4 遥感影像匹配

在摄影测量处理中，无论是立体定位还是区域网平差，都需要有同名像点才能够计算相应地面点的空间坐标。获取同名像点的方法有两种：一是人工判读与量测，二是通过影像匹配自动计算（邢帅，2008）。

在摄影测量与遥感中，人工量测通常是通过专业的立体量测设备，在立体观察的状态下直接在影像上进行的，精度很高。但在没有立体量测设备或无法进行立体观察的情况下，也可以通过人工判读获取。这种方法由于需要较多的人工干预，受操作人员的技术水平、经验等主观因素影响较大，因此效率不高。

第二种方法是利用一定的算法将不同影像进行匹配，然后由匹配影像之间的关系可以自动计算得到同名像点。由于匹配算法的执行通常是由计算机完成的，避免了大量的人工干预，因此自动化程度较高。匹配算法的性能也决定了配准结果的精度和配准执行的效率，如果匹配算法选择合适，则会得到很高精度的匹配结果。

3.4.1 影像匹配基础

影像匹配是数字摄影测量与计算机视觉的核心问题（张祖勋和张剑清，1996），其实质是在两幅（或多幅）影像之间搜索同名像点。

以两幅影像灰度匹配为例，影像相关数学描述如下。

设立体像对 I_1 与 I_2 中的像点 O_1 与 O_2 坐标表示为

$$\begin{cases} P_1 = (x_1, y_1) \\ P_2 = (x_2, y_2) \end{cases} \tag{3-31}$$

及特征属性 f_1 与 f_2 即

$$O_1 = (P_1, f_1)$$
$$O_2 = (P_2, f_2)$$

其中 f_1 与 f_2 是以 P_1 与 P_2 为中心的小影像窗口的灰度矩阵 g_1 与 g_2，基于 f_1 与 f_2 定义测度函数 $m(f_1, f_2)$，影像匹配实质上是建立一个映射函数 M，使其满足如下条件：

$$\begin{cases} P_2 = M(P_1, T) \\ m(f_1, f_2) = \max \text{ 或 } \min (O_1 \in I_1, O_2 \in I_2) \end{cases} \tag{3-32}$$

式中，T 为描述映射关系 M 的参数向量；测度 m 为 O_1 与 O_2 的匹配程度，也称为匹配测度或者相似性测度。

通过上述定义可以将影像匹配问题简化为搜索同名像点以及确定参数向量 T，实际上两者是等价的，即确定了同名像点，则映射参数 T 也随之确定，反之亦然。

影像匹配也是摄影测量的难点问题。一是因为人类视觉的复杂性，人们尚未提出一种有效的模型来描述人眼获取的二维图像如何经由人脑加工而使人能感知和理解三维世界的工作原理；二是由于把丰富复杂的三维客观世界投影成二维影像时丢失了大量的信息，造成了答解在数学上存在不确定性（巩丹超，2003）。

影像匹配问题主要包括三个方面：特征空间、相似测度及搜索空间和策略。影像匹配的第一步就是确定用什么样的特征来进行匹配，这里的特征可以指影像灰度值，也可以指其他，如点、边缘、区域、纹理、结构、统计量、语义、目标模型等高层次的特征。特征的选择可以根据以下三点原则：①什么性质的信息在影像上最突出，即选择什么样的特征能够尽量避免噪声和影像变形的影响；②匹配的对象是什么，是侧重于影像的结构还是纹理；③所选择的特征能够尽量缩小搜索空间或者减小计算量（邢帅，2008）。

第二步是选择一种相似测度，用来描述特征间的相似程度。相似测度需要根据采用的特征来选择，只有特征和相似测度的配合才能得到最佳的匹配结果。常用的相似测度有归一化相关函数、相关系数、统计相关滤波器、相位相关、灰度值的差绝对值和、边缘的差绝对值和、灰度值的梯度变化方向，以及特征间的距离等（邢帅，2008）。

第三步是确定搜索空间和策略。因为提取特征和计算相似测度的过程往往伴随着大量的运算，因此选择最佳的搜索空间和策略，在保证获得最佳匹配结果的同时，可以有效地减少冗余计算，提高匹配的效率。确定搜索空间的原则是，首先必须包含正确的匹配结果，其次范围尽可能的小。搜索空间确定后，还需要确定搜索策略。最佳的搜索策略可以保证搜索以最快的速度向正确的匹配结果靠近。常用的搜索策略有序贯搜索、松弛法、动态规划、线性规划、层次规划、树型结构和图论（Brown，1992）。

3.4.2 特征点提取算子

在摄影测量中最常用的特征主要有点、边缘、区域三种，由于边缘和区域特征的提取过程存在较大的不确定性，因此点特征是目前应用最多的一类特征。点特征的优点是，描述简单，计算复杂度低，且减小了不同类型影像上特征描述的歧义性，最终结果还可直接用于计算变换模型。

在摄影测量中常用的特征点提取算子有 Moravec、Harris、Förstner、SUSAN、SIFT、SURF 等。通过试验比较上述算子在速度、精度和适应性三个方面的差异发现：①随着图像尺寸的变化，各个算子的提取特征点的时间也随之变化，Harris 算子计算速度最快，其次是 SURF、SIFT 算子，Förstner 和 Moravec 提取速度较慢，而 SUSAN 算子速度最慢。虽然 SURF、SIFT 算子提取特征点的速度不及 Harris 算子，但是它提取的特征点密度较高，分布也较好；②从均方根误差等四种误差上看，Förstner 算子提取点的精度最高，Harris 算子、Moravec 算子、SUSAN 算子的精度相差不大，而 SURF、SIFT 算子提取的点精度最低，主要是由于 SURF、SIFT 算子提取的点位并不一定是角点。③在适应性上，SURF、SIFT 算子的总体性能要好于另外几种算子，但其提取的主要是圆形特征点。

Harris 算子在不考虑图像尺度变化时体现出了较好的性能，SURF 算子在各方面具有较好的稳定性，且较 SIFT 算子计算效率明显提高，因此本书重点介绍 Harris 和 SURF 算子的基本原理，其他算子的原理可参考相关的文献，在此不再赘述。

1. Harris 算子

Harris 算子是 Harris 和 Stephtens（1988）在 1988 年提出的一种特征点提取算子。其基本思想与 Moravec 算子类似：通过在图像中平移一个小窗口（通常定义为一个 3×3 或 5×5 的正方形模板）就可以很容易的检测出角点。如图 3.14 所示，在窗口平移时，会出现三种情况：

（1）在特征不明显的平坦区域，沿任何方向平移都不会产生大的变化；

（2）沿边缘平移不会产生大的改变，但是与边垂直的偏移将导致一个大的变化；

（3）在角点处，沿任何方向平移都会产生很明显的变化。

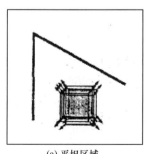 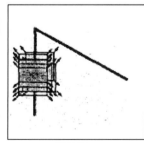 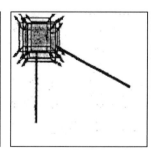

(a) 平坦区域　　　　　　　　(b) 边缘　　　　　　　　(c) 角点

图 3.14　窗口平移的三种情况（张楠，2005）

对于图像上的像素点 (x,y)，定义能量函数 E 如下：

$$E(u,v) = \sum_{x,y} w(x,y)[I(x+u, y+v) - I(x,y)]^2 \qquad （3-33）$$

式中，u,v 分别为 x 和 y 方向上的平移量；(u,v) 经常取为 $(1,0)$，$(-1,0)$，$(0,1)$ 和 $(0,-1)$；I 为灰度函数；$w(x,y)$ 为窗口函数，可以定义为二值函数，也可以取作高斯函数：

$$w(x,y) = \begin{cases} 1 & \text{当}(x,y)\text{在窗口内} \\ 0 & \text{当}(x,y)\text{在窗口外} \end{cases}，\text{或 } w(x,y) = e^{-(u^2+v^2)/2\sigma^2}，\quad \sigma \text{ 一般取 1}。$$

对 $I(x+u, y+v)$ 关于 (x,y) 作泰勒展开，并去掉高阶项，可以将 $E(u,v)$ 记作

$$E(u,v) \cong [u,v]M\begin{bmatrix} u \\ v \end{bmatrix}，\text{其中 } M = \sum_{x,y} w(x,y)\begin{bmatrix} I_x^2 & I_x I_y \\ I_x I_y & I_y^2 \end{bmatrix}。$$

记 $A = \sum_{x,y} w(x,y)I_x^2$，$B = \sum_{x,y} w(x,y)I_y^2$，$C = \sum_{x,y} w(x,y)I_x I_y$，则 M 可以写为

$$M = \begin{bmatrix} A & C \\ C & B \end{bmatrix} \qquad （3-34）$$

记 λ_1，λ_2 为自相关矩阵 M 的两个特征值，对应于窗口平移时出现的三种情况：

（1）在平坦地区，λ_1 和 λ_2 均较小，在各个方向平移 E 变化都不大；

（2）在边缘处，$\lambda_1 \gg \lambda_2$ 或者 $\lambda_2 \gg \lambda_1$；

（3）在角点的位置 λ_1 和 λ_2 的值都比较大，对任何方向平移，E 都会增加。

由此，可以定义角点的相关函数：

$$R = \det M - k(\text{trace}M)^2 \qquad （3-35）$$

式中，$\det M = \lambda_1 \lambda_2$；$\text{trace}M = \lambda_1 + \lambda_2$；$k$ 为经验常数，可以取作 $0.04 \sim 0.06$。

R 仅由 M 的特征值决定，它在平坦区域绝对值较小，在边缘处为绝对值较大的负值，在角点的位置是较大的正数。这样，当 R 取局部极大值且 R 大于给定阈值时的位置就是角点。

Harris 算子对每个点都计算其兴趣值，然后选择最优点。在纹理信息丰富的区域，Harris 算子可以提取出大量有用的特征点，而在纹理信息少的区域，提取的特征点则较少。因为它的计算过程中只涉及图像的一阶导数。因此，Harris 算子具有旋转不变性，对灰度值的整体平移和尺度变化也是不变的，对角点的提取比较稳定，但当图像尺度发生改变时，所检测位置的性质就会发生变化。

2. SURF 算子

SURF（speeded up robust features）是由 Bay 等于 2006 年提出的一种快速的、鲁棒性较强的影像局部特征提取算法（Bay et al., 2008）。该方法使用 Hessian 矩阵来检测特征点，用箱式滤波器（box filters）来代替二阶高斯滤波，用积分图像（integral image）来加速卷积以提高计算速度，并减少了局部影像特征描述符的维数，更适用于实时处理。提取 SURF 特征的通过是计算原始影像的积分影像，然后建立尺度空间并在每个尺度上检测特征点。

1）积分图像

如图 3.15（a）所示，积分图像定义为，积分图像上任一点 (x,y) 的值 $I_\Sigma(x,y)$ 可以

表示成原始影像 I 上以影像左上角为原点，以 (x,y) 为右下角所组成的矩形区域内所有点的灰度值之和，即

$$I_{\Sigma}(x,y) = \sum_{i=0}^{i \leqslant x} \sum_{j=0}^{j \leqslant y} I(x,y) \qquad (3-36)$$

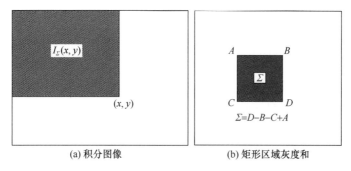

(a) 积分图像   (b) 矩形区域灰度和

图 3.15　积分图像原理

积分图像的计算比较简单，计算量很小，仅遍历图像一次即可。利用积分影像可以很容易的计算出影像任意矩形范围的像素灰度和，而与矩形大小没有任何关系，即通过矩形的四个顶点的灰度值进行一次加法两次减法运算，就可以求出原始影像上该矩形内的灰度值之和，如图 3.15（b）所示。

2）构建 SURF 尺度空间

为了在不同的尺度上寻找局部极值点，通常使用影像金字塔构建尺度空间，如图 3.16 所示。SURF 在生成尺度空间金字塔时，是在保持原始图像不变的前提下，采用不同大小的滤波器得到的。由于减少了类似 SIFT 算子的亚采样过程，因此尺度空间的构建效率与影像的大小无关，这样可以提高计算速度，缩短计算时间。

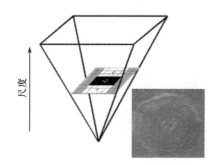

图 3.16　SURF 算子尺度空间的创建方式

3）Hessian 矩阵

SURF 算子的特征点检测是通过 Hessian 矩阵进行的，使用 Hessian 矩阵的行列式同时来确定特征点的位置和尺度，当 Hessian 矩阵的行列式局部取最大时，检测出的像点做为特征点，而其实际是一个小区域，即斑状结构。Hessian 矩阵是通过操作积分图像来加速卷积的，因此其在计算时间和准确性上体现了良好的性能。

影像上任一点 (x,y) 在尺度 σ 时的 Hessian 矩阵 $H(x,y,\sigma)$ 定义为

$$H(x,y,\sigma) = \begin{bmatrix} L_{xx}(x,y,\sigma) & L_{xy}(x,y,\sigma) \\ L_{xx}(x,y,\sigma) & L_{yy}(x,y,\sigma) \end{bmatrix} \tag{3-37}$$

式中，$L_{xx}(x,y,\sigma)$、$L_{xy}(x,y,\sigma)$、$L_{yy}(x,y,\sigma)$ 分别为影像在点 (x,y) 处与高斯二阶导数 $\partial^2 g(x,y,\sigma)/\partial x^2$、$\partial^2 g(x,y,\sigma)/\partial xy$、$\partial^2 g(x,y,\sigma)/\partial y^2$ 的卷积。其中，$g(x,y,\sigma)$ 为影像上任一点 (x,y) 尺度可变高斯函数，即 $g(x,y,\sigma) = \dfrac{1}{2\pi\sigma^2} \mathrm{e}^{-(x^2+y^2)}$。

求解高斯函数二阶导数时，SURF 算子使用方框滤波器来近似高斯二阶导数，其原因在于使用积分图像可以迅速计算出均值滤波的图像卷积，图 3.17 描述的是 SURF 算子使用的 9×9 箱式滤波器在尺度为 $\sigma=1.2$ 在 x 方向和 xy 方向对二阶高斯导数的近似。

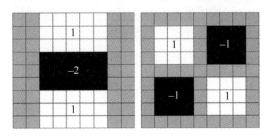

图 3.17　SURF 算子对二阶高斯函数近似方法

将方框滤波器与图像卷积的结果表示为 D_{xx}、D_{xy}、D_{yy}，那么 Hessian 矩阵的行列式可以表示为

$$\det(H) = D_{xx}D_{yy} - (\omega D_{xy})^2 \tag{3-38}$$

式中，ω 为用来平衡高斯核的近似时产生的能量差异，可以利用一个常数代替，通常取 $\omega=0.9$。

4）局部最大值点定位

在建立尺度空间后，通过计算 3×3×3 局部区域内各点 Hessian 矩阵的行列式值，将比邻近的 26 个点值都大的点作为特征点。

5）特征点主方向的确定

检测出特征点后，在其周围选取一个以 6σ 为半径的圆形区域，在此区域内使用积分图像计算 Harr 小波在 x,y 轴方向上的响应，并赋以高斯权重系数，然后将圆形区域等分成 6 份，分别计算以圆心角为 $\pi/3$ 的扇形窗口内 x,y 方向小波的响应矢量和，选择最大值所在的矢量方向作为为该特征点的主方向。

6）特征点描述子生成

在确定特征点的主方向后，选取特征点周围的一个正方形区域，将该区域划分成 4×4 的子区域，在每一个子区域内，计算 5×5 内部点的相对于主方向的水平、垂直方向

的 Haar 小波响应值，记做 dx，dy，并赋以相应的权值，然后将每个子区域的响应、响应的绝对值相加构成四维矢量 $V = \left[\sum \mathrm{d}x, \sum \mathrm{d}y, \sum |\mathrm{d}x|, \sum |\mathrm{d}y| \right]$。这样就形成了一个 64 维的向量，此向量就是描述该特征点的描述子特征向量。

SURF 描述子描述了特征点局部区域的梯度信息的空间分布情况，由于它将每个子块的梯度信息作为一个整体，因此其对噪声不敏感。

3.4.3 相关系数匹配

相关系数匹配测度是数字摄影测量中比较经典的测度函数，其数学公式描述如下：设影像匹配的目标窗口灰度矩阵为 $G\left(g_{i,j}\right)(i=1,2,\cdots,m; j=1,2,\cdots,n)$，$m$ 与 n 分别是矩阵 G 的行列数，其构成的影像窗口称为匹配窗口（matching window）或者相关窗口，且一般取为奇数（如 15×15），与 G 相应的灰度函数为 $g(x,y)$，$(x,y) \in D$，将 G 中元素排成一行构成一个 $N = m \times n$ 的目标向量 $X = \left(x_1, x_2, \cdots, x_N\right)$。而搜索区灰度矩阵为 $G'\left(g'_{i,j}\right)(i=1,2,\cdots,k; j=1,2,\cdots,l)$，$k$ 与 1 是矩阵 G' 的行列数，其构成的影像窗口称为搜索窗口（search window），一般也取为奇数，与 G' 相对应的灰度函数为 $g'(x',y'),(x',y') \in D'$。G' 中任意一个 m 行 n 列的子块可以表示为

$$\begin{cases} G'_{r,c} = \left(g'_{i+r,j+c}\right)(i=1,2,\cdots,m; j=1,2,\cdots,n) \\ r = \mathrm{INT}\left(\dfrac{m}{2}\right)+1,\cdots,k-\mathrm{INT}\left(\dfrac{m}{2}\right) \\ c = \mathrm{INT}\left(\dfrac{n}{2}\right)+1,\cdots,l-\mathrm{INT}\left(\dfrac{n}{2}\right) \end{cases} \tag{3-39}$$

式中，INT 为取整运算，将 $G'_{r,c}$ 中的元素排成一行可同样构成一个 $N = m \times n$ 的搜索向量，记为 $Y = \left(y_1, y, \cdots, y_N\right)$。对于图像灰度数据，相关系数匹配测度公式如下：

$$\begin{cases} \rho(c,r) = \dfrac{\displaystyle\sum_{i=1}^{m}\sum_{j=1}^{n}\left(g_{i,j}-\overline{g}\right)\left(g'_{i+r,j+c}-\overline{g}'_{r,c}\right)}{\sqrt{\displaystyle\sum_{i=1}^{m}\sum_{j=1}^{n}\left(g_{i,j}-\overline{g}\right)^2 \cdot \sum_{i=1}^{m}\sum_{j=1}^{n}\left(g'_{i+r,j+c}-\overline{g}'_{r,c}\right)^2}} \\[4mm] \overline{g} = \dfrac{\displaystyle\sum_{i=1}^{m}\sum_{j=1}^{n}g_{i,j}}{m\cdot n} \\[4mm] \overline{g}'_{r,c} = \dfrac{\displaystyle\sum_{i=1}^{m}\sum_{j=1}^{n}\overline{g}_{i+r,j+c}}{m\cdot n} \end{cases} \tag{3-40}$$

相关系数描述了立体像对 I_1 与 I_2 局部窗口内的灰度相似程度，相关系数值越大，表示像点 O_1 与 O_2 相似程度越高，通过设置一个相关系数阈值（如 0.8），当计算出的相关系数大于该阈值时即可认为像点 O_1 与 O_2 是一对同名像点。

相关系数实际上是标准化的协方差函数。设向量 $\overline{X} = (\overline{x}_1, \overline{x}_2, \cdots, \overline{x}_N)$，$\overline{Y} = (\overline{y}_1, \overline{y}_2, \cdots, \overline{y}_N)$，$\overline{x} = \dfrac{1}{N} \sum\limits_{i=1}^{N} x_i$，$\overline{y} = \dfrac{1}{N} \sum\limits_{i=1}^{N} y_i$，令 X 与 Y 的标准化矢量 X' 与 Y' 为

$$\begin{cases} X' = X - \overline{X} \\ Y' = Y - \overline{Y} \end{cases} \tag{3-41}$$

则协方差测度即为矢量 X' 与 Y' 的数积：

$$C = (X' \cdot Y') = \sum_{i=1}^{n}(x_i - \overline{x})(y_i - \overline{y}) \tag{3-42}$$

基于协方差测度的定义，相关系数测度可定义为

$$\rho = \frac{(X' \cdot Y')}{|X'| \cdot |Y'|} = \frac{|X'| \cdot |Y'| \cdot \cos\alpha}{|X'| \cdot |Y'|} = \cos\alpha \tag{3-43}$$

因此，相关系数估值最大的几何意义是向量 X' 与 Y' 之间的夹角 α 最小。

设已知 I_1 影像上的像点 O_1，影像匹配实际上是确定 I_1 影像上的像点 O_1 在 I_2 影像上的同名像点 O_2，相关系数匹配过程可描述为如下步骤：

步骤 1：设定搜索窗口宽高 m、n，匹配窗口宽高 k、l，以及相关系数阈值 T_ρ；

步骤 2：通过一定的预测机制（如投影轨迹法）预测出 O_1 在 I_1 影像上同名像点 O_2 的近似位置 O_2'；

步骤 3：确定 I_2 影像上预测点位置 O_2' 附近搜索窗口内的各个像素中心，然后对搜索窗口内的每一个像素按照式（3-42）计算相关系数 $\rho_i (i = 1, 2, \cdots, M)$，其中 $M = k \cdot l$；

步骤 4：取相关系数的最大者 $\rho_{\max}$ 作为待选点，并记录该点位置，判断 $\rho_{\max}$ 是否大于给定阈值 T_ρ，若 $\rho_{\max}$ 大于 T_ρ，则成功匹配出同名像点 O_2。

相关系数匹配主要是影像间灰度的卷积运算，其算法复杂度与待匹配点数 N，搜索窗口大小 $m \times n$、匹配窗口大小 $k \times l$ 的关系可以表示为

$$O(N \times m \times n \times k \times l) \tag{3-44}$$

分析相关系数匹配的算法复杂度，假定搜索窗口大小为 5×5，匹配窗口大小为 9×9，则 $m \times n \times k \times l = 2025$；而当搜索窗口大小为 19×19，匹配窗口大小为 15×15 时，$m \times n \times k \times l = 81225$，两者计算效率相差近 40 倍。因此合理设置搜索窗口与匹配窗口是相关系数匹配的一个关键问题。

3.4.4 核线约束策略

由于影像匹配问题是一个具有多个解的不确定性问题，因此要确定唯一解必须引入一定的约束条件。按照 Marr 有关人眼的立体视觉模型，常用的约束条件有（巩丹超，

2003；马颂德和张正友，1998）：①核线约束，两个同名点位于各自的两条核线上；②唯一性约束，一个匹配基元在同名影像上的匹配结果只有一个，但有时例外；③表面连续性约束，我们通常假设目标表面具有连续性；④有序性约束，在左像上，如果像点 p_1 在像点 q_1 的右方，那么在右像上，相应的同名点 p_2 也应该在 q_2 的右方。如果目标在图像上产生很大的透视变形，会产生例外情况。其中，核线约束是影像匹配中最常用到的一个约束条件。利用核线约束可以大大缩小匹配的搜索范围，不仅能够降低计算量并且可以提高匹配结果的可靠性。

1）面阵影像核线几何解析

画幅式影像的核线几何关系（耿则勋等，2010）如图 3.18 所示，p、q 为左右影像同名像点，S_1、S_2 为摄站坐标，S_1 与 S_2 连线构成摄影基线 B，地面点 P 与 S_1、S_2 构成核面 S_1S_2P，S_1S_2P 与左右影像相交构成核线 I_p 与 I_q，I_p 与 I_q 为同名核线，同名像点 p、q 必定位于同名核线 I_p 与 I_q 上。画幅式影像的核线重采样可通过将原始倾斜影像重投影至水平影像（正直影像）实现（王之卓，2007），p_n 与 q_n 分别对应于 p、q 在水平影像上的像点坐标，I_{pn} 与 I_{qn} 对应于 I_p 与 I_q 在水平影像上的投影，I_{pn} 与 I_{qn} 在水平影像上相互平行。水平影像上的像点与原始倾斜影像上像点对应关系如下：

$$\begin{cases} u_n = u\left(\dfrac{-f}{w}\right) = -f\dfrac{a_1 x + a_2 y - a_3 f}{c_1 + c_2 y - c_3 f} \\ v_n = v\left(\dfrac{-f}{w}\right) = -f\dfrac{b_1 x + b_2 y - b_3 f}{c_1 + c_2 y - c_3 f} \end{cases} \qquad (3\text{-}45)$$

式中，u_n，v_n 为水平影像上的像点坐标；(x, y) 为原始倾斜影像上相应像点坐标；$a_1, a_2, \cdots, c_3$ 为各轴线的夹角余弦。画幅式影像的核线具有以下特性：

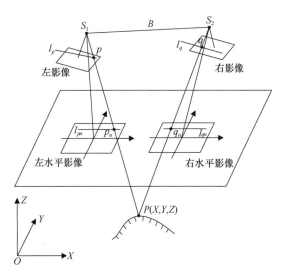

图 3.18　画幅式影像核线几何关系

（1）核线 I_p 与 I_q 均为直线；

（2）左影像上的核线 I_p 上的所有点均投影至右影像的同名核线 I_q 上；

（3）同名像点对应的两条核线一一对应，两条核线上的所有点也一一对应。

根据以上特性可对原始倾斜影像进行核线重采样生成核线影像，核线影像列方向上下视差为零，据此可以将匹配由二维搜索转换为一维搜索。

2）线阵 CCD 卫星影像投影轨迹法核线分析

由于线阵推扫式影像行中心投影的特殊性，不能像框幅式影像那样建立严格的核线几何关系，通常使用投影轨迹法分析线阵影像的核线几何特性。投影轨迹法基于共线条件方程，理论最为严密，其基本原理如图 3.19 所示。地面点 $P(X,Y,Z)$ 在左右影像上分别成像于 p、q，像点 p 与地面点 P，以及该扫描行的投影中心 $S(X_{si},Y_{si},Z_{si})$ 可构成一条投影光线，该投影光线与物方空间水平面 h_i 相交得到一系列交点 P_i，将 P_i 反投影至右影像上可得到一系列的点 q_i，这一系列的点 q_i 构成像点 p 的核曲线 lq，显然，p 点的同名像点 q 一定位于核曲线 lq 上。同理，将右影像上的像点 q、投影中心 S'，以及地面点 P 构成的投影光线与物方水平面相交，将交点反投影至左影像上也可得到一系列的点，由此构成 q 的核曲线 lq，q 的同名像点 p 也必然位于 lp 上。

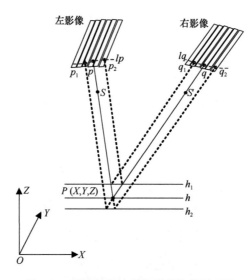

图 3.19   投影轨迹法线阵影像核线原理图

下面介绍投影轨迹法核线几何的具体公式。设左像像点 $p(x_l,y_l)$ 与该扫描行投影中心 $S(X_{si},Y_{si},Z_{si})$ 的连线构成投影光线 pS，从像点 p 出发经过投影中心 S 的光线上的点在物方坐标系下可以表示成如下形式：

$$\begin{bmatrix} X \\ Y \\ Z \end{bmatrix} = \begin{bmatrix} X_{si} \\ Y_{si} \\ Z_{si} \end{bmatrix} + \lambda \begin{bmatrix} r_{11} & r_{12} & r_{13} \\ r_{21} & r_{22} & r_{23} \\ r_{31} & r_{32} & r_{33} \end{bmatrix} \begin{bmatrix} x_l \\ y_l \\ -f \end{bmatrix} \tag{3-46}$$

式中，$r_{mn}(m,n=1,2,3)$ 为该扫描行对应的旋转矩阵系数；λ 为比例因子，通过上式即可确定投影光线 pS 上一系列地面点的三维坐标。将 pS 光线上的地面点反投影到右影像上，计算公式如下：

$$\begin{cases} x_r = -f\,\dfrac{r'_{11}\left(X-X'_{sj}\right)+r'_{21}\left(Y-Y'_{sj}\right)+r'_{31}\left(Z-Z'_{sj}\right)}{r'_{13}\left(X-X'_{sj}\right)+r'_{23}\left(Y-Y'_{sj}\right)+r'_{33}\left(Z-Z'_{sj}\right)} \\[3mm] y_r = -f\,\dfrac{r'_{12}\left(X-X'_{sj}\right)+r'_{22}\left(Y-Y'_{sj}\right)+r'_{32}\left(Z-Z'_{sj}\right)}{r'_{13}\left(X-X'_{sj}\right)+r'_{23}\left(Y-Y'_{sj}\right)+r'_{33}\left(Z-Z'_{sj}\right)} \end{cases} \tag{3-47}$$

式中，$r_{mn}(m,n=1,2,3)$ 为右影像第 j 扫描行对应的旋转矩阵系数；$(X'_{sj},Y'_{sj},Z'_{sj})$ 为右影像第 j 扫描行投影中心坐标。将式（3-46）与式（3-47）联立合并可得出对应于左影像上像点 $p(x_l,y_l)$ 的核线方程：

$$\begin{cases} x_r = -f\,\dfrac{r'_{11}A+r'_{21}B+r'_{31}C}{r'_{13}A+r'_{23}B+r'_{33}C} \\[3mm] y_r = -f\,\dfrac{r'_{12}A+r'_{22}B+r'_{32}C}{r'_{13}A+r'_{23}B+r'_{33}C} \end{cases} \tag{3-48}$$

其中

$$\begin{cases} A = X_{si}-X'_{sj}+\lambda\left(r_{11}\cdot x_l+r_{12}\cdot y_l-r_{13}f\right) \\ B = Y_{si}-Y'_{sj}+\lambda\left(r_{21}\cdot x_l+r_{22}\cdot y_l-r_{23}f\right) \\ C = Z_{si}-Z'_{sj}+\lambda\left(r_{31}\cdot x_l+r_{32}\cdot y_l-r_{33}f\right) \end{cases} \tag{3-49}$$

当给定投影光线 pS 上的地面点高程时（给定 Z 值），可以计算出比例因子 λ，利用式（3-48）与式（3-49）即可确定左影像像点 p 对应的核曲线轨迹 lp。由于线阵推扫式影像的行中心投影特性，旋转矩阵 r_{mn} 与 r'_{mn} 随扫描行变化，基于投影轨迹法得出的线阵影像核线方程形式复杂，且为非线性形式，式（3-48）与式（3-49）只适合对核线进行分析，不能直接用于核线重采样。基于线阵影像核线几何的研究成果，以及投影轨迹法的核线几何关系，可得出如下结论（张永生等，2007；Kim，2000； Habib et al.，2005；Morgan et al.，2006；巩丹超等，2012）：

（1）线阵影像不存在类似框幅式影像严格定义的核线，线阵影像的核线也不是直线，而是类似双曲线；

（2）局部范围内线阵影像核线接近于直线；

（3）线阵影像不存在严格定义的同名核线对，但是局部范围内可近似认为存在一一对应的核线，以此为依据，可以将线阵影像的匹配由二维搜索转换为一维搜索。

3.4.5 基于物方的匹配策略

1）铅垂线轨迹法

铅垂线轨迹法（vertical line locus，VLL）源于解析测图仪测图工序，其基本思想是，假设在物方有一条铅垂线，则它在框幅式立体像对上的投影也是一条直线，这就是说铅垂线与地面的交点 A 在立体像对上的构像必定位于相应的"投影差"上，如图 3.20 所示。

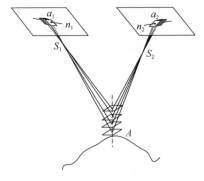

图 3.20　VLL 法原理图

图 3.21 为 VLL 法影像匹配原理示意图，这里以嫦娥一号获取的三线阵影像为例，其中 I_0、I_1、I_2 分别为嫦娥一号获得的 CCD 下视、前视和后视影像。

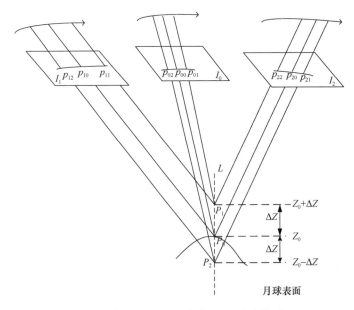

图 3.21　嫦娥一号 CCD 影像 VLL 法多像匹配

设月球表面上点 P_0 的近似高程为 Z_0，下视、前视和后视影像与点 P_0 相关的瞬时投影中心 S_0、S_1、S_2 这样可以得到三条投影光线 S_0P_0、S_1P_0、S_2P_0。这三条投影光线分别与下视、前视和后视影像的交点为 p_{00}、p_{10}、p_{20}。设过 P_0 的空间铅垂线为 L，铅垂线 L 与上高程值分别为 $Z_0 + \Delta Z$、$\Delta Z - \Delta Z$ 的两个空间点 P_1 和 P_2，将这两个空间点按照成像模型分别投影到下视、前视和后视影像上，其像点分别为 p_{01}、p_{11}、p_{21} 和 p_{02}、p_{12}、p_{22}。按照铅垂线轨迹法的原理，由于 P_0 位于空间铅垂线段 P_1P_2 上，那么 p_{00}、p_{10}、p_{20} 一定位于铅垂线段的相应投影线段 $p_{01}p_{02}$、$p_{11}p_{12}$、$p_{21}p_{22}$ 上。

利用嫦娥一号 CCD 影像进行 VLL 法匹配的步骤有以下六步。

步骤 1：给定激光测高点 P_0 的平面坐标 (X_0, Y_0) 及其近似高程 Z_0。

步骤 2：设定 ΔZ 和计算过程中的高程搜索步距 dZ。

步骤 3：得到铅垂线上不同点的高程 $Z_i = Z_0 - \Delta Z + i \cdot dZ$，$(i = 0, 1, 2, \cdots, n)$。

步骤 4：利用激光测高点 P_0 的平面坐标，高程 $Z_i (i = 0)$，以及下视、后视和前视影像的构像模型，分别计算该空间点对应在各影像上的像点坐标 (x_{ij}, y_{ij})，$(j = 0, 1, 2)$。

步骤 5：分别以像点 (x_{ij}, y_{ij}) 为中心在各自影像上选取一定大小的匹配窗口，以下视影像上的像点 (x_{i0}, y_{i0}) 为基准，分别计算后视和前视影像的像点 (x_{ij}, y_{ij})，$(j = 1, 2)$ 之间的匹配测度 m_{i1}，m_{i2}，取其平均值 m_i 作为新的匹配测度。

步骤 6：令 $i = i + 1$，重复步骤 4、步骤 5，就可以得到一组匹配测度 $\{m_0, m_1, m_2, \cdots, m_n\}$，选取其中的最大值 $m_k = \max\{m_0, m_1, m_2, \cdots, m_n\}$，其对应的高程为 $Z_k = Z_0 - \Delta Z + k \cdot dZ$，则可以得到月面点 P_0 的高程为 Z_k。

2）GC^3 方法

线阵影像经过几何校正后，消除了因外方位元素不平稳变化产生的扭曲变形，以进行立体观测和影像匹配。对于校正后的同航带线阵影像，GC^3 模型的成像关系以及匹配方向线如图 3.22 所示。其中，在基准影像 I_0 上，像点 P_0 所在的光线束为 CP_0。设光线束 CP_0 与不同的地面高程平面相交，交点分别为 P_1，P_2 和 P_3。同时，地面点 P_1，P_2 和 P_3 分别在后视影像 I_1 上成像，像点分别为 E_1，E_2 和 E_3。如果保持地面点 P_1 和 P_3 不变，使地面点 P_2 沿着光线束 CP_0 移动，则后视影像 I_1 上所获取的像点轨迹即为 GC^3 的匹配方向线。

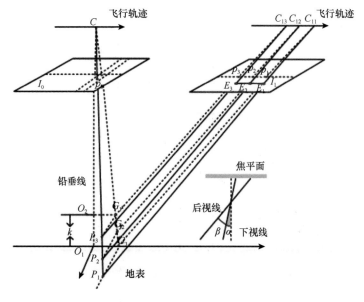

图 3.22　GC^3 匹配模型的成像关系及其匹配方向线

设传感器成像时的参数如表 3.1 所示。

表 3.1　传感器成像参数表

焦距/m	地面采样间隔/m	航高/m	下视成像角/rad	后视成像角/rad
f	R	H	α	β

设在影像 I_0 上，P_0 点的像点坐标为 (x_l, y_l)（固定坐标），且在影像 I_1 上，像点坐标为 (x_2, y_2)（不断变化的坐标），单位均为像素。

线阵传感器（后视）沿飞行轨迹飞行，则线阵扫描面 $C_{11}E_1P_1G_1p_1$，$C_{12}E_2P_2G_2p_2$ 和 $C_{13}E_3P_3G_3p_3$ 之间互相平行，且与扫描面（下视）分别交与直线 P_1G_1，P_2G_2 和 P_3G_3。

根据定理：多个平行平面与另一平面相交的直线互相平行，有

$$P_1G_1 \mathbin{/\mkern-5mu/} P_2G_2 \mathbin{/\mkern-5mu/} P_3G_3$$

设传感器 CCD 像元的大小为 u，单位为米（m），由于像元对应的地面距离等于影像分辨率 R，得

$$\frac{f}{u} = \frac{H}{R} \Rightarrow u = \frac{f \cdot R}{H}$$

设在光线 CP_0 上，地面点坐标发生变化，变化情况如下（符号"Δ"表示"三角形"，符号"$\sim$"表示三角形"相似"）。

（1）当高程 Z 变化为 k_2 米，对应于地面点 P_2 时：对于 ΔP_1G_1C 与 ΔP_2G_2C，由于 $P_1G_1 \mathbin{/\mkern-5mu/} P_2G_2$，有 $\Delta P_1G_1C \sim \Delta P_2G_2C$，同理有 $\Delta P_2G_2C_{12} \sim \Delta E_2P_2C_{12}$。

（2）当高程 Z 变化为 k_3 米，对应于地面点 P_3 时：对于 ΔP_1G_1C 与 ΔP_3G_3C 由于 $P_1G_1 \mathbin{/\mkern-5mu/} P_3G_3$，有 $\Delta P_1G_1C \sim \Delta P_3G_3C$，同理有 $\Delta P_3G_3C_{13} \sim \Delta E_3P_3C_{13}$。

于是，如图 3.23 所示，当高程变化为 $k, k \in [0, H]$ 时，对应的地面点为 P_k，坐标为 (X_k, Y_k, Z_k)，有：$\Delta P_1G_1C \sim \Delta P_kG_kC$，$\Delta P_kG_kC_{1k} \sim \Delta E_kP_kC_{1k}$。

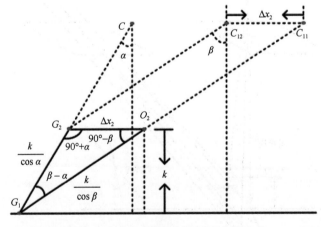

图 3.23　匹配方向线沿扫描方向坐标变化

根据三角形相似原理：

$$\begin{cases} \dfrac{y_1 \cdot u}{Y_k} = \dfrac{f}{(H-k)/\cos\alpha} \\ \dfrac{y_2 \cdot u}{Y_k} = \dfrac{f}{(H-k)/\cos\beta} \end{cases}$$

其中，将 y 坐标乘以 u 的意义是将像素单位换算至长度单位。

根据以上两式，有：

$$\frac{y_2}{y_1} = \frac{f}{(H-k)/\cos\beta} \cdot \frac{(H-k)/\cos\alpha}{f} = \frac{\cos\beta}{\cos\alpha}$$

即

$$y_2 = y_1 \cdot \frac{\cos\beta}{\cos\alpha}$$

分析飞行方向上的坐标（x_2）变化。其中，x_2 坐标变化情况如下所示。其中，对于三角形 $\Delta G_1 G_2 O_2$，根据三角形的余弦定理，有：

$$\Delta x_2^2 = \left(\frac{k}{\cos\alpha}\right)^2 + \left(\frac{k}{\cos\beta}\right)^2 - 2\frac{k}{\cos\alpha} \cdot \frac{k}{\cos\beta} \cdot \cos(\beta-\alpha)$$

$$\Delta x_2 = k \cdot \sqrt{\frac{1}{(\cos\alpha)^2} + \frac{1}{(\cos\beta)^2} - 2\frac{\cos(\beta-\alpha)}{\cos\alpha \cdot \cos\beta}}$$

式中，Δx_2 的单位为 m，若将 Δx_2 换作像素为单位，则将 Δx_2 除以影像的分辨率 R。

令 m，n 为常数，且分别为

$$\begin{cases} m = \dfrac{\cos\beta}{\cos\alpha} \\ n = \dfrac{1}{(\cos\alpha)^2} + \dfrac{1}{(\cos\beta)^2} - 2\dfrac{\cos(\beta-\alpha)}{\cos\alpha \cdot \cos\beta} \end{cases}$$

设 x_2 坐标的原点为 x_{20} 坐标，于是：

$$x_2 = x_{20} + \Delta x_2 / R$$

则 (x_2, y_2) 坐标的最终函数关系式为

$$\begin{cases} x_2 = x_{20} + n \cdot k / R \\ y_2 = m \cdot y_1 \end{cases}, k \in [0, H]$$

可以看出，该公式所描述的曲线为直线。

3.4.6 最小二乘影像匹配

德国 Ackerman 教授在 1983 年提出了最小二乘影像匹配（least squares image matching）的概念（Ackermann，1983）。由于该方法可以灵活地引入各种关于影像窗口内的信息的已知参数和条件进行平差计算，还可以进行粗差探测，从而使影像匹配的可靠性大大提高，匹配的精度也可以达到子像元级。为此，最小二乘影像匹配被称为"高精度影像匹配"。

设 $g_1(x_1, y_1)$ 和 $g_2(x_2, y_2)$ 表示匹配窗口和搜索窗口的灰度。在理想情况下，它们是相等的。但是由于摄影过程中以及后处理过程中存在各中差异，所以它们之间存在辐射差异和几何差异。所以，首先要对 $g_1(x_1, y_1)$ 进行辐射改正和几何校正，使之与 $g_2(x_2, y_2)$ 相同。首先用仿射变换做一个几个校正：

$$\begin{pmatrix} x_1' \\ y_1' \end{pmatrix} = \begin{pmatrix} a_1 & a_2 \\ a_4 & a_5 \end{pmatrix} \begin{pmatrix} x_1 \\ y_1 \end{pmatrix} + \begin{pmatrix} a_3 \\ a_6 \end{pmatrix} \tag{3-50}$$

接着用一个线性变换来顾及匹配窗口和搜索窗口之间的对比度差异，做辐射校正：

$$g_1' = h_0 + h_1 g_1 \tag{3-51}$$

综合上面两式，得

$$g_1' = h_0 + h_1 g_1(a_1 + a_2 x + a_3 y, a_4 + a_5 x + a_6 y) \tag{3-52}$$

根据假设，有

$$g_2(x_2, y_2) = g_1' = h_0 + h_1 g_1(a_1 + a_2 x + a_3 y, a_4 + a_5 x + a_6 y) \tag{3-53}$$

将上式改写为

$$F = g_2(x_2, y_2) - (h_0 + h_1 g_1(a_1 + a_2 x + a_3 y, a_4 + a_5 x + a_6 y)) = 0 \tag{3-54}$$

用一阶泰勒展开，得误差方程式为

$$V = F^0 + c_1 da_1 + c_2 da_2 + c_3 da_3 + c_4 da_4 + c_5 da_5 + c_6 da_6 + c_7 dh_0 + c_8 dh_1 \tag{3-55}$$

其中：

$$c_1 = h_1^0 x g_x' \qquad\qquad c_5 = h_1^0 y g_y'$$

$$c_2 = h_1^0 y g_x' \qquad\qquad c_6 = h_1^0 g_y'$$

$$c_3 = h_1^0 g_x' \qquad\qquad c_7 = g_1$$

$$c_4 = h_1^0 x g_y' \qquad\qquad c_8 = 1$$

$$F^0 = g_2(x, y) - g_1(x, y)$$

其中，g_x', g_y' 为 g_1 在 x 与 y 方向的灰度梯度，即

$$g_x' = \frac{\partial g_1(x, y)}{\partial x}$$

$$g_y' = \frac{\partial g_1(x, y)}{\partial y}$$

一般取初值：

$$a_2 = a_3 = a_4 = a_6 = h_0 = 0$$

$$a_1 = a_5 = h_1 = 1$$

最小二乘匹配就是依据上述误差方程，根据最小二乘平差方法，在匹配窗口内迭代解算出其辐射参数和几何参数，使匹配精度达到 0.1 像素以上。

最小二乘法影像匹配需要注意的是收敛性问题。在匹配的迭代计算中，其收敛的速度主要取决于初值的准确性和可靠性，同时也决定了结果的精度与计算的效率。初值给的越准确越可靠，收敛的就越快。那些经过迭代多次不收敛的点将被剔除，不参与后面的纠正。

3.5 遥感影像纠正

根据有关的参数与数字地面模型，利用相应的构像方程式，或按一定的数学模型用控制点解算，从原始非正射投影的数字影像获取正射影像，这种过程是将影像化为很多微小的区域逐一进行，且使用的是数字方式处理，故叫做数字微分纠正或数字纠正。数字纠正的概念在数学上属于映射的范畴（张祖勋和张剑清，1996）。

若集合 $A_1, A_2, \cdots, A_n$ 的笛卡儿积为 A，A 的任一元素 $a = (a_1, a_2, \cdots, a_n)$，$a_1 \in A_1, a_2 \in A_2, \cdots, a_n \in A_n$。假如通过一个法则 f 对于 A 的任一元素 a，都能得到集合 B 的唯一元素 b 与之对应，则法则 f 叫集合 A 到集合 B 的一个映射：

$$b = f(a) = f(a_1, a_2, \cdots, a_n)$$

若 $B = A$，则称映射 f 为 A 的一个变换。

3.5.1 画幅式影像的纠正

1. 数字微分纠正的基本原理与两种解算方案

数字微分纠正的基本任务是实现两个二维图像之间的几何变换。在数字微分纠正过程中，首先确定原始图像与纠正后图像之间的几何关系。设任意像元在原始图像和纠正后图像中的坐标分别为 (x, y) 和 (X, Y)。它们之间存在着映射关系：

$$x = f_x(X, Y); \quad y = f_y(X, Y) \tag{3-56}$$

$$X = \varphi_X(x, y); \quad Y = \varphi_Y(x, y) \tag{3-57}$$

式（3-56）是由纠正后的像点 P 坐标 (X, Y) 出发反求在原始图像上的像点 p 的坐标 (x, y)，这种方法称为反解法（或称为间接解法），而式（3-57）则反之。由原始图像上像点坐标 (x, y) 解求纠正后图像上相应点坐标 (X, Y)，这种方法称为正解法（或称直接解法）。

2. 反解法（间接法）数字微分纠正

1）计算地面点坐标

设正射影像上任意一点（像素中心）P 的坐标为 (X', Y')，由正射影像左下角图廓点地面坐标 (X_0, Y_0) 与正射影像比例尺分母 M 计算 P 点对应的地面坐标 (X, Y)，如图 3.24 所示：

$$\left. \begin{array}{l} X = X_0 + M \cdot X' \\ Y = Y_0 + M \cdot Y' \end{array} \right\} \tag{3-58}$$

2）计算像点坐标

应用反解式（3-56）计算原始图像上相应点坐标 $p(x, y)$，在航空摄影情况下，反解公式为共线方程：

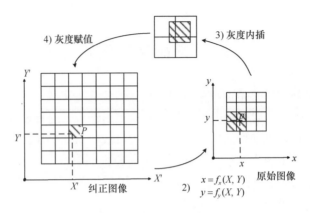

图 3.24　反解法数字纠正

$$(x - x_0) = -f \frac{a_1(X - X_S) + b_1(Y - Y_S) + c_1(Z - Z_S)}{a_3(X - X_S) + b_3(Y - Y_S) + c_3(Z - Z_S)} \Bigg\}$$

$$(y - y_0) = -f \frac{a_2(X - X_S) + b_2(Y - Y_S) + c_2(Z - Z_S)}{a_3(X - X_S) + b_3(Y - Y_S) + c_3(Z - Z_S)} \Bigg\}$$　　（3-59）

式中，Z 为 P 点的高程，由 DEM 内插求得。

但应注意的是，原始数字影像是以行、列为计量。为此，应利用像坐标与扫描坐标之关系，再求得相应的像元素坐标，但也可以由 X, Y, Z 直接解求扫描坐标 I, J。由于

$$\lambda_0 \begin{bmatrix} x - x_0 \\ y - y_0 \\ -f \end{bmatrix} = \begin{bmatrix} a_1 & b_1 & c_1 \\ a_2 & b_2 & c_2 \\ a_3 & b_3 & c_3 \end{bmatrix} \begin{bmatrix} X - X_S \\ Y - Y_S \\ Z - Z_S \end{bmatrix}$$

$$= \lambda \cdot \begin{bmatrix} m_1 & m_2 & 0 \\ n_1 & n_2 & 0 \\ 0 & 0 & 1 \end{bmatrix} \begin{bmatrix} I - I_0 \\ J - J_0 \\ -f \end{bmatrix}$$

或

$$\lambda \begin{bmatrix} I - I_0 \\ J - J_0 \\ -f \end{bmatrix} = \begin{bmatrix} m_1' & m_2' & 0 \\ n_1' & n_2' & 0 \\ 0 & 0 & 1 \end{bmatrix} \begin{bmatrix} a_1 & b_1 & c_1 \\ a_2 & b_2 & c_2 \\ a_3 & b_3 & c_3 \end{bmatrix} \begin{bmatrix} X - X_S \\ Y - Y_S \\ Z - Z_S \end{bmatrix}$$

简化后即可得

$$I = \frac{L_1 X + L_2 Y + L_3 Z + L_4}{L_9 X + L_{10} Y + L_{11} Z + 1} \Bigg\}$$

$$J = \frac{L_5 X + L_6 Y + L_7 Z + L_8}{L_9 X + L_{10} Y + L_{11} Z + 1} \Bigg\}$$　　（3-60）

式中，系数 $L_1, L_2, \cdots, L_{11}$ 为内定向变换参数 m_1', m_2', n_1', n_2'，主点坐标 I_0, J_0，旋转矩阵元素 $a_1, a_2, \cdots, a_3$，以及摄站坐标 X_S, Y_S, Z_S 的函数：

$$L_1 = (a_3 I_0 - f m_1' a_1 - f m_2' a_2) / L$$

$$L_2 = (b_3 I_0 - f m_1' b_1 - f m_2' b_2) / L$$

$$L_3 = (c_3 I_0 - fm_1' c_1 - fm_2' c_2)/L$$
$$L_4 = I_0 + f[(m_1' a_1 + m_2' a_2) \cdot X_S + (m_1' b_1 + m_2' b_2) \cdot Y_S + (m_1' c_1 + m_2' c_2) \cdot Z_S]/L$$
$$L_5 = (a_3 J_0 - fn_1' a_1 - fn_2' a_2)/L$$
$$L_6 = (b_3 J_0 - fn_1' b_1 - fn_2' b_2)/L$$
$$L_7 = (c_3 J_0 - fn_1' c_1 - fn_2' c_2)/L$$
$$L_8 = J_0 + f[(n_1' a_1 + n_2' a_2) \cdot X_S + (n_1' b_1 + n_2' b_2) \cdot Y_S + (n_1' c_1 + n_2' c_2) \cdot Z_S]/L$$
$$L_9 = a_3/L$$
$$L_{10} = b_3/L$$
$$L_{11} = c_3/L$$
$$L = -(a_3 X_S + b_3 Y_S + c_3 Z_S)$$

根据式（3-60）即可由 X, Y, Z 直接获得数字化摄影的像元素坐标。

3）灰度内插

由于所得的像点坐标不一定落在像元素中心，为此必须进行灰度内插，一般可采用双线性内插，求得像点 p 的灰度值 $g(x, y)$。

4）灰度赋值

最后将像点 p 的灰度值赋给纠正后像元素 P，即

$$G(X, Y) = g(x, y) \tag{3-61}$$

依次对每个纠正像素完成上述运算，即能获得纠正的数字图像，这就是反解算法的原理和基本步骤。因此，从原理而言，数字纠正是属点元素纠正。

反解法的基本原理与步骤可用图 3.24 示例说明。

3. 正解法（直接法）数字微分纠正

正解法数字微分纠正的原理如图 3.25 所示，它是从原始图像出发，将原始图像上逐个像元素，用正解式（3-57）求得纠正后的像点坐标。但这一方案存在很大的缺点，即在纠正图像上所得的像点非规则排列，有的像元素内可能"空白"（无像点），有的可能重复（多个像点），因此难以实现灰度内插，获得规则排列的纠正数字影像。

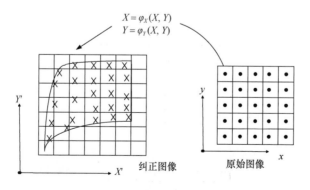

图 3.25　正解法数字纠正

另外，在摄影测量情况下，其正算公式为

$$X = Z \cdot \frac{a_1 x + a_2 y - a_3 f}{c_1 x + c_2 y - c_3 f}$$

$$Y = Z \cdot \frac{b_1 x + b_2 y - b_3 f}{c_1 x + c_2 y - c_3 f}$$

（3-62）

利用上述正算公式，还必须先知道 Z，但 Z 又是待定量 X, Y 的函数，为此，要由 x, y 求得 X, Y。必先假定一近似值 Z_0，求得 (X_1, Y_1)，再由 DEM 内插得该点 (X_1, Y_1) 的高程 Z_1；然后又由正算公式求得 (X_2, Y_2)，如此反复迭代，如图 3.26 所示。因此，由正解公式式（3-62）计算 X, Y，实际是由一个二维图像 (x, y) 变换到三维空间 (X, Y, Z) 的过程，它必须是个迭代求解过程。

由于正解法的缺点，数字纠正一般采用反解法。

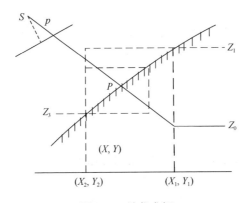

图 3.26　迭代求解

3.5.2　线阵影像的纠正

由于整景影像是由若干条线阵扫描影像构成，假设一幅影像由 6000 条扫描线组成，影像坐标系的原点设在每幅的中央，即第 3000 条扫描线的第 3000 个像元上。第 3000 条扫描线可作为影像的坐标系 x 轴，则各扫描线上第 3000 个像元的连线就是 y 轴，如图 3.27 所示，在时刻 t 的构像方程为

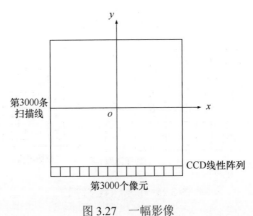

图 3.27　一幅影像

$$\begin{bmatrix} x \\ 0 \\ -f \end{bmatrix} = \frac{1}{\lambda} \begin{bmatrix} a_1(t) & b_1(t) & c_1(t) \\ a_2(t) & b_2(t) & c_2(t) \\ a_3(t) & b_3(t) & c_3(t) \end{bmatrix} \begin{bmatrix} X - X_S(t) \\ Y - Y_S(t) \\ Z - Z_S(t) \end{bmatrix} \tag{3-63}$$

式中，(t) 表明各参数是随时间而变化的。

1. 间接法

由式（3-63）的第二行得

$$0 = \frac{1}{\lambda} \big[X a_2(t) + Y b_2(t) + Z c_2(t)$$
$$- (X_S(t) a_2(t) + Y_S(t) b_2(t) + Z_S(t) c_2(t)) \big]$$

或

$$X a_2(t) + Y b_2(t) + Z c_2(t) = A(t) \tag{3-64}$$

其中，$A(t) = X_S(t) a_2(t) + Y_S(t) b_2(t) + Z_S(t) c_2(t)$。

对式（3-64）中各因子以 t 为变量，按泰勒级数展开为

$$\begin{aligned} a_2(t) &= a_2^{(0)} + a_2^{(1)} t + a_2^{(2)} t^2 + \cdots \\ b_2(t) &= b_2^{(0)} + b_2^{(1)} t + b_2^{(2)} t^2 + \cdots \\ c_2(t) &= c_2^{(0)} + c_2^{(1)} t + c_2^{(2)} t^2 + \cdots \\ A(t) &= A^{(0)} + A^{(1)} t + A^{(2)} t^2 + \cdots \end{aligned} \tag{3-65}$$

代入式（3-64）得

$$\left[X a_2^{(0)} + Y b_2^{(0)} + Z c_2^{(0)} - A^{(0)} \right] + \left[X a_2^{(1)} + Y b_2^{(1)} + Z c_2^{(1)} - A^{(1)} \right] t$$
$$+ \left[X a_2^{(2)} + Y b_2^{(2)} + Z c_2^{(2)} - A^{(2)} \right] t^2 + \cdots = 0$$

取至二次项得

$$t = -\frac{\left[\left(X a_2^{(0)} + Y b_2^{(0)} + Z c_2^{(0)} - A^{(0)} \right) + \left(X a_2^{(2)} + Y b_2^{(2)} + Z c_2^{(2)} - A^{(2)} \right) t^2 \right]}{\left(X a_2^{(1)} + Y b_2^{(1)} + Z c_2^{(1)} - A^{(1)} \right)} \tag{3-66}$$

式中，右端含有 t^2 项，所以对 t 必须进行迭代计算，t 值实际上表达了坐标系中像点 p 在时刻 t 的 y 坐标：

$$y = (l_p - l_o)\delta = \frac{t}{p}\delta \tag{3-67}$$

式中，l_p, l_o 分别为在点 p 及原点 o 处的扫描线行数；δ 为 CCD 一个探测像元的宽度；μ 为扫描线的时间间隔。

以下再求像点 p 的 x 坐标。由式（3-63）之第一、三行，得

$$x = \frac{1}{\lambda} \big[(X - X_S(t)) a_1(t) + (Y - Y_S(t)) b_1(t) + (Z - Z_S(t)) c_1(t) \big]$$

$$-f = \frac{1}{\lambda} \big[(X - X_S(t)) a_3(t) + (Y - Y_S(t)) b_3(t) + (Z - Z_S(t)) c_3(t) \big]$$

或写成

$$x = -f \cdot \frac{(X - X_S(t))a_1(t) + (Y - Y_S(t))b_1(t) + (Z - Z_S(t))c_1(t)}{(X - X_S(t))a_3(t) + (Y - Y_S(t))b_3(t) + (Z - Z_S(t))c_3(t)} \tag{3-68}$$

同理，对 $a_1(t), b_1(t), \cdots$ 也可用多项式表达为

$$\left.\begin{aligned}
a_1(t) &= a_1^{(0)} + a_1^{(1)}t + a_1^{(2)}t^2 + \cdots \\
b_1(t) &= b_1^{(0)} + b_1^{(1)}t + b_1^{(2)}t^2 + \cdots \\
c_1(t) &= c_1^{(0)} + c_1^{(1)}t + c_1^{(2)}t^2 + \cdots \\
a_3(t) &= a_3^{(0)} + a_3^{(1)}t + a_3^{(2)}t^2 + \cdots \\
b_3(t) &= b_3^{(0)} + b_3^{(1)}t + b_3^{(2)}t^2 + \cdots \\
c_3(t) &= c_3^{(0)} + c_3^{(1)}t + c_3^{(2)}t^2 + \cdots
\end{aligned}\right\} \tag{3-69}$$

式（3-68）与常规航摄共线方程式相似，与式（3-66）一起表示卫星飞行瞬间成像的影像坐标与地面坐标之间的关系。在影像纠正中首先要求出各元素对应的 $a_1(t), a_2(t), \cdots, c_3(t), X_S(t), Y_S(t), Z_S(t)$，然后才能求出该相应像点的 y 及 t，或 y 及 x。

通常可认为各参数是 t 的线性函数：

$$\left.\begin{aligned}
\varphi(t) &= \varphi(0) + \Delta\varphi \cdot t \\
\omega(t) &= \omega(0) + \Delta\omega \cdot t \\
\kappa(t) &= \kappa(0) + \Delta\kappa \cdot t \\
X_S(t) &= X_S(0) + \Delta X_S \cdot t \\
Y_S(t) &= Y_S(0) + \Delta Y_S \cdot t \\
Z_S(t) &= Z_S(0) + \Delta Z_S \cdot t
\end{aligned}\right\} \tag{3-70}$$

式中，$\varphi(0), \omega(0), \kappa(0), X_S(0), Y_S(0), Z_S(0)$ 为影像中心行外方位元素；$\Delta\varphi, \Delta\omega, \Delta\kappa, \Delta X_S, \Delta Y_S, \Delta Z_S$ 为变化率参数。

2. 直接法

由式（3-63）可得

$$\left.\begin{aligned}
X &= X_S(t) + \frac{a_1(t)x - a_3(t)f}{c_1(t)x - c_3(t)f}(Z - Z_S(t)) \\
Y &= Y_S(t) + \frac{b_1(t)x - b_3(t)f}{c_1(t)x - c_3(t)f}(Z - Z_S(t))
\end{aligned}\right\} \tag{3-71}$$

式中，$a_1(t), a_2(t), \cdots, c_3(t), X_S(t), Y_S(t), Z_S(t)$ 为像点 (x, y) 对应的外方位元素，可由其行号 l_i 计算：

$$\left.\begin{aligned}
\varphi_i(t) &= \varphi_0(0) + (l_i - l_0)\Delta\varphi \\
\omega_i(t) &= \omega_0(0) + (l_i - l_0)\Delta\omega \\
\kappa_i(t) &= \kappa_0(0) + (l_i - l_0)\Delta\kappa \\
X_{S_i}(t) &= X_{S_0}(0) + (l_i - l_0)\Delta X_S \\
Y_{S_i}(t) &= Y_{S_0}(0) + (l_i - l_0)\Delta Y_S \\
Z_{S_i}(t) &= Z_{S_0}(0) + (l_i - l_0)\Delta Z_S
\end{aligned}\right\} \tag{3-72}$$

式中，$\varphi_0(0), \omega_0(0), \kappa_0(0), X_{S_0}(0), Y_{S_0}(0), Z_{S_0}(0)$ 为中心行外方位元素；l_0 为中心行号 $\Delta\varphi, \Delta\omega,$
$\Delta\kappa, \Delta X_S, \Delta Y_S, \Delta Z_S$ 为变化率参数。

当给定高程初始值 Z_0 后，代入式（3-71）计算出地面平面坐标近似值 (X_1, Y_1)，再用 DEM 与 (X_1, Y_1) 内插出其对应的高程 Z_1。重复以上过程，直至收敛到 (x, y) 对应的地面点 (X, Y, Z)，其过程与画幅式影像的正解法过程相同。

3.6 遥感影像融合

在设计同一平台上的遥感成像装置时，要采用全色、多光谱或高光谱传感器获取同步影像，由于波谱段逐渐变窄，要保持获取影像的信噪比，必须逐渐增大瞬时视场 IFOV 以采集更多的光，因此导致获取的影像空间分辨率逐渐下降，全色影像具有较高的空间分辨率但缺乏光谱信息，多光谱影像光谱分辨率高，光谱信息丰富，但其空间分辨率低（巩丹超，2003；邢帅，2004）。在生成行星表面正射影像图的过程中，需要高空间分辨率的多光谱影像，这需要通过遥感影像融合技术来实现。

多源遥感影像融合，是指同一区域的遥感图像之间在空间配准的基础上可以进行多种组合形式的内容复合，以形成一幅新的图像（陈述彭和赵英时，1990）。由于其输入输出的数据都是影像，所以它也可以简称为影像融合。

根据算法的基本原理不同，可以将常用的影像融合方法分为如下三种：一种是对图像直接进行代数运算的方法，第二种是基于各种空间变换的方法，第三种是基于金字塔式分解和重建的融合方法。常用的影像融合方法分类示意图见图 3.28。

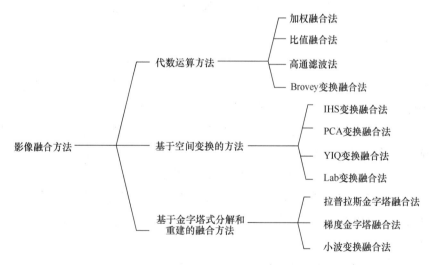

图 3.28　常用的影像融合方法分类（邢帅，2004）

3.6.1　代数运算融合方法

1. 加权融合法

加权融合法的基本原理就是将高空间分辨率的影像信息赋予一定的权值，然后直接叠加到低空间分辨率的多光谱影像上去，得到空间分辨率增强的多光谱影像。该方法的计算公式如下：

$$I_f = A \cdot (P_H I_H + P_L I_L) + B \tag{3-73}$$

式中，I_f 为融合影像；A，B 为常数；I_H，I_L 分别为高空间分辨率的影像和低空间分辨率的多光谱影像；P_H，P_L 则为对应的权值。

很显然，融合的效果主要与 P_H、P_L 的大小有关。如果权值选择适当，可以获得较好的效果。金剑秋等（2002）提出了一种基于人类视觉系统的自适应加权平均融合方法，就是根据相应像元邻域内的能量、方差和熵来确定权值，得到具有较强真实感的融合图像，但融合图像的空间分辨率增强幅度有限。

2. 比值融合法

对于多光谱影像而言，比值处理可将反映地物细节的反射分量扩大，不仅有利于地物的识别，还能在一定程度上消除太阳照度、地形起伏阴影和云影等的影响（贾永红，2001）。

Munechicka 等（1993）提出的一种比值融合法的公式为

$$XP_i = \text{pan} \cdot \frac{XS_i}{XS'} \tag{3-74}$$

$$XS' = \sum_{j=1}^{n} \omega_j XS_j \tag{3-75}$$

式中，XS' 为一个由式（3-75）估计的全色影像；ω_j 为权系数，ω_j 是根据最小二乘法确定的。用该方法得到的高分辨率多光谱图像可以提高分类的精度。

3. 高通滤波法

高通滤波法是将高空间分辨率图像中的高频信息（细节、边缘）提取出来，叠加到低分辨率高光谱图像中。由于高频信息与低分辨率高光谱图像叠加的过程仍然属于代数运算，因此该方法仍属于代数运算融合方法。首先，采用高通滤波器提取高空间分辨率图像中空间信息的高频分量，去掉了大部分的低频的信息，然后将高通滤波结果加入到低分辨率光谱图像中，形成高频传息特征突出的融合影像。其融合的表达式如下：

$$F_k(i,j) = M_k(i,j) + \text{HPH}(i,j) \tag{3-76}$$

式中，$F_k(i,j)$ 为第 k 波段像素 (i,j) 的融合值；$M_k(i,j)$ 为低分辨率多光谱影像第 k 波段像素 (i,j) 的值；$\text{HPH}(i,j)$ 为采用高通滤波器对高空间分辨率图像滤波得到的高频图像像素 (i,j) 的值。

此方法虽然有效地保留了原多光谱信息，却在对高分辨率波段影像滤波时滤掉了大部分的纹理信息。

4. Brovey 变换融合法

Brovey 变换融合是较为简单的融合方法，它是为 RGB 影像显示进行多光谱波段颜色归一化，将高分辨率全色与各自相乘完成融合。其计算公式为

$$\begin{cases} R = \text{pan} * \text{band3}/(\text{band1} + \text{band2} + \text{band3}) \\ G = \text{pan} * \text{band2}/(\text{band1} + \text{band2} + \text{band3}) \\ B = \text{pan} * \text{band1}/(\text{band1} + \text{band2} + \text{band3}) \end{cases} \qquad (3\text{-}77)$$

式中，pan 为高分辨率全色影像；band1，band2，band3 为多光谱影像的三个波段。

该方法的优点在于增强影像的同时能够较好地融合原多光谱影像的光谱信息，但是存在一定的光谱扭曲，同时没解决波谱范围不一致的全色影像和多光谱影像融合的问题。

3.6.2 基于空间变换的融合方法

1. IHS 变换融合法

在色度学上，用强度（intensity）、色度（hue）和饱和度（saturation）来表示颜色的色度表示系统，称为 IHS 系统。其中强度是光作用在人眼所引起的明亮程度感觉，与物体的反射率成正比，色度是指该种颜色的平均波长或主要光波长，饱和度则是彩色光所呈现彩色的深浅。我们常用的 RGB 系统是一种针对硬件设备的颜色系统，RGB 三个颜色分量是互相关联的。而 IHS 系统中的 I 分量与图像的色彩无关，H 分量和 S 分量则与人类感受颜色的方式有紧密联系。因此，IHS 系统更接近于人类的视觉系统，便于人类对图像的颜色特性进行处理。目前常用的 IHS 变换模型主要有球体变换、圆柱体变换、三角形变换和单六棱锥变换四种，其变换公式见表 3.2。对图像融合而言，四种模型的差异不明显，但相比之下，球体变换、单六棱锥变换与圆柱体变换要优于三角形法。

表 3.2　常用的 IHS 变换模型

IHS 变换模型	正变换	反变换	备注
球体变换	将原始灰度值 R_0 G_0 B_0 进行归一化 $R = R_0/255$　$G = G_0/255$ $B = B_0/255$ 当 $R = G = B$ 时， $\quad S = H = 0$，$I = R$ 否则 $\quad I = \dfrac{1}{2}(M+m)$ 当 $I \leqslant 0.5$，$S = \dfrac{M-m}{M+m}$ 当 $I > 0.5$　$S = \dfrac{M-m}{2-M-m}$ $H = 60(2+B-G)$　当 $R = M$ $H = 60(4+R-B)$　当 $G = M$ $H = 60(6+G-R)$　$G \leqslant R$ 当 $B = M$ $H = 60(G-R)$　$G > R$	当 $0° \leqslant H < 60°$ 时： $R = m+(M-m)(H/60)$　$B = M$ $\quad G = m$ 当 $60° \leqslant H < 120°$ 时：$R = M$ $B = m+(M-m)[(120-H)/60]$ $\quad G = m$ 当 $120° \leqslant H < 180°$ 时：$R = M$ $\quad B = m$ $G = m+(M-m)[(H-120)/60]$ 当 $180° \leqslant H < 240°$ 时： $R = m+(M-m)[(240-H)/60]$ $\quad B = m$　$G = M$ 当 $240° \leqslant H < 300°$ 时：$R = m$ $B = m+(M-m)[(H-240)/60]$ $\quad G = M$ 当 $300° \leqslant H < 360°$ 时 $\quad R = m$　$B = M$ $G = m+(M-m)[(360-H)/60]$	正变换时 $r = \dfrac{\max - R}{\max - \min}$ $g = \dfrac{\max - G}{\max - \min}$ $b = \dfrac{\max - B}{\max - \min}$ $M = \max[r,g,b]$ $m = \min[r,g,b]$ 反变换时 当 $I \leqslant 0.5$ $M = I(1+S)$ 当 $I > 0.5$ $M = I+S-I(S)$ $m = 2I-M$
圆柱体变换	将原始灰度值 R_0 G_0 B_0 进行归一化 $R = R_0/255$　$G = G_0/255$ $B = B_0/255$ 当 $R = G = B$ 时， $\quad S = H = 0$，$I = R$ 否则	当 $0° \leqslant H < 120°$ 时 $R = I(1 + \dfrac{S \cdot \cos(H)}{\cos(60° - H)})$ $B = I(1-S)$　$G = 3I - R - B$ 当 $120° \leqslant H < 240°$ 时	

IHS 变换模型	正变换	反变换	备　注
圆柱体变换	$I = \dfrac{1}{3}(R+G+B)$ $S = 1 - \min(R,G,B)/I$ $h = \arccos[(R - G/2 - B/2)/$ $\sqrt{R^2 + G^2 + B^2 - RG - GB - RB}]$ $\begin{cases} H = h & G \geqslant B \\ H = 2\pi - h & G < B \end{cases}$	$G = I(1 + \dfrac{S \cdot \cos(H - 120°)}{\cos(180° - H)})$ $R = I(1-S)$　$B = 3I - R - G$ 当 $240° \leqslant H < 360°$ 时 $B = I(1 + \dfrac{S \cdot \cos(H - 240°)}{\cos(300° - H)})$ $G = I(1-S)$　$R = 3I - B - G$	
三角形变换	将原始灰度值 R_0　G_0　B_0 进行归一化 $R = R_0/255$　$G = G_0/255$ $B = B_0/255$ 当 $R = G = B$ 时， 　　$S = H = 0$ ，　$I = R$ 否则 $I = \dfrac{1}{3}(R+G+B)$ $H = \dfrac{G-B}{3(I-B)}$　$S = 1 - \dfrac{B}{I}$　当 $B = \min$ $H = \dfrac{B-R}{3(I-R)} + 1$　$S = 1 - \dfrac{R}{I}$　当 $R = \min$ $H = \dfrac{R-G}{3(I-G)} + 2$　$S = 1 - \dfrac{G}{I}$　当 $G = \min$	当 $2 \leqslant H < 3$ 为最小时， 　$R = I'(1 - 7S + 3SH)/3$ 　$G = I'(1-S)/3$ 　$B = I'(1 + 8S - 3SH)/3$ 当 $1 \leqslant H < 2$ 为最小时， 　$R = I'(1-S)/3$ 　$G = I'(1 + 5S - 3SH)/3$ 　$B = I'(1 - 4S + 3SH)/3$ 当 $0 \leqslant H < 1$ 为最小时， 　$R = I'(1 + 2S - 3SH)/3$ 　$G = I'(1 - S + 3SH)/3$ 　$B = I'(1-S)/3$	$\min = \min[R,G,B]$ $I' = R + G + B$
单六棱锥变换	将原始灰度值 R_0　G_0　B_0 进行归一化 $R = R_0/255$　$G = G_0/255$ $B = B_0/255$ 当 $R = G = B$ 时， 　　$S = H = 0$ ，　$I = R$ 否则 $I = \max$　$S = \dfrac{\max - \min}{\max}$ $H = (b-g)\pi/3$　当 $R = \max$　$b \geqslant g$ $H = 2\pi + (b-g)\pi/3$　当 $R = \max$　$b < g$ $H = (2 + r - b)\pi/3$　当 $G = \max$ $H = (4 + g - r)\pi/3$　当 $B = \max$	$h = 0$ 时 $R = I$ ，　$G = T$ ，　$B = P$ $h = 1$ 时 $R = Q$ ，　$G = I$ ，　$B = P$ $h = 2$ 时 $R = P$ ，　$G = I$ ，　$B = T$ $h = 3$ 时 $R = P$ ，　$G = Q$ ，　$B = I$ $h = 4$ 时 $R = T$ ，　$G = P$ ，　$B = I$ $h = 5$ 时 $R = I$ ，　$G = P$ ，　$B = Q$	$\max = \max[R,G,B]$ ， $\min = \min[R,G,B]$ ， $r = \dfrac{\max - R}{\max - \min}$ $g = \dfrac{\max - G}{\max - \min}$ $b = \dfrac{\max - B}{\max - \min}$ 当 $S \neq 0$ 时，令 $h = \text{floor}(3H/\pi)$ ， $P = I(1-S)$ ， $Q = I(1 - S(H-h))$ ， $T = I(1 - S(1 - H + h))$ 式中 $H = 2\pi$ 时， $H = 0$ ，$\text{floor}(x)$ 表示 取 x 以下的最大整数

　　用 IHS 变换进行影像融合，就是用另一影像替代 IHS 3 个分量中的某一分量，其中强度分量被替代最为常用。当高分辨率全色影像与多光谱影像融合时，先把多光谱影像利用 IHS 变换从 RGB 系统变换至 IHS 空间，同时将单波段的高分辨率图像经过灰度拉伸，使其灰度的均值与方差和 IHS 空间中亮度分量图像一致；然后将拉伸过的高分辨率图像作为新的亮度分量代入到 IHS，经过反变换还原到原始空间。这样获得的图像既有高的空间分辨率，又有与原图像相同的色度和饱和度。IHS 变换融合的流程图见图 3.29。

　　IHS 变换融合是影像融合最常用的一种方法，融合影像保留了绝大部分的高空间分辨率影像的信息，使得其空间分辨率接近高空间分辨率影像，同时也保留了多光谱影像

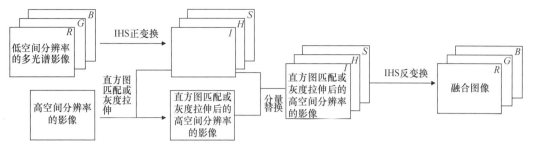

图 3.29 IHS 变换融合流程图

的光谱特征，提高了影像的判读、识别、分类能力，特别有利于视觉理解。然而，由于不同频道数据的不同光谱特性曲线，IHS 方法扭曲了原始的光谱特性、产生了光谱退化现象。同时，IHS 方法只能同时对 3 个波段的多光谱影像进行融合。

2. PCA 变换融合法

PCA 变换（principal component analysis transform），也称为主成分分析，是着眼于变量之间的相互关系，尽可能不丢失信息，用几个综合性指标汇集多个变量的测量值而进行描述的方法，是一种最小均方误差意义上的最优正交变换。对多光谱图像，由于各波段的数据间存在相关的情况很多，通过采用主成分分析就可以把现有图像中所含的大部分信息用假想的少数波段表示出来，也可以说减少了光谱维数。主成分分析是基于 K-L（Kathunen-Loeve）变换来实现的（张永生和王仁礼，1999）。

K-L 变换原理（张永生和王仁礼，1999）如下。

设原图像向量和变换后的图像向量分别为 f 和 F，即

$$f^{\mathrm{T}} = [f_1, f_2, \cdots, f_p]$$

$$F^{\mathrm{T}} = [F_1, F_2, \cdots, F_p]$$

则离散 K-L 正、反变换式为

$$F = A^{\mathrm{T}}[f - E(f)]$$

$$f = AF + E(f) \tag{3-78}$$

式中，$E(f)$ 为 f 的期望值向量；A 为由原图像向量 f 的协方差矩阵 C_f 的特征向量构成的变换矩阵。若设 C_f 的特征值和其对应的特征向量为 λ_j 和 A_j，则

$$A = [A_1, A_2, \cdots, A_p]$$

$$A_j^{\mathrm{T}} = [a_{1j}, a_{2j}, \cdots, a_{pj}]$$

通常矩阵 A 的特征向量 A_j 的排序是按照特征值减小的次序依次排列的，即

$$\lambda_1 > \lambda_1 > \cdots > \lambda_p$$

对具体的多波段图像而言，f 应为在点 (i, j) 处的多光谱数据，即

$$f(i, j) = [f_1(i, j), f_2(i, j), \cdots, f_p(i, j)]^{\mathrm{T}}$$

式中，p 为波段数。

令协方差矩阵

$$C_f = \begin{pmatrix} \sigma_{11}^2 & \sigma_{12}^2 & \cdots & \sigma_{1p}^2 \\ \sigma_{21}^2 & \sigma_{22}^2 & \cdots & \sigma_{2p}^2 \\ \vdots & & & \vdots \\ \sigma_{p1}^2 & \sigma_{p2}^2 & \cdots & \sigma_{pp}^2 \end{pmatrix}$$

则

$$\sigma_{kk}^2 = \frac{1}{MN} \sum_{i=1}^{N} \sum_{j=1}^{M} [f_k(i,j) - E(f_k)]^2$$

$$\sigma_{kl}^2 = \frac{1}{MN} \sum_{i=1}^{N} \sum_{j=1}^{M} [f_k(i,j) - E(f_k)][f_l(i,j) - E(f_l)] \qquad (3\text{-}79)$$

其中

$$E(f_k) = \frac{1}{MN} \sum_{i=1}^{N} \sum_{j=1}^{M} f_k(i,j)$$

式中，N、M 为参与协方差矩阵计算的子图像数据的行数和列数。

PCA 变换融合是将 N 个波段的低分辨率图像进行 K-L 变换，将单波段的高分辨率图像经过灰度拉伸，使其灰度的均值与方差和 K-L 变换第一分量图像一致；然后以拉伸过的高分辨率图像代替第一分量图像，经过 K-L 逆变换还原到原始空间。PCA 变换融合的流程图见图 3.30。

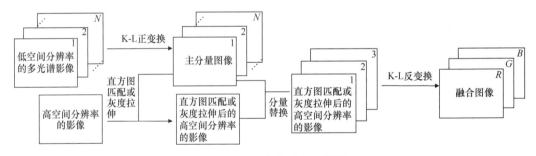

图 3.30　PCA 变换融合流程图

经过融合的图像包括了原始图像的高空间分辨率与高光谱分辨率特征，保留了原图像的高频信息。融合图像上目标的细部特征更加清晰，光谱信息更加丰富。PCA 变换融合较 IHS 变换融合能够更多地保留原多光谱影像的光谱特征，同时也克服了 IHS 变换融合只能同时对 3 个波段的影像进行融合的局限性，可以对 2 个以上的多光谱图像进行融合。该方法的局限性：①图像在做主成分分析时，第一分量的信息表达的是原各波段中信息的共同变换部分，其与高分辨率图像中细节变化的含义略有不同，高分辨率图像经过拉伸后虽然与第一分量具有高相似性，但融合后的图像在空间分辨率和光谱分辨率上会有所变化；②光谱信息的变化仍然存在，使融合图像不便用于地物识别和反演工作，但是它可以改进目视判读的效果，提高分类制图的精度。

3.6.3　基于金字塔式分解和重建的融合方法

基于金字塔式分解和重建的融合方法是一种在多尺度、多空间分辨率上进行的图像融合方法。该方法可以在不同尺度、不同空间分辨率上有针对地突出各图像的重要特征和细节信息，从而可能达到更符合人或机器视觉特性的融合效果，同时，融合后的图像也更有利于对图像的进一步分析、理解或目标识别等。

该方法首先根据一定分解算法构造输入图像的金字塔，再按一定的特征选择方法取值来形成融合金字塔，然后通过对融合金字塔实施逆变换来进行图像重建，以生成融合图像。

基于金字塔式分解和重建的融合方法大体可分为两类：一类是以拉普拉斯金字塔法（Laplacian pyramid）、形态学金字塔法（morphological pyramid）、梯度金字塔法（gradient pyramid）为代表的一般塔式融合方法；另一类就是基于小波变换（wavelet transform）的图像融合方法。

1. 一般塔式融合方法

这类塔式融合方法原理简单，其融合过程见图 3.31，大都是利用一定的低通或带通滤波器构造的，应用范围广泛，包含的类型比较多，除了上面提到的拉普拉斯金字塔法、形态学金字塔法、梯度金字塔法外，还有比率金字塔法、对比度金字塔法等。

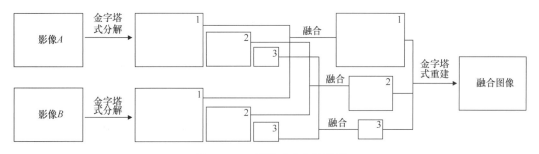

图 3.31　一般塔式融合流程图

刘贵喜（2001）对经典的拉普拉斯金字塔法、比率金字塔法、对比度金字塔法、梯度金字塔法进行了深入的研究和分析比较，剖析了这些塔形分解方法用于图像融合的性能特点及相关的物理意义。这类方法虽然效果良好，但它也有不尽如人意之处，譬如，金字塔的大小是源图像的 4/3，这就增大了数据量；再就是在金字塔重建时，有时会出现不稳定性，特别是当多幅源图像中存在明显差异时，融合图像会出现斑块（王海晖等，2002）。

2. 基于小波变换的图像融合方法

Mallat 最先提出了小波变换理论，并将其应用于信号分析领域。直至 20 世纪 90 年代，小波变换才应用到影像融合领域，用其多尺度分析代替了一般的塔式算法。小波变换的主要特点是，其对信号分解的空间部分是相互独立的，而且其逆变换能够完全恢复原来的信号，分解重建过程中不会产生信息的丢失和冗余。

由于小波变换具有的优点，使其已经成为影像融合领域内的一项重要研究内容，目前有大量的文献资料对其进行了深入的研究。朱述龙和耿则勋（1999）、朱长青（1998）、Castleman（2002）详细介绍了小波变换的由来、发展历史、理论依据、各种方法以及应用领域。小波理论发展到今天，已经从对一维信号的分析发展到对多维信号的分析，从二进制的小波变换拓展到四进制的小波变换，并构造了不同的小波基，同时还派生出了如小波包变换、复数小波变换等其他形式的变换，这也使得小波变换应用的范围越来越广泛。

小波变换融合的过程是，首先以低分辨率图像各波段为参考图像来对高分辨率图像进行直方图匹配，形成几个图像。然后对这几个图像进行小波变换形成各自的低频图像和高频细节信息，并用原始低分辨率图像各波段变换后的低频部分来替换这几个图像小波变换后的低频图像，对替换后的图像进行小波逆变换，从而获得融合图像。整个融合过程的示意图见图3.32。

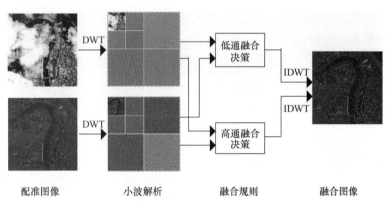

配准图像　　　　　小波解析　　　　　融合规则　　　　　融合图像

图 3.32　小波变换法融合过程

在小波变换理论提出没多久，就已经被应用到了图像融合中，因此有很多利用经典二进制小波变换进行图像融合的例子。尽管小波变换融合较以前的各种方法有较大的进步，但仍存在着三个问题：一是常用的二进制小波变换可以有效地处理分辨率相差为 2^j 倍的情况，但对其他情况则效果欠佳；二是多级小波变换仅对低频分量进行不同层次的分解，这就使得尺度参数越大，频谱的局部性就越差，频谱的分辨率就越低；三是用小波变换法得到的融合图像随着小波分解尺度的增大，会出现明显的、有规律的方块效应，同时随着尺度的增大，融合图像的光谱信息出现损失。针对这些问题，许多学者提出对传统的小波变换进行改进，或采用其他类型的小波变换，更有将小波变换与其他方法相结合及改进融合准则，均使融合结果取得显著改善。

参 考 文 献

陈述彭，赵英时. 1990. 遥感地学分析. 北京: 测绘出版社

耿则勋，张保明，范大昭. 2010. 数字摄影测量学. 北京: 测绘出版社

巩丹超. 2003. 高分辨率卫星遥感立体影像处理模型与算法. 测绘学报, 32(4): 363~363

巩丹超，汤晓涛，张丽. 2012. 基于有理函数模型的线阵CCD遥感影像水平纠正技术. 测绘科学技术学报, 29(4): 240~243

贾永红. 2001. 多源遥感影像数据融合方法及其应用的研究. 武汉: 武汉大学博士学位论文

江延川. 2001. 解析摄影测量学. 郑州: 中国人民解放军信息工程大学测绘学院内部资料

金剑秋，王章野，江照意，彭群生. 2002. 多光谱图象的真实感融合. 中国图象图形学报, 7(9): 926~931

李立钢. 2006. 星载遥感影像几何精校正方法研究及系统设计. 北京: 中国科学院研究生院博士学位论文

刘贵喜. 2001. 多传感器图像融合方法研究. 西安: 西安电子科技大学博士学位论文

刘静宇. 1995. 航空摄影测量学. 北京: 解放军出版社

刘军. 2003. 高分辨率卫星CCD立体影像定位技术研究. 郑州: 中国人民解放军信息工程大学硕士学位论文

马颂德, 张正友. 1998. 计算机视觉——计算理论和算法基础. 北京: 科学出版社

钱曾波, 刘静宇, 肖国超. 1991. 航天摄影测量. 北京: 解放军出版社

王海晖, 彭嘉雄, 吴巍. 2002. 基于小波包变换的遥感图象融合. 中国图象图形学报, 7(9): 932～937

王之卓. 1979. 摄影测量原理. 武汉: 测绘出版社

王之卓. 2007. 摄影测量原理续编. 武汉: 武汉大学出版社

邢帅. 2004. 多源遥感影像配准与融合技术的研究. 郑州: 中国人民解放军信息工程大学硕士学位论文

邢帅. 2008. 多源遥感影像联合定位技术研究. 郑州: 中国人民解放军信息工程大学博士学位论文

徐青, 张艳, 耿则勋, 邢帅, 谭兵. 2007. 遥感影像融合与分辨率增强技术. 北京: 科学出版社

张过. 2005. 缺少控制点的高分辨率卫星遥感影像几何纠正. 武汉: 武汉大学博士学位论文

张过, 李德仁. 2007. 卫星遥感影像 RPC 参数求解算法研究. 中国图像图形学报, 2(12): 2080～2088

张楠. 2005. 基于图像序列重建三维物体的一种方法. 大连: 大连理工大学硕士学位论文

张艳. 2003. 线阵列推扫式影像的数字摄影测量处理. 郑州: 中国人民解放军信息工程大学硕士学位论文

张永生, 王仁礼. 1999. 遥感动态监测. 北京: 解放军出版社

张永生, 王涛, 张云彬. 2001. 航天遥感工程. 北京: 科学出版社

张永生, 巩丹超, 刘军, 等. 2007. 高分辨率遥感卫星应用——成像模型处理算法及应用技术. 北京: 科学出版社

张祖勋, 张剑清. 1996. 数字摄影测量学. 武汉: 武汉测绘科技大学出版社

朱长青. 1998. 小波分析理论与影像分析. 武汉: 测绘出版社

朱述龙, 耿则勋. 1999. 小波理论在图像处理中的应用. 北京: 解放军出版社

Ackermann F. 1983. High precision digital image correlation. Proceedings of the 39th Photogrammetric Week, 19-24, Sept., Stuttgart, Germany: 231～243

Bay H, Tuytelaars T, Van Gool L. 2008. Surf: Speeded up robust features. Proceedings of the 9th 118 European Conference on Computer Vision, 110(3): 404～417

Brown LG. 1992. A survey of image registration techniques. ACM Computing Surveys, 24: 325～376

Castleman K R. 2002. 数字图像处理. 朱志刚, 林学闾, 石定机, 等译. 北京: 电子工业出版社

Chen Y H. 2008. Bundle adjustment of Mars HiRISE orbiter stereo images based on the rigorous sensor model In: Proceeding of the International Archives of Photogrammetry and Remote Sensing. Beijing: 999～1004

Habib A, Morgan M, Jeong S, et al. 2005. Epipolar geometry of line cameras moving with constant velocity and attitude. ETRI Journal, 27(2): 172～180

Harris C, Stephens M. 1988. A combined corner and edge detector. In Proc of Fourth Alvey Vision Conference, (3): 147～151

Hinsken L, Miller S, Tempelmann U, et al. 2002. Triangulation of LH Systems ADS40 Imagery Using Orima GPS/IMU. Proceeding of International Archives of the Photogrammetry. Remote Sensing and Spatial Information Sciences, 34: 156～162

Kim T. 2000. A study on the epipolarity of linear pushbroom images. Photogrammetry Engineer and Remote Sensing, 66(8): 961～966

Li R X, Ju W H, Chen Y, Di K. 2011. Rigorous photogrammetric processing of HiRISE stereo imagery for Mars topographic mapping. IEEE Transactions on Geoscience and Remote Sensing, 49(7): 2558～2572

Michael S. 2007. Improvement of interior and exterior orientation of the three line scanner camera HRSC with simultaneous adjustment. Proceeding of the International Archives of Photogrammetry and Remote Sensing, 161~166

Morgan M, Kim K O, Soo J, et al. 2006. Epipolar resampling of space-borne linear array scanner scenes using parallel projection. Photogrammetric Engineering and Remote Sensing, 72(11): 1255~1263

Munechicka C K, Warnick J S, Salvaggio C, et al. 1993. Resolution enhancement of multispectral image data to improve classification accuracy. Photogrammetric Engineering and Remote Sensing, 59(1): 67~72

Shan J, Yoon J S, Lee D S, et al. 2005. Photogrammetric analysis of the Mars global surveyor mapping data. Photogrammetric Engineering and Remote Sensing, 71(1): 97~108

Toutin T. 2004. Spatiotriangulation with multisensor VIR/SAR images. IEEE Transactions on Geoscience And Remote Sensing, 42(10): 2096~2103

Yoon J S, Shan J. 2005. Combined adjustment of MOC stereo imagery and MOLA altimetry data. Photogrammetric Engineering and Remote Sensing, 71(10) : 1179~1186

第4章 月球形貌测绘技术

月球是距离地球最近的天体,月球到地球的平均距离为384401±1km,约为地球赤道周长的10倍。月球是地球唯一的天然卫星,它蕴藏着丰富的资源,月球上引力小、无大气、无强磁场,是科学研究的天然实验室,也是天文观测及对地球观察的理想基地,更可作为深空探测的中继站,因此世界各国在航天计划中都把月球探测作为起点和重点。月球探测是人类进行空间探测的历史性开端,促进了人类对月球、地球和太阳系的认识,极大地带动了基础科学和应用科学的发展与创新。而在月球探测任务中,月球表面的形貌测绘技术是一项重要的基础性研究①。

1610年,意大利科学家伽利略完成了人类对月球最初的观测,获得了第一张月面图。但人类对月球真正的研究是在人造卫星上天以后。美国、苏联在20世纪进行的月球探测取得了一系列成就。21世纪开始,中国、美国、日本、欧洲空间局、英国、印度等纷纷提出了月球探测计划,掀起了探月的新高潮。

4.1 月球控制网

4.1.1 月球概况

月球基本上是一个南北极稍扁、赤道处略鼓的正球体,月面上山峦起伏,地貌类型多样,月球表面的主要形貌单元为月海盆地、高地和撞击坑。月面地形特征按照自然形态可以主要分为:月海、撞击坑、高地、山脉和峭壁、月谷和月溪、月面辐射纹等。

月球参照面是用来测量月球表面的参照面,它定义了经线和纬线的原点和方向。由于月球的扁率很小,只有约0.0003,在进行科学研究时通常将月球考虑成正圆。另外,由于月球没有地表水,也就没有海平面,因此在众多测图任务中,月球的参考球面通常采用以月球质心为中心,以月球的半径1737.4km为半径的球面。

绘制月球地形图的另一个很重要的问题是建立全月球具有统一坐标基准的控制网,控制网也是研究月球形状、大小和月球表面地形的基础,建立月球控制网也是月球形貌测绘的重要研究内容之一。建立月球控制网的主要手段就是利用已经获取的覆盖月球表面的立体影像数据、激光高度计的数据及轨道星历参数等探月任务中获取的各类信息,通过航天摄影测量的方法,组成覆盖全月面的区域网,统一进行平差计算。

---

① http://www.clep.org.cn,中国探月与深空探测网.

4.1.2 月球控制网的发展

月球控制网的产生和发展是一个长期积累的过程。1748 年，Mayer 利用望远镜观测月球的资料计算出了第一个月球控制网，之后，天文学家利用望远镜进行月球观测，获取了许多观测序列并用测微计进行测量，据此确定了一些月球基准控制点，丰富和发展了月球控制网。19 世纪摄影技术的发明使天文学家能够利用摄影底片研究月球特征点坐标，这些研究一直到月球探测器发射前后。这些研究工作多以前人成果为基础，并在新获取的资料基础上进行总结推算。Apollo 计划前后也产生了一些临时的月球控制系统。

航天卫星技术的发展极大地促进了月球控制网的研究。Apollo 计划后，陆续产生了 Apollo 近月面控制网、ULCN1994 控制网、CLCN 控制网、ULCN2005 控制网。国内学者对月球控制网也进行了相关研究：陈琼（2006）初步研究了月面控制网的建立方法；宁晓刚等（2009）进行了基于 Clementine 和 ULCN2005 的月球测图的研究；任鑫（2011）研究了月球区域网平差方法及月球控制网现状；夏金超（2013）系统地研究了基于嫦娥一号测绘数据和地基激光观测数据的月球控制网建立方法。

现有的主要月球控制网[①]（陈琼，2006；夏金超，2013）如下。

1）阿波罗月球控制网

阿波罗计划以后，利用阿波罗 15、16 和 17 上搭载的框幅式相机得到的照片制作了几种不同的月面控制网。美国国防地图局（DMA）、国家海洋大气局（NOAA）与美国地质调查局（USGS）合作建立了各自的月面控制网。两个控制网采用的数据几乎一样，DMA 用轨道制约法将相机跟踪数据和摄影测量法相结合，用阿波罗 16 和 17 的数据去适应阿波罗 15 的数据；NOAA/USGS 则用了纯粹的摄影测量法对三次任务中获得的大量参数进行了统一调整。通过对两个控制网的坐标转换和精度的比较，NOAA/USGS 的控制网比 DMA 的控制网更优越，NOAA/USGS 的控制网得到了 5324 个地形控制点，70%的点位置精度优于 30m，74%的点高程精度优于 30m。在早期的月球地形图制作中采用了这个控制网，但是该控制网数据只分布在 26°S～26°N 的带状区域，并且没有提供控制点月面影像信息，限制了该控制网的应用。

2）1994 年统一大地控制网

1994 年戴维斯等发表了一篇关于统一大地控制网（unified Lunar control network，ULCN）的文章，其中，ULCN1994 控制网是将 Apollo 等卫星探测数据，以及月球地基观测联合构建的一个统一控制网，由美国 RAND 和 USGS 协同完成。此控制网的坐标原点是月球质心，坐标系统采用均地/极轴坐标系统。通过 Apollo 探测数据得到若干 Apollo 控制点，这些点在重新整合的过程中没有变化，在 Apollo 覆盖区又添加了从地基观测和 Galileo 卫星及 Mariner10 卫星任务中得到的月球背面的点，但是并没有进行联合平差处理。

---

① http://www.nasa.gov，美国 NASA.

如图 4.1 所示，这个稀疏的控制网共有 1478 个点，其中近月面有 1286 个点，远月面有 192 个点。控制点中有 304 个来自 Apollo 探测数据，911 个来自地基观测照片，63 个来自 Mariner10 号探测数据，200 个来自 Galileo 卫星探测数据。

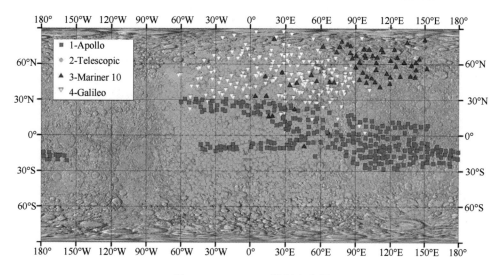

图 4.1　ULCN1994 控制点来源

从图 4.1 中可以看出，在控制点分布比较稀疏，主要覆盖近月面（90°W～90°E），在远月面覆盖太少，远月面、极区分布都有大量的空白。在 60°W～60°E 有大量的（占总量的一半以上）地基望远镜观测，这些点的精度也难以达到太高的精度。对于近月面而言，相邻控制点距离为 100km 左右，控制点的水平定位精度为 100m 至 3km，由于远月面的控制点个数太少，所以远月面控制网的精度很低。

ULCN1994 实现了多种数据综合，并大量采用了地基望远镜观测得到控制点，在数据处理上，并没有进行联合平差处理。因此这个控制网只是统一了坐标系，坐标精度相差很大，控制点精度无法估算和检验，且没有影像库，可用性较低。

3）1997 年克莱门汀控制网

克莱门汀控制网（Clementine Lunar control network，CLCN）是根据环月飞行器克莱门汀携带的 750nm 相机的获取的 43871 幅影像制作的，它包括了 271643 个点，是目前最大的行星控制网。建立 CLCN 的主要目的是确定克莱门汀全球影像图的几何特征，用来建立克莱门汀全月数字影像模型和全月近红外多波谱影像图。CLCN 能够有效定义用来描述月面位置的坐标系统，但没有描述这种控制网的公开出版物。但是，在后续研究中一些学者发现，这种控制网由于模型连接点的约束条件，以及相机定向角等方面的原因，存在多达 13km 的偏差。

这个控制网的主要目的是作为 Clementine 全球基础镶嵌图的控制框架。CLCN1997 选择了来自 ULCN1994 的 22 个 Apollo 较高精度控制点并以此为已知点扩展到全月，其他控制点大部分选自 Clementine 可见光相机 750nm 波段的 43871 幅相邻影像的同名点；在 Clementine 全月数字影像模型和全月近红外多光谱影像制图中采用了这种控制网（图 4.2）。

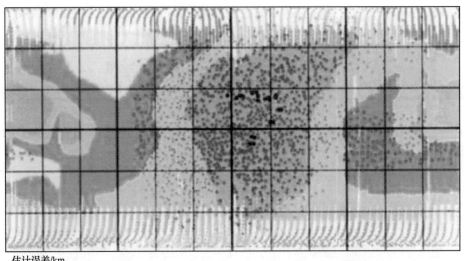

估计误差/km
● <5　● 7.5~10　　40~120
● 5~7.5　　10~40

● 统一的月面控制网
● ULCN-CLCN 带

图 4.2　CLCN1997 控制网精度估计

图 4.2 中，仅有中间蓝色区域（22 个公共点附近区域）在 5km 以内；此区域外围绿色区域为 5~7.5km；在外围则是红色黄色区域，多在 7.5km 以上，甚至有大面积的在 10km 以上（途中黄色白色区域）。在此控制网生成的过程中，仅用了 ULCN1994 中月球正面的 22 个控制点作为月面参考控制点，相机指向角改正未受约束，大多数图像连接点都被固定在半径 1736.7km 的正球体表面，控制网平面定位平均有一个 7~20km 或更大的偏差。克莱门汀月球基础地图（Clementine BasemapV1.0）采用的就是 CLCN1997 控制网，利用紫外-可见光相机在 750nm 谱段获得的 43871 幅影像数据，经过辐射校正、几何校正和光度校正后镶嵌制作的全月球灰度影像图。

4）ULCN2005 控制网[①]

针对 CLCN1997 存在的问题，Archinal 等（2005）整合 ULCN1994 与 CLCN1997 控制网数据，建立了 ULCN2005 控制网。它纳入了全部 ULCN1994 控制点，又继承 CLCN1997 采用的影像同名点来加密控制网，显著地改进了 CLCN1997 的精度。处理过程中，Clementine 影像相机的指向角改正量控制在 1°以内；将 ULCN1994 控制点在 Clementine 影像上进行同名像点量测，并将量测结果纳入 ULCN2005 中联合解算；解算了控制点月心距，因此控制点有了高程信息。ULCN2005 是迄今精度最好，点数最多，也是应用最普遍的月面统一控制网。2008 年下半年，USGS 利用最新的月面控制网 ULCN2005，对 Clementine 紫外可见光相机数据重新进行了处理，制作了新的月球基础地图（Clementine BasemapV2.0）（图 4.3）。

Archinal 等采用 272931 个点并有约 70000 个 Clementine LIDAR 数据制作了密集的全月 DTM 模型。这个模型与 ULCN1994 控制网符合情况优于 4.5km，与 Apollo 控制网

---

① 月球控制网模型 UL CN 2005（The Unified Lunar Control Network 2005）. http://pubs.usgs.gov/of/2006/1367/ULCN2005-OpenFile.pdf.

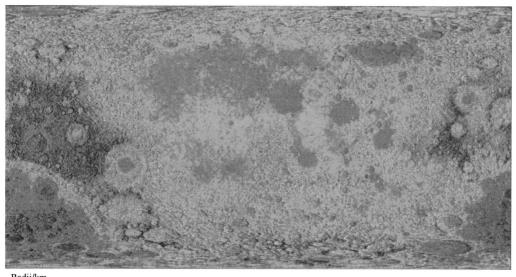

Radii/km

| ■ 1741.7~1745.5 | ■ 1738.7~1739.6 | □ 1737.1~1737.6 | ■ 1736.1~1736.5 | ■ 1734.7~1735.3 | ■ 1732.7~1733.6 | □ WORLD30 |
| ■ 1739.7~1741.6 | ■ 1737.7~1738.6 | ■ 1736.6~1737 | ■ 1735.4~1735 | ■ 1733.7~1734.6 | ■ 1728.2~1732.6 | |

图 4.3　根据 ULCN2005 生成的 DEM

为 0~500m；远月面较大，但仍有部分点在 500~1500m。与 ULCN1994 不一致的主要原因是由于 ULCN1994 没有解算月心距。

4.2　月球坐标基准[①]

4.2.1　常用月球椭球参数

月球几何形状定义为一个正球体，平均半径、赤道半径和极半径相等，均为 1737.4km±1km，与实际椭球的标准偏差为 2.5km。月球参考椭球采用半径为 1737.4km 的正球体，参考椭球长半径 a 和参考椭球短半径 b 相等，均为 1737.4km，椭球体中心为月球质心，该正球体表面为月球参考椭球面。

月球质心沿自转轴指向北天极的方向为月球的北极方向，其与月球参考椭球面的交点为月球北极。月球质心指向月球北极的矢量方向为月球的自转轴方向，月球的自转方向采用右手螺旋法则，自转方向为东。

4.2.2　常用月球坐标系

月固坐标系统采用笛卡儿直角坐标系，如图 4.4 所示，以月球的质心为坐标原点，月球赤道面为基本平面，采用右手法则，Z 轴垂直于基本平面指向北极，Y 轴与 X 轴在赤道面内，X 轴指向经度原点方向（平均地球方向），并与 Y 轴正交。

按经纬度表示的月球大地坐标系采用笛卡儿直角坐标系，基准面采用月球参考椭球体球面，以该椭球体中心为原点，月球表面某点的位置用经度 L、纬度 B 和其相对应月球表面的高度 H 来表示，如图 4.5 所示。

[①] 月球空间坐标系.中华人民共和国国家标准，2013.

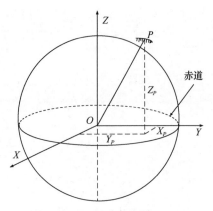

图 4.4　月固坐标系

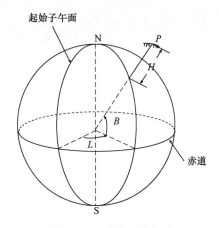

图 4.5　月球大地坐标系

经度 L：月球参考椭球面上本初子午面与某点的子午面的夹角。从月球本初子午线起算，以东为东经，用"E"表示；以西为西经，用"W"表示。本初子午线的经度为 0°。从本初子午线起算，向东经度值增加。

纬度 B：月球参考椭球面上某点的法线与赤道面的夹角。纬度从赤道起算，赤道处纬度为 0°；位于赤道以北的点的纬度称为北纬，用"N"表示；位于赤道以南的点的纬度称为南纬，用"S"表示。赤道向北为正值，向南为负值。

高度 H：月面点沿法线到参考椭球面的距离。从参考椭球面起量算，向天顶方向为正，向质心方向为负。

4.2.3　月球制图投影

月球地图投影（吕晓华等，2008）是月球地图数学基础建立的主要内容，各种比例尺的月球地图又是人类在月球上进行工程建设的基本要求，也是月球测绘技术的基础性和前瞻性工作，直接影响到未来月球空间信息与专题信息的处理、共享、表达与应用。

常用的月球投影可以分为以下三种。

1）月球全球投影

月球全图比例尺通常小于 1∶10000000，描写月球全球的投影有多种选择，但考虑到月球一体化显示与表达得要求，两极处理应恰当，各种变形适中，经纬线形状简单，整体视觉效果好。因此，月球全球投影可正选用正圆柱投影、伪圆柱投影或多圆锥投影。

2）区域性月球地图投影

区域性投影主要应用于月球表面面积不大的以着落场、月面空间站为中心的区域地图中，其范围的经纬差可以从几度到十几度，比例尺一般从几十万分之一到几百万分之一。区域性月球地图投影选择方位投影和圆锥投影等。

3）大、中比例尺月球地图投影

为全面、准确、多尺度的反映月面地理要素及其空间关系，通常要制作比例尺大于1:1000000的系列地图，不同比例尺的地图满足不同用途，相互间具有可比性。因此，此类投影要求具有较小变形和较高精度，要覆盖全月球主要地区，能满足月面多比例尺的需要。这类月球投影可以在 70°S～70°N 的区域采用通用横墨卡托投影（UTM），在70°以上的极区采用通用极月面投影，整个月球地图的投影具有连续性与通用性。

4.3 我国嫦娥工程及月球形貌测绘技术

4.3.1 嫦娥工程概述[①]

在对世界上各个国家实施的月球探测的发展历程进行综合分析，以及近些年一些国家和航天组织提出的新一轮的月球探测目标和实施计划的基础上，结合我国的深空探测的整体发展计划及目前总体的科学技术水平，针对深空探测的第一站——月球，提出了如下的月球探测计划：月球探测整体工程分为三个大的阶段，概括为"绕、落、回"。第一期月球探测工程主要实现绕月计划，发射探月卫星"嫦娥一号"，通过获取月球表面的影像及其他相关信息，制作月球三维影像图，实现对月球表面的各类信息，如环境、地形、地貌及地质构造等进行初步的科学探测；第二期探测工程是实现在月球的软着陆探测和自动巡视勘测，具体是利用降落在月面上的月球探测车，探测着陆区附近的岩石成分，测量着陆点的周围环境，通过对月表的高分辨率摄影和对月球岩石的现场探测或采样分析，获取月球表面的各项参数；第三期探月工程是实现在月球上自动采集所需的样本并将其带回地球进行探测，为下一步实现载人登月，建立月球基地等提供可靠的数据。

我国月球探测一期工程的工程目标在于：①研制和发射我国第一颗月球探测卫星；②初步掌握绕月探测基本技术；③首次开展月球科学探测；④初步构建月球探测航天工程系统；⑤为月球探测后续工程积累经验。一期工程的科学目标在于：获取月球表面三维影像、分析月球表面元素含量和物质类型的分布特点、探测月壤特性、探测地月空间环境。

4.3.2 嫦娥一号

2007 年 10 月 24 日，我国自主研制、发射的第一个月球探测器——嫦娥一号（CE-1）成功发射，标志着我国深空探测的开端，如图 4.6 所示。嫦娥一号卫星在经过 494 天的

---

① http://www.clep.org.cn/，中国探月与深空探测网.

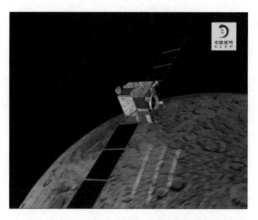

图 4.6　嫦娥一号探月卫星示意图

探测任务后，于 2009 年 3 月 1 日，准确落于月球 52.36°E、1.50°N 的预定撞击点。

嫦娥一号共携带了 8 个有效载荷，如图 4.7 所示，三线阵 CCD 立体相机获取星下点的月球表面图像；激光高度计（LAM）用于获取卫星星下点的月球表面高度数据；干涉成像光谱仪、γ射线谱仪、X 射线谱仪分别用于探测月球表面 14 种不同物质化学元素和矿物类型；用微波探测仪测量月球的微波辐射特征，从而反演月壤的厚度；太阳高能粒子探测器和太阳风离子探测器用于探测从地球至月球的空间环境。太阳高能粒子探测器和太阳风离子探测器在奔月途中就开始工作，其他仪器在探测器进入月球轨道后开机探测。其中有 3 个是光学遥感器，即 CCD 立体相机、激光高度计及成像光谱仪，CCD立体相机与激光高度计是为了获取月表的三维立体影像，以实现我国首次探月的第一个科学目标。

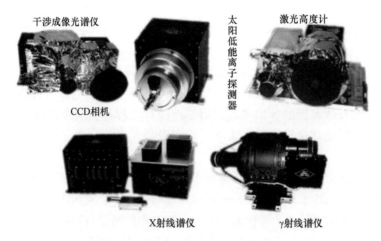

图 4.7　嫦娥一号携带的科学探测仪器

嫦娥一号卫星上搭载的三线阵 CCD 立体相机实际上是一个大面阵 CCD 探测器，如图 4.8 所示，分别以面阵探测器上垂直于飞行方向上的第 11 行、第 512 行和第 1013 行作为类似于三线阵相机上的三条线阵，面阵探测器上这三行获取的 CCD 影像分别作为前视、正视和后视的 CCD 影像。

嫦娥一号 CCD 相机的主要指标参数如表 4.1 所示。

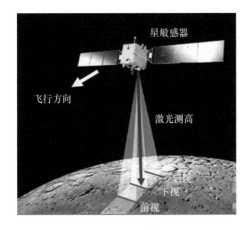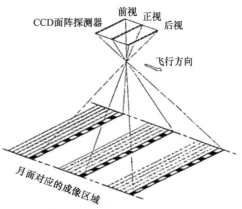

图 4.8 嫦娥一号 CCD 相机成像示意图

表 4.1 嫦娥一号 CCD 相机的主要指标

名称	指标
轨道高度	200km
相机焦距	23.3mm
像元分辨率	120m
像元数	512
像元尺寸	14μm
成像宽度	60km
基高比	≥0.6
航向重叠率	100%
旁向重叠率	17%
交会角	前视与下视 16.7°
	后视与下视 16.7°

嫦娥一号卫星上搭载的激光高度计主要有两个科学目标：①测量嫦娥一号卫星到月球表面星下点的距离；②提供月球表面数字高程模型的径向高度数据。

嫦娥一号搭载的激光高度计，在轨累计开机 3309h，获得了 1369 轨探测数据，有效测距点 912 万个，对月球表面实现了全覆盖。基于嫦娥一号卫星激光测高仪约 300 万个探测数据制作了月球 DEM 数据，如图 4.9 所示（李春来，2013），该数据以月球质心为参考原点，覆盖 180°W～180°E，90°N～90°S 之间的范围，中央经线采用 270°W，投影方式采用摩尔维德等面积伪圆柱投影，高程参考面采用月球平均半径 1737.4km 的正球面为参考基准，空间分辨率为 7～8km。

在我国月球探测一期工程的众多科学目标中，获取月球表面的三维立体影像是非常重要的目标之一，嫦娥一号 CCD 立体相机获取的图像数据经过辐射、几何和光度校正后得到预处理数据产品，然后通过影像拼接与镶嵌、投影与比例尺、影像图设计等内容制作全月球影像图。于 2008 年 11 月 12 日，我国发布了由嫦娥一号卫星获取数据制作完成的"中国第一幅全月球影像图"，如图 4.10 所示，这幅影像图覆盖了月球 180°W～180°E、90°S～90°N 的范围，70°S～70°N 的成图区采用了正轴墨卡托割 35°投影，极区采用了方位等角割 70°投影，其相对定位精度优于 240m，平面定位精度为 100m 至 1.5 km。

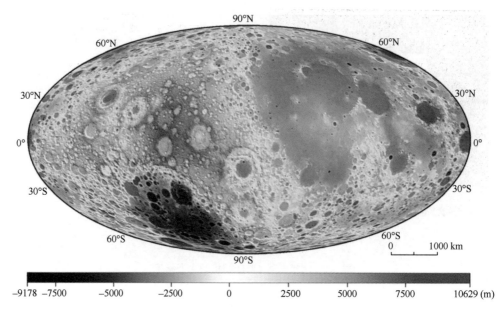

图 4.9　利用嫦娥一号激光测高数据制作的月表 DEM

中国首次月球探测工程全月球影像图

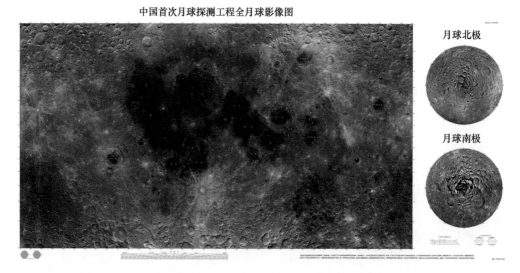

图 4.10　由嫦娥一号获取影像数据制作的"中国第一幅全月球影像图"

4.3.3　嫦娥二号

为了向月球科学家提供更高分辨率的三维影像，并为嫦娥三号着陆器和月球车提供虹湾地区着陆区的高精度地形数据，2010 年 10 月发射升空的嫦娥二号卫星搭载的 CCD 立体相机大幅度提高了影像分辨率。嫦娥二号卫星 CCD 立体相机满足在两种轨道上实现立体成像：一是具有在 100 km 的圆轨道上实现影像分辨率优于 10 m 的全月成像能力；二是具有在 100 km / 15 km 椭圆轨道近月弧段上获取地面分辨率优于 1.5 m 的局部区域立体成像能力。根据嫦娥二号获取的影像数据，制作了 746 幅 7m 分辨率全月正射影像图。

与嫦娥一号相比，嫦娥二号的影像分辨率大幅度提升，由 120m 提高至 7m，局部区域甚至达到 1 m；每条扫描线像素数由原来的 512 增大至 6144，表 4.2 是嫦娥一号与嫦娥二号相机参数的对比。由于受数据传输能力、相机检校等因素影响，嫦娥二号并未像嫦娥一号一样设计为三线阵形式，而是采用双线阵形式，其前、后视夹角分别为 8°、17.2°，因此嫦娥 2 号基高比为 0.46，小于嫦娥一号 0.6 的基高比。

表 4.2　嫦娥一号与嫦娥二号相机参数对比

参数	嫦娥一号	嫦娥二号
线阵数量	三线阵	两线阵
像素大小	14μm	10.1μm
有效像素数	512	6144
焦距	23.3mm	144.3mm
工作轨道	200 km	100km/15km
地面分辨率	120m	7m/1m
前视角度	16.7°	8°
后视角度	16.7°	17.2°
基高比	0.6	0.46

在嫦娥一号与嫦娥二号获取全月地形数据，以及月面着陆区详细地形数据的基础上，2013 年 12 月 14 日，嫦娥三号顺利实现月面软着陆，如图 4.11 所示，标志着我国深空探测技术新的里程碑。嫦娥三号月面软着陆的顺利实施也为我国下一步开展火星着陆探测奠定了基础。

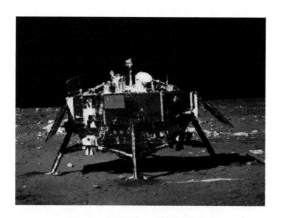

图 4.11　嫦娥三号月球软着陆

4.3.4　我国月球形貌测绘技术

月球形貌测绘是月球探测的重要内容，也是着陆探测的重要保障，我国研究人员结合嫦娥工程针对月球形貌测绘开展了大量研究。

西安测绘研究所王任享（2008，2006）对月球卫星三线阵 CCD 影像 EFP 光束法空中三角测量进行了研究与实践，利用 EFP 法对月球卫星摄影三线阵 CCD 影像进行两种处理：一是将平差转换至切面坐标（这也是现行摄影测量常用方法）；二是在摄影测量坐标系内，长航线自由网 EFP 光束法平差利用三线阵 CCD 推扫特点，在 EFP

平差中增加对前、后视影像的相机主距的附加改正项，用以补偿由于地球曲率产生的前、后视影像比例尺的差异，这样平差得出的是平面基准的地面坐标，以及外方位元素的改正数。前者计算在理论上比较严格，但是长航线时需要进行分段处理，而后者计算在数学上有近似性，可方便地用于估算卫星姿态变化率，或者用于地面模型的几何处理等实验研究，利用嫦娥一号获取的第一条航线对相关理论进行了试验验证。

中科院国家天文台李春来（2013）研究了嫦娥一号三线阵CCD数据摄影测量处理及全月球数字地形图生成技术。从嫦娥一号获取的1000多轨影像数据中，筛选其中的628轨影像制作了全月地形数据，采用SIFT特征匹配与最小二乘匹配相结合的方法有效地解决了月面纹理匮乏、低反照率、低对比度月球影像匹配的技术难点，匹配精度达到0.3个像素，并采用独立模型区域网平差方法解决了嫦娥一号三线阵影像的测区平差、全月球平差、无控制点月面定位等关键技术问题，制作的全月球地形图平面位置精度达到192m，高程精度达到120m。

武汉大学李健（2012）研究了基于线阵影像的空中三角测量平差模型、线阵影像的自动匹配、全月高密DSM的生成等关键技术进行研究和实践，并基于这些关键技术，完成了国家探月工程嫦娥一号 三线阵影像的数据处理，使我国首次获取了覆盖全月的1∶250万DSM、DOM数据，并对CE-2两线阵影像进行了初步试验，取得了良好的试验结果。

信息工程大学何钰（2012）对基于月面CCD影像和激光测高数据的月球形貌测绘技术进行了研究，针对严格成像几何模型中解算外方位元素相关的问题，论述了几种去相关性的方法，利用嫦娥一号月面CCD影像，采用SURF算子提取特征点并基于准核线约束进行影像匹配，实现了月球DEM的自动提取。

澳门科技大学叶梦杰（2013）根据嫦娥一号卫星立体相机的成像特点，利用激光高度计和CCD影像数据生成月面控制点，计算了嫦娥一号探月卫星CCD影像数据的外方位元素，然后根据空间前方交会原理，结合外方位元素和利用层次式匹配算法提取的同名点，利用联合光束平差模型计算同名点的三维坐标，利用Delaunay插值算法，生成了均匀格网的数字高程模型。

信息工程大学周杨等（2009）研究了月面形貌的三维可视化方法，在研究大范围地形可视化算法的基础上，综合利用球面视域裁剪、球面视点控制等技术对geometry clipmaps算法进行改进，实现了全月面海量数据的实时动态三维可视化，但是算法在月球两极区域存在变形较大的问题。

武汉大学赵双明等（2011）针对直接利用嫦娥一号激光测高数据制作的月球表面模型分辨率与精度较低的问题，采用激光测高数据改善三线阵CCD数据立体定位精度，通过基于物方空间到像方空间的快速反投影算法，研究了立体影像与激光高度计数据的不一致性，目的是为后续嫦娥一号三线阵影像数据与激光测高数据联合平差处理提供相对基准控制。

西安光学精密机械研究所赵葆常等（2011）介绍了嫦娥二号卫星CCD立体相机设计方法，针对卫星总体下达的嫦娥二号卫星立体测绘相机主要技术指标，对光学系统焦距、焦平面配置、系统视场角、相对孔径、光谱范围等进行系统设计，并开展速高比补偿与地面推扫成像试验验证。

按照目前月球形貌测绘的技术流程，区域网平差、密集影像匹配和 DEM 生成是其中的核心技术，且与传感器特点结合紧密。接下来，本章将结合之前针对月球形貌测绘的研究成果，对以上三个方面的技术方法进行阐述。

4.4　激光测高数据辅助月球线阵 CCD 影像区域网平差

4.4.1　激光测高数据辅助的区域网平差

基于激光测高数据的月球线阵 CCD 影像的成像模型中定向参数的计算是依赖激光测高数据的，其获取的精度直接影响着立体定位的精度。由于激光测高数据点密度稀疏，并且仪器本身存在各种误差，因此直接利用激光测高数据解算的定向参数制作月球表面的三维模型，空间分辨率有限，而且定位精度较低。区域网平差（江延川，1991；王之卓，2007）技术是解决这一问题的重要手段，利用线阵 CCD 影像结合激光测高数据进行区域网联合平差可以实现提高目标的定位精度。区域网平差指的是依据影像与被摄物体之间所存在的几何关系，利用少量的野外控制数据和影像上的观测数据，运用解析的方法，求出加密点的物方空间坐标的作业方法。区域网平差是摄影测量作业环节中很重要的一项工作，它可以同时解算参加平差的所有影像的定向参数，减少所需控制点的数量，还可以提高影像的定位精度，提供更多分布均匀的控制点。

对于嫦娥一号获得的 CCD 影像，它是以条带为单位的，影像分辨率只有 120m，因此每一条带在月球表面覆盖范围较大，使得相邻影像按照常规摄影测量作业进行相对定向、绝对定向的过程的实现比较困难，而且月球上缺少控制点，利用非摄影测量数据是解决控制数据的关键。因此，针对嫦娥一号获得的三线阵 CCD 影像结合激光测高数据采用以光束法作为基础进行联合平差实验。

1. 区域网平差中的各类观测值

1）像点坐标观测值

像点坐标观测值主要包括两类：一类是平差区域内的影像上的连接点；另一类是将激光测高数据投影至像片上对应的像点。连接点坐标可以利用影像匹配获取，初始的激光测高数据对应的像点坐标则通过激光点在月面上的投影与三线阵 CCD 影像进行配准的方式计算得到。

光束法区域网平差中，连接点和激光测高数据对应的像点观测值方程可由共线条件方程建立，连接点观测值的权值取单位权，而激光测高数据对应的像点观测值的权根据激光测高数据与三线阵 CCD 影像的配准精度确定。

2）激光测高数据的坐标观测值

将激光测高数据在物方坐标系中的坐标 $A(X_F, Y_F, Z_F)$ 作为观测值，参与光束法联合平差。

激光测高数据可以建立如下的方程：

$$F_{XYZ} = \begin{bmatrix} X_F - (X_F) \\ Y_F - (Y_F) \\ Z_F - (Z_F) \end{bmatrix} = 0 \tag{4-1}$$

式中，(X_F)、(Y_F)、(Z_F) 为通过激光测高数据与三线阵 CCD 影像配准后，利用其对应像点坐标按摄影测量的空间前方交会原理计算得到。

激光测高数据作为月面的控制约束条件数据，通常设置较高权值。

3）定向片影像外方位元素视为平差观测值

定向片（赵双明和李德仁，2006；刘军，2007）（orientation image）时刻就是指在传感器的飞行轨道上按照一定时间间隔抽取的若干离散的扫描周期，如图 4.12 中的 t_K, t_{K+1}。基于定向片内插的光束法平差，就是将定向片时刻的外方位元素作为平差未知数，影像上其他扫描线的外方位元素利用定向片时刻的外方位元素通过内插得到。

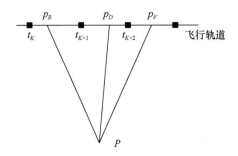

图 4.12　定向片内插原理

定向片法平差一般采用 Lagrange 多项式进行外方位元素内插。月面点 P 对应的下视影像像点 p_D 成像于第 $K+1$ 和第 $K+2$ 定向片之间，通常可以利用 K、$K+1$、$K+2$ 和 $K+3$ 时刻处的外方位元素按照 Lagrange 多项式内插出该点的外方位元素。假设这四个时刻的外方位元素为 X_j、Y_j、Z_j、φ_j、ω_j、κ_j $(j=K,K+1,K+2,K+3)$，则

像点 p_D 所在扫描线的瞬时外方位元素可以利用三阶 Lagrange 多项式表示为

$$\begin{cases} X_p = \sum_{j=K}^{K+3}\left(X_j \prod_{\substack{i=K \\ i!=j}}^{K+3} \frac{t-t_i}{t_j-t_i} \right), Y_p = \sum_{j=K}^{K+3}\left(Y_j \prod_{\substack{i=K \\ i!=j}}^{K+3} \frac{t-t_i}{t_j-t_i} \right), Z_p = \sum_{j=K}^{K+3}\left(Z_j \prod_{\substack{i=K \\ i!=j}}^{K+3} \frac{t-t_i}{t_j-t_i} \right) \\ \varphi_p = \sum_{j=K}^{K+3}\left(\phi_j \prod_{\substack{i=K \\ i!=j}}^{K+3} \frac{t-t_i}{t_j-t_i} \right), \omega_p = \sum_{j=K}^{K+3}\left(\omega_j \prod_{\substack{i=K \\ i!=j}}^{K+3} \frac{t-t_i}{t_j-t_i} \right), \kappa_p = \sum_{j=K}^{K+3}\left(\kappa_j \prod_{\substack{i=K \\ i!=j}}^{K+3} \frac{t-t_i}{t_j-t_i} \right) \end{cases} \tag{4-2}$$

对于位于第 i 行和第 $i+1$ 行之间点的 Lagrange 系数可以写为

$$\begin{cases} t_1 = \dfrac{(r-r_i)(r-r_{i+1})(r-r_{i+2})}{(r_{i-1}-r_i)(r_{i-1}-r_{i+1})(r_{i-1}-r_{i+2})} \\[4mm] t_2 = \dfrac{(r-r_{i-1})(r-r_{i+1})(r-r_{i+2})}{(r_i-r_{i-1})(r_i-r_{i+1})(r_i-r_{i+2})} \\[4mm] t_3 = \dfrac{(r-r_{i-1})(r-r_i)(r-r_{i+2})}{(r_{i+1}-r_{i-1})(r_{i+1}-r_i)(r_i-r_{i+2})} \\[4mm] t_4 = \dfrac{(r-r_{i-1})(r-r_i)(r-r_{i+1})}{(r_{i+2}-r_{i-1})(r_{i+2}-r_i)(r_{i+2}-r_{i+1})} \end{cases} \qquad (4\text{-}3)$$

式中，$r_i < r < r_{i+1}$，r 为 CCD 影像像点位于扫描行方向的像坐标；r_i 为第 i 个定向片位于扫描行方向的像坐标。

基于定向片内插的光束法区域网平差，就是将定向片时刻的外方位元素作为平差计算中的未知数，CCD 影像上其他扫描行的外方位元素利用定向片时刻的外方位元素通过 Lagrange 多项式内插得到。在计算过程中，为了避免各未知数的相关，每个定向片影像的外方位元素均视为加权"观测值"，建立虚拟误差方程进行平差计算。这类"观测值"的权值依据卫星定轨精度和测姿精度确定。

根据上述各类观测值方程建立不同的误差方程进行光束法区域网联合平差。影像上像点坐标取单位权值，其余各类观测值根据其先验方差定权，在平差计算迭代过程中采用验后方差分量估计的方法确定其权值。平差计算 CCD 影像对应每条扫描行的精确外方位元素，以及激光测高数据的精确月面坐标，其成果可以用于制作高分辨率的月球数字表面模型、立体测图等。

2. 区域网平差模型

将定向片内插模型代入到瞬时共线条件方程式中，可以得到月面点 P 基于定向片内插的平差模型。将该平差模型进行线性化，形式可以表示为

$$V = C\Delta + BX - L \qquad (4\text{-}4)$$

$$V = \begin{bmatrix} V_x \\ V_y \end{bmatrix} \quad L = \begin{bmatrix} l_x \\ l_y \end{bmatrix}$$

$$C = \begin{bmatrix} T_1 c_{11} & T_1 c_{12} & T_1 c_{13} & T_1 c_{14} & T_1 c_{15} & T_1 c_{16} \cdots T_4 c_{11} & T_4 c_{12} & T_4 c_{13} & T_4 c_{14} & T_4 c_{15} & T_4 c_{16} \\ T_1 c_{21} & T_1 c_{22} & T_1 c_{23} & T_1 c_{24} & T_1 c_{25} & T_1 c_{26} \cdots T_4 c_{21} & T_4 c_{22} & T_4 c_{23} & T_4 c_{24} & T_4 c_{25} & T_4 c_{26} \end{bmatrix}$$

$$\Delta = (\mathrm{d}X_S^K \quad \mathrm{d}Y_S^K \quad \mathrm{d}Z_S^K \quad \mathrm{d}\varphi^K \quad \mathrm{d}\omega^K \quad \mathrm{d}\kappa^K \cdots \mathrm{d}X_S^{K+3} \quad \mathrm{d}Y_S^{K+3} \quad \mathrm{d}Z_S^{K+3} \quad \mathrm{d}\varphi^{K+3} \quad \mathrm{d}\omega^{K+3} \quad \mathrm{d}\kappa^{K+3})^{\mathrm{T}}$$

$$B = \begin{bmatrix} -c_{11} & -c_{12} & -c_{13} \\ -c_{21} & -c_{22} & -c_{23} \end{bmatrix} \qquad X = (\mathrm{d}X \quad \mathrm{d}Y \quad \mathrm{d}Z)^{\mathrm{T}}$$

$$T_1 = \frac{t-t_{K+1}}{t_K-t_{K+1}} \cdot \frac{t-t_{K+2}}{t_K-t_{K+2}} \cdot \frac{t-t_{K+3}}{t_K-t_{K+3}} \qquad T_2 = \frac{t-t_K}{t_{K+1}-t_K} \cdot \frac{t-t_{K+2}}{t_{K+1}-t_{K+2}} \cdot \frac{t-t_{K+3}}{t_{K+1}-t_{K+3}}$$

$$T_3 = \frac{t-t_K}{t_{K+2}-t_K} \cdot \frac{t-t_{K+1}}{t_{K+2}-t_{K+1}} \cdot \frac{t-t_{K+3}}{t_{K+2}-t_{K+3}} \qquad T_4 = \frac{t-t_K}{t_{K+3}-t_K} \cdot \frac{t-t_{K+1}}{t_{K+3}-t_{K+1}} \cdot \frac{t-t_{K+2}}{t_{K+3}-t_{K+2}}$$

月面激光测高数据作为控制约束条件的误差方程为

$$X - L_G = V_G \qquad (4\text{-}5)$$

则基于定向片内插的平差模型可以表示为

$$\begin{cases} C\Delta + BX - L = V & P \\ X - L_G = V_G & P_G \end{cases} \tag{4-6}$$

式中，Δ 为定向片时刻外方位元素列向量；X 为地面坐标列向量；V 和 V_G 分别为像点坐标观测值残差向量和月面点坐标观测值残差向量；B 和 C 为相应的系数矩阵；L 和 L_G 为相应的常数项矩阵，P 和 P_G 为相应的权矩阵。

3. 基于铅垂线轨迹法的连接点自动提取

影像连接点的选取是指通过自动匹配技术，提取影像之间的公共点，它是区域网平差的难点之一。区域网平差的精度与连接点的分布与数量紧密相关，连接点数量多且分布较为均匀则利用其构成的整体网的连接强度就好，平差精度就较高。因此为了获得高精度的区域网平差结果，连接点的提取方法是区域网平差处理的关键问题之一。

由于嫦娥一号获取的激光测高数据在轨道方向间隔为 1.4km，CCD 影像约 30000 多行，分辨率为 120m，可以计算得到在 CCD 影像上，其轨道星下点位置上的激光测高数据约隔 11 个像素，那么 CCD 影像上在星下点位置上就约有 3000 多个点，再加上相邻轨道获取的激光测高数据在本轨影像上的投影，每个轨道上的 CCD 影像上包括的激光测高数据是大量的。剔除激光测高数据含有的粗差后选取部分数据作为控制点使用，而大部分未参加计算的激光测高数据点可以将其投影到 CCD 影像上，然后依据影像匹配的原理得到在其他影像上的同名像点作为连接点或者检查点使用，而且经过区域网平差计算后，这部分数据也可以作为检查区域网平差精度使用。为了充分验证利用嫦娥一号获取的科学探测数据进行区域网平差的精度，将大量的激光测高数据投影到 CCD 影像上作为连接点或者检查点可以保证区域网平差解算的稳定性。

利用嫦娥一号 CCD 影像进行铅垂线轨迹法（vertical line locus，VLL）（纪松，2008；范大昭，2007；耿则勋等，2010）匹配的步骤为：

（1）给定激光测高点 P_0 的平面坐标 (X_0, Y_0) 及其近似高程 Z_0；

（2）设定 ΔZ 和计算过程中的高程搜索步距 $\mathrm{d}Z$；

（3）得到铅垂线上不同点的高程 $Z_i = Z_0 - \Delta Z + i \cdot \mathrm{d}Z$，$(i = 0, 1, 2, \cdots, n)$；

（4）利用激光测高点 P_0 的平面坐标，高程 $Z_i(i=0)$，以及下视、后视和前视影像的构像模型，分别计算该空间点对应在各影像上的像点坐标 (x_{ij}, y_{ij})，$(j = 0, 1, 2)$；

（5）分别以像点 (x_{ij}, y_{ij}) 为中心在各自影像上选取一定大小的匹配窗口，以下视影像上的像点 (x_{i0}, y_{i0}) 为基准，分别计算后视和前视影像的像点 (x_{ij}, y_{ij})，$(j = 1, 2)$ 之间的匹配测度 m_{i1}，m_{i2}，取其平均值 m_i 作为新的匹配测度；

（6）令 $i = i+1$，重复步骤（4）、（5），就可以得到一组匹配测度 $\{m_0, m_1, m_2, \cdots, m_n\}$，选取其中的最大值 $m_k = \max\{m_0, m_1, m_2, \cdots, m_n\}$，其对应的高程为 $Z_k = Z_0 - \Delta Z + k \cdot \mathrm{d}Z$，则可以得到月面点 P_0 的高程为 Z_k；

（7）根据激光测高点的空间坐标计算其对应的像点坐标。

4.4.2 区域网平差实验与分析

1. 区域网平差的计算过程

1）初值计算

利用嫦娥一号获取的外方位元素文件计算 CCD 相机的每条扫描线阵影像在成像时刻的 6 个外方位元素，这些参数将作为影像外方位元素的初始值。

A. 外方位线元素

设 $[X_S \quad Y_S \quad Z_S]^T_{\text{J2000}}$ 表示嫦娥一号卫星在 J2000.0 地心赤道坐标系中的位置矢量，$[X_0 \quad Y_0 \quad Z_0]^T_{\text{J2000}}$ 表示月球质心在 J2000.0 地心赤道坐标系中的位置矢量，$R_{M-\text{J2000}}$ 表示 J2000.0 地心赤道坐标系到月固坐标系旋转矩阵，则卫星在月固坐标系中的位置矢量 $[X_S(t) \quad Y_S(t) \quad Z_S(t)]^T$ 可以表示为

$$\begin{bmatrix} X_S(t) \\ Y_S(t) \\ Z_S(t) \end{bmatrix} = R_{M-\text{J2000}} \cdot \left(\begin{bmatrix} X_S \\ Y_S \\ Z_S \end{bmatrix}_{\text{J2000}} - \begin{bmatrix} X_0 \\ Y_0 \\ Z_0 \end{bmatrix}_{\text{J2000}} \right) \tag{4-7}$$

B. 外方位角元素

设 CCD 相机的安置矩阵为 R_{TLS}，卫星本体坐标系到月固坐标系旋转矩阵表示为 R_{B-M}，则立体相机坐标系到月固坐标系旋转矩阵 $R_{\text{TLS}-M}$ 可以表示为

$$R_{\text{TLS}-M} = R_{B-M} R_{\text{TLS}} \tag{4-8}$$

C. 连接点坐标

利用嫦娥一号获取的激光测高数据点的月面坐标作为连接点的坐标初值。

2）区域网平差计算过程

在得到外方位元素和连接点坐标初值后，可以按照下述的平差计算过程进行区域网平差。

（1）获取定向片影像。根据嫦娥一号 CCD 相机成像的相关参数，设定空间时间间隔，在线阵 CCD 影像上按照设定的时间间隔抽取若干条线阵影像，作为定向片影像。由于嫦娥一号卫星轨道高度约为 200km，CCD 影像成像基高比≥0.6，前视与下视、后视与下视的交会角均为 16.7°，定向影像空间距离间隔可以选择约 500 条扫描线。

（2）建立所有像点的旋转矩阵。利用定向片影像对应的外方位元素，按照 Lagrange 插值模型计算得到像点所在 CCD 影像扫描行的外方位元素值，并利用角元素计算得到所有像点对应的旋转矩阵，然后计算像点坐标：

$$\begin{cases} \overline{X} = a_{1i}(X - X_{Si}) + b_{1i}(Y - Y_{Si}) + c_{1i}(Z - Z_{Si}) \\ \overline{Y} = a_{2i}(X - X_{Si}) + b_{2i}(Y - Y_{Si}) + c_{2i}(Z - Z_{Si}) \\ \overline{Z} = a_{3i}(X - X_{Si}) + b_{3i}(Y - Y_{Si}) + c_{3i}(Z - Z_{Si}) \end{cases}$$

$$\begin{cases} x_{\text{cal}} = -f \cdot \dfrac{\overline{X}}{\overline{Z}} \\ y_{\text{cal}} = -f \cdot \dfrac{\overline{Y}}{\overline{Z}} \end{cases} \tag{4-9}$$

（3）根据定向片内插的平差模型，建立误差方程式组，并确定相应的权矩阵。

（4）根据误差方程式组建立法方程组，并求解该法方程组，得到定向片影像外方位元素的改正数，并根据不同的外方位元素模型改正前一次外方位元素的近似值。

（5）利用多片前方交会公式计算所有加密点的月面坐标改正数，并计算改正后连接点月面坐标的近似值：

$$\begin{cases} v_x = -c_{17}\mathrm{d}X - c_{18}\mathrm{d}Y - c_{19}\mathrm{d}Z - lx \\ y_{\mathrm{cal}} = -c_{27}\mathrm{d}X - c_{28}\mathrm{d}Y - c_{29}\mathrm{d}Z - ly \end{cases}$$

$$\begin{cases} X^{k+1} = X^k + \mathrm{d}X^k \\ Y^{k+1} = Y^k + \mathrm{d}Y^k \\ Z^{k+1} = Z^k + \mathrm{d}Z^k \end{cases} \tag{4-10}$$

（6）重复上述步骤（1）至步骤（5），进行迭代计算，直到所有影像的外方位元素改正数及所有连接点月面坐标改正数都小于给定的限差为止。

（7）利用多片前方交会，计算其他未参加区域网平差点的空间坐标。

上述基于定向片内插的区域网平差的计算过程如图 4.13 所示。

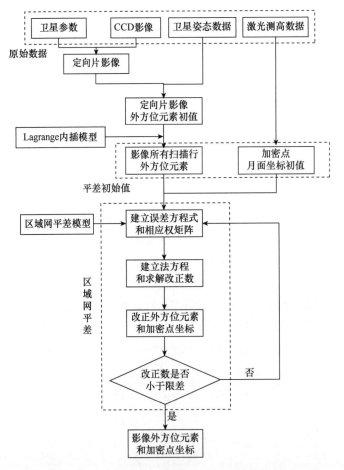

图 4.13　基于定向片内插的区域网平差计算流程

2. 区域网平差的精度评估

利用区域网平差计算后得到的检查点加密坐标与嫦娥一号获得的激光测高数据的月面坐标进行比较，计算其差值，对该差值进行统计与分析，得到实际的平差精度。

对误差的统计主要参数包括误差平均值、误差最大值和中误差等。设检查点个数为 n，其平差计算后坐标与激光测高数据实际坐标的差值分别为 ΔX_i，ΔY_i，ΔZ_i，$i=1,\cdots,n$，则实际的平差精度可以利用这些差值的中误差来表示：

$$
\begin{cases}
\sigma_X = \sqrt{\dfrac{\sum\limits_{i=1}^{n}\Delta X_i^2}{n}} \\[4mm]
\sigma_Y = \sqrt{\dfrac{\sum\limits_{i=1}^{n}\Delta Y_i^2}{n}} \\[4mm]
\sigma_Z = \sqrt{\dfrac{\sum\limits_{i=1}^{n}\Delta Z_i^2}{n}}
\end{cases}
\tag{4-11}
$$

3. 结果与分析

为了验证平差数学模型的可靠性和评价区域网平差的精度，利用获得的同轨及其相邻轨道的三视月面影像数据，共 9 幅影像，每幅影像约 35000 行，进行区域网平差计算，在实验中，每隔 500 行划分为一个定向片时刻，以此为中心前后各取 500 行构成一个定向片，这样将在影像上形成一条定向片序列。控制点选择了 360 个，定向片上每条扫描行的外方位元素的初值是根据相邻定向时刻的外方位元素值，通过拉格朗日插值算法内插得到。

以下视为例，严格成像模型经过区域网平差计算的外方位位置参数与姿态参数的变化情况如图 4.14 所示。其中外方位线元素以月心月固坐标系为基准，单位为 m。

表 4.3 为区域网平差计算的月面点坐标的中误差。

通过对表 4.3 的对比及相应的实验分析，可以得出如下结论。

（1）经过区域网平差后平面精度能保持优于 0.5 个像素，高程精度能保持在 1 个像素左右，而且高程精度相比直接定向明显提高，主要是在平差过程中提供了多余观测条件，增加了模型的稳定性。

（2）从严格成像模型的计算结果可以看出，计算的外方位元素的变化基本稳定，并且呈直线排列，符合嫦娥一号的运行规律。

（3）计算的结果数据表明基于定向片的光束法区域平差模型较稳定，精度可靠，完全可以用于嫦娥一号的 DEM 生产。

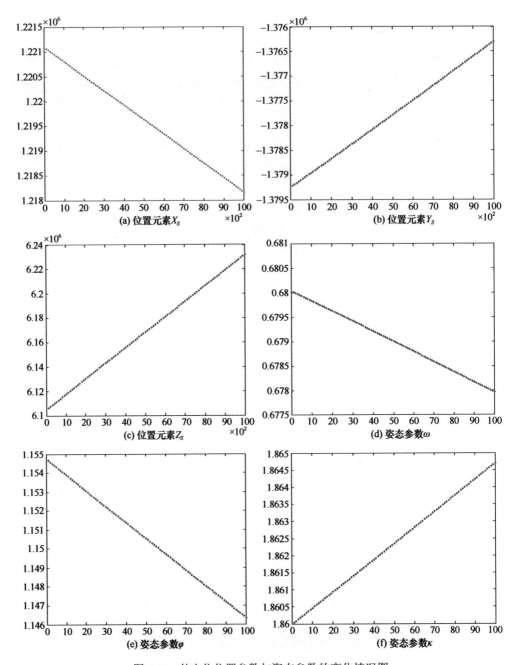

图 4.14 外方位位置参数与姿态参数的变化情况图

表 4.3 区域网平差计算精度统计   （单位：m）

	X	Y	Z
最大误差	106.25	98.64	203.91
最小误差	9.37	11.20	76.73
中误差	32.28	36.25	142.20

4.5 月表线阵 CCD 影像匹配技术

4.5.1 影像预处理

为了在提取点特征和进行影像匹配时提高点特征的数量及匹配结果的可靠性、精度，首先对嫦娥一号获取的 CCD 影像进行预处理，影像预处理采用 Wallis 滤波（Baltsavias，1991；Zhang，2005；张力等，1999）。

Wallis 滤波器可以在增强原始影像的反差的同时压制噪声，而且它可以大大增强影像中不同尺度的影像纹理模式。Wallis 滤波的原理是将局部影像的灰度均值和方差映射到给定的灰度均值和方差，从而使反差大的影像区域反差减小，反差小的影像区域反差增大。由于 Wallis 滤波器在对 CCD 影像处理过程中引入了平滑算子，所以能够抑制一部分噪声，提高影像的信噪比。Wallis 滤波器的一般形式为

$$f(x,y) = \left[g(x,y) - m_g \right] \frac{cs_f}{cs_g + (1-c)s_f} + bm_f + (1-b)m_g \qquad (4\text{-}12)$$

Wallis 算子进行滤波的步骤为：

（1）将影像分割成若干互相不重叠的矩形区域，区域的大小与要增强的纹理模式相对应，一般设置为 30～70；

（2）计算各矩形区域灰度的均值与方差；

（3）灰度均值的目标值一般设置为 127，方差的目标值可以设定为 40～65 的数值，而且随着矩形区域范围的减小而减小，以防止大量像素的灰度值落于[0，255]之外；

（4）计算出各矩形区域的 Wallis 滤波器乘性系数 r_1 和加性系数 r_0；

（5）影像反差系数一般取 0.75～1 的值，而亮度系数一般取 0.5～1 的值；

（6）由于各矩形区域互相不重叠，影像上的任一点的乘性系数 r_1 和加性系数 r_0 可以利用内插得到，然后再计算出所有像素新的灰度值。

图 4.15 为进行 Wallis 滤波前后的月海地区的影像。可以看出，原始影像上的低反差区域在滤波后得到明显增强。经 Wallis 滤波处理后 CCD 影像在亮度、对比度上整体表现较为均匀，色调一致，有利于提取高密、均匀分布的特征点。

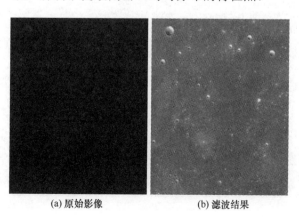

(a) 原始影像　　　　　(b) 滤波结果

图 4.15　Wallis 滤波效果图

4.5.2　特征点提取

SURF 算子描述了特征点局部区域的梯度信息的空间分布情况，由于它将每个子块的梯度信息作为一个整体，因此其对噪声不敏感。本章选择了 SURF 算子进行特征点的提取与匹配。SURF 算法的原理参见本书的 3.4.2 节。

实验数据为月球的月海、撞击坑和山脉地区的影像，在实验中，对比了在同等尺度约束下 SURF 算子和几种摄影测量常用角点算子提取特征点的情形，图 4.16 为几个区域提取的特征点结果对比，（a）为 Harris 算子提取结果，（b）为 Förstner 算子提取结果，（c）为 SURF 算子提取结果。从提取特征点数量上比较，SURF 算子提取的特征点较多，而 Harris 算子其次，Förstner 提取的点较少。对于月海地区 Förstner 特征点提取算子的特征点非常少，这主要是由于月海地区的特征较少，不利于这些常用的特征提取算子提取特征点。从特征点提取的分布情况比较，Harris 算子提取的特征点较均匀，而其余算子提取的特征点分布并不均匀。

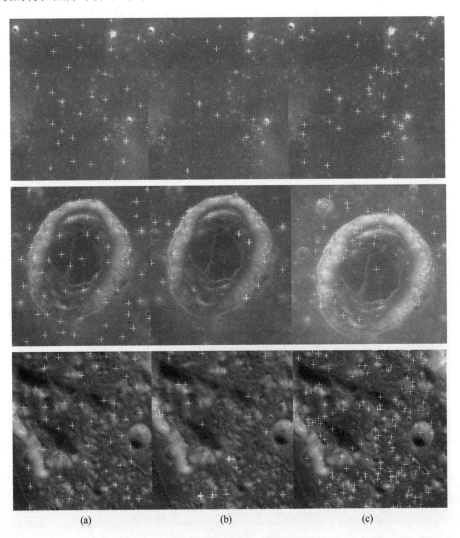

(a)　　　　　　　　　　(b)　　　　　　　　　　(c)

图 4.16　几种算子提取特征点结果对比

4.5.3 由粗至精的影像匹配原理

1. 基于准核线约束的线阵 CCD 影像匹配基本原理

图 4.17 是嫦娥一号三线阵 CCD 成像时获取月表影像的示意图。基于投影轨迹法的 CCD 影像匹配的基本原理为：匹配时在下视影像上选定一个像点 p_0，设其对应的月面空间点为 P_0，月面坐标为 (X,Y,Z)。由于 P_0 在月面的具体位置是未知的，可以假定 P_0 的高程为 Z_0，将高程为 $Z_0+\Delta Z$、$Z_0-\Delta Z$ 的 2 个平面与摄影光线 $S_d p_0$ 相交，可得到两个空间点 P_1 与 P_2，则 P_0、P_1 和 P_2 三点共线。利用下视的构像模型可以计算出高程值分别为 $Z_0+\Delta Z$、$Z_0-\Delta Z$ 的空间点 P_1 与 P_2 的平面坐标 (X_1,Y_1) 和 (X_2,Y_2)，进而利用前视和后视的构像模型可以计算出这两个点 $P_1(X_1,Y_1,Z_0+\Delta Z)$、$P_2(X_2,Y_2,Z_0-\Delta Z)$ 对应的前后视影像像点坐标，这样可以在前视和后视影像上形成两条线段 $p_{11}p_{12}$ 和 $p_{21}p_{22}$，按照前一节所叙述的基于投影轨迹法的线阵 CCD 影像的近似核线的原理，这两条线段 $p_{11}p_{12}$ 和 $p_{21}p_{22}$ 称之为准核线（quasi-epipolar line）。准核线并不是实际的核线，但能起到相当于框幅式影像核线的作用，就是在匹配过程中将在影像上的二维搜索简化为一维搜索，可以大大提高匹配的效率和可靠性。那么由核线的特性，像点 p_0 在前视和后视的同名像点一定在两条准核线上，在准核线上利用相应的影像匹配算法即可找到同名像点（纪松，2008；范大昭，2007；巩丹超，2003；胡芬等，2009；张永军和丁亚洲，2009）。

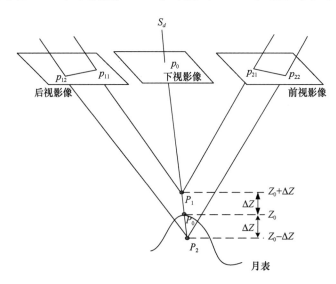

图 4.17 同轨多视匹配原理示意图

基于准核线约束的月面 CCD 的影像匹配的流程可以归纳为：

（1）在参考影像上提取特征点；

（2）根据下视影像构像模型，对于参考影像上的每个特征点建立投影光线；

（3）在投影光线上根据预先设定的月面点的近似高程 Z_0，以及高度误差 ΔZ，结合搜索影像的构像模型在搜索影像上确定准核线；

（4）在特征点周围定义一个影像窗口，称其为相关窗口；

（5）针对搜索影像的准核线上的每一个像点，在其周围定义另一个影像窗口，称其为搜索窗口，按照相应的匹配测度计算相关窗口与搜索窗口之间相似程度，寻找峰值点；

（6）对峰值点进行检查和判断，对应每一个搜索影像最终得到候选匹配点；

（7）运用其他的匹配方法进行候选匹配点的检查，得到最终的同名像点。

算法流程图如图 4.18 所示。

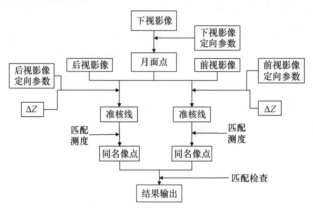

图 4.18　基于准核线约束的月面 CCD 影像匹配流程图

匹配过程中几个重要问题的说明如下。

1）月面点近似高程的确定

由于匹配是根据月面点的近似高程 Z_0 和高程误差 ΔZ 来确定准核线的，那么近似高程和高程误差的选择不仅决定在匹配过程中的计算时间和速度，而且匹配结果将影响到待生成的 DEM 的精度。利用嫦娥一号获得的激光测高数据构成三角网后，按照内插的方法获取特征点的近似高程。进行影像匹配时，利用参考影像上待匹配点的像点坐标和已知的影像定向参数元素，确定像点对应的月面空间点落在激光测高数据三角网的哪一个三角形内，通过该三角形的 3 个顶点的高程来确定近似高程 Z_0 和高程误差 ΔZ。

2）残余 y 方向视差

在准核线的搜索过程中，由于投影光线的确定是建立在构像模型的基础上，而构像模型中影像的定向参数是根据后方交会得到的，其值并不是严格意义下的真值，因此，正确的匹配点有可能不在通过上述流程计算得到的准核线上。如图 4.19 所示，对于月面点 P，在 CCD 影像的获取时，它位于两幅影像上的同名像点为 p 和 p'，而利用计算得到的定向参数，利用构像模型计算出点 P 在获取的 CCD 影像上的实际位置为 p_1 和 p_1'。如果定向参数不含有误差，那么这两对点 p 和 p_1、p' 和 p_1' 应该是对应重合的。但实际上，由于定向参数解算过程中的线性化等方法导致定向参数含有一定的误差，那么 p 和 p_1、p' 和 p_1' 存在一定的偏差。在每张像片上，定义像点在像片 y 轴方向上的差别为残余 y 视差，即 $\mathrm{d}y$ 和 $\mathrm{d}y'$。

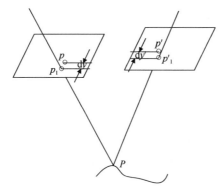

图 4.19　残余 y 方向视差

范大昭（2007）从 CCD 的成像模型中推导了计算残余 y 视差的公式。由 CCD 影像的严格成像模型可以得到定向参数的误差对像坐标的综合影响公式：

$$
\begin{cases}
m_x = \sqrt{c_{11}^2 m_{X_s}^2 + c_{12}^2 m_{Y_s}^2 + c_{13}^2 m_{Z_s}^2 + c_{14}^2 m_\varphi^2 + c_{15}^2 m_\omega^2 + c_{16}^2 m_\kappa^2} \\
m_y = \sqrt{c_{21}^2 m_{X_s}^2 + c_{22}^2 m_{Y_s}^2 + c_{23}^2 m_{Z_s}^2 + c_{24}^2 m_\varphi^2 + c_{25}^2 m_\omega^2 + c_{26}^2 m_\kappa^2}
\end{cases}
\tag{4-13}
$$

根据式（4-13）第二式可以估计出像点存在的残余 y 视差的大小，从而按照残余 y 视差将准核线沿垂直于准核线方向扩展到一组平行线束，这组线束的宽度就是的两倍的残余 y 视差，那么同名点的搜索就可以沿着这组平行线束进行。

3）匹配测度

匹配测度选用的是参考影像上的相关窗口与搜索影像上沿准核线移动的相关窗口之间的正则化交叉相关系数（normalized cross－correlation，NCC）（周杨等，2009）[1]。

设 I_0 为参考影像，p_0 为 I_0 上的一个像点，W 为点 p_0 处的相关窗口，窗口大小为 $M \times N$，NCC 可以表示为

$$
\mathrm{NCC}(p_0, Z) = \frac{\sum\limits_{p \in W} (I_0(p_0) - \overline{I}_0) \times (I_1(p_1(Z)) - \overline{I}_1)}{\sqrt{\sum\limits_{p \in W} (I_0(p_0) - \overline{I}_0)} \cdot \sqrt{\sum\limits_{p \in W} (I_1(p_1(Z)) - \overline{I}_1)}}
\tag{4-14}
$$

式中，$\overline{I}_0 = \dfrac{1}{M \times N} \sum\limits_{p \in W} I_0(p_0)$；$\overline{I}_1 = \dfrac{1}{M \times N} \sum\limits_{p \in W} I_1(p_1(Z))$；$I_0(p_0)$ 与 $I_1(p_1(Z))$ 分别为参考影像点 p_0 处与搜索影像点 p_1 处的灰度值。

NCC 表示的是匹配过程中，考察一个立体像对同名点相似程度的尺度。如果定义点 p_0 处的 NCC 值的总和为 SNCC，则

$$
\mathrm{SNCC}(p_0, Z) = \frac{1}{n} \sum_{i=1}^{n} \mathrm{NCC}_i(p_0, Z)
\tag{4-15}
$$

SNCC 表示的是所有包含点 p_0 的同名像点的 n 张像片的 NCC 总和的均值，即将所

---

[1] http：//www.nasa.gov 美国 NASA.

有立体像对计算出的 NCC 值累加后，寻找其最大值点，就可以得到参考影像上面的一个像点在搜索影像上的唯一正确匹配。

4）峰值点的确定

假设匹配时，仅考虑下视影像和前视影像。将下视影像选为参考影像，设参考影像上提取了一个特征点 p_0，其对应的月面空间点为 P_0。首先，确定特征点 p_0 的前视影像上的准核线。在准核线上，通过计算相关窗口与搜索窗口之间匹配测度 NCC，寻找测度的峰值点。如果在准核线上找到唯一明显的峰值点，假设为 p_{11}，并且 NCC 大于规定的阈值，则将 p_{11} 作为特征点在前视影像上的同名像点。

如果在准核线上有 k 个点 $p_{1j}(j=1,2,\cdots,k)$ 处的匹配测度 NCC 都取得局部最大，并且均大于事先给定的阈值，此时可以利用这些点确定其摄影光线，这些摄影光线与经过 p_0 的下视摄影光线相交，产生 k 个空间点。然后利用前视和下视影像的定向参数以及 p_0 的像坐标和这 k 个点的像坐标，利用空间前方交会计算空间点的坐标。然后将这 k 个空间点投影到后视影像，得到 k 个像点 $p_{2j}(j=1,2,\cdots,k)$。计算 p_0 处的相关窗口与 $p_{2j}(j=1,2,\cdots,k)$ 处的搜索窗口之间匹配测度 NCC，进而计算 SNCC，取测度最大的点，假设为 p_{22}，其对应的前视影像上的点 p_{12} 为最终选中的候选匹配点。

2. 特征点的欧氏距离

对于分别位于立体像对 P_1 和 P_2 上的特征点 A 和特征点 B，定义 D_{A_i} 和 D_{B_i} 为这两点的描述子向量的第 i 个分量，则点 A 和点 B 之间的距离可以表示为

$$D(A,B)=\sqrt{\sum_{i=1}^{n}(D_{A_i}-D_{B_i})^2} \tag{4-16}$$

3. 粗差点剔除

RANSAC（Fischler and Bolles，1981）算法是采用迭代法来估计模型参数，相比其他方法，具有可靠、精度高、鲁棒性强等优点，具有较好的剔除误匹配点的能力，是目前基于特征的图像匹配算法中最为常用粗差剔除的算法之一。

以拟合一条直线为例，RANSAC 算法的基本原理可以描述为：对最佳的拟合直线位置，存在严重偏差的点称为外点，而这条直线包含的点则称为内点。在计算时，RANSAC 算法首先随机选取两个点，拟合一条直线，根据事先设置的容许误差来计算这条直线可以包含多少个内点，重复随机选取—拟合直线—统计内点多次，选择内点数多的作为拟合的候选点集，然后利用候选点集重新拟合出一条新的直线，得到 RANSAC 算法的拟合结果。从算法本身可以看出，包含粗差点拟合时，内点的数量一定较少，依据这样剔除粗差点。

应用 RANSAC 剔除粗差匹配点的方法如下（季顺平和袁修孝，2010）：

（1）利用前述方法建立两幅影像上的同名点关系；

（2）任意选取 3 对同名点，建立两幅影像之间的仿射变换模型：

$$\begin{bmatrix} x \\ y \end{bmatrix} = \begin{bmatrix} a_0 \\ b_0 \end{bmatrix} + \begin{bmatrix} a_1 & a_2 \\ b_1 & b_2 \end{bmatrix} \begin{bmatrix} x' \\ y' \end{bmatrix} \tag{4-17}$$

（3）计算其余同名点对的匹配误差，根据事先设定的阈值，判断是否为内点，并统计内点个数；

（4）通过选取不同于重复以上（2）～（3）步骤，直至所有点都经过一次计算；选取内点数量最多的内点集作为最佳匹配点集。

4. 最小二乘优化

在利用前述方法完成了匹配后，即可得到线阵 CCD 影像上的同名像点，采用最小二乘匹配（张祖勋和张剑清，1996；Ackermann，1983）进一步优化匹配结果。

1）最小二乘匹配原理

设 $g_0(x,y)$ 为参考影像 I_0 上以 p_0 为中心的一个影像窗口，定义为参考影像窗口，$g_i(x,y)(i=1,2)$ 为搜索影像上以 p_i 为中心的一个影像窗口，定义为搜索影像窗口，(x,y) 为影像的扫描坐标系坐标。在最小二乘平差中，$g_0(x,y)$ 被认为是 $g_i(x,y)$ 的一个观测。而它们之间的辐射变形可以在计算相关系数时进行处理，这里可以不考虑，因此，它们之间有如下的关系：

$$g_0(x,y) + n_1(x,y) = g_i \left[T_{Gx}(x,y), T_{Gy}(x,y) \right] + n_2(x,y) \tag{4-18}$$

式中，T_G 为窗口间存在的几何变形。

改写成误差方程形式为

$$v_i(x,y) = g_i \left[T_{Gx}(x,y), T_{Gy}(x,y) \right] - g_0(x,y) \tag{4-19}$$

上式即最小二乘灰度观测方程。

由于搜索窗口相对较小，而搜索窗口对应的月面片也相对较小，并假设小块月表面为平面，因此，可以假设影像的窗口即月面片是通过仿射变换联系，可以表示为

$$\begin{cases} x_i = a_0 + a_1 x + a_2 y = T_{Gx}(x,y) \\ y_i = b_0 + b_1 x + b_2 y = T_{Gy}(x,y) \end{cases} \tag{4-20}$$

关于像素坐标 (x,y) 线性化保留至一次项，得

$$v_i(x,y) = \frac{\partial g_i}{\partial x_i}(\mathrm{d}a_0 + x_0 \cdot \mathrm{d}a_1 + y_0 \cdot \mathrm{d}a_2) + \frac{\partial g_i}{\partial y_i}(\mathrm{d}b_0 + x_0 \cdot \mathrm{d}b_1 + y_0 \cdot \mathrm{d}b_2)$$
$$+ g_i \left[T_{Gx}(x_0,y_0), T_{Gy}(x_0,y_0) \right] - g_0(x,y)$$

令 $\dfrac{\partial g_i}{\partial x_i} = g_x^i, \dfrac{\partial g_i}{\partial y_i} = g_y^i$ 可得

$$v_i(x,y) = g_x^i \cdot \mathrm{d}a_0 + g_x^i x_0 \cdot \mathrm{d}a_1 + g_x^i y_0 \cdot \mathrm{d}a_2$$
$$+ g_y^i \cdot \mathrm{d}b_0 + g_y^i x_0 \cdot \mathrm{d}b_1 + g_y^i y_0 \cdot \mathrm{d}b_2$$
$$+ g_i \left[T_{Gx}(x_0,y_0), T_{Gy}(x_0,y_0) \right] - g_0(x,y)$$

则灰度观测方程写成矩阵形式可表示为

$$v_i(x,y) = AX - L \qquad (4\text{-}21)$$

式中，

$$A = \begin{bmatrix} A_1 & 0 \\ 0 & A_2 \end{bmatrix}; \quad A_i = \begin{bmatrix} g_x^i & g_x^i x_0 & g_x^i y_0 & g_y^i & g_y^i x_0 & g_y^i y_0 \end{bmatrix}, \quad (i=1,2);$$

$$X = \begin{bmatrix} X_1 & X_2 \end{bmatrix}; \quad X_i = \begin{bmatrix} \mathrm{d}a_0 & \mathrm{d}a_1 & \mathrm{d}a_2 & \mathrm{d}b_0 & \mathrm{d}b_1 & \mathrm{d}b_2 \end{bmatrix}^\mathrm{T}, \quad (i=1,2);$$

$$L = \begin{bmatrix} L_1 & L_2 \end{bmatrix}; \quad L_i = g_i \begin{bmatrix} T_{Gx}(x_0,y_0), T_{Gy}(x_0,y_0) \end{bmatrix} - g_0(x,y), \quad (i=1,2)。$$

式（4-21）描述的是由 n 组观测方程组成的一个方程组，每一组包含 $M \times N$ 个方程（$M \times N$ 是矩形影像块的尺寸），未知数的个数是 $6 \times n$。由于式（4-21）是非线性的，最终的解需要迭代计算才能获得。

2）几何约束条件

将几何约束条件（纪松，2008；范大昭，2007）加入到已有的平差模型中，可以提高匹配的精度与可靠性。常用的几何约束条件主要有两种：共线条件方程约束和准核线约束。

这两种约束条件在使用中各有其特点：准核线约束的优点是应用容易，计算量较小，但是它不能同时确定像点坐标和地面坐标，也不能使用其他物方空间的几何约束条件；共线条件作为约束条件的优点是通用、精确，而且在确定像点坐标的同时能确定其对应空间点的坐标，但是，对搜索影像上的每个点其物像坐标都需要进行计算，这样导致计算量大。从形式看，这两种几何约束条件方程都是一致的，但由于其选择参数的不同，导致两种约束在计算中出现不同的结果。通过实验研究发现，两种几何约束对最终计算的精度差别不大，但计算的速度差别很大，使用准核线约束的计算速度要小于使用共线条件方程约束的情况。

参考影像 I_0 上的像点 p_0 在搜索影像 I_i 上的同名像点 p_i 一定在其相应的准核线上。因此，可以将准核线作为几何条件约束，得到相应的几何观测方程参与平差。

由于准核线可以用直线来代替，那么准核线方程可以表示为

$$y_i = m_i x_i + n_i \qquad (4\text{-}22)$$

如果我们已经按照投影轨迹法得到像点 p_i 的近似坐标 (x_i^0, y_i^0)，则对上式线性化可以得到几何观测方程为

$$v_i(x,y) = \mathrm{d}y_i - m_i \mathrm{d}x_i + y_i^0 - m_i x_i^0 - n_i \qquad (4\text{-}23)$$

则几何观测方程写成矩阵形式可表示为

$$v_i(x,y) = BX - L' \qquad 权矩阵 P \qquad (4\text{-}24)$$

式中，

$$B = \begin{bmatrix} B_1 & 0 \\ 0 & B_2 \end{bmatrix}; \quad B_i = \begin{bmatrix} -m_i & 1 \end{bmatrix}, \quad (i=1,2);$$

$$X = \begin{bmatrix} X_1 & X_2 \end{bmatrix}; \quad X_i = \begin{bmatrix} \mathrm{d}x_i & \mathrm{d}y_i \end{bmatrix}^\mathrm{T}, \quad (i=1,2);$$

$$L' = \begin{bmatrix} L_1 & L_2 \end{bmatrix}; \quad L_i = y_i^0 - m_i x_i^0 - n_i, \quad (i=1,2)。$$

权矩阵选择与共线条件方程约束时相同的形式。

灰度观测方程与几何约束条件方程共同组成了一个平差系统，其最小二乘解的结果为

$$\hat{X} = \left(A^{\mathrm{T}}A + B^{\mathrm{T}}PB\right)^{-1}\left(A^{\mathrm{T}}L + B^{\mathrm{T}}PL'\right) \qquad (4\text{-}25)$$

5. 基于准核线约束和欧氏距离的匹配方法

结合准核线约束和最小欧氏距离的匹配方法的流程可以表示为：

（1）利用 SURF 算子提取嫦娥一号线阵 CCD 影像上的特征点；

（2）根据下视影像构像模型，对于参考影像上的每个特征点建立投影光线；

（3）在投影光线上根据预先设定的月面点的近似高程 Z_0，以及高度误差 ΔZ，结合搜索影像的构像模型在搜索影像上确定准核线；

（4）以准核线为中心，在其周围按照残余 y 视差扩展设置一邻域；

（5）计算邻域内部搜索影像上的特征点与参考影像上特征点之间的欧氏距离和 NCC（图 4.20）；

（6）对欧氏距离和 NCC 进行对比，如果两者均达到极值，则认为该点与参考影像上的特征点为一对同名像点，进而对所有提取的特征点计算得到匹配结果；

（7）匹配结果利用 RANSAC 进行粗差剔除，并利用最小二乘匹配进行优化得到同名点信息。

4.5.4 实验结果及分析

对影像匹配后精度的评定方法是将匹配的结果按照前方交会的方法投影到月面上，并且利用激光测高数据进行对比，通过计算同名点的平均误差和中误差得到匹配精度。表 4.4 是针对进行匹配的数据，分别选取了 30 对同名点进行计算的平均误差和中误差结果。

平均误差的计算公式为

$$\hat{\theta} = \frac{\sum_{i=1}^{n}|\Delta x_i|}{n}$$

中误差的计算公式为

$$\hat{\sigma} = \sqrt{\frac{\sum_{i=1}^{n}\Delta x_i^2}{n}}$$

表 4.4 匹配结果精度统计 （单位：m）

	X		Y	
	平均误差	中误差	平均误差	中误差
数据 I	26.54	34.61	20.66	26.43
数据 II	23.41	31.43	18.30	26.51
数据 III	28.90	30.28	32.75	40.94

由于嫦娥一号线阵 CCD 影像的分辨率为 120m，可以看出，匹配后的同名点的精度优于 1 个像素。

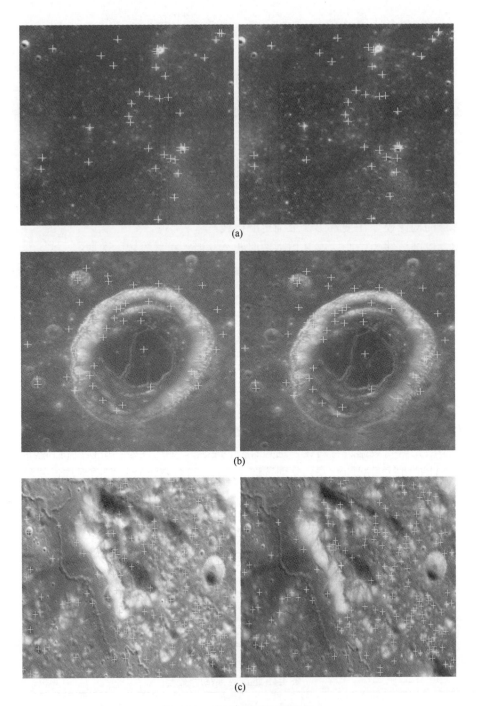

(a)

(b)

(c)

图 4.20　月面影像的匹配结果

4.6　月表 DEM 生成

　　影像上的感兴趣区域提取是影像特征提取的重要研究方向之一，影像上的感兴趣区域主要指的是在影像上能体现影像局部特征的区域，撞击坑是月球表面主要的形貌单元，因此月球影像上的感兴趣区域的提取主要指的是撞击坑的提取。

4.6.1 利用激光测高数据进行月球撞击坑的剖面模拟

月球撞击坑是月球表面重要的形貌特征之一，如图 4.21 所示，由于月球上空没有像地球一样的大气层，因此众多陨石会直接撞击到月球表面，形成了撞击坑。月球表面的撞击坑主要由两部分组成：①相对平坦的底部，它是撞击坑的主体，也是一般意义上的撞击坑；②周围的坑群，它是在陨石撞击月表后产生的大量溅射物堆积形成的。

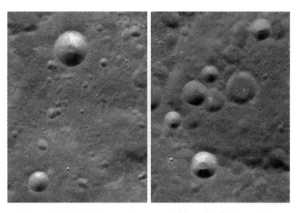

图 4.21　月球表面撞击坑

1. 月球撞击坑边缘的提取

月球表面布满了大大小小的撞击坑，撞击坑在月球表面的轮廓大都呈现碗状凹坑的结构，它们在 CCD 影像上体现的特征基本都呈现圆状的线性特征。

（1）利用 Canny 算子（Canny，1986；靳艳红和蒙建军，2011）提取撞击坑边缘点。Canny 算子进行边缘检测的步骤主要有：图像噪声的抑制、像元梯度幅值和方向角的计算、梯度幅值的非极大值抑制、边缘检测和连接。

（2）基于 Hough 变换（束志林和戚飞虎，2003；张显全等，2008）的圆特征的提取。Hough 变换的实质就是将图像从二维空间变换到参数空间，用大多数边界点满足的某种参数形式来描述图像中待检测的区域边界。

Hough 变换进行圆检测算法的具体步骤如下：

（1）利用边缘提取算法构造边缘点集 Edge，初始化参数单元集 Para；

（2）从边缘点集 Edge 中随机选取三个点 p_1，p_2，p_3；

（3）计算这三点所确定的圆参数 (a,b,r)，若有解，转（4），否则，重新选择边缘点集中的三个点计算圆参数；

（4）对 Para 进行搜索，如果存在与 Para 的误差在容许范围之内的参数 Para，则将参数 Para 的计数值加 1，并将参数 Para 更新；如果不存在符合上述条件的参数 Para，则在参数空间 P 中插入新的参数 Para；

（5）当参数 Para 的计数值达到指定阈值时，该参数对应的圆即成为候选圆；

（6）判断图像空间中落到该候选圆上的点数，若其大于圆所必需的最小点数，则确认该候选圆为真实圆，则检测成功，记下该圆并继续进行下一个圆的检测，否则，从 Para 中去掉该参数，继续重复检测方案，直到边缘点集 Edge 中的采样点处理完毕。

2. 月球撞击坑的剖面模拟

利用前述方法提取得到月球撞击坑圆边缘后，查询落在圆内部的激光测高数据，利用三次样条函数（朱长青，1997；王建勋等，2011）对这些数据进行插值拟合模拟月球撞击坑的形状。

3. 月球撞击坑剖面模拟实验

利用嫦娥一号获得的数据，根据撞击坑的提取算法，对阿贝 H 环形坑进行了提取和模拟，坑周围的影像如图 4.22 所示。

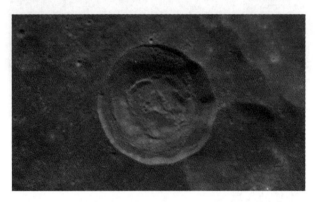

图 4.22　阿贝 H 环形坑影像

首先利用 Canny 算子提取影像上的边缘特征，然后利用 Hough 变换提取环形坑的边缘，并且将撞击坑以外的圆形数据剔除，并且通过查询在坑内部的激光测高数据，得到的数据如图 4.23 所示。

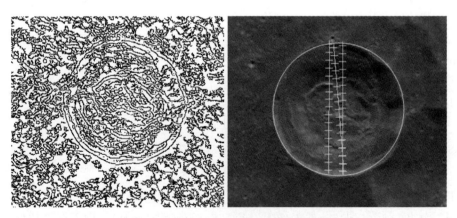

图 4.23　阿贝 H 环形坑边缘检测结果

通过提取的激光测高点可以看出，激光测高数据在坑内部基本呈现 3 条曲线，通过对三条曲线的模拟可以得到如图 4.24 所示的结果。

通过对坑的模拟可以看出，阿贝 H 环形坑一侧较平坦，另一侧较陡，说明坑是经过多次撞击形成的。

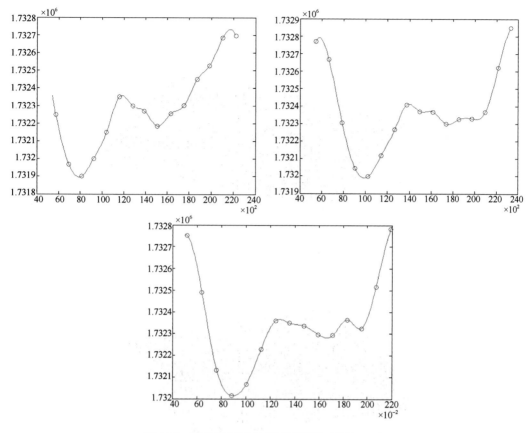

图 4.24　阿贝 H 环形坑剖面模拟图（单位：m）

4.6.2　月面 DEM 计算

1. 基于自适应的多结点样条插值

由于月球表面形貌特征较为复杂，月海地区整体较为平坦，而山脉、撞击坑等区域高程突变较多，因此对不同的区域进行内插采用不同的方法进行，可以更好地描述月面的起伏状态。结合移动曲面拟合内插和多结点样条插值（贾博，2010；李华山等，1997；宋瑞霞，2003）的内插具体步骤如下。

（1）对 DEM 每一个格网点，在已知数据中进行检索，提取出该 DEM 格网点相邻的几个分块格网中的数据点，并将坐标原点移至该 DEM 格网点 $P(X_P, Y_P)$。

（2）选择在以格网点 P 为圆心，以 R 为半径的圆内的数据点（即该点的高程已知），在圆内部的点作为参与下一步计算格网点 P 的高程的点。

（3）比较圆内数据点的高程，计算最大值和最小值之间的高差。

（4）根据事先设定的阈值，比较前一步高差与阈值的关系，当高差小于阈值时，说明此区域内部高程变化不明显，因此区域内部高程采用二次曲面拟合内插。当高差大于阈值时，利用圆内的点按多结点样条插值计算格网点的高程。

2. DEM 生成实验与分析

利用嫦娥一号获得的月球的月海、撞击坑和山脉地区的影像，进行匹配后，通过同名点的前方交会后内插得到的 DEM 如图 4.25 所示。

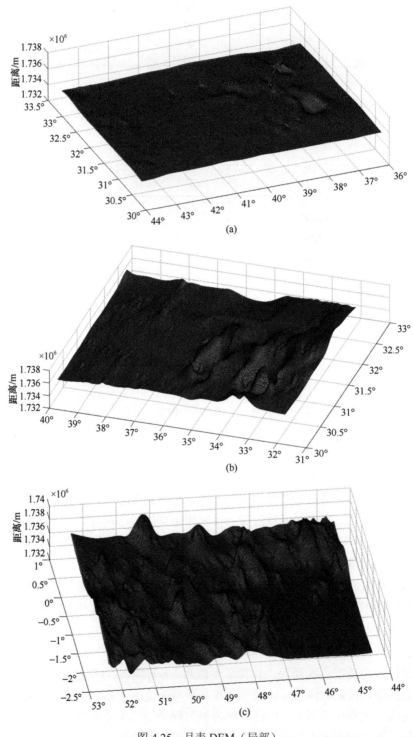

图 4.25　月表 DEM（局部）

为了得到生成的 DEM 的精度，在自动生成的 DEM 格网中选取了一部分点通过线性内插的方法与嫦娥一号获得的激光测高数据进行对比，计算生成的 DEM 的高程中误差，具体结果如表 4.5 所示。

表 4.5　DEM 精度评定

实验区域	检查点数	高程中误差 / m
数据Ⅰ	656	322
数据Ⅱ	635	324
数据Ⅲ	670	342

从结果可以看出，三组数据的高程中误差基本相当，都在 350m 以内，小于 3 个像素，并且经过实验发现三组区域的高程中误差绝对值小于 3 个像素的检查点个数占检查点总数的比例约为 80%，因此，利用本书提出的内插方法内插的 DEM 与实际的月表地形比较吻合，DEM 表面也较精确、平滑。

针对撞击坑的模拟，利用阿贝 H 撞击坑的影像匹配、空间前方交会计算同名点、内插生成 DEM 的过程生成了该地区的 DEM，其效果如图 4.26 所示。

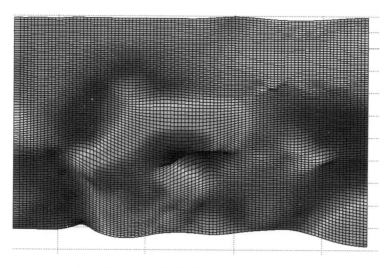

图 4.26　阿贝 H 撞击坑地区的 DEM

参 考 文 献

陈琼. 2006. 月面控制网建立及月球投影理论研究. 郑州: 解放军信息工程大学硕士学位论文
范大昭. 2007. 多线阵影像匹配生成 DSM 的理论与算法. 郑州: 解放军信息工程大学博士学位论文
耿则勋, 张保明, 范大昭. 2010. 数字摄影测量学. 北京: 测绘出版社
巩丹超. 2003. 高分辨率卫星遥感立体影像处理模型与算法. 郑州: 解放军信息工程大学测绘学院博士学位论文
何钰. 2012. 基于月面 CCD 影像和激光测高数据的月球形貌测绘技术研究. 郑州: 解放军信息工程大学博士论文
胡芬, 王密, 李德仁, 金淑英, 李明. 2009. 基于投影基准面的线阵推扫式卫星立体像对近似核线影像生成方法. 测绘学报, 38(5): 428~436
纪松. 2008. 线阵影像多视匹配自动提取 DSM 的理论与方法. 郑州: 解放军信息工程大学硕士学位论文
季顺平, 袁修孝. 2010. 基于 RFM 的高分辨率卫星遥感影像自动匹配研究. 测绘学报, 39(6): 592~598

贾博. 2010. 三线阵 CCD 月面影像 DEM 生成研究. 郑州: 解放军信息工程大学硕士学位论文

江延川. 1991. 解析摄影测量学. 郑州: 解放军测绘学院内部资料

靳艳红, 蒙建军. 2011. 一种基于 Canny 算子改进的边缘检测算法. 重庆文理学院学报(自然科学版), 30(2): 27～30

李春来. 2013. 嫦娥一号三线阵 CCD 数据摄影测量处理及全月球数字地形图. 测绘学报, 42(6): 853～860

李华山, 丁玮, 齐东旭. 1997. 多结点样条插值及其多尺度细化算法. 中国图象图形学报, 2(10): 701～706

李健. 2012. "嫦娥"线阵影像全自动处理关键技术研究. 武汉: 武汉大学博士学位论文

刘军. 2007. GPS/IMU 辅助机载线阵 CCD 影像定位技术研究. 郑州: 解放军信息工程大学博士学位论文

吕晓华, 邓术军, 牛星光. 2008. 月球制图的投影选择与设计. 测绘与空间地理信息, 31(6): 155～157, 164

宁晓刚, King B, 张继贤. 2009. 基于 Clementine 和 ULCN2005 的月球测图研究. 测绘学报, 38(4): 290～295

任鑫. 2011. 嫦娥一号月球三线阵影像区域网平差方法研究. 北京: 中国科学院研究生院博士学位论文

束志林, 戚飞虎. 2003. 一种新的随机 Hough 快速圆检测算法. 计算机工程, 29(6): 87～88

宋瑞霞. 2003. 样条函数的多结点技术. 北方工业大学学报, 15(1): 30～33

王建勋, 胡以怀, 李孝廉. 2011. 基于三次样条插值的船舶邦戎曲线计算. 山东交通学院学报, 19(1): 64～67

王任享. 2006. 三线阵 CCD 影像卫星摄影测量原理. 北京: 测绘出版社

王任享. 2008. 月球卫星三线阵 CCD 影像 EFP 光束法空中三角测量. 测绘科学, 33(4): 5～7

王之卓. 2007. 摄影测量原理. 武汉: 武汉大学出版社

夏金超. 2013. 月球控制网的建立方法研究——基于嫦娥一号卫星测绘和地基数据观测数据. 北京: 中国科学院大学博士学位论文

叶梦傑. 2013. 由嫦娥一号卫星 CCD 相机数据生成全月球影像图及数字高程模型的研究. 澳门: 澳门科技大学博士学位论文

张力, 张祖勋, 张剑清. 1999. Wallis 滤波在影像匹配中的应用. 武汉测绘科技大学学报, 24(1): 24～27

张显全, 苏勤, 蒋联源, 李国祥. 2008. 一种快速的随机 Hough 变换圆检测算法. 计算机工程与应用, 44(22): 62～64

张永军, 丁亚洲. 2009. 基于有理多项式系数的线阵卫星近似核线影像的生成. 武汉大学学报: 信息科学版, 34(9): 1068～1071

张祖勋, 张剑清. 1996. 数字摄影测量学. 武汉: 武汉大学出版社

赵葆常, 杨建峰, 汶德胜, 高伟, 等. 2011. 嫦娥二号卫星 CCD 立体相机设计与验证. 航天器工程, 20(1): 15～21

赵双明, 李德仁. 2006. ADS40 机载数字传感器平差数学模型及其试验. 测绘学报, 35(4): 342～246

赵双明, 李德仁, 牟伶俐. 2011. CE-1 立体相机影像与激光高度计数据不一致性分析. 测绘学报, 40(6): 751～755

周杨, 徐青, 康宁, 等. 2009. 月面形貌的 3 维可视化算法. 测绘学报, 38(6): 539～544

朱长青. 1997. 计算方法及其在测绘中的应用. 北京: 测绘出版社

Ackermann F. 1983. High precision digital image correlation. Proceedings of the 39th Photogrammetric Week, 19-24, Sept., Stuttgart, Germany: 231～243

Archinal B A, Rosiek M R, Kirk R L, et al. 2005. Improved Lunar control and topography. Bulletin of the American Astronomical Society, 37: 748

Baltsavias E P. 1991. Multiphoto geometrically constrained matching. Ph.D. dissertation, Institute of Geodesy and Photogrammetry, ETH Zurich

Bay H, Tuytelaars T, Van Gool L. 2008. Surf: Speeded up robust features. Proceedings of the 9th 118

European Conference on Computer vision, 110(3): 404~417

Canny J. 1986. Computation approach to edge detection. IEEE Transactions on Pattern Analysis and Machine Intelligence, 8(6): 679~714

Fischler M, Bolles R. 1981. Random sample consensus: A paradigm for model fitting with application to image analysis and automated cartography. Communications of ACM, 24: 381~385

Zhang L. 2005. Automatic digital surface model (DSM) generation from linear array images. Swiss Federal Institute of Technology Zurich for the degree of Doctor of Technical Sciences

第5章 火星形貌测绘技术

火星是太阳系由内往外数第四颗行星，如图 5.1 所示，属于类地行星，火星也被认为是太阳系中最有可能存在地外生命的行星。火星在西方称为战神"玛尔斯星"，中国古代则称为"荧惑星"，因为它荧荧如火，且位置、亮度时常变动。火星也被称为"红色星球"，其橘红色外表是因为地表被赤铁矿（氧化铁）覆盖。火星半径约是地球的一半，体积为 15%，质量为 11%，表面积相当于地球陆地面积，密度与其他三颗类地行星（地球、金星、水星）相比要小很多。以半径、质量、表面重力来说，火星约介于地球和月球中间。

图 5.1 火星在太阳系中的位置及与地球大小对比

火星距离地球最近约 5500 万 km，最远距离则超过 4 亿 km。两者之间的近距离接触大约每 15 年出现一次。1988 年火星和地球的距离曾经达到约 5880 万 km，而在 2018 年两者之间的距离将达到 5760 万 km。在 2003 年的 8 月 27 日火星与地球的距离约 5576 万 km，是 6 万年来最近的一次，欧空局的火星快车探测器即在 2003 年 6 月发射，其发射时机也是充分利用火星与地球近距离接触时期。

火星和地球一样拥有多样的地形，有高山、平原和峡谷，火星基本上是沙漠行星，地表沙丘、砾石遍布。由于重力较小等因素，地形、地貌与地球相比亦有不同。火星南北半球的地形有着强烈的对比：北方是被熔岩填平的低原，南方则是充满陨石坑的古老高地，而两者之间以明显的斜坡分隔；火山地形穿插其中，众多峡谷亦分布各地，南北极则有以干冰和水冰组成的极冠，风成沙丘亦广布整个星球。而随着火星探测任务的逐渐增多，在卫星影像上也发现很多耐人寻味的地形景观。

火星半径为 3396km，约为地球半径的一半，火星是太阳系内最具孕育生命潜力的类地行星。继月球探测之后，火星探测是 21 世纪各国深空探测活动的重点（叶培建，2006）。火星探测始于 20 世纪 60 年代，经历了飞越探测（fly-by）、轨道器（orbiter）、着陆器（lander）、火星车（rover）四个阶段。1971 年，美国发射的"水手 9 号"探测器成为第一个火星轨道器，绘制了 7000 多幅火星表面图像，涵盖了火星大部分区域，但是分辨率较低，仅有 1～2km。1971 年前苏联的"火星 3 号"成功进入火星轨道，并首次实现软着陆，但是着陆器在着陆不久后随即和地面失去了联系，而轨道器则继续正常工作。美国"海盗 1 号"（Viking-1）1976 年 7 月登陆火星，是首次完全获得成功的火星着陆探测器。1997 年 7 月，"火星探路者"（Mars path finder，MPF）在火星表面成功着陆，其携带的火星车实现了人类历史上首次火星巡视探测。近年来，美国相继成功发射了勇气号（Spirit）、机遇号（Opportunity）、凤凰号（Phoenix）、好奇号（Curiosity）着陆器，以及火星全球勘测者（Mars global surveyor，MGS）、火星侦察轨道器（Mars reconnaissance orbiter，MRO）等轨道探测器，掀起了火星探测的高潮。欧洲在 2003 年 6 月成功发射了第一个火星探测器——火星快车（Mars express，MEX）。中国、俄罗斯、日本、印度等国在进行月球探测的基础上也相继开展火星探测计划。

5.1　火星形貌测绘概况

火星地表、地貌大部分形成于远古较活跃的地质时期，有密布的陨石坑、火山、峡谷、平原等地形，如图 5.2 所示。火星上有太阳系最高的山——奥林帕斯火山（Olympus Mons），其高度大约是地球上珠穆朗玛峰的三倍，火星上还有太阳系最大的峡谷——水手峡谷（Valles Marineris），其山谷延伸超过 4500km，最宽处超过 600km，而美国科罗拉多大峡谷约有 800km 长，30km 宽。火星表面比较独特的地形特征是南北半球的差别比较明显，其南半球地质时期相对古老，主要是密布陨石坑的高地；而北半球地质时期相对年轻，主要是平原地形。

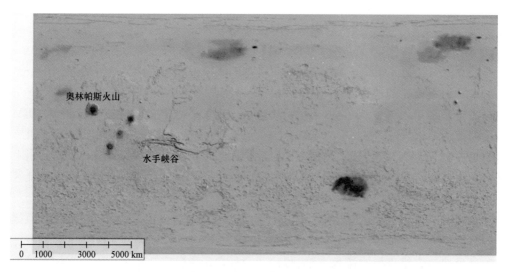

图 5.2　火星全球地形概况（资料来源：ESA 网站）

火星地形测绘是开展火星科学研究的基础，获取高分辨率火星地形数据也是着陆器安全着陆的前提。通过火星轨道器在轨飞行获取火星表面立体影像并进行后期摄影测量处理是获取火星表面地形数据的主要方法。美国、苏联以及欧洲在实施火星探测任务初期的一个主要科学目标即是获取火星的地形数据，以便于着陆区选址及辅助火星着陆器安全着陆。火星探测任务实施以来，与地形测绘相关的火星探测任务主要有海盗号、火星全球勘测者、火星快车，以及火星侦察轨道器，各个任务特点及地形测绘产品情况见表 5.1。

表 5.1　地形测绘相关火星探测任务

任务名称	国家/地区	任务时间	测绘相机	测绘相机类型	立体方式	轨道高度/km	分辨率/m	地形测绘成果
Viking	美国	1975	—	框幅式	异轨立体	300	150～300	1：200 万比例尺地形图
MGS	美国	1996	MOC	单线阵	异轨立体	300	250	200～300m 全球地形数据
MEX	欧洲	2003	HRSC	单镜头多线阵	同轨立体	250	10	20～50m 全球地形数据（基本涵盖火星全球）
MRO	美国	2005	HiRISE	多线阵拼接	异轨立体	300	0.5	局部地区优于 1m 分辨率地形数据

Rosiek 等（2005）介绍了 USGS 利用海盗号影像，以及 MOLA 激光测高数据制作火星地形产品的处理流程与技术方法。海盗号获取了超过 5 万幅影像，从中选取了大约 5000 幅立体像对用于摄影测量处理。海盗号测绘相机为框幅式相机，相机焦距为 475mm，其像幅为 1056×1182，影像分辨率为 200～300m，相机视场角小于 1°，其立体构建主要采用异轨方式，基于海盗号影像数据制作了分辨率为 1/256°（200～300m）的火星全球影像图（早期产品），即火星镶嵌数字影像图（Mars mosaicked digital image model，Mars MDIM）。MOLA 最大测距距离为 787km，测距精度为 37.5cm，其激光点尺寸为 168m，利用 MOLA 获取的 583000000 个激光点数据制作了火星表面 1/256°分辨率的地形数据（早期产品），但是 MOLA 地形在垂直轨道方向分辨率有限，且两极区域地形分辨率高于赤道区域。USGS 综合利用海盗号影像数据与 MOLA 激光测高数据进行处理，以 MOLA 激光测距信息作为海盗号影像的控制信息进行光束法平差，并经过影像匹配以及自动 DEM 提取，最终形成 1：50 万比例尺火星测绘产品。

Kirk 等（2003）研究了基于 MGS 任务 MOC 窄视场影像构建高分辨率地形数据的方法，并利用构建的地形数据评估了 MER 探测器着陆区的安全性。通过 MOC 立体像对的摄影测量处理生成了格网间距为 10m（约 3 个像素）的火星高分辨率 DEM，高程精度为 0.22 像素，误差为米级，基于获取的高精度地形信息分析着陆区地形坡度为 1°～3°，并将获取的局部高精度 DEM 数据配准至 MOLA 全球地形数据。利用上述处理方法获取了 MER 着陆器 7 个备选着陆区的地形信息，并从中选取了四个着陆区进行模拟着陆评估。

Shan 等（2005）研究了 MGS 影像数据的摄影测量处理方法，介绍了 MGS 原始影像数据格式转换、利用 SPICE 计算影像外方位元素，以及从 MOLA PEDR 数据中计算 MOLA 激光点三维坐标的技术方法，提出了一种将影像数据与激光测高数据配准处理的方法，并对 MOLA 激光测高数据与 MOC 影像的不符值进行了分析。利用备选着陆区影像进行了试验分析，并得出结论：MOC 影像与 MOLA 配准误差约为 325m，且该不符值为常差，该误差主要是由于 SPICE 库提供的位置、姿态精度不准，MOLA 激光点测距误差，以及 MOC 线阵影像扫描行时计算误差等因素引起，并对 MGS 影像的摄影测量几何定位精度进行了评估，其平面精度约 180m，高程精度约 30m。

Yoon 和 Shan（2005）提出了一种 MOLA 与 MOC 影像联合处理方法，以改正 MOC 影像与 MOLA 数据的不符值。利用二阶多项式建立 MOC 影像外方位元素模型，同时将影像数据、激光测高数据作为观测值并赋以不同的权值，通过对 MOC 窄视场影像以及 MOLA 测距信息的联合处理，得出了更精确的影像外方位元素，提高了几何定位精度，并通过试验验证了方法的可行性，其试验结果表明联合处理的几何定位精度为 28～178m，几何定位精度的变化主要受影像与激光测高数据质量影响。

Albertz 等（2005）比较系统地研究了欧空局火星快车 HRSC 影像摄影测量处理方法。HRSC 初始定轨精度为 0.1～1.5km，在利用多项式建立外方位元素数学模型的基础上对 HRSC 影像进行光束法平差处理，摄站位置初始精度设置为 1000m，姿态初始精度设置为 0.025°，在光束法平差过程中引入 MOLA 地形控制信息。利用由粗至精分层匹配的思想及 Förstner 算子提取角点，基于相关系数测度进行多视影像匹配，并利用多视最小二乘匹配方法提高匹配精度，综合利用轨道、姿态、内方位元素检校数据，以及 HRSC 影像数据构建 DEM。试验结果表明，HRSC 影像几何定位平面精度为 5～7m，高程精度为 11～16m，以试验影像分辨率平均为 25m 计算，其平面精度约为 0.4 像素，高程精度约为 0.8 像素。

Scholten 等（2005）比较详细地研究了 HRSC 地面数据处理方法以及数据处理中的一些实际问题。在介绍 HRSC 传感器特点的基础上，阐述了 HRSC 影像辐射校正、几何校正、摄影测量处理、DEM 自动生成、各级产品标准化处理，以及测绘产品的质量控制方法等问题。

Michael（2007）介绍了 IPI（institute of photogrammetry and geoInformation）与 FPF 参与 HRSC 影像摄影测量平差处理的相关情况。文章首先分析了 HRSC 传感器初始位置与姿态精度，基于共线条件方程建立 HRSC 严密几何模型，同时对内方位元素以及外方位元素中存在的系统误差进行建模，并将 MOLA 地形作为控制信息，试验结果表明经过平差处理后，几何定位精度明显改善，且引入 MOLA 地形作为控制信息后，HRSC 几何定位结果与 MOLA 地形基本保持一致。

Gwinner 等（2009）研究了基于 HRSC 影像获取火星高精度地形数据的方法。作者首先分析了影响火星高精度地形生成的相关因素，并指出处理过程的关键参数设置会影响地形提取结果。文章提出了火星地形提取的自适应方法，通过试验对自动生成的地形精度进行了分析，结果显示其地形提取精度优于 10m，其中 90%的同名点是三视影像（前视、后视与下视）匹配结果，且大部分影像数据可以生成 50m 格网间距的地形数据。基于大量试验结果，作者指出利用 HRSC 影像数据可以生成火星全球 50～75m 格网间距的地形数据，其高程精度可以达到 10m。

Chen（2008）研究了 HiRISE 影像的光束法平差方法，分析了 HiRISE 影像多线阵拼接的特点，并设计了多线阵统一平差数学模型，利用 Husband Hill 与 Victoria Creater 区域影像进行试验，结果表明其平差方法可有效提高 HiRISE 影像几何定位精度，将由"勇气号"探测器获取的 4 个控制点数据添加入光束法平差模型，进一步提升了定位精度，并指出 HiRISE 影像中存在少量高频振动现象。

Li 等（2011）系统研究了 HiRISE 影像摄影测量处理方法。针对 HiRISE 影像多线阵拼接的特点，设计了光束法平差数学模型，利用光束法平差方法消除线阵 CCD 拼接误差，并利用三阶多项式建立外方位元素变化模型，研究了 HiRISE 影像连接点自动获取方法，提出了在光束法平差模型中针对高频抖动项进行建模的方法。利用"勇气号"着陆区试验数据进行验证，采用由粗至精分层匹配策略进行影像匹配，基于严密摄影测量处理模型，生成了火星表面局部区域 1m 分辨率高精度地形数据，以及 0.25m 分辨率正射影像数据，并将结果与 USGS 进行对比，两者精度基本一致。试验结果表明定位精度由平差前 4.4 像素减少至 0.85 像素，加入高频抖动改正项后，精度进一步提升至 0.29 像素。

Hirschmüller（2008）提出了半全局匹配算法（semi-global matching，SGM），SGM 算法以互信息作为匹配测度，其匹配精度与计算效率得到了广泛认可，目前已经应用于多个商业摄影测量系统，并且已经成功应用于火星快车 HRSC 影像匹配及 DEM 自动提取。

5.2 火星坐标基准

火星参考系是开展火星形貌测绘的基础。一方面火星形貌测绘需要以一定的参考系作为基准，而另外一方面通过火星形貌测绘可以精化火星参考系。

5.2.1 常用火星椭球参数

随着火星探测程度的不断深入，火星坐标系也不断得到精化。通过海盗号、火星全球勘测者以及火星快车等火星探测任务，火星的星历参数已经比较精确了，从近几年 IAU 发布的行星星历来看，火星的相关参数并没有变化（Duxbury et al.，2002；Seidelmann et al.，2011）。

火星表面经纬度定义方式与地球相同，如图 5.3 所示。目前常用的火星坐标系定义中经度有两种表示形式，一种是 0°～360°，另一种是–180°～180°；纬度范围为–90°～90°，

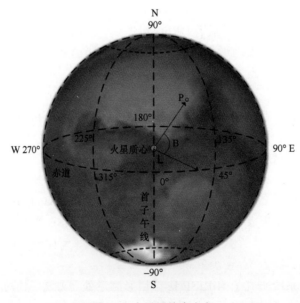

图 5.3 火星经纬度定义

火星首子午线定义在火星表面的 Airy-0 陨石坑区域。

制作火星地形图时需要确定火星椭球参数。目前常用的火星椭球参数有椭球体与正球体两种定义，且参数也有所不同，如表 5.2 所示。各个火星探测任务所采用的坐标系定义也不尽相同，因此在处理数据及对比分析时需要统一坐标系。由于椭球体在地图投影计算等应用时相对复杂，IAU 定义的椭球体即 IAU_MARS_2000（长半轴为3396.19km，短半轴为 3376.20 km）并未得到普遍应用。实际火星探测任务数据处理中多使用正球体，如 HRSC 地形数据产品即采用半径为 3396.0 km 的正球体。

表 5.2　火星常用椭球参数

椭球方式	长半轴/km	短半轴/km	备注
椭球体	3396.19	3376.20	SPICE 内部采用
正球体	3396.0	3396.0	HRSC 地形数据
正球体	3396.19	3396.19	MOLA 地形数据

目前不少摄影测量、地理信息系统软件均提供了对火星坐标系的支持，如GlobalMapper、ERDAS、ArcGIS 等，但是各个软件中采用的火星椭球参数并不完全相同，因此在利用相应软件辅助处理数据时，需要注意坐标系问题。

5.2.2　火星制图投影

除两极区域，火星制图投影一般使用 Sinusoidal 投影或者 EquiRectangular 投影，而两极地区则普遍采用 StereoGraphic 投影。图 5.4 是基于不同投影方式展示的火星全球地形数据。

图 5.4（a）为火星表面纬度范围–85°～85°的 Sinusoidal 投影。Sinusoidal 投影即正弦曲线投影，该投影的主要特点是纬线投影为间隔相等且互相平行的直线，中央经线为垂直于各纬线的直线，其他经线投影为正弦曲线，并对称于中央经线。

图 5.4（b）为火星表面纬度范围–88°～88°的 EquiRectangular 投影。EquiRectangular投影即等距离圆柱投影，该投影转换公式较为简单，且广泛应用于全球栅格图像。

图 5.4（c）、（d）分别表示火星北半球与南半球的 StereoGraphic 投影。StereoGraphic投影属于方位投影的一种，以平面作为投影面，地面点与相应投影点之间具有一定的透视关系，该投影主要用于两极区域。

5.2.3　火星高程基准

高程基准一般分为椭球高与水准高。椭球高指高程量算至参考椭球面，而水准高则量算至参考水准面，椭球高与水准高的差别如图 5.5 所示，其中蓝色虚线表示的是 P 点相对于火星 GMM3 水准面的高程，而红色虚线表示 P 点相对于 IAU 定义椭球的椭球高，黄色虚线表示 P 点相对于正球体定义的椭球高。椭球高仅为几何意义上的高程，而水准高则含有物理意义，即可以确定"水往何处流"。由于目前火星椭球有多种不同定义方式，因此椭球高也对应不同的高程基准。本书几何定位以及 DEM 高程基准均为椭球高，且均采用椭球半径为 3396.0km 的正球体。

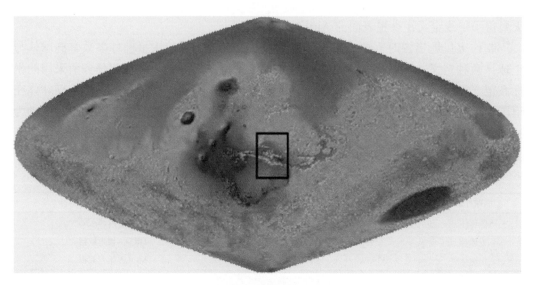

(a) Sinusoidal投影 (纬度−85°～85°)

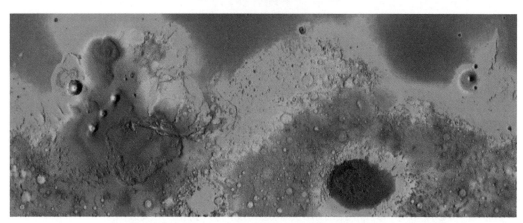

(b) EquiRectangular投影 (纬度−88°～88°)

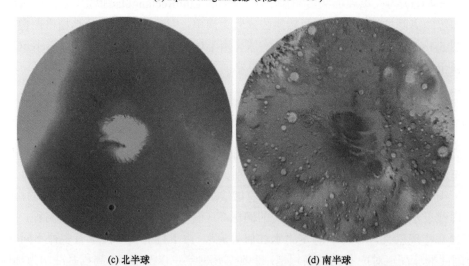

(c) 北半球　　　　　　　　　　　(d) 南半球

图 5.4　火星全球地形与地图投影方式示意（资料来源：NASA 网站）

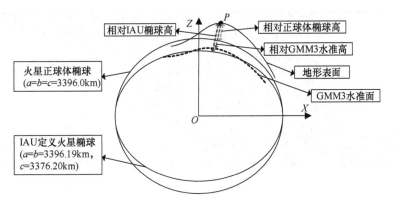

图 5.5　火星表面椭球高与水准高示意图

5.3　国外火星探测任务

5.3.1　美国海盗号火星探测器

　　1976 年发射的美国海盗号火星探测器同时包括轨道探测器与着陆探测器，两者均圆满完成了预定任务。实际上海盗号火星探测器有海盗 1 号与海盗 2 号，海盗 1 号轨道器在轨运行时间为 1976 年 6 月 19 日至 1980 年 8 月 17 日；而海盗 2 号轨道器在轨运行时间为 1976 年 8 月 6 日至 1978 年 7 月 25 日。利用海盗号轨道探测器获取的立体影像数据通过摄影测量处理首次制作了 1∶200 万比例尺火星全球影像图。海盗号火星探测任务的成功实施，揭开了火星的神秘面纱，极大地提高了人类对火星的认识（图 5.6）。

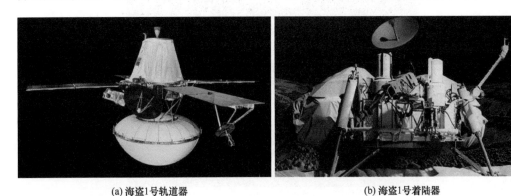

(a) 海盗1号轨道器　　　　　　　　　　　　　　　　(b) 海盗1号着陆器

图 5.6　美国海盗 1 号火星探测器及着陆器（资料来源：NASA 网站）

5.3.2　美国火星全球勘测者

　　美国火星全球勘测者于 1996 年 11 月发射，卫星工作轨道为 300 km，测绘相机有宽视场相机与窄视场相机，宽视场相机地面分辨率为 230～500 m，窄视场相机地面分辨率为 1～5m。通过对 MOC（Mars orbiter camera）线阵相机与激光测高数据（MOLA）的联合处理，生成了分辨率为 200～300 m（1/256°）的火星全球地形数据（两极地区地形分辨率更高），高程精度为 5～30 m，是目前可公开获取的分辨率最高的火星全球地形数据（图 5.7）。

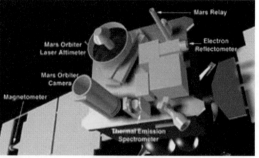

(a) 火星全球勘测者轨道器　　　　　　　　(b) MGS 传感器

图 5.7　美国火星全球勘测者轨道探测器（资料来源：NASA 网站）

5.3.3　美国火星侦察轨道器

1. 任务概述

2005 年美国发射的火星侦察轨道器携带了 HiRISE 相机，影像分辨率优于 0.5 m，是目前为止分辨率最高的火星探测器，但是仅能覆盖火星表面不足 1%的区域（McEwen et al.，2010）。HiRISE 适用于对着陆区等重点探测区域进行详细测绘，在实施好奇号着陆探测计划时，利用 HiRISE 对多个备选着陆区进行了详细探测，获取了备选着陆区的精确地形数据，确保了好奇号探测任务的顺利实施（图 5.8）。

图 5.8　美国火星侦察轨道器（资料来源：NASA 网站）

2. HiRISE 线阵传感器

HiRISE 是目前分辨率最高的火星探测传感器，虽然影像分辨率高，但是对应地面覆盖范围则较小。受当前制造工艺所限，单片 CCD 长度有限，高分辨率卫星影像通常采用多线阵拼接方式提高影像覆盖范围，相邻 CCD 之间重叠若干像素，如 Pleiades、天绘一号、资源三号高分辨率相机等对地观测卫星均采用了线阵拼接方式。HiRISE 相机焦平面含有红、蓝-绿及近红外三个波段，其中红色波段由 10 个线阵 CCD 拼接而成，蓝-绿波段与近红外波段各由 2 个 CCD 拼接而成，如图 5.9 所示。

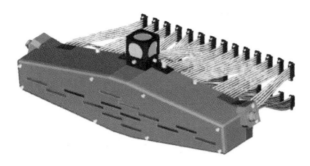

图 5.9 HiRISE 多线阵拼接物理结构示意图（资料来源：NASA 网站）

3. HiRISE 线阵 CCD 卫星影像摄影测量处理

与 HRSC 影像预处理相比，HiRISE 影像预处理更为复杂，主要是其采用了多线阵拼接的成像方式，且影像通道较多。其数据预处理步骤如下。

步骤 1：影像格式转换，将 HiRISE 各通道 Level 2 级影像数据转换为 TIFF 格式。

步骤 2：获取相机几何参数，利用 SPICE 库获取火星快车 HiRISE 相机的焦距、像元大小、像元位置等参数。

步骤 3：针对每一通道影像数据将原始 PDS 格式数据导入 ISIS 系统，并进行初始化操作，导出影像相关的扫描行时间文件。

步骤 4：获取影像位置、姿态数据，利用 SPICE 库及卫星影像扫描行时文件获取每一扫描行的位置、姿态数据。

步骤 5：利用获取的传感器几何参数、相机位置、姿态等信息构建卫星影像严密几何模型，并利用重成像原理将多通道影像拼接形成一条"虚拟影像"。

由于多线阵拼接时相邻线阵间有一定重叠区域，后期可通过数据处理方式形成一条"虚拟影像"，可将"虚拟影像"当做一条线阵 CCD 进行摄影测量处理。基于重成像原理的多线阵拼接方法如图 5.10 所示，在构建各线阵 CCD 影像严密几何模型的基础上，将原始线阵 CCD 影像上任意一像点投影到火星表面平均高程面或者 MOLA-DEM 上，获取该像点对应的地面点坐标，由像点计算地面点可采用投影光线与椭球面相交的方法实现；然后设置单条虚拟线阵 CCD 相机参数，将之前计算出的地面点坐标反投影至虚拟线阵 CCD 上，这一过程可以利用地面点反投影快速算法实现；然后将原始线阵 CCD 影像的灰度值赋值给虚拟线阵 CCD 影像；对线阵 CCD 影像的每一个像素进行上述操作，形成拼接后的单条虚拟线阵 CCD 影像。

5.3.4 欧空局火星快车

1. 火星快车任务概述

火星快车是欧洲的首个火星探测任务，于 2003 年 6 月发射，2003 年 12 月飞抵火星，原计划绕火星飞行两年，计划顺利完成后又成功执行了一系列扩展任务，目前仍在轨飞行。火星快车上搭载了 HRSC（high resolution stereo camera）高分辨率立体测绘相机，影像分辨率达 10 m，可制作火星全球 1:20 万比例尺地形图，相对定位精度为 10～20 m。火星快车的主要任务之一是获取高精度火星地形数据，目前 HRSC 获取的高分辨率影像已经基本覆盖火星全球。火星快车同时搭载了"猎兔犬 2"着陆器，但是着陆器在着陆

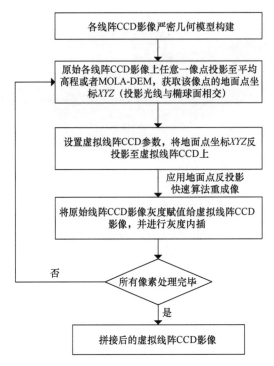

图 5.10 基于重成像原理的多线阵拼接流程

时由于气囊、降落伞和着陆器计算机系统出现问题，未能按期成功着陆，而轨道器则非常成功，发回了大量有价值的火星表面高清晰影像。利用 HRSC 影像数据可以获取分辨率优于百米的火星全球地形数据，但是目前欧空局并未发布高分辨率火星全球地形数据，部分区域可获取 20～50 m 分辨率地形数据。HRSC 相机可同时获取高分辨率全色影像与低分辨率多光谱影像，通过融合处理可以生成高分辨率多光谱影像（图 5.11）。

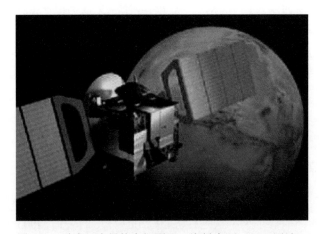

图 5.11 欧空局火星快车探测器（资料来源：ESA 网站）

2. HRSC 线阵传感器

火星快车已经在轨运行超过 10 年时间，HRSC 相机获取了 1 万多轨影像数据，基本覆盖火星全球。由于 HRSC 本身是为火星全球测绘设计的传感器，因此 HRSC 影像是目前开展火星全球测绘的最佳数据源，理论上可以获取全球 20～50m 分辨率的地形数据。但是由于 HRSC 影像数据量太大，仅一轨影像数据通常就有几个 GB，摄影测量处理耗时较长，因此目前未发布由 HRSC 处理生成的火星全球高分辨率地形数据，局部区域可以获取 20～100m 分辨率的地形数据（图 5.12）。

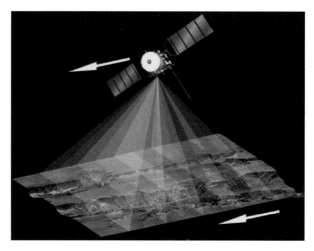

图 5.12　欧空局火星快车 HRSC 传感器（资料来源：ESA 网站）

　　HRSC 产品数据共分为 4 级，其中摄影测量处理基于 Level 2 级产品，DOM 与 DEM 数据为 Level 4 级产品。目前从欧空局网站了解到[①]，Level 4 级产品仅更新至 2009 年 1 月 26 日获取的 6509 轨影像，其产品发布日期为 2009 年 11 月 21 日；而 Level 2 级产品则更新至 c069 轨（即 12069 轨，HRSC 影像命名大于 10000 时采用 16 位方式记录，即 a000 表示 10000，b000 表示 11000，c069 即 12069），c069 轨影像获取时间为 2013 年 6 月 29 日，Level 2 级产品发布时间为 2013 年 10 月 30 日。HRSC 原始 Level 1 级影像未公开发布，原始影像需要经过解码、辐射校正、辅助位置、姿态数据精确解算等处理转换至 Level 2 级影像，从 HRSC 数据发布时间来看，一般获取影像后半年时间发布 Level 2 级影像，而 Level 4 级 DOM 与 DEM 产品的发布则更为滞后。

　　3. HRSC 线阵 CCD 卫星影像摄影测量处理

　　1）基于四元数的光束法平差

　　A. 基于四元数的法方程构建

　　传统外方位角元素多使用欧拉角描述，存在多种转角系统，如 $\omega\text{-}\varphi\text{-}\kappa$ 转角系统、$\varphi'\text{-}\omega'\text{-}\kappa'$ 转角系统，且有固定轴、连动轴之区分。多种定义方式给欧拉角的使用带来极大不便，在给定三个角元素时必须要注明转角系统、转角正方向，以及是固定轴还是连动轴。采用欧拉角描述外方位角元素在具体计算时也存在初值依赖较强、解算过程可能发散，以及姿态插值不连续等问题。火星表面缺乏控制点数据，且影像匹配难度较大，光束法平差求解的收敛性不好。考虑以上几点，采用四元数描述外方位角元素，能够有效避免采用欧拉角描述外方位角元素时存在的问题，提高平差的收敛性。

① HRSC 数据网址：http://pds-geosciences.wustl.edu/missions/mars_express/hrsc.htm，统计至 2014.03.29.

HRSC 影像直接定位的几何精度较差，不能达到摄影测量的精度要求。为进一步提高火星地形测绘精度，需要对 HRSC 影像进行光束法平差。四元数表示的共线条件方程形式与欧拉角相同，只是外方位元素变为（$X_S, Y_S, Z_S, q_0, q_1, q_2, q_3$）。将共线方程线性化，得出四元数表示角元素时像点坐标观测值误差方程形式如下：

$$\left.\begin{aligned}
v_x &= a_{11}\Delta X_S + a_{12}\Delta Y_S + a_{13}\Delta Z_S + a_{14}\Delta q_0 \\
&\quad + a_{15}\Delta q_1 + a_{16}\Delta q_2 + a_{17}\Delta q_3 - a_{11}\Delta X \\
&\quad - a_{12}\Delta Y - a_{13}\Delta Z - l_x \\
v_y &= a_{21}\Delta X_S + a_{22}\Delta Y_S + a_{23}\Delta Z_S + a_{24}\Delta q_0 \\
&\quad + a_{25}\Delta q_1 + a_{26}\Delta q_2 + a_{27}\Delta q_3 - a_{21}\Delta X \\
&\quad - a_{22}\Delta Y - a_{23}\Delta Z - l_y
\end{aligned}\right\} \tag{5-1}$$

线阵传感器平差数学模型主要有多项式模型与定向片模型（Kratky，1989；刘军，2007）。多项式模型将各扫描行的外方位元素表示成飞行时间的低阶多项式，将求解外方位元素转换为求解多项式系数。Shan 等（2005）针对 MGS 任务 MOC 影像一轨影像获取时间较短的特点，建立了二阶多项式传感器模型，通过将 MOC 影像与 MOLA 激光点进行配准引入了高程控制信息，提高了平差模型的绝对定位精度。Li 等（2011）利用三阶多项式建立了 HiRISE 影像的严格平差模型，利用平差后的结果在"勇气号"火星车着陆区生成了 1m 格网的高分辨率 DEM 数据。

多项式模型未知数个数少，计算过程简单，但是在稳定性及定位精度方面低于定向片法。定向片法的基本思想是平差求解定向片位置的外方位元素，然后内插其他扫描线的外方位元素。定向片模型通常采用拉格朗日多项式进行外方位元素内插（刘军，2007）。设第 j 扫描行及定向片 K 和 $K+1$ 的外方位角元素分别为 $\dot{q}^j$、$\dot{q}^K$ 和 $\dot{q}^{K+1}$，$\dot{q}^K$ 与 $\dot{q}^{K+1}$ 夹角为 θ，令

$$\dot{q}^K = \begin{bmatrix} q_{10} \\ q_{11} \\ q_{12} \\ q_{13} \end{bmatrix}, \quad \dot{q}^{K+1} = \begin{bmatrix} q_{20} \\ q_{21} \\ q_{22} \\ q_{23} \end{bmatrix}, \quad \dot{q}^j = \begin{bmatrix} q_0 \\ q_1 \\ q_2 \\ q_3 \end{bmatrix} \tag{5-2}$$

则四元数球面线性内插模型可以表示为

$$\begin{bmatrix} q_0 \\ q_1 \\ q_2 \\ q_3 \end{bmatrix} = \begin{bmatrix} C_1 q_{10} + C_2 q_{20} \\ C_1 q_{11} + C_2 q_{21} \\ C_1 q_{12} + C_2 q_{22} \\ C_1 q_{13} + C_2 q_{23} \end{bmatrix} \tag{5-3}$$

C_1、C_2、θ 是 $\dot{q}^K$ 与 $\dot{q}^{K+1}$ 的函数，计算公式如下：

$$\left.\begin{aligned}
C_1 &= \frac{\sin(1-t)\theta}{\sin\theta} \\
C_2 &= \frac{\sin t\theta}{\sin\theta} \\
\theta &= \arccos(\dot{q}^K \cdot \dot{q}^{K+1}) \\
&= \arccos(q_{10}q_{20} + q_{11}q_{21} + q_{12}q_{22} + q_{13}q_{23})
\end{aligned}\right\} \tag{5-4}$$

式中，t 为插值参数，取值范围为[0，1]。任意扫描线 j 对应的外方位角元素是相邻定向片角元素的函数，此时平差求解的角元素参数是 $\dot{q}^K$ 与 $\dot{q}^{K+1}$。采用四元数描述定向片平差模型的误差方程式形式如下：

$$
\left.
\begin{aligned}
v_x = {} & t\left(a_{11}\Delta X_S^K + a_{12}\Delta Y_S^K + a_{13}\Delta Z_S^K\right) \\
& + (1-t)(a_{11}\Delta X_S^{K+1} + a_{12}\Delta Y_S^{K+1} + a_{13}\Delta Z_S^{K+1}) \\
& + a_{14}\Delta q_{10} + a_{15}\Delta q_{11} + a_{16}\Delta q_{12} + a_{17}\Delta q_{13} \\
& + a_{18}\Delta q_{20} + a_{19}\Delta q_{21} + a_{110}\Delta q_{22} + a_{111}\Delta q_{23} \\
& - a_{11}\Delta X - a_{12}\Delta Y - a_{13}\Delta Z - l_x \\
v_y = {} & t\left(a_{21}\Delta X_S^K + a_{22}\Delta Y_S^K + a_{23}\Delta Z_S^K\right) \\
& + (1-t)(a_{21}\Delta X_S^{K+1} + a_{22}\Delta Y_S^{K+1} + a_{23}\Delta Z_S^{K+1}) \\
& + a_{24}\Delta q_{10} + a_{25}\Delta q_{11} + a_{26}\Delta q_{12} + a_{27}\Delta q_{13} \\
& + a_{28}\Delta q_{20} + a_{29}\Delta q_{21} + a_{210}\Delta q_{22} + a_{211}\Delta q_{23} \\
& - a_{21}\Delta X - a_{22}\Delta Y - a_{23}\Delta Z - l_y
\end{aligned}
\right\}
\tag{5-5}
$$

将由火星快车卫星测控数据获取的初始外方位元素作为带权观测值引入平差模型中，得出 HRSC 影像定向片模型平差的总误差方程式为

$$
\left.
\begin{aligned}
V_x &= Ax + Bx_g - L_x \qquad P_x \\
V_E &= Ex - L_E \qquad\qquad P_E
\end{aligned}
\right\}
\tag{5-6}
$$

式中，x 为定向片外方位元素列向量；x_g 为地面坐标点未知数向量；V_x 为像点坐标观测值残差向量；V_E 为外方位元素观测值残差向量；A、B 为相应的设计矩阵；P_x、P_E 为相应的权矩阵。

B. 连接点自动生成

光束法平差的关键难题之一是高精度连接点的自动生成。连接点的分布、匹配精度直接影响最终平差结果。火星快车 HRSC 线阵影像数据量大，一轨影像通常有几万条扫描线，单个波段影像数据达到几百 MB，影像匹配数据量在 GB 级，连接点自动生成算法的效率问题是必须要考虑的。另外，HRSC 影像几何畸变较大，如图 5.13 所示，（a）为 HRSC 的 S1 波段影像，（b）为 S2 波段影像，（a）红色正方形框内的地物接近圆形，而相同地物在（b）红色长方形框内呈椭圆形。

结合火星快车 HRSC 影像数据量大、几何畸变大的特点，连接点自动生成算法如下：

（1）逐层生成 HRSC 影像金字塔；

（2）在较粗分辨率影像上利用 SIFT 特征匹配算子分别在左像与右像上提取特征点；

（3）利用 KD 树算法进行特征点匹配；

（4）利用空间前方交会残差值作为几何约束条件，剔除匹配中的错误点；

（5）将上一层分辨率影像匹配结果传递给下一层，减少匹配搜索空间，提高匹配效率；

（6）在各层影像上进行特征点提取，直至原始分辨率影像。

图 5.13 中（c）、（d）分别对应（a）、（b）中红色框内地物匹配结果，可见即使 HRSC 影像几何畸变较大，这种自动连接生成方案仍可正确匹配出大量连接点。

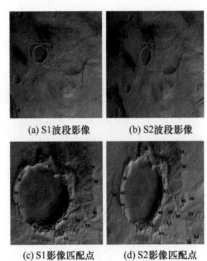

(a) S1波段影像   (b) S2波段影像

(c) S1影像匹配点   (d) S2影像匹配点

图 5.13   HRSC 影像几何畸变示意图

C. 匹配连接点粗差剔除

匹配过程难免出现错误点，由于可以获取 HRSC 线阵影像的外方位元素，通过同名点可进行前方交会，当匹配点正确时，前方交会残差值很小。图 5.14 中横坐标表示点号，纵坐标表示同名点前方交会误差值，单位为千米。当匹配结果正确时，前方交会误差值接近于 0，若匹配点错误，则前方交会残差值必定较大，如图 5.14 中 7 号、8 号、29 号、57 号点，残差值达到几十千米，为明显错误点。利用这一条件可以作为几何位置约束，对匹配点进行检验，设定残差值阈值，从而剔除错误点。

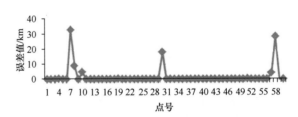

图 5.14   匹配连接点前方交会误差分析

D. 试验与分析

选取火星地表比较典型的陨石坑及峡谷地区进行 HRSC 线阵影像光束法平差试验。试验一 H5273 轨影像位于盖尔陨石坑（Gale Creater）附近，即"好奇号"火星车着陆区域，影像分辨率为 15m，影像获取时间为 2008 年 2 月 9 日；试验二与试验三位于火星峡谷区域，试验二 H0528 轨影像于 2004 年 6 月 19 日获取，影像分辨率约 45m；试验三 H3304 轨影像于 2006 年 8 月 5 日获取，影像分辨率约 30m。各试验区基本信息见表 5.3。火星快车 HRSC 影像产品分为 4 级，其中 Level 2 级适用于摄影测量处理。

以试验一 H5273 轨影像为例，首先分析 HRSC 影像的直接定位精度，基于 HRSC 传感器严密几何模型，在 S1 与 S2 影像上选取 80 个同名点，直接定位精度如图 5.15 所示。通过分析数据，火星快车 HRSC 线阵影像的直接定位精度较低，试验一影像分辨率为 15m，各方向最大误差约 130m，即 9 个像素，中误差 4～5 个像素，而通常摄影测量定位精度可以达到 1~2 个像素，可见直接定向精度不能满足高分辨率火星地形测绘需求，也未能充分发挥 HRSC 影像的潜在优势，可见对 HRSC 线阵影像进行光束法平差是十分有必要的（图 5.16、表 5.4）。

表 5.3　试验数据基本情况

试验方案	试验区名称	影像编号	时间	分辨率/m	扫描线数		纬度范围	经度范围
					S1	S2		
试验一	Gale Creater	H5273	2008.02.09	15	18544	19184	2.1°~8.4°N	136.2°~138.1°E
试验二	Dao Vallis	H0528	2004.06.19	35	20352	22968	19.7°~42.4°N	90.8°~95.4°E
试验三	Mamers Valles	H3304	2006.08.05	25	38456	38256	36.3°~51.3°N	15.4°~17.6°E

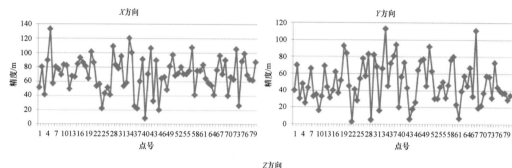

图 5.15　火星快车 HRSC 影像直接定位精度

(a) H5273轨影像及连接点

(b) H0528轨影像及连接点

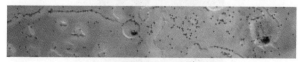

(c) H3304轨影像及连接点

图 5.16　HRSC 试验影像及连接点分布

表 5.4　　火星快车 HRSC 影像光束法平差后定位精度　　　　　（单位：m）

试验区	Sigma0	连接点匹配时间/s	连接点数量	最小残差			最大残差			中误差		
				X	Y	Z	X	Y	Z	X	Y	Z
试验一	5.2	214	1597	18.1	17.6	10.2	26.5	24.7	12.5	21.3	21.8	12.4
试验二	7.2	236	721	26.0	46.3	52.1	44.3	84.8	71.2	33.7	59.5	58.8
试验三	9.8	380	908	51.8	28.6	51.2	65.8	37.4	62.4	55.0	33.2	55.8

对试验结果分析如下：

（1）HRSC 影像几何畸变大，试验所用影像数据量较大，试验三扫描线接近 4 万行，连接点自动生成算法能在较短时间内匹配出大量连接点，且连接点经过粗差剔除后，正确性能够得到保证，大量可靠连接点是进行光束法平差的前提。

（2）光束法平差后，定位精度明显提高，单位权中误差均在 1 个像素左右。试验一 XY 方向定位精度为 1.5 个像素，Z 方向为 0.8 个像素；试验二 X 方向约 1 个像素，Y 方向与 Z 方向优于两个像素；试验三 X、Z 方向约两个像素，Y 方向为接近 1 个像素。通过光束法平差提高了火星快车 HRSC 影像的定位精度，在此基础上进行密集影像匹配可生成高精度火星地形数据。

（3）如果加入轨道漂移误差改正模型，对系统误差进行补偿，或者进行多条带光束法平差，有望进一步提高定位精度。

2）HRSC 三维地形重建试验

选取好奇号火星车着陆地点盖尔陨石坑（Gale Creater）地区进行试验，利用 HRSC 两个全色波段影像构成立体（h5273_0000_p12.img 与 h5273_0000_p22.img），影像观测时间为 2008 年 2 月 9 日，数据量约为 50MB，影像分辨率约 20 m。试验一直接利用由 SPICE 库中的位置、姿态转换得出的外方位元素数据进行三维地形重建；试验二与试验三分别采用不同连接点分布方案进行光束法平差，连接点分布如图 5.17 所示，绿色十字

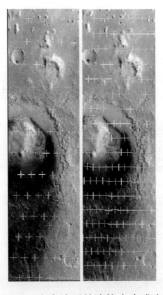

图 5.17　光束法平差连接点生成方案

丝表示成功匹配的连结点，试验二使用连接点数量为 53 个，试验三使用连接点数量为 144 个。平差完成后再进行影像匹配获取同名像点并生成 DTM，DTM 格网间隔为 40 m。试验二与试验三平差主要参数见表 5.5。

表 5.5　HRSC 影像光束法平差主要参数

平差方案	连接点数量	观测值个数	未知数个数	迭代次数	Sigma0
试验二	53	212	163	12	5.3
试验三	144	576	436	9	4.9

分析光束法平差结果可知，虽然试验二与试验三连接点数量相差较大，但是平差关键指标单位权中误差（Sigma0）基本相同，且平差过程均能较快收敛。三种试验方案生成 DTM 结果见图 5.18（a）～（c）分别对应三种试验方案三维地形重建整体结果图 5.18（d）～（f）对应局部显示效果。由试验结果可以看出，光束法平差后生成的 DTM 细节信息更加丰富。虽然试验三所用连接点数量明显高于试验二，但是生成的 DTM 数据并无太大改善，可见适当数量的连接点即可满足光束法平差要求。将试验二生成的 DTM 数据导出为 KML 格式，并加载到 Google Mars 中，结果如图 5.19 所示，两者能够较好地吻合。

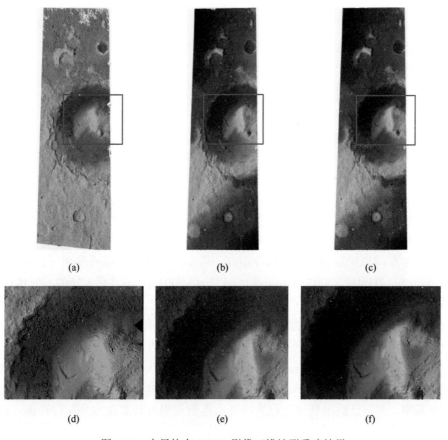

图 5.18　火星快车 HRSC 影像三维地形重建结果

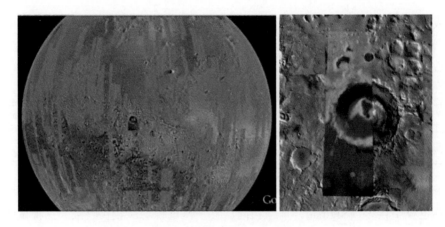

图 5.19 生成 DTM 与 Google Mars 叠加显示效果

5.4 线阵 CCD 影像地面点反投影快速算法

线阵传感器是目前获取遥感影像的主要手段。航空领域以 ADS40/ADS80 为代表的线阵相机已经成功应用于各种比例尺航测成图（赵双明和李德仁，2006；耿迅等，2011；Sandau et al.，2000），航天领域 SPOT-5（Bouillon et al.，2003）、IKONOS（Grodecki and Dial，2001）、QuickBird（Tong et al.，2010）、RapidEye（Beckett et al.，2009）、Pleiades（Gleyzes et al.，2012）以及我国的天绘一号（王仁享等，2013）、资源三号（唐新明等，2012）等高分辨率卫星均采用线阵传感器。深空探测已经成为各航天国家竞相角逐的热点，美国、欧洲已经对月球、火星的地形进行了多次测绘，我国结合嫦娥工程成功发射了嫦娥一号（李春来，2013）、嫦娥二号（赵葆常等，2011）月球探测器，深空探测测绘相机也普遍采用线阵传感器。一方面是海量航空、航天遥感影像数据量呈现爆炸式增长，另一方面是海量原始遥感影像的数据处理能力明显不足，这就造成了大量遥感影像数据得不到及时处理，不能转换为可以直接应用的空间信息。如何高效、自动地对获取的遥感影像数据进行处理，是遥感影像应用亟待解决的问题（龚健雅，2007）。

线阵传感器的几何定位模型主要有严密几何模型、仿射变换几何模型及有理多项式模型，其中严密几何模型（张过，2005；范大昭和刘楚斌，2011；唐新明等，2012）基于共线条件方程，理论最为严密，精度最高。近年来，有理多项式模型（Tao and Hu，2001；Fraser and Hanley，2003；Grodecki and Dial，2003；张永生等，2007）在 IKONOS、QuickBird 等商业卫星中得到了广泛应用，但是其 RPC（rational polynomial coefficients）参数的求解过程仍然需要严密的几何模型（张过和李德仁，2007）。另外，航空、航天线阵影像的几何检校也是基于严密几何模型开展的（王涛等，2012；Kocaman and Gruen，2008；Lussy et al.，2012；涂辛茹等，2011）。基于严密几何定位模型对线阵影像进行几何纠正是生成各级影像产品的基础，实际上卫星影像数据处理时由像点坐标计算地面点坐标并不常用，大部分数据处理过程均涉及由地面点坐标计算像点坐标即地面点反投影问题，如反解法几何纠正、核线重采样、投影轨迹法核线约束、核线影像同名点空间前方交会等，线阵影像几何纠正的难点是地面点反投影，其核心问题是确定地面点对应的最佳扫描行。

5.4.1 地面点反投影快速算法基本原理

线阵影像的地面点反投影基于严密几何模型，即共线条件方程建立的地面点、相机投影中心、像点三点共线关系。由于线阵影像的外方位元素随扫描行变化，当给定地面点坐标时并不知道该地面点对应的最佳扫描行，无法确定其外方位元素，不能像框幅式相机一样直接利用共线条件方程求出像点坐标。

如图 5.20 所示，给定地面点 $P(X,Y,Z)$，P 的反投影像点为 p，ab 表示线阵列 CCD，传统的基于像方的搜索策略是利用反投影像点与线阵列 CCD 的距离 d 作为判断依据，即将最佳扫描行 i 的外方位元素代入共线方程求得的像点坐标 p 应该与线阵列 CCD 像元的检校坐标一致。

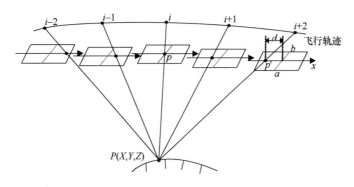

图 5.20 线阵影像地面点反投影算法基本原理

针对线阵影像最佳扫描行搜索策略，刘军（2007）提出了像方二分法迭代算法，基于搜索窗口二分的思想快速缩小最佳扫描行搜索范围，该算法仍然基于像方共线方程迭代，计算量较大。赵双明等（2011）分析了嫦娥一号激光测高数据与影像数据的不一致性，并提出了一种基于双线性变换快速确定搜索窗口的激光点反投影算法。王密等（2008）提出了一种基于物方几何约束的最佳扫描行搜索方法，减少了共线方程迭代次数，计算效率与实用性均优于基于像方的搜索方法。Kim 等（2001）提出了一种地面点坐标反投影算法，利用随机估计出的初始像点计算相机平台高度，然后迭代求解直至收敛，但是该算法计算效率仍有较大提升空间。分析现有算法可知，利用物方投影面几何约束是解决最佳扫描行搜索问题的有效途径。

1. 算法基本思想

利用线阵影像各扫描行投影面的几何约束关系快速定位最佳扫描行，算法思路如下：如图 5.21 所示，线阵影像每一扫描行与投影中心可构成物方空间上的一个投影面，ab 为第 i 条扫描行线阵列 CCD 首、末像元，S_i 为该扫描行的投影中心，像方 ab 与投影中心 S_i，以及地面点 AB 构成第 i 条扫描行的投影面。同样可计算像方 cd 与投影中心 S_i+1 以及地面点 CD 构成的第 $i+1$ 条扫描行投影面。地面点 P 位于第 i 条扫描行投影面与第 $i+1$ 条扫描行投影面之间，利用物方各扫描行投影面间的几何关系，通过判断地面点 P 与各扫描行投影面的距离，可快速定位与地面点 P 最邻近的扫描行 i 与 $i+1$，再利

用地面点 P 与最邻近扫描行间的距离精确内插出最佳扫描行。

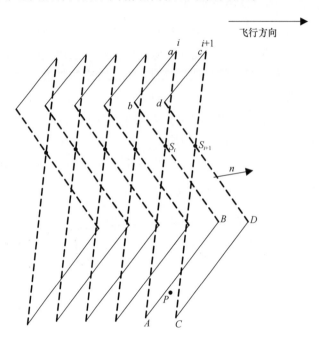

图 5.21 基于投影面几何约束的最佳扫描行快速搜索

基于物方投影面几何约束的地面点反投影算法也需要迭代进行，但是迭代计算是简单的空间解析几何运算，相比共线条件方程计算量大大减少，且迭代计算时可以使用各扫描行投影面间的距离进行快速估计，相比传统像方多次的共线方程迭代计算，算法仅需少量几次空间解析几何运算，因此最佳扫描行搜索效率得到大幅度提升。

基于物方投影面几何约束的线阵影像最佳扫描行搜索算法计算步骤如下。

步骤 1：获取线阵影像严密几何定位模型所需的各扫描行时间、外方位元素、相机焦距、线阵列 CCD 像元位置等参数。

步骤 2：以图 5.21 中 S_iAB 构成的投影面为例，给定物方平均高程可由 ab 的像点坐标计算出 AB 的地面点坐标，而 S_i 为第 i 条扫描行的外方位线元素，是已知值，设 S_i、A、B 三点的地面点坐标分别表示为 (x_1,y_1,z_1)、(x_2,y_2,z_2) 与 (x_3,y_3,z_3)，则由空间三点可确定一个空间平面，计算公式为

$$\begin{vmatrix} x-x_1 & y-y_1 & z-z_1 \\ x_2-x_1 & y_2-y_1 & z_2-z_1 \\ x_3-x_1 & y_3-y_1 & z_3-z_1 \end{vmatrix} = 0 \tag{5-7}$$

将上式转换为空间平面的一般形式：

$$Ax+By+Cz+D=0 \tag{5-8}$$

式中，A、B、C 为空间平面的法线 n 的方向数，且不同时等于零。空间一点 $M(x_0,y_0,z_0)$ 到空间平面的距离为

$$d=\frac{|Ax_0+By_0+Cz_0+D|}{\sqrt{A^2+B^2+C^2}} \tag{5-9}$$

式（5-9）是最佳扫描行快速定位算法迭代时的主要计算量。

步骤 3：根据相机投影中心以及各扫描行的投影面方程计算各扫描行投影面间的距离 D_i，D_1 表示第一条扫描行投影面与第二条扫描行投影面间的距离，以此类推 D_i。用于对地面点 P 的最邻近扫描行进行快速估计。

步骤 4：先判断地面点 P 与第一条扫描行投影面的距离 $d_i(i=1)$，若 d_i 大于两个扫描行投影面间的距离 $D_i(i=1)$，则利用下式对扫描行增量 n 进行估计，$n=d_i/n_i$。

步骤 5：迭代判断 P 与第 i 条扫描行投影面的距离，直到 $d_i < D_i$ 并转至步骤 6。

步骤 6：利用与 P 最邻近的扫描行精确内插出最佳扫描行：

$$L = i + \frac{D_i}{D_i + D_{i+1}} \tag{5-10}$$

2. 线阵列 CCD 分段处理

基于物方投影面几何约束的线阵影像最佳扫描行快速搜索的基本算法设定线阵 CCD 完全在一条直线上排列。受安置误差、镜头畸变等各种因素影响，线阵列 CCD 像元实际上并不严格位于一条直线上，由线阵传感器相机检校文件得出的线阵列 CCD 像元一般有几个像素至几十个像素的偏移。实际上 CCD 线阵列像平面坐标通常表现为曲线形式，对应的扫描行的物方投影面是一个空间曲面。计算空间一点到空间曲面的距离比较复杂，为便于计算，对线阵列 CCD 进行分段处理，即由多个直线段代替曲线，这样曲面形式的物方投影面可由多个分段投影面代替，确定地面点对应的分段投影面后即可利用式（5-9）计算出点到扫描行投影面的空间距离。由于 CCD 线阵列整体仍然接近于直线，分段数目并不会太大。

如图 5.22 所示，线阵列 CCD 分段处理步骤如下。

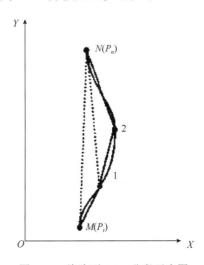

图 5.22　线阵列 CCD 分段示意图

步骤 1：设线阵 CCD 像元数量为 n，各 CCD 像元 $P_i(i=1,2,\cdots,N)$ 的像点坐标可由相机检校文件得出。确定线阵列 CCD 首、末探元 MN 对应的直线方程：

$$\frac{y - y_M}{x - x_M} = \frac{y_M - y_N}{x_M - x_N} \tag{5-11}$$

将上式转换为直线方程的一般形式：

$$Ax + By + C = 0 \qquad (5\text{-}12)$$

步骤 2：求线阵列 CCD 各探元 P_i 到直线 MN 的距离 d_i，$P_i(x_i, y_i)$ 到直线 MN 的距离为

$$d_i = \frac{|Ax_i + By_i + C|}{\sqrt{A^2 + B^2}} \qquad (5\text{-}13)$$

步骤 3：求距离 d_i 的最大值 d_h，即 $d_h = \max(d_1, d_2, \cdots, d_n)$。

步骤 4：比较 d_h 与分段拟合阈值 ε（如 0.5 个像素）的大小，并计算开关量 Q：

$$Q = \begin{cases} 1 & d_h > \varepsilon \\ 0 & d_h \leqslant \varepsilon \end{cases} \qquad (5\text{-}14)$$

步骤 5：根据 Q 决定是否提取中间特征点：

（1）如果 $Q = 0$，则可直接使用直线 MN（M、N 为特征点）代替曲线 MN，转步骤 6；

（2）如果 $Q = 1$，则将 d_h 所对应的点 $P_j(x_j, y_j)$ 抽出，作为中间特征点；然后连接新弦线 MP_j，转步骤 1，并以 MP_j 代替 MN，继续进行计算和判断。

步骤 6：将所有提取出的中间特征点从起点 M 开始，顺序排列至终点 N，得出分段拟合的特征点，根据这些特征点计算每一扫描行的各个分段投影面。

3．确定分段投影面

线阵 CCD 分段后，对应于某一影像扫描行的分段投影面数量为 m，判断地面点至投影面距离时需要确定该点对应的分段投影面。如图 5.23 所示，线阵列 CCD 实际像元排列为曲线 $abcde$，曲线 $abcde$ 可利用 4 条线段拟合，即 ab、bc、cd、de，各个分段对应的地面点坐标分别为 AB、BC、CD、DE，相机投影中心为 S，此时的分段扫描行投影面为 SAB、SBC、SCD、SDE，地面点 P 对应的像点为 p，投影光线为 pSP，

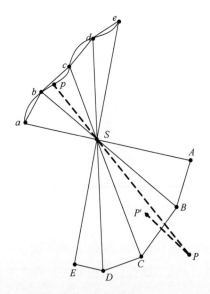

图 5.23　判断地面点对应的线阵列 CCD 分段投影面

像方 p 点位于 bc 段，对应于物方 SBC 投影面，SBC 投影面的两条边界投影光线为 SB、SC，P 点在 SBC 的垂点为 P'，由于 P' 与 SBC 共面，可以将 SBC 与 P' 所在的空间平面转换为二维平面，并计算出 SB 与 SC 在二维平面的直线方程：

$$\begin{cases} A_1 x + B_1 y + C_1 = 0 \\ A_2 x + B_2 y + C_2 = 0 \end{cases} \tag{5-15}$$

按照下式计算 P' 至 SB 与 SC 的距离：

$$\begin{cases} d_1 = \dfrac{A_1 x + B_1 y + C_1}{\sqrt{A_1^2 + B_1^2}} \\ d_2 = \dfrac{A_2 x + B_2 y + C_2}{\sqrt{A_2^2 + B_{12}^2}} \end{cases} \tag{5-16}$$

计算开关量 Q，当 $Q = 0$ 时，P 不在该扫描行投影面内，反之，则 P 位于该扫描行投影面内：

$$Q = \begin{cases} 0 & d_1 \times d_2 > 0 \\ 1 & d_1 \times d_2 \leqslant 0 \end{cases} \tag{5-17}$$

由图 5.23 可以看出，通过上述的判断准则，只有投影面 SBC 满足 $Q = 1$ 的条件，才可以确定分段投影面。

由于扫描行投影面方程仅需计算一次，而分段投影面确定方法主要计算量是式(5-16)中的 d_1 与 d_2，即简单的空间几何计算，计算效率仍然是比较高的。为进一步提高计算速度，反投影迭代初始时可直接使用首、末 CCD 探元构成的近似扫描行投影面进行距离计算，当地面点至扫描行投影面的距离较小时，再使用分段投影面进行精确计算。从试验结果来看，利用近似扫描行投影面迭代 3～4 次，即可接近最佳扫描行，再利用分段投影面迭代 1～2 次即可定位与地面点 P 最邻近的扫描行投影面，整个迭代过程都是基于物方的简单的解析几何运算，且无需任何初始值，相比像方基于共线条件方程迭代的计算量小很多，从而实现最佳扫描行的快速、精确定位。

5.4.2 地面点反投影快速算法应用

线阵影像的地面点反投影快速算法在卫星影像数据处理中的主要应用如图 5.24 所示。首先利用各像元的指向角、像元大小，以及卫星位置、姿态数据与各扫描行时间构建卫星线阵影像严密几何模型；基于线阵影像严密几何模型计算出各扫描行投影面方程，通过判断地面点至投影面的几何距离快速定位最佳扫描行，由于线阵 CCD 的非直线性，需要对线阵 CCD 进行分段处理并确定地面点对应的分段投影面；在地面点反投影快速算法的基础上可进行线阵影像快速几何纠正，而 RGB 彩色影像合成以及全色与多光谱影像融合也是以几何纠正为基础。除几何纠正外，地面点反投影快速算法也可应用于影像匹配过程，如基于投影轨迹法进行同名点位预测，以及核线影像同名像点前方交会等。

地面点反投影快速算法不仅可以应用于几何纠正及影像融合，在影像匹配过程中，通常利用投影轨迹法进行一系列地面点反投影运算确定同名像点位置，从而限定搜索窗口；而匹配完成后，核线影像上同名像点空间前方交会过程也要利用地面点反投影算法将核线影像像点坐标转换至原始影像像点坐标。

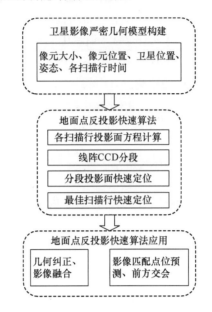

图 5.24　线阵影像地面点反投影快速算法主要应用

5.4.3　实验与分析

基于线阵影像严密几何模型设计的地面点反投影快速算法不仅适用于卫星影像，也适用于航空线阵影像。选取对地观测航空相机 ADS40 及火星快车 HRSC 卫星影像进行实验，其中 ADS40 线阵分段数较多，而 HRSC 线阵直线性较好分为 1 段即可，实验数据基本情况见表 5.6。

表 5.6　地面点反投影快速算法试验数据基本情况

试验数据	传感器	分辨率/m	图像大小/像素	数据量/MB
ADS40	PANF28A	0.36	12000×101832	2394
	PANB14A	0.36	12000×101840	2394
	GRNN00A	0.36	12000×101872	2394
HRSC	S1	20	5184×18544	187
	S2	20	5184×19184	194

随机选取 100 万个像点，给定地面点高程计算出每一个像点对应的地面点坐标，分别利用地面点反投影快速算法和传统的基于像方迭代算法进行地面点反投影实验，并与已知点进行对比，结果见表 5.7。

分析表 5.7 数据可知，两种算法定位精度相当，均达到 0.001 个像素的高精度定位，采用两种算法进行几何纠正的精度也是一样的，因此几何纠正实验不再比较精度，仅比较效率。

表 5.8 为线阵影像反解法几何纠正实验结果，其中 T_1 为基于像方迭代搜索最佳扫描行的几何纠正处理时间，T_2 为利用地面点反投影快速算法的几何纠正处理时间，T_3 为利

用地面点反投影快速算法进行多线程并行处理所需时间，并发线程数量为 8。

表 5.7　地面点反投影快速算法效率

试验数据		像方搜索				本节算法					
传感器	通道	最大误差/像素	中误差/像素	迭代次数	计算时间/ms	分段数	最大误差/像素	中误差/像素	迭代次数	计算时间/ms	加速比
ADS40	前视	0.00084	0.00001	15～19	24141	20	0.00084	0.00001	5～8	2781	8.68
	后视	0.00105	0.00001	15～19	21172	13	0.00105	0.00001	5～8	2766	7.65
	下视（绿）	0.00078	0.00001	14～19	20953	2	0.00078	0.00001	4～8	2359	8.88
HRSC	S1	0.00087	0.00002	12～15	16399	1	0.00086	0.00002	3～7	832	19.71
	S2	0.00090	0.00002	12～15	16407	1	0.00093	0.00002	3～7	844	19.44

表 5.8　线阵影像反解法几何纠正实验

试验数据	传感器	像方 T_1/s	物方 T_2/s	物方 T_3/s	T_1/T_2 加速比	T_2/T_3 加速比
ADS40	PANF28A	24772	4038	1282	6.13	3.14
	PANB14A	23056	3758	1190	6.13	3.15
	GRNN00A	22691	3706	1115	6.12	3.32
HRSC	S1	3099	228	61	13.59	3.73
	S2	3086	224	59	13.77	3.79

分析实验结果可得出以下四点结论。

（1）在扫描行定位精度方面，基于线阵影像严密几何模型设计的地面点反投影快速算法与传统的基于像方的迭代搜索算法基本一致，均小于 0.001 个像素，即给定地面点可实现最佳扫描行的精确定位，这是保证线阵影像几何纠正精度的基础。

（2）线阵 CCD 分段阈值为 0.5 个像素大小，表 5.6 中 ADS40 前、后视影像分段数目较多，分别为 20 段与 13 段，下视影像直线性较好，分为 2 段，而火星快车 HRSC 直线性最好，分为 1 段即可。分析 ADS40 影像分段数量与处理时间可知，当线阵 CCD 需要分段处理时，分段数量虽然对处理效率有一定影响，但是由于算法初始迭代时使用了近似投影面减少计算量，分段数量对计算效率的影响并不十分明显。

（3）分析最佳扫描行计算效率可知（图 5.25），由于基于像方的搜索算法一般需要

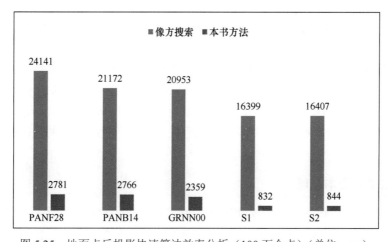

图 5.25　地面点反投影快速算法效率分析（100 万个点）（单位：ms）

十几次的共线方程迭代运算，而基于线阵影像严密几何模型设计的地面点反投影快速算法仅需要少量几次的物方空间解析几何运算，且在 CCD 分段处理以及分段投影面确定方面进行了优化，因此算法计算速度快，火星快车 HRSC 影像效率提升达到 20 倍，而 ADS40 影像效率提升达 7～9 倍。分析几何纠正效率可知，基于像方搜索算法进行几何纠正效率较低，而基于线阵影像严密几何模型设计的地面点反投影快速算法的几何纠正处理效率得到大幅度提升，ADS40 影像效率提升 6 倍以上，火星快车 HRSC 影像效率提升 13 倍以上。

（4）由于线阵影像数据量较大，加上线阵影像几何纠正算法本身的复杂性，若仅使用单线程方式进行几何纠正处理，即使使用优化算法，ADS40 一条全色波段影像纠正耗时也要 1h 左右。可见，大数据量线阵影像的几何纠正处理需要采用并行方式进行加速。如图 5.26 所示经过并行处理后，在单机环境下，2GB 大小的 ADS40 影像几何纠正仅需十几分钟即可完成，HRSC 影像几何纠正可在 1min 内完成。由于磁盘读写、数据传输、计算资源调度等开销，使用 8 个线程进行并行处理仅获得了 3～4 倍的加速比提升，若对并行算法进行优化，计算效率还有较大提升空间。

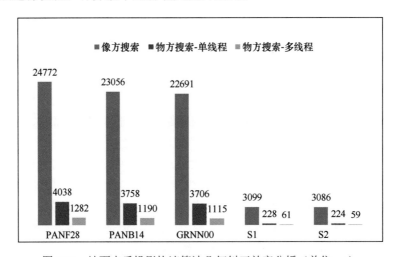

图 5.26 地面点反投影快速算法几何纠正效率分析（单位：s）

5.5 行星表面影像与激光测高数据联合平差

火星形貌摄影测量几何定位的基本原理与对地观测卫星影像是相同的，对地观测卫星影像如 SPOT-5、IKONOS、QuickBird、Pleiades 等普遍采用 GPS 精密定轨，且有高精度星敏感器辅助测姿，而火星探测时传感器定姿、定轨精度有限，且无控制点参与平差，因此需要综合利用火星表面多源数据进行联合处理，从而提高火星表面影像几何定位精度。

5.5.1 联合平差基本原理

行星测绘有效载荷除立体测绘相机外，通常还搭载有激光高度计，如美国 MGS 火星探测器搭载的 MOLA，美国月球探测器 LPO 任务搭载的 LOLA，我国嫦娥一号、嫦娥二号同样搭载有激光高度计。一般来说，激光高度计的高程测量精度较高，但是激光点的距离较大，而影像数据的分辨率一般要优于激光点的间距。将高分辨率的影像数据与高精度的激光测高数据进行联合处理，可以提高几何定位的精度。

激光高度计由激光发射模块、激光接受模块和信号处理模块三部分组成。如图 5.27 所示，首先由激光发射模块向星体表面发射一束大功率的窄激光脉冲，激光脉冲到达星体表面后经过反射，然后激光接收模块接收到反射回来的光信号并把它转换成电信号，通过信号处理模块里的计算器实时处理得出激光高度计到被测星体表面的距离，在地面数据处理过程中，将该距离值转换为对应的高程值。

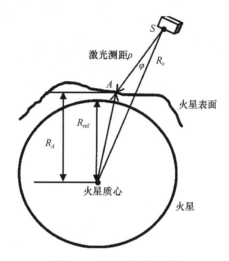

图 5.27　激光测距原理图

目前影像与激光测高数据联合平差技术也广泛应用于行星摄影测量处理，主要有两种方法。一种是测绘相机与激光高度计搭载在同一卫星平台上，此时可以通过影像与激光测高数据配准的方法构建联合平差数学模型（Shan et al.，2005）；另外一种方法针对激光测高数据与影像数据不是在同一卫星平台上获取的情况，此时可以将激光测高数据构建的地形作为控制信息与影像进行联合平差（Michael，2007），下面分别介绍两种联合平差方法。

5.5.2　连接点自动生成方法

光束法平差的关键问题之一是高精度连接点的自动生成，连接点的分布与精度直接影响最终平差结果。国外现有火星探测卫星影像（如 HRSC、HiRISE）存在影像数据量大、几何畸变大等问题，常规连接点自动生成方法适用性有限。

1. 基于仿射不变特征算子提取连接点

以火星快车 HRSC 影像为例，HRSC 线阵影像通常有几万条扫描线，单个波段影像数据量达到几百 MB，连接点自动生成算法的效率问题是必须要考虑的，对此采用基于影像金字塔匹配的方法，即匹配前先构建影像金字塔，匹配时先在低分辨率影像上匹配，然后将匹配结果作为几何约束信息传递至高一层分辨率影像。HRSC 影像几何畸变较大，图 5.28 左侧为 HRSC 的 S1 通道影像，右侧为 S2 通道影像，S1 图像红色正方形框内的地物接近圆形，而相同地物在 S2 图像红色长方形框内呈椭圆形，对于几何畸变大的区域利用常规的匹配方法很难匹配出同名点。SIFT 匹配算法（Lowe，2004）可以较好地解决影像匹配中存在的旋转、缩放等几何畸变问题，其算法性能已经得到了普遍认可。SURF 匹配算法（Bay et al.，2008）在 SIFT 的基础上进行了进一步优化，匹配效率更高，可以采用 SURF 算子提取连接点，如图 5.29 所示，即使对于图中几何畸变较大的区域，SURF 算子仍然能够成功匹配出连接点。结合火星快车 HRSC 影像数据量大、几何畸变大的特点，连接点自动生成算法步骤如下。

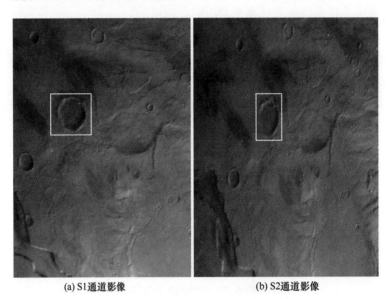

(a) S1通道影像   (b) S2通道影像

图 5.28　HRSC 影像几何畸变示意图

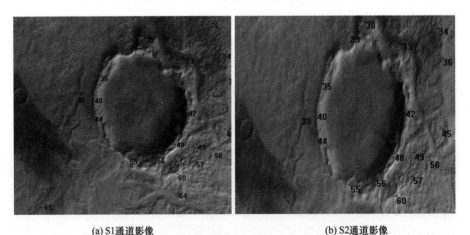

(a) S1通道影像   (b) S2通道影像

图 5.29　几何畸变区域仿射不变特征点匹配结果

步骤 1：逐层构建 HRSC 影像金字塔。

步骤 2：在较粗分辨率影像上利用 SURF 特征匹配算子分别在左、右影像上提取特征点，并计算特征描述向量。

步骤 3：根据特征描述向量采用欧氏距离测度进行特征点匹配。

步骤 4：利用空间前方交会残差值作为几何约束条件，剔除匹配中的错误点。

步骤 5：将上一层分辨率影像匹配结果传递给下一层，减少匹配搜索空间，提高匹配效率。

步骤 6：在各层影像上进行特征点提取，直至原始分辨率影像，并按照连接点分布要求提取所需连接点。

匹配过程难免出现错误点即匹配粗差点，粗差点的自动剔除也是连接点自动生成必须要解决的问题。由于可以获取 HRSC 线阵影像的外方位元素，通过同名点可进行前方交会，当匹配点正确时，前方交会残差值很小，而匹配错误时残差值较大，可以此为依据并结合 RANSAC（随机采样一致性）算法剔除粗差，图 5.30 是粗差剔除后的 H3304 轨影像连接点自动提取结果。

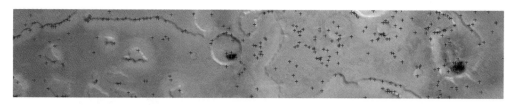

(a) S1 通道影像连接点

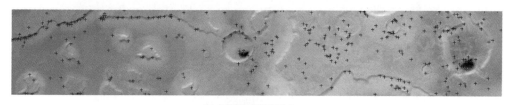

(b) S2 通道影像连接点

图 5.30　H3304 轨影像连接点自动提取结果

2. 基于核线影像匹配获取连接点

由于火星快车 HRSC 原始影像存在较大几何畸变，利用仿射不变特征算法虽然可以提取一定数量的同名点，但是连接点的分布难以控制，可能出现大面积区域无连接点的情况，如图 5.30 中影像纹理稀疏区域缺少连接点，基于近似核线影像匹配连接点的方法计算步骤如下。

步骤 1：基于严密几何模型生成立体影像的近似核线影像。

步骤 2：在近似核线影像上利用相关系数匹配方法获取均匀分布的连接点。

步骤 3：利用地面点反投影算法将近似核线影像上的连接点反投影至原始影像上。

步骤 4：基于前方交会残差及 RANSAC 算法剔除连接点中的少量粗差点。

利用上述计算步骤，H5273 轨影像连接点自动提取结果如图 5.31、图 5.32 所示，可见由于核线影像上匹配相对容易进行，因此可以获得分布更为合理的连接点。另外，将近似核线影像上的连接点转换至原始影像时，利用地面点反投影算法，地面点反投影算法的精度满足近似核线影像上连接点与原始影像上连接点的高精度转换，图 5.31（a）是在近似核线影像上提取的连接点，图 5.31（b）是转换至原始影像上的连接点。

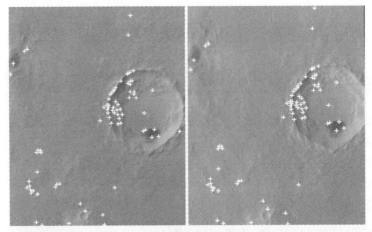

(a) 近似核线影像上同名点

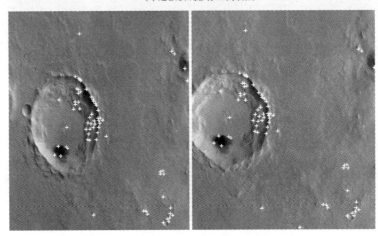

(b) 转换至原始影像上的连接点

图 5.31　近似核线影像上连接点转换至原始影像结果

(a) S1通道影像连接点

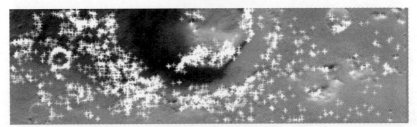

(b) S2通道影像连接点

图 5.32　H5273 轨影像连接点自动提取结果

5.5.3 激光测高数据作为原始观测值与影像联合平差

除立体测绘相机以外，深空探测形貌获取的有效载荷还有激光高度计。激光高度计沿卫星轨道方向，向卫星下视方向发射激光脉冲，形成线性的激光点剖面，与机载激光扫描仪不同，由于卫星运动速度较快，深空探测卫星搭载的激光高度计获取的是稀疏的激光点云数据，如嫦娥一号激光高度计月面光斑点距离约 1.4 km。美国月球探测器 LRO 是当前深空探测器中较为先进的，其各项有效载荷技术指标均代表当代深空探测水平，LRO 的窄视场相机 NAC 的分辨率已经达到了 0.5m，LRO 搭载的月球轨道器激光高度计（Lunar orbiter laser altimeter，LOLA）关键技术指标如下：测距范围为 20～70 km，测距误差为 10 cm，空间分辨率或测距间隔为 25 m。目前国内的激光高度计性能与精度还达不到 LOLA 的水平。美国 MGS 任务上搭载的 MOLA 在 400 km 时测距精度为 7 m，激光点间距为 340 m，根据 MOLA 数据制作了 1/256°×1/256°分辨率（约 200 m）的火星全球 DEM 数据（图 5.33）。另外，MOLA 激光数据可看作控制点，与影像数据进行联合平差，可提高摄影测量定位精度。结合国内外激光高度计性能、技术指标，以及我国的现有技术水平，未来火星探测激光高度计技术指标为：

（1）轨道高度，100 km；

（2）测距精度，优于 3 m；

（3）激光点间距，约 200 m。

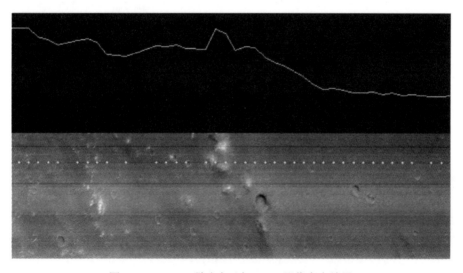

图 5.33　MOLA 稀疏点云与 MOC 影像套合结果

1. 线阵 CCD 影像与激光测高数据配准

应用激光测高数据联合平差的一项关键技术是激光点的反投影，即确定激光点对应的像点坐标。深空探测激光测高仪的数据点是稀疏的线性剖面，而不是类似机载激光雷达的密集点云。以月球为例，反投影的计算过程是首先计算激光点（星下点）的三维月固坐标，根据计算得到的月固坐标并结合线阵影像每行的外方位元素，将激光点反投影到立体影像的像平面上。对于线阵传感器，激光点的反投影是一个迭代过程。反投影的基本思想是，首先建立双线性变换关系，快速实时确定影像搜索窗口，然后在搜索窗口内，将计算的立体相机焦平面坐标差转换为扫描行增量，快速迭代确定最佳扫描线。搜索窗口计算原理为：设相机焦平面上每线阵 CCD 像素数为 N，条带影像行数为 L，月球平均调和面为 H_0，如图 5.34 所示，在轨道条带影像上选择 $a(0,N)$、$b(0,0)$、$c(L,0)$、$d(L,N)$、$e(L/2,N/2)$ 共 5 个像点，利用月球平均高程面上对应的月面点 A、B、C、D、E 坐标，建立变换关系式（5-18），并解算系数 c_0、c_1、c_2、c_3。

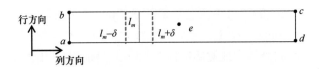

图 5.34　搜索窗口计算原理图

$$\text{line} = c_0 + c_1 \cdot \text{lat} + c_2 \cdot \text{lon} + c_3 \cdot \text{lat.lon} \tag{5-18}$$

当给定月面点大地坐标 $M(\text{lon},\text{lat},H)$，代入上式，预测该月面点在影像上近似扫描行索引 l_m，得到影像搜索窗口 $\text{line} \in [l_m - \delta, l_m + \delta]$。反投影计算流程如下：

（1）根据月面点坐标按式（5-18）计算搜索窗口。

（2）搜索窗口内取初始扫描行序号 $i = l_m - \delta$，δ 由立体相机基高比决定。

（3）根据扫描行序号 i，获取对应行的外定向参数，按共线条件方程计算立体相机焦平面坐标 (x_i, y_i)。

（4）计算扫描行增量 $\Delta i = (x_i - x_0)/\text{ps}$，更新扫描行序号 $i = i + \Delta i$，其中 x_0 表示 CCD 线阵在焦平面上的横坐标，ps 表示 CCD 像素大小。

（5）如果 $\Delta i < \sigma$（0.2～0.5 个像素），则迭代终止，否则返回步骤（3）。

2. 联合平差数学模型

MGS 任务同时搭载了 MOC 相机与 MOLA 激光高度计，Shan 等（2005）、Yoon 和 Shan（2005）针对 MGS 任务摄影测量处理提出了一种影像与激光测高数据联合平差方法，其基本思想是将 MOLA 激光测高数据作为附加观测值与 MOC 影像光束法平差模型联合求解，即利用地面激光点与投影中心的距离与激光测距值相等这一条件，增加如下观测方程：

$$F_\rho = \rho(t) - \sqrt{\left[X_F - X_S(t)\right]^2 + \left[Y_F - Y_S(t)\right]^2 + \left[Z_F - Z_S(t)\right]^2} = 0 \tag{5-19}$$

式中，(X_F, Y_F, Z_F) 为激光点在火星地固坐标系下坐标；$\rho(t)$ 为激光高度计测距值；$X_S(t), Y_S(t), Z_S(t)$ 为相机投影中心在火星地固坐标系下坐标。

MOC 影像与 MOLA 激光测高数据联合平差的一个难点是激光点与卫星线阵影像的精确配准，即将地面激光点反投影至卫星线阵影像上，Shan 等（2005）、Yoon 和 Shan（2005）并未介绍联合平差时影像与激光点配准方法。实际上，利用基于物方投影面几何约束的地面点反投影快速算法可实现线阵影像与激光测高数据的快速、精确配准。

5.5.4 引入激光测高作为地形约束的联合平差

火星快车 HRSC 影像分辨率高，且影像基本覆盖火星全球，而 MOLA 激光测高数据是目前公认的绝对精度较高的火星地形控制数据，由于 MOLA 激光高度计搭载在美国火星全球勘测者探测器上，而 HRSC 影像是由欧空局火星快车探测器获取的，因此Spiegel（2007）对 HRSC 影像与 MOLA 联合平差处理时未利用原始激光测距信息，而是使用由 MOLA 构建的地形作为附加约束条件，其基本原理如图 5.35 所示，联合平差前 HRSC 影像物方点与 MOLA 地形表面之间存在一定的偏差，而经过联合平差处理，HRSC 影像物方点位于 MOLA 地形表面上，这相当于对 HRSC 的高程进行改正以提高高程精度。

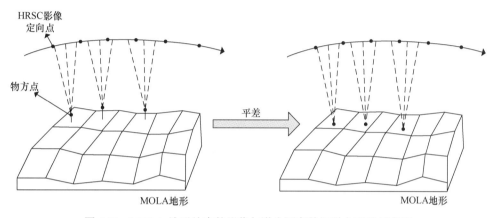

图 5.35　MOLA 地形约束的影像与激光测高数据联合平差示意图

1. 激光测高数据地形约束条件

如图 5.36 所示，HRSC 立体影像确定的地面点与 MOLA 激光测高数据存在一定的误差，由于 MOLA 激光测高数据绝对精度较高，因此可以将 HRSC 影像确定的地面点修正至 MOLA 激光测高数据形成的地形曲面上，以此为条件引入 MOLA 激光测高数据作为地形控制信息与 HRSC 影像进行联合平差的附加观测方程：

$$\hat{v}_{Z_H} = \hat{Z}_H - Z_H \tag{5-20}$$

式中，Z_H 为由 MOLA 地形数据确定的地面点高程值；$\hat{Z}_H$ 为平差后的高程值，两者残

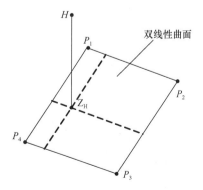

图 5.36　MOLA 激光测高数据地形约束示意图

差值以 $\hat{v}_{Z_H}$ 表示，Z_H 计算公式如下：

$$Z_H = a_1 Z_{P_1} + a_2 Z_{P_2} + a_3 Z_{P_3} + a_4 Z_{P_4} \tag{5-21}$$

式中，a_1, a_2, a_3, a_4 计算公式如下：

$$\begin{cases} a_1 = \left(1 - \dfrac{\hat{X}_H - X_{P_1}}{d}\right)\left(1 - \dfrac{\hat{Y}_H - Y_{P_1}}{d}\right) \\[3mm] a_2 = \left(1 - \dfrac{\hat{X}_H - X_{P_1}}{d}\right)\left(\dfrac{\hat{Y}_H - Y_{P_1}}{d}\right) \\[3mm] a_3 = \left(\dfrac{\hat{X}_H - X_{P_1}}{d}\right)\left(\dfrac{\hat{Y}_H - Y_{P_1}}{d}\right) \\[3mm] a_4 = \left(\dfrac{\hat{X}_H - X_{P_1}}{d}\right)\left(1 - \dfrac{\hat{Y}_H - Y_{P_1}}{d}\right) \end{cases} \tag{5-22}$$

将式（5-22）与共线条件方程联合求解，即可建立基于 MOLA 地形控制的影像与激光测高数据联合平差模型。

2. 联合平差数学模型

联合平差试验数据采用分辨率高且全球覆盖性好的 HRSC 影像，为提高 HRSC 影像几何定位精度，即利用 MOLA 激光测高数据作为地形控制信息，基于定向片构建外方位元素模型，并采用四元数方法表示外方位角元素。

传统外方位角元素多使用欧拉角描述，存在多种转角系统，如 $\varphi\text{-}\omega\text{-}\kappa$ 转角系统、$\omega'\text{-}\varphi'\text{-}\kappa'$ 转角系统，且有固定轴、连动轴之区分。采用欧拉角描述外方位角元素在具体计算时也存在初值依赖较强（江刚武等，2007；龚辉等，2012）、解算过程可能发散，以及姿态插值不连续等问题，由于火星表面影像光束法平差时缺少控制信息，由定姿、定轨设备转换而来的初始外方位元素精度不高，考虑以上几点，采用四元数描述外方位角元素。多项式内插方法不能体现四元数平滑内插的优势，因此外方位线元素仍采用拉格朗日多项式插值方法，而角元素则采用四元数球面线性内插方法（刘军等，2008）。设第 j 扫描行以及定向片 K 和 $K+1$ 的外方位角元素分别为 $\dot{q}^j$、$\dot{q}^K$ 和 $\dot{q}^{K+1}$，$\dot{q}^K$ 与 $\dot{q}^{K+1}$ 夹角为 θ，令

$$\dot{q}^K = \begin{bmatrix} q_{10} \\ q_{11} \\ q_{12} \\ q_{13} \end{bmatrix}, \quad \dot{q}^{K+1} = \begin{bmatrix} q_{20} \\ q_{21} \\ q_{22} \\ q_{23} \end{bmatrix}, \quad \dot{q}^j = \begin{bmatrix} q_0 \\ q_1 \\ q_2 \\ q_3 \end{bmatrix} \tag{5-23}$$

则四元数球面线性内插模型可以表示为

$$\begin{bmatrix} q_0 \\ q_1 \\ q_2 \\ q_3 \end{bmatrix} = \begin{bmatrix} C_1 q_{10} + C_2 q_{20} \\ C_1 q_{11} + C_2 q_{21} \\ C_1 q_{12} + C_2 q_{22} \\ C_1 q_{13} + C_2 q_{23} \end{bmatrix} \tag{5-24}$$

其中 C_1、C_2、θ 是 $\dot{q}^K$ 与 $\dot{q}^{K+1}$ 的函数，计算公式如下：

$$
\begin{cases}
C_1 = \dfrac{\sin(1-t)\theta}{\sin\theta} \\[2mm]
C_2 = \dfrac{\sin t\theta}{\sin\theta} \\[2mm]
\theta = \arccos\left(\dot{q}^K \cdot \dot{q}^{K+1}\right) = \arccos\left(q_{10}q_{20} + q_{11}q_{21} + q_{12}q_{22} + q_{13}q_{23}\right)
\end{cases}
\tag{5-25}
$$

式中，t 为插值参数，取值范围为 $[0,1]$。任意扫描线 j 对应的外方位角元素是相邻定向片角元素的函数，此时平差求解的角元素参数是 $\dot{q}^K$ 与 $\dot{q}^{K+1}$。构建误差方程式时需要计算像点观测方程相对于 $\dot{q}^K$ 与 $\dot{q}^{K+1}$ 的偏微分系数。采用四元数描述定向片平差模型的误差方程式形式如下：

$$
\begin{cases}
\begin{aligned}
v_x ={}& t \cdot (a_{11}\Delta X_S^K + a_{12}\Delta Y_S^K + a_{13}\Delta Z_S^K) + (1-t)(a_{11}\Delta X_S^{K+1} + a_{12}\Delta Y_S^{K+1} + a_{13}\Delta Z_S^{K+1}) \\
&+ a_{14}\Delta q_{10} + a_{15}\Delta q_{11} + a_{16}\Delta q_{12} + a_{17}\Delta q_{13} + a_{18}\Delta q_{20} + a_{19}\Delta q_{21} + a_{110}\Delta q_{22} + a_{111}\Delta q_{23} \\
&- a_{11}\Delta X - a_{12}\Delta Y - a_{13}\Delta Z - l_x
\end{aligned} \\[3mm]
\begin{aligned}
v_y ={}& t \cdot (a_{21}\Delta X_S^K + a_{22}\Delta Y_S^K + a_{23}\Delta Z_S^K) + (1-t)(a_{21}\Delta X_S^{K+1} + a_{22}\Delta Y_S^{K+1} + a_{23}\Delta Z_S^{K+1}) \\
&+ a_{24}\Delta q_{10} + a_{25}\Delta q_{11} + a_{26}\Delta q_{12} + a_{27}\Delta q_{13} + a_{28}\Delta q_{20} + a_{29}\Delta q_{21} + a_{210}\Delta q_{22} + a_{211}\Delta q_{23} \\
&- a_{21}\Delta X - a_{22}\Delta Y - a_{23}\Delta Z - l_y
\end{aligned}
\end{cases}
\tag{5-26}
$$

将 MOLA 地形约束条件与常规光束法平差模型联合求解，得出平差模型的总误差方程式为

$$
\begin{cases}
V_X = Ax + Bx_g - L_X & P_X \\
V_E = Ex - L_E & P_E
\end{cases}
\tag{5-27}
$$

式中，x 为定向片外方位元素列向量；x_g 为地面坐标点未知数向量；V_X 为像点坐标观测值残差向量；A、B 为相应的设计矩阵；P_X、P_E 为相应的权矩阵。

选取火星地表比较典型的陨石坑及峡谷地区进行联合平差试验。试验一 H5273 轨影像位于盖尔陨石坑（Gale crater）附近，即好奇号火星车着陆区域，影像分辨率为 20m；试验二 H3304 轨影像位于火星峡谷区域，影像分辨率约 28m，测区基本信息见表 5.9。

表 5.9　平差试验测区基本信息

试验方案	试验区名称	影像编号	时间	分辨率/m	纬度范围	经度范围
试验一	Gale crater	H5273	2008.02.09	20	$-2.1°\sim-8.4°$ S	$136.2°\sim138.1°$ E
试验二	Mamers Valles	H3304	2006.08.05	28	$36.3°\sim51.3°$ N	$15.4°\sim17.6°$ E

利用 5.5.2 节中的连接点自动生成算法自动生成连接点，H5273 轨影像自动生成连接点 1597 个，H3304 轨影像自动生成连接点 908 个，基于连接点构建法方程，并基于MOLA 地形控制信息构建联合平差数学模型，平差结果见表 5.10，平差后单位权中误差在 1~1.5 个像素，试验一 H5273 轨影像平面定位精度为 1 个像素，高程方向为 0.6 个像素；试验二 H3304 轨影像 X、Z 方向约两个像素，Y 方向为接近 1 个像素。

表 5.10　火星快车 HRSC 影像光束法平差结果

试验区	σ_0	定向片数量	连接点数量	最小残差/m			最大残差/m			中误差/m		
				X	Y	Z	X	Y	Z	X	Y	Z
H5273	5.2	5	1597	18.1	17.6	10.2	26.5	24.7	12.5	21.3	21.8	12.4
H3304	9.8	8	908	51.8	28.6	51.2	65.8	37.4	62.4	55.0	33.2	55.8

利用平差结果计算出改正后的各扫描线外方位元素，再利用前方交会原理计算连接点地面三维坐标，将计算得出的地面点叠加在欧空局 DOM 上，图 5.37（a）是近似核线影像上的连接点，而图 5.37（b）是连接点在欧空局 DOM 上的叠加显示结果，从中可以看出结果与欧空局结果有较好的一致性。

(a) 近似核线影像上连接点　　　　　　　　　　　(b) 欧空局DOM叠加连接点显示

图 5.37　H5273 轨影像连接点与欧空局 DOM 叠加显示结果

由于火星表面缺少控制点数据，因此难以分析几何定位的绝对精度，目前 MOLA 地形数据是公认的绝对精度最高的火星全球地形数据，可以基于 MOLA 地形数据对平差的几何定位精度进行分析，主要分析高程方向精度。图 5.38 是 HRSC 影像平差前（即直接定位）连接点高程方向与 MOLA 地形的差值，图 5.39 是平差后连接点高

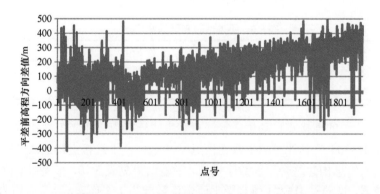

图 5.38　HRSC 影像平差前高程方向与 MOLA 地形差值

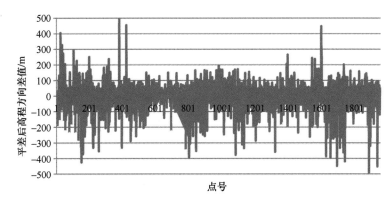

图 5.39　HRSC 影像平差后高程方向与 MOLA 地形差值

程方向与 MOLA 地形的差值。分析结果可知，HRSC 影像直接定位结果与 MOLA 地形数据有 300～400m 左右的偏差，且偏差呈现出一定的系统性，而联合平差后系统误差得到消除，且两者间偏差幅度明显降低。由于 MOLA 地形分辨率较粗，而 HRSC 影像分辨率较高，计算差值时 HRSC 影像连接点坐标由前方交会计算得出，而 MOLA 地形高度是根据平面坐标内插得出的，对于地形变化较大的区域，会存在少量差值较大的点，如图 5.39 所示，但是平差后大部分点位高程方向差值为 50～150m。

由于前方交会计算地面点坐标时未知数有 3 个，而一对同名像点基于共线条件可以列出 4 个方程，因此存在一个多余观测量，由此可以将连接点前方交会的残差值作为精度分析的一个指标，表 5.11 与图 5.40、图 5.41 是 H5273 轨影像连接点前方交会解算时三个方向的残差结果。

分析表 5.11 中结果可知，平差前 X 方向残差值均值为 –9.7m，Y 方向残差值均值为 –11.9m，表明直接定位时平面方向存在系统性误差，而平差后该系统性误差得以消除；且 X 方向残差值中误差由平差前的 25.1m 降至 11.3m，Y 方向残差值中误差由平差前的 27.2m 降至 11.2m，Z 方向残差值中误差由 0.5m 降至 0.2m，可见通过平差可提升 HRSC 影像几何定位的内部符合精度。

结合以上试验结果及分析，可以得出如下结论。

（1）HRSC 影像几何畸变大且数据量较大，利用 5.5.2 节设计的连接点自动生成算法可以在较短时间内匹配出大量连接点，且连接点经过粗差剔除后，正确性能够得到保证，可靠连接点是进行光束法平差的前提。

（2）影像与激光测高数据联合平差可以提升火星表面影像几何定位精度，试验结果平面精度与欧空局数据有较好的一致性，高程方向由于引入了 MOLA 地形约束，其几何定位精度得到较大幅度提升。

表 5.11　H5273 轨影像连接点前方交会残差值分析　　　　　（单位：m）

试验区	最小残差			最大残差			均值			中误差		
	X	Y	Z	X	Y	Z	X	Y	Z	X	Y	Z
直接定位	–1.3	0.2	–0.5	54.8	57.8	1.4	–9.7	–11.9	–0.3	25.1	27.2	0.5
联合平差	–1.0	0.1	–0.3	65.8	37.4	1.5	0.2	–0.1	–0.1	11.3	11.2	0.2

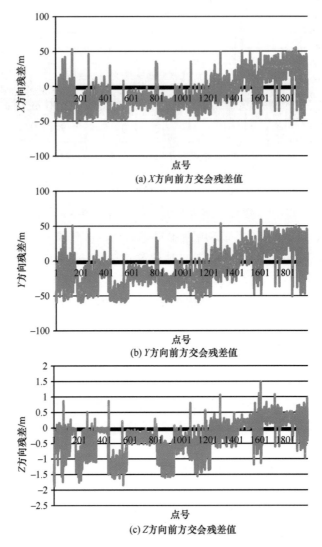

图 5.40　H5273 轨影像连接点前方交会结果各方向残差值（平差前）

5.5.5　方差分量估计确定联合平差权值

1. 方差分量估计基本原理

影像和激光测高数据的联合平差包含了多种不同类型观测值，如像点坐标观测值，通过 USB、VLBI 等技术确定卫星位置数据（转换为相机初始外方位线元素），通过星敏感器等获取卫星姿态数据（转换为相机初始外方位角元素），激光测高观测值、仪器安置误差等。由于不同类型观测值之间精度各异，此时传统的经验定权方法往往不能获得合理的定权结果，在经验定权的基础上可以采用方差分量估计方法调整联合平差权值。

方差分量估计理论最早由 Helmert 于 1924 年提出，主要用于解决不同类型观测值联合平差时如何定权的问题，在解决天文大地网平差、地面网与空间网的联合平差（陈俊勇等，2007）、变形网分析、卫星精密定轨、自适应融合导航（杨元喜和高为广，2004）

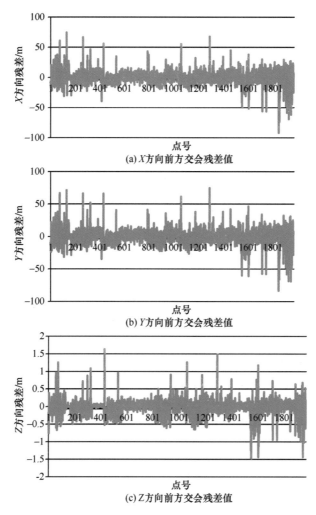

图 5.41　H5273 轨影像连接点前方交会结果各方向残差值（平差后）

等问题时发挥了重要作用。但是在方差分量估计摄影测量应用中仍有不少问题（袁修孝，1999），主要是收敛性不好，对摄影质量要求较高，当观测值有较多粗差或者系统误差时，方差分量估计定权结果可能不合理。

2. 方差分量估计定权流程

方差分量估计的基本思路是通过迭代不断调整不同类型观测值之间的权比，直至不同类型观测值所对应的方差因子相等为止。对于光束法平差而言，利用方差分量估计求 K 组观测值方差的方法描述如下（李德仁和袁修孝，2005）。

步骤 1：将观测值分组，并给出二级设计矩阵 P_{ii}：

$$D(l) = K = \begin{bmatrix} \sigma_{01}^2 P_{11}^{-1} & & \\ & \cdots & \\ & & \sigma_{0k}^2 P_{kk}^{-1} \end{bmatrix} \tag{5-28}$$

若 P_{ii} 为对角线矩阵，则初始权可由下式求出：

$$P_{ii} = E_i \cdot \left(\frac{\sigma_0^2}{\sigma_i^2} \right)_{\text{验前值}} \quad\quad （5\text{-}29）$$

式中，σ_0 为单位权中误差；σ_i 为初始时各类观测值的经验精度。火星影像与激光测高数据联合平差时初始权值设定可依靠仪器量测精度而定，如激光高度计观测值可设置精度为 10m，像点坐标观测值权为 1。

步骤 2：按观测值分组方式写出一级设计矩阵：

$$A = \sum_{i=1}^{k} A_i \quad\quad （5\text{-}30）$$

步骤 3：求出法方程式系数阵的逆矩阵：

$$Q = N_{-1} = \left(A^{\mathrm{T}} P A \right)^{-1} \quad\quad （5\text{-}31）$$

步骤 4：各组方差因子估值由下式求出：

$$H \cdot S = q \quad\quad （5\text{-}32）$$

式中，$S = \begin{bmatrix} S_{01}^2 & \cdots & S_{0k}^2 \end{bmatrix}^{\mathrm{T}}$；$H$ 为 $K \times K$ 阶方阵，其元素为

$$\begin{cases} h_{ii} = \mathrm{tr} \left[P_{ii} \left(A_i Q A_i^{\mathrm{T}} P_{ii} - E_i \right) P_{ii}^{-1} \left(A_i Q A_i^{\mathrm{T}} P_{ii} - E_i \right)^{\mathrm{T}} \right] \\ h_{ij} = \mathrm{tr} \left(P_{ii} A_i Q A_j^{\mathrm{T}} P_{jj} A_j Q A_i^{\mathrm{T}} \right) \end{cases} \quad\quad （5\text{-}33）$$

$q = \begin{bmatrix} q_1 & q_2 & \cdots & q_k \end{bmatrix}^{\mathrm{T}}$，其元素 $q_i = V_i^{\mathrm{T}} P_{ii} V$，此处是方差分量估计的主要步骤。

步骤 5：检查下式是否成立：

$$S_{01}^2 = S_{02}^2 = \cdots = S_{0k}^2 = S_0^2 \quad\quad （5\text{-}34）$$

步骤 6：若上式不成立，则计算下次迭代的权：

$$P_{ii}^{v+1} = \frac{S_0^2}{S_{0i}^2} \cdot P_{ii}^v \quad\quad （5\text{-}35）$$

步骤 7：返回步骤 3 重新计算下次估计，直至步骤 5 中等式成立为止。

5.6　行星表面精确点位预测模型影像匹配

5.6.1　行星表面特点分析

1. 行星表面典型地区影像特点

火星地表一般类似于地球表面的沙漠、戈壁地区，影像纹理信息相对贫乏。选取火星快车 HRSC 影像数据分析火星表面影像特点，地形涵盖陨石坑、峡谷、山地、丘陵、平原等区域，数据基本情况如表 5.12 所示，其中 H3304 轨影像为 Mamers 峡谷区域，H5273 与 H8433 轨影像分别为 Gale 陨石坑与 Huygens 陨石坑区域，H9465 轨影像主要是丘陵、山地区域，四轨影像中均有部分平原区域。

表 5.12　火星快车 HRSC 影像实验数据

轨道编号	地形	影像获取日期	分辨率/m	经度范围/（°）	纬度范围/（°）
H3304	峡谷	2006.08.05	28	15.53～17.82	37.58～50.95
H5273	陨石坑	2008.02.09	20	136.06～138.09	−8.36～−3.38
H8433	陨石坑	2010.08.04	30	53.91～55.67	−7.80～−23.67
H9465	丘陵/山地	2011.06.01	31	160.34～162.72	28.22～40.10

图 5.42 是从试验数据中截取的典型地物：（a）显示 Mamers 峡谷区域除峡谷边缘灰度变化较大外，其他区域地形平坦，影像整体纹理比较单一；（b）显示山地区域地形起伏较大，特征点比较明显，预期匹配效果较好，但是左下角仍有大面积区域类似沙漠地形；（c）显示是好奇号火星探测器着陆区 Gale 陨石坑（即盖尔陨石坑）区域，其着陆位置附近地形平坦，纹理信息缺乏，影像匹配相对困难；（d）显示是 Huygens 陨石坑南部区域的典型地物，周围分布有少量陨石坑，该区域地形特征也比较丰富；（e）显示与（f）主要是平原地形，接近地球表面沙漠区域，影像灰度变化很小，影像匹配难度较大。

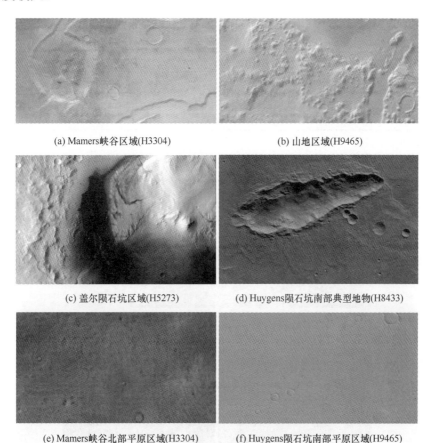

(a) Mamers峡谷区域(H3304)　　　　　(b) 山地区域(H9465)

(c) 盖尔陨石坑区域(H5273)　　　(d) Huygens陨石坑南部典型地物(H8433)

(e) Mamers峡谷北部平原区域(H3304)　　(f) Huygens陨石坑南部平原区域(H9465)

图 5.42　火星表面影像特点分析

为进一步量化分析火星表面影像特点，统计火星表面影像灰度信息并与对地观测卫星影像对比，结果见表 5.13，其中 HRSC 影像量化比特数为 10 位，Pleiades 影像量化比特数为 12 位，而天绘一号影像原始量化比特数为 10 位，实验数据已经转换至 8 位，因此其灰度方差相对较小。分析表中数据可知，火星表面影像灰度方差基本为 10～20，灰度分布范围较窄，表明火星表面影像纹理稀疏，信息相对贫乏，影像匹配难度较大。

表 5.13　火星表面影像与对地观测卫星影像灰度分布对比

试验影像	影像编号/地区	影像量化比特数	灰度最大值	灰度最小值	灰度均值	灰度方差
HRSC 影像	H3304	10	167	37	121.86	9.90
	H5273	10	271	53	118.64	22.05
	H8433	10	231	27	95.13	17.35
	H9465	10	260	77	141.04	21.42
Pleiades 影像	墨尔本地区	12	4095	1	530.63	259.16
天绘一号影像	武汉地区	8	255	32	109.42	24.21

火星表面影像纹理比较稀疏，而纹理稀疏区域难以进行特征点匹配。SURF 算法（Bay et al., 2006）是 SIFT 算法的加速版本，特征点提取与匹配效率更高。使用相同的特征提取与匹配参数分别对火星影像与对地观测卫星影像进行实验，且影像宽高均相同，实验结果见表 5.14、图 5.43～图 5.45。

表 5.14　火星表面影像与对地观测卫星影像 SURF 匹配结果对比

影像数据	影像大小	左影像特征点数量	右影像特征点数量	匹配点数量
H5273	3000×3000	4371	5347	654
H8433	3000×3000	3376	3351	173
天绘一号	3000×3000	11397	11960	2193

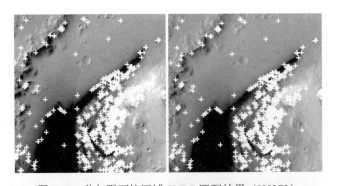

图 5.43　盖尔陨石坑区域 SURF 匹配结果（H5273）

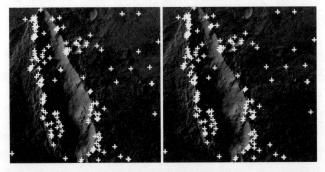

图 5.44　Huygens 陨石坑南部典型地物 SURF 匹配结果（H8433）

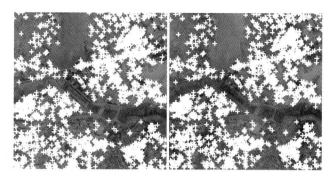

图 5.45　天绘一号卫星影像 SURF 匹配结果

分析实验结果可知，利用 SURF 算法从火星影像上提取的特征点数量有限，仅为对地观测卫星影像的 1/3～1/4，而匹配出的特征点数量更少，H5273 轨影像匹配出的特征点数量约为天绘一号卫星影像的 1/4，H8433 轨影像匹配出的特征点数量不到天绘一号卫星影像的 1/10。火星表面影像特征点一般仅位于陨石坑边缘、山地等地形变化剧烈区域，而火星表面也存在大量的平原区域，其影像纹理稀疏，图 5.44、图 5.45 也显示出在平原区域难以提取特征点，而图 5.46 对地观测卫星影像匹配出的同名点数量较多且分布基本均匀。

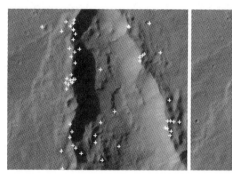
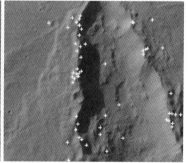

(a) S1峡谷区域阴影　　　　　　　　　　(b) S2峡谷区域阴影

图 5.46　影像匹配中的阴影问题（峡谷区域）

2. 行星表面遥感影像相关系数匹配主要问题

相关系数匹配虽然是影像匹配的经典方法，但是用于火星表面影像匹配时同样面临许多问题，如影像几何畸变、尺度变化、亮度变化、阴影、匹配多解等。

1）几何畸变

相关系数的实质是判断左右影像匹配窗口内灰度的相似程度，显然当影像上存在较大几何畸变时，左右影像匹配窗口对应的地物不一致，因此同名点相关系数难以达到阈值，即影像几何畸变较大时，相关系数的匹配成功率会明显降低。HRSC 原始立体影像存在较大畸变，显然直接在原始影像上进行相关系数匹配是不合适的。引起几何畸变的原因有很多，如地形、摄影角度等，对于卫星影像来说当影像分辨率不是太高时（如 HRSC 影像分辨率为 10m），几何畸变受摄影角度变化的影响相对大一些，如 HRSC 前视 S1 与后视 S2 通道构成立体，两者夹角约 40°，因此 HRSC 原始影像上存在较大几何畸变。

通常几何畸变也伴随有尺度变化，尺度变化表现为立体影像间地面分辨率的不一致，影像的地面分辨率 GSD 可以用如下公式表示：

$$GSD = \frac{a \times H}{f}$$ （5-36）

式中，a 为像元大小；f 为相机焦距；H 为相对航高，而当像元大小、相机焦距固定时，摄影角度不同会导致相对航高不同，则影像的地面分辨率也不相同。卫星影像一般下视分辨率较高，主要是下视影像相对航高 H 较小。尺度变化对相关系数匹配的影响也是非常显著的，当左右影像尺度不统一时，如左影像分辨率为 20m，而右影像分辨率为 10m 时，此时左影像 15×15 的匹配窗口对应的是右影像 30×30 的匹配窗口区域，因此当立体像对间存在尺度变化时相关系数匹配难以获取同名点。

SIFT、SURF 等仿射不变特征匹配算子可以在影像间存在几何畸变时获取同名点，其同名点的多少因影像质量而定，因此即使原始立体影像间存在一定的几何畸变，仍然可以利用 SIFT、SURF 算子提取一定数量的同名点，然而仿射不变特征算子仅能提取特征较为明显的角点，这些特征点作为光束法平差的连接点是够用的，但是用于自动提取 DEM 是远远不够的。可见，利用 SIFT、SURF 等匹配算子是不能解决火星形貌测绘 DEM 自动提取问题的。

相关系数匹配是影像密集匹配（用于自动提取 DEM）的常用匹配测度。立体影像间的几何畸变是相关系数匹配的最主要问题，因此直接在原始影像上进行相关系数匹配是不合适的，但是原始影像经过核线重采样后相当于由倾斜摄影转换至正直摄影，可以部分消除几何畸变的影响，因此相关系数匹配在核线影像上进行仍然是行之有效的，火星形貌测绘影像匹配时可以选用相关系数匹配。

2）亮度变化

相关系数实质上是归一化的协方差函数，由于相关系数的计算隐含了归一化操作，因此小幅度的亮度变化对相关系数匹配影响不大，但是如果立体影像间灰度差别太大时，则可能存在匹配窗口信息量过少的情况，此时也会影响相关系数匹配结果。因此利用相关系数匹配时一般先对影像进行一些预处理（如直方图均衡化等），以使影像灰度范围更为合理，立体影像灰度分布基本一致。

3）阴影

阴影区域一直是影像匹配中的难点问题，主要是由摄影角度及光照条件引起的。如图 5.46、图 5.47 所示，H8433 轨影像的峡谷边缘以及部分陨石坑区域即受到阴影影响，而阴影区域由于缺少灰度信息，影像匹配是非常困难的。

4）匹配多解

利用相关系数在火星表面平原区域匹配时，由于其纹理稀疏，可能在搜索窗口范围内有多个点位相关系数均接近 1，此时匹配出现多解的可能性极大，会影响匹配结果的可靠性。如图 5.48 所示的影像纹理重复出现的情况，此时相关系数最大者可能不是同名像点。对地观测卫星影像中由于有许多人工建筑，匹配多解问题更为突出，如图 5.48（b）中多个房屋在灰度表现上是基本相同的，因此匹配出错的概率非常大。对于匹配多解问题，可以通过核线约束的方法尽量限定搜索空间，此时匹配出现多解的概率将大幅度减小。

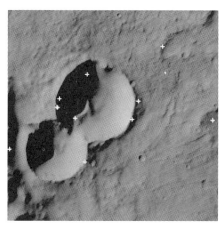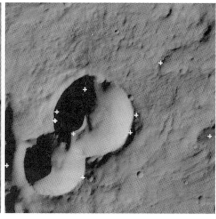

(a) S1陨石坑区域阴影　　　　　　　　　　　　(b) S2陨石坑区域阴影

图 5.47　影像匹配中的阴影问题（陨石坑区域）

(a) 火星表面影像　　　　　　　　　　　　(b) 对地观测卫星影像

图 5.48　影像上的重复纹理

综上所述，虽然火星表面影像相关系数匹配面临着几何畸变、亮度变化、匹配多解等问题，但是在核线影像上进行相关系数匹配可以在很大程度上消除几何畸变的影响，且匹配多解可以通过核线几何约束以及其他约束条件得到限制，因此可以采用相关系数作为火星表面影像匹配尺度。

3. 行星表面遥感影像匹配的不利因素与有利因素

通过火星表面影像特点的分析，以及 SURF 特征点匹配试验结果，并结合火星探测距离较远，卫星定姿、定轨精度有限的实际工程背景，可以总结出火星表面影像匹配的不利因素主要如下：

（1）火星表面影像纹理信息贫乏，影像特征点提取困难，这是火星表面影像匹配的主要难点；

（2）火星表面影像上普遍存在大面积的沙漠状区域，其灰度分布范围较小，灰度方差变化不大，如果灰度范围过于集中，会导致多个位置的相关系数接近 1，此时相关系数最大值不一定是同名像点，即产生匹配时的多解问题；

（3）由于火星距离地球较远，探测器的定姿、定轨精度有限，而卫星影像的位置、姿态精度直接影响核线重采样精度，导致核线几何约束难以严格限制在一维搜索空间，对于此问题，影像匹配时可适当放宽核线几何约束条件，即沿核线方向上、下各多取 1～2 个像素。

虽然火星表面影像纹理稀疏是其主要匹配难点，但是与对地观测卫星影像相比，火星表面影像匹配也有一些有利因素：

（1）火星上不存在建筑物遮挡、移动目标等对地观测卫星影像匹配中的难点问题，因此理论上火星立体影像重叠范围内完全存在同名点（除去阴影等区域）；

（2）对地观测卫星影像上的水域是影像匹配中的干扰因素，而火星表面没有河流、湖泊等水域；

（3）由于地球表面存在大量的人工建筑物如房屋、桥梁等，因此地球表面尤其是城市区域的高程并不是连续的，通常根据需要分别获取 DEM 与 DSM，而火星表面地形比较连续，不存在 DEM 与 DSM 的区别，可以在匹配时很好地利用地形连续这一约束条件。

5.6.2　精确点位预测模型（P3M）的基本原理

影像匹配方法本身是在两个二维图像上搜索同名像点的过程，由于有核线约束搜索空间可以限制在一维，图 5.49 中红色虚线即为核线方向。但是沿核线搜索时搜索范围也是比较大的，而搜索空间过大不仅会降低计算效率，更大的问题是导致匹配得出的是误差点，此时仍需要利用各种约束条件进一步限制搜索范围，如根据地面点的一系列高程值利用投影轨迹法计算出同名像点，据此可在核线方向确定一个较小的搜索范围。图 5.49 阐述了精确点位预测的基本思想，设影像 I_1 上的待匹配点 (i,j) 灰度值为 132（其中红色加粗显示像元），该点对应的影像 I_2 上的同名像点 (i',j') 灰度值为 130（其中红色加粗显示像元），假定有两种预测方法，第一种预测方法精度较差，预测出的点位是灰度值等于 148 的像元（其中用棕色斜体表示），此时设置一个较大的搜索窗口 5×5（其中棕色虚线所示），则在此范围内搜索时仍不能命中同名像点或者匹配出错误的同名点；

影像 I_1 待匹配像点 (i,j) 灰度=132

123	149	133	142	144	146	189	190	191	102
132	135	156	143	178	186	198	165	132	193
198	211	142	142	170	132	142	156	167	212
218	219	166	146	147	142	189	132	178	209
220	208	144	149	130	133	158	190	182	208

影像 I_2 同名像点 (i',j') 灰度=130

121	148	131	149	143	157	183	199	180	120
134	138	152	141	176	188	192	163	133	190
201	220	148	131	173	130	143	153	159	208
229	226	167	143	149	143	188	136	177	223
218	211	148	143	133	129	149	198	183	209

预测方法二

预测方法一

图 5.49　点位精确预测示意图

而第二种预测方法精度较高，其预测出的点位是灰度值等于 173 的像元（其中用蓝色斜体表示），此时给定一个较小的搜索窗口 3×3（其中蓝色虚线范围），则在此较小的搜索窗口内即可命中灰度值为 130 的同名像点。

1. 精确点位预测模型

可见，影像匹配的一个关键问题是快速、准确地找出同名点的大致位置，也就是通过相应的预测方法对同名点的可能位置进行估计，并给出合理的搜索窗口大小，当预测方法估计点位精度较高时，命中同名像点的概率会比较高，且计算效率也较高。基于上述分析，并结合火星表面影像特点，提出了一种基于精确点位预测模型（precise point prediction model，P3M）的火星表面影像匹配方法，其基本原理阐述如下。

1）邻近已知点构建仿射变换预测模型

火星表面地形比较连续，如果匹配点附近有一定数量的已知点（已经匹配出的可靠同名点），则可以使用这些已知点构建仿射变换模型，然后利用仿射变换模型预测出同名像点的大致位置，显然已知点距离匹配点越近、点数越多，则预测结果越可靠。

2）核线影像相关系数匹配

虽然相关系数匹配的主要问题易受影像几何畸变、尺度变化等因素干扰，而卫星影像经过核线重采样后影像尺度是基本一致的，且核线重采样的过程类似于将倾斜摄影纠正成垂直摄影，此时由摄影角度引起的部分几何畸变也可以得到消除，因此即使原始立体影像存在几何畸变与尺度变化，仍然可以在核线影像上使用相关系数进行匹配；当有一定数量的已知同名点且点位分布比较合理时，结合核线约束以及邻近已知点构建的点位预测模型可以比较精确地预测出同名像点。

3）SURF 匹配获取初始匹配点

SIFT 算法在计算机视觉与数字摄影测量领域得到了广泛应用，SURF 算法是 SIFT 算法的加速版本，利用 HRSC 影像数据进行的多次试验也表明 SURF 算法适用于火星表面影像匹配，对于 1000×1000 大小的图像，即使影像纹理比较稀疏，也可成功匹配出几十个同名像点，且在核线影像上匹配特征点的效果要优于原始影像，因此可以利用 SURF 算法在核线影像上提取初始匹配点，作为后序加密匹配的已知点。

4）优先选取明显特征点逐层加密匹配

通常情况下影像特征越明显，则匹配成功的可能性越大，因此算法优先选取明显特征点即强角点进行加密匹配，在匹配出一定数量的同名点后，可将这些同名点作为后序进一步加密匹配的已知点，这样通过优先选取明显特征点以及逐层加密匹配的方法，随着加密点的逐渐增多，同名点位的预测精度也逐渐提高，在后序加密匹配时可以将特征点提取的阈值放宽，即选取特征不明显的角点进行匹配，可以尽可能多地匹配影像上的特征点。由于 Shi-Tomasi 算法可以提取出强角点，且点位分布比较合理，因此选用 Shi-Tomasi 算法作为逐层加密匹配时的特征点提取算子。

2. 计算流程

结合上述精确点位预测匹配算法的基本原理，设有立体影像 I_1 与 I_2，其影像匹配过程描述如下。

步骤 1：影像预处理，利用直方图均衡化算法对影像 I_1 与 I_2 进行直方图均衡化处理，基于 SPICE 库构建卫星影像严密几何模型，并生成近似核线影像。

步骤 2：SURF 匹配获取初始已知点，利用 SURF 算法分别从 I_1 与 I_2 上影像提取特征点，设特征点数量分别为 F_1 与 F_2，构建 F_1 与 F_2 个特征点的多维特征描述子，基于欧氏距离匹配特征点，并利用 RANSAC 算法剔除匹配中的粗差点，设剔除粗差后的同名点数为 N_0。

步骤 3：提取加密匹配用的角点，利用 SURF 匹配得出的 N_0 个同名点作为已知点进行第一次加密匹配，在影像 I_1 上利用 Shi-Tomasi 算子提取角点，初次加密匹配时将角点提取阈值设置的高一些以提取特征相对明显的强角点，此时角点数量相对较少，而随后的逐层加密匹配则将角点提取阈值设置的低一些以提取更多角点。

步骤 4：点位预测，对于每一个待匹配的角点 P_i，以搜索半径 R 为步长从 N_0 个同名点中搜索距离 P_i 最近的 n 个点，利用这 n 个点按照最小二乘原理解算仿射变换模型参数并对点位进行预测，设预测出的同名点为 Q_i'，同时按照邻近已知点与 P_i 的距离设定搜索窗口范围 $m \times n$。

步骤 5：计算相关系数，确定匹配点，以预测点 Q_i' 为中心，在该点搜索窗口范围内计算各点与 P_i 的相关系数 ρ_i，如果 ρ_i 大于给定阈值（如 0.75），则记录该点为待选点，当搜索窗口内所有像素的相关系数统计完毕后，如果有多个待选点，则以其相关系数最大者作为匹配点 Q_i，如果搜索窗口内没有待选点，则该匹配点未能成功命中同名点；经过上述计算后设匹配出的同名点数量为 N_1。

步骤 6：逐层加密匹配，重复步骤 3 至步骤 5 的角点提取、点位预测、相关系数匹配过程，对匹配点进行逐层加密，直至获取满足需要的匹配点数量（针对影像纹理信息丰富特征点较多的情况），或者影像中已经不能再提取出特征点，此时为获取更密集同名点可转步骤 7。

步骤 7：匹配格网点，在影像 I_1 上按照 3×3 或者 5×5 的格网间距，每个格网中选择一个点作为待匹配点，利用上述获取的大量特征点可形成比较好的点位预测精度，对这些格网点进行点位预测、相关系数匹配。

通常情况下在 SURF 匹配后，进行 2～3 次加密匹配即可获取大量密集匹配点，上述匹配算法流程如图 5.50 所示。

5.6.3 P3M 匹配算法的主要策略

1. 初始匹配点位获取

P3M 算法利用 SURF 算子提取并匹配特征点作为逐层加密匹配的初始已知点。

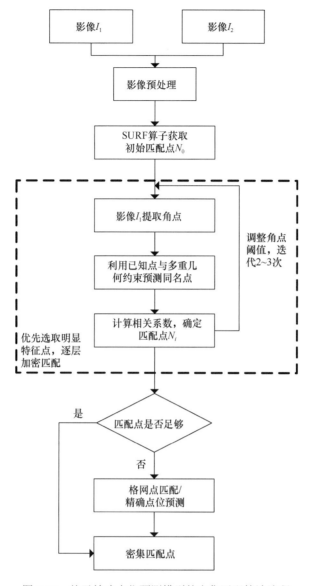

图 5.50　基于精确点位预测模型的密集匹配算法流程

SURF 算法基于 SIFT 算法的思想，但是效率更高，该算法的主要优点是具备旋转、缩放不变性，即算法抵抗几何畸变能力较强。该匹配算法主要用于火星表面影像匹配，原始影像上存在的几何畸变、尺度变化等问题可以通过核线重采样得到部分消除，因此利用 SURF 算法并不是为了获得大量的尺度不变特征点，主要是利用 SURF 算法可以比较稳定地匹配出一些同名点的特性，而初始匹配点数的多少并不是算法关注的重点。实际上算法对 SURF 初始匹配点数要求并不高，仅需要少量已知点即可构建粗略的点位预测模型，只是点数较少时点位预测精度稍差，此时可以将搜索窗口增大，仍然可以在后序加密匹配时获得大量同名点。

　　为进一步说明逐层加密匹配时对初始点位（SURF 匹配点）的依赖程度，在 H8433 轨影像四角人工采集四个同名点并在影像中心再采集一个同名点，即共 5 个同名点，以这 5 个同名点作为初始已知点构建仿射变换预测模型，搜索窗口大小为 21×21，匹配窗口大小为 13×13，相关系数阈值为 0.75，利用 Shi-Tomasi 算子在左影像上提取 5000 个特征点，右影像上共匹配出 4685 个特征点，匹配成功率为 93.7%，其结果如图 5.51 所示，后序逐层加密匹配时即可利用这 4685 个特征点作为已知点。可见，算法逐层加密匹配时对 SURF 初始匹配点的数量要求并不高，仅需少量点即可。由于算法利用 Shi-Tomasi 算子提取特征相对明显的强角点，而强角点本身利于匹配，因此即使仅有 5 个同名点进行点位预测，在核线几何约束辅助下匹配成功率也是比较高的，而当待匹配点的数量较多时，这些点可能不再是强角点，因此匹配成功率会有所下降。需要说明的是原始 HRSC 影像几何畸变大，不利于影像匹配，因此影像匹配均基于核线影像。

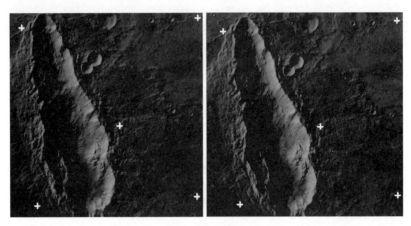

(a) 人工采集5个同名点

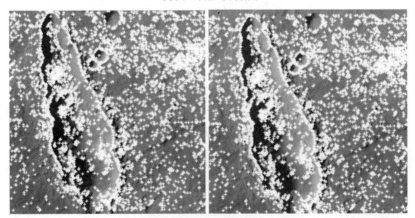

(b) 利用5个已知点加密匹配出4685个同名点

图 5.51 初始匹配点数量对逐层加密匹配结果的影响

SURF 算法以及 SIFT 算法在数字摄影测量与计算机视觉领域中的应用非常广泛，利用 SURF 算法获取 H3304 与 H8433 轨影像同名点的结果如图 5.52 所示，其中 H3304 轨图像大小为 2000×2000，共匹配出 112 个同名点；H8433 轨图像大小为 3000×3000，共匹配出 173 个同名点，这些点数已经足够后序逐层加密匹配使用。

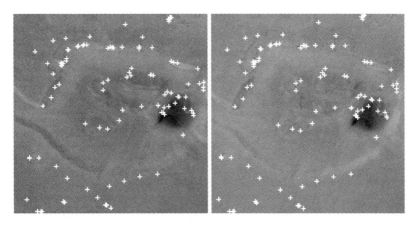

(a) H3304轨影像，共112个同名点

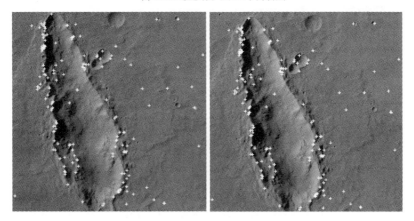

(b) H8433轨影像，共173个同名点

图 5.52　SURF 匹配获取初始匹配点结果

2. 逐层加密特征点提取

常用的角点检测算法主要有 Moravec 算子、Förstner 算子、Harris 算子、SIFT 算子、SURF 算子，以及 Shi-Tomasi 算子等，其中 Shi-Tomasi 算子可以提取强角点，并且便于控制点位分布，图 5.51（b）也说明了 Shi-Tomasi 算子在火星表面影像上提取角点的效果，其角点特征比较明显，且点位分布比较均匀，这些特性有利于点位预测。

Shi-Tomasi 算子是对 Harris 算子的一种改进，大部分情况下可以得到优于 Harris 算子的效果。Harris 角点定义的基础是图像灰度的二阶导数矩阵，即二维 Hessian 矩阵：

$$H(p) = \begin{bmatrix} \dfrac{\partial^2 I}{\partial x^2} & \dfrac{\partial^2 I}{\partial x \partial y} \\ \dfrac{\partial^2 I}{\partial x \partial y} & \dfrac{\partial^2 I}{\partial y^2} \end{bmatrix} \tag{5-37}$$

对于 Harris 角点，通常使用像素点周围小窗口范围内的二阶导数图像的自相关矩阵，该自相关矩阵定义如下：

$$M(x,y) =$$

$$\begin{bmatrix} \sum_{-K \leqslant i,j \leqslant K} w_{i,j} I_x^2(x+i,y+j) & \sum_{-K \leqslant i,j \leqslant K} w_{i,j} I_x(x+i,y+j) I_y(x+i,y+j) \\ \sum_{-K \leqslant i,j \leqslant K} w_{i,j} I_x(x+i,y+j) I_y(x+i,y+j) & \sum_{-K \leqslant i,j \leqslant K} w_{i,j} I_y^2(x+i,y+j) \end{bmatrix}$$

$$(5\text{-}38)$$

式中，$w_{i,j}$ 为归一化权重比例。Harris 定义的角点位于图像二阶导数自相关矩阵有两个最大特征值的地方，其实质表示的是以此点为中心周围存在至少两个不同方向的纹理（或者边缘），而角点通常至少由两个边缘相交于一点而产生。Harris 算子的定义是将矩阵 $H(p)$ 的行列式与 $H(p)$ 的迹（带权重系数）相减，再将差值同预先给定的阈值进行比较，其公式如下：

$$C_{\text{harris}} = \det(M) - k\text{tr}^2(M) \tag{5-39}$$

式中，k 值一般取为 $0.04 \sim 0.06$。Shi-Tomasi 在 Harris 的基础上研究发现，若两个特征值中较小的一个大于最小阈值，则会得到强角点。实际提取特征点时，可以先利用 Sobel 算子计算图像的二阶导数，然后再利用 Shi-Tomasi 提出的方法提取强角点。

3. 点位预测邻近已知点快速搜索策略

通过 SURF 匹配获取一些初始匹配点后，算法在后序逐层加密匹配过程中的一个关键问题是确定出待匹配点的邻近已知点。下面先介绍穷举法搜索邻近已知点的计算方法，然后介绍 KD 树快速搜索方法，并对两者的计算效率进行对比分析。

设图像 I_1 与图像 I_2 已有 N 个同名点对（已知点），当前待匹配点为 P_i，构建仿射变换模型所需的最小已知点数量为 $C_{\min}$，对于仿射变换模型一般仅需要 4 个已知同名点即可解算，即 $C_{\min} = 4$，穷举法搜索邻近已知点的计算过程如下。

步骤 1：输入 N 个已知同名点的像素坐标，此时假定匹配结果不含粗差，所有已知点均可靠。

步骤 2：设定初始搜索半径 R_0 以及迭代搜索半径 R_i，此处按照倍数关系加大搜索半径，即 $R_0 = 50$，$R_1 = 100$，$R_2 = 200$，$R_2 = 400$，…，以此类推，为防止搜索迭代无限制增大，设定搜索迭代次数上限 $t_{\max} = 10$。

步骤 3：如图 5.53 所示，对于每一个待匹配点 P_i，以该点为中心，先以 R_0 为搜索半径，逐个计算 P_i 与每一个已知点的距离 D_i，当 D_i 小于 R_0 时，即认为找到一个邻近点，当所有 N 个已知点判断完毕后，统计找到的临近点数量 C_N，如果 $C_N \geqslant C_{\min}$ 即停止搜索，否则转步骤 4。

步骤 4：加大搜索半径，采用与步骤 3 相同的方法逐个计算已知点与待匹配点的距离，直至 $C_N \geqslant C_{\min}$ 或者搜索迭代次数超限，当 $C_N \geqslant C_{\min}$ 时转步骤 5。

步骤 5：按照最小二乘原理，利用搜索半径内的 C_N 个已知点构建仿射变换模型，并利用仿射变换模型由P_i点的像素坐标预测其在I_2影像上的同名点坐标Q_i'，而P_i真实的同名点为Q_i。

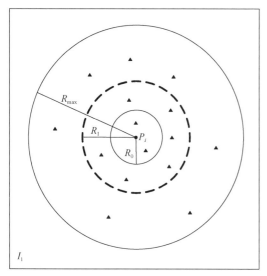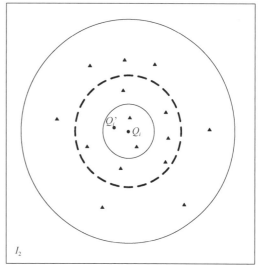

图 5.53　邻近已知点搜索及点位预测示意图

三角符号表示已知点

需要说明的是步骤 3 并不是仅搜索出所需要已知点的最小个数$C_{\min}$，而是全部记录搜索半径内的已知点，如图 5.53 所示，在R_0半径范围内首次搜索时仅有两个已知点，因此扩大搜索半径至R_1，此时R_1范围内共有 8 个已知点，则全部利用这 8 个点采用最小二乘方法平差解算仿射变换预测模型，这种方案点位分布更合理，其结果要优于仅用四个已知点的预测结果。

通过上述计算过程可以总结出穷举法邻近点搜索主要与已知点数量及搜索迭代次数有关，其中搜索迭代次数受搜索半径的影响，由于不同影像的已知点位分布、已知点数量不同，假定搜索平均迭代次数为K，此时穷举法邻近已知点搜索的算法复杂度可以表示为：$O(N \times K)$，而当有M个待匹配点需要预测时，则预测算法的复杂度可以表示为：$O(M \times N \times K)$。显然，当已知点数量与匹配点数量都比较多时，穷举法的计算效率将迅速下降，如已知同名点数量$N = 5000$，进行1000×1000图像的逐像素匹配时$M = 1000000$，设平均搜索迭代次数为$K = 2$，则预测点位的计算量达到 100 亿次。

当初始匹配时 SURF 点数量可能较少，如仅有几百个同名点，此时使用穷举法搜索尚可，而在经过一次加密匹配后的同名点数量即可能达到几万个，显然此时采用穷举法搜索邻近已知点效率是比较低的。因此邻近已知点的搜索效率是影响匹配计算效率的一个关键因素，可以采用 KD 树（K-Dimension tree）算法进行邻近已知点的快速搜索。

KD 树算法实际上是一种K近邻算法（K-nearest neighbor algorithm，　KNN 算法）（Silpa and Hartley，2008），即查找最邻近的K个数据点，当$K = 1$时即最近邻算法。KD 树即是对数据在K维空间划分的一种数据结构，主要用于多维空间数据的搜索，对于搜索邻近已知点的问题即是二维数据(x,y)的搜索。KD 树算法实质上是一种平移二叉树，即把数据空间划分为若干个部分，然后在特定空间部分内进行搜索。利用 KD 树搜索邻近点时，需要先构建 KD 树，研究表明对于 K 维空间中的 N 个数据来说，构建 KD 树的时间复杂度为 $O(K \times N \times \log N)$，因此即使已知点数较多，构建 KD 树的时间仍然是比较合理的。算法仅需要搜索邻近已知点，而已知点数量是固定的，因此并不涉及 KD 树的插入、删除等操作。KD 树算法的构建过程如图 5.54 所示。

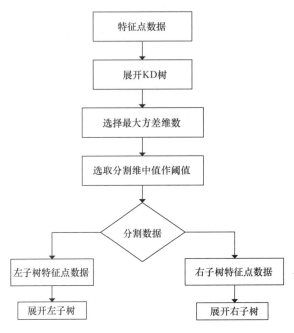

图 5.54　KD 树构建流程

邻近已知点的搜索效率以及点位预测效率是影响算法的重要因素，通过试验先分析 KD 树构建效率。选取 H5273 轨影像，图像大小为 5000×5000，已知点数量从 2609 增大至 144101，试验算法程序设计平台为 Visual Studio 2010+Qt，试验硬件环境为 Windows 8 操作系统，CPU 为 Intel Core i5-2450，主频 2.50GHz，内存 4GB。

分析表 5.15 结果可知，KD 树的构建效率是比较高的，点数达到 14 万时仍不足 0.1s，且 KD 树构建时间基本随着点数增多呈线性增长趋势，试验结果与理论结果（KD 树构建的计算复杂度）是一致的。

表 5.15　KD 树构建效率分析

试验影像	图像大小	已知点数量	KD 树构建时间/ms
H5273	5000×5000	2609	2
	5000×5000	9455	5
	5000×5000	18683	11
	5000×5000	44147	23
	5000×5000	81674	40
	5000×5000	144101	71

下面分析 KD 树搜索邻近已知点以及仿射变换点位预测的计算效率（表 5.16），最小已知点数量 $C_{\min}=4$，试验数据仍为 H5273 轨影像，试验软硬件环境不变，共进行 6 组试验，每组试验已知点数量不同，待匹配点数均从 1 万逐渐增大至 20 万，对应邻近已知点搜索时间及点位预测时间见表 5.16 与图 5.55。

表 5.16　KD 树搜索邻近已知点及点位预测效率

已知点数量	待匹配点数/10000	搜索时间/s	预测时间/s	已知点数量	待匹配点数/10000	搜索时间/s	预测时间/s
2609	1	0.134	0.283	9455	1	0.221	0.544
	2	0.249	0.558		2	0.407	0.987
	5	0.600	1.389		5	0.914	2.167
	10	1.299	2.874		10	1.745	4.134
	20	2.674	6.090		20	3.371	7.597
18683	1	0.327	0.851	44147	1	0.496	1.404
	2	0.573	1.501		2	0.906	2.641
	5	1.245	3.090		5	1.996	5.522
	10	2.094	5.264		10	3.177	8.872
	20	3.792	9.144		20	5.745	14.369
81674	1	0.703	1.966	144101	1	0.914	2.651
	2	1.310	3.762		2	1.788	4.939
	5	2.921	7.894		5	3.852	10.884
	10	4.758	13.217		10	7.392	18.646
	20	7.681	20.873		20	10.783	29.790

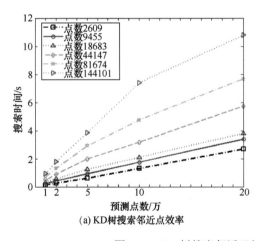

(a) KD 树搜索邻近点效率

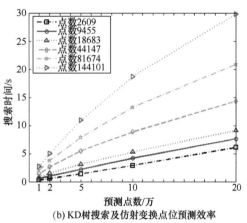

(b) KD 树搜索及仿射变换点位预测效率

图 5.55　KD 树搜索邻近已知点及仿射变换点位预测效率

分析试验结果可知，邻近已知点的搜索效率以及点位预测效率均与已知点数量有关，即已知点数越多，搜索计算时间与点位预测时间越长，图 5.55 中数据走势也显示出其增长关系基本上是线性的，即使已知点数量为 144101 时，20 万个点的预测时间约 30s，点位预测效率约 7000 点/s。实际上试验所用 5000×5000 图像如果均匀分布有 10000 个已知点，即大约 50 个像素有一个已知点时预测精度已经比较高了，试验结果中已知点数量为 9455 时，20 万个待匹配点的预测时间仅为 7.5s，即点位预测效率约 3 万点/s。而目前相同试验环境下影像匹配的计算效率一般为 300～1000 点/s，因此点位预测算法时间相对匹配计算时间是很小的。由于影像匹配是密集型计算，通常需要采用并行机制，在并行环境下点位预测算法的效率可以得到成倍提升。

4. 仿射变换与多重几何约束构建精确点位预测模型

点位预测时不仅需要对同名像点的位置进行估计，另一项重要内容是设定搜索窗口大小，两者共同构成点位预测模型。当经过逐层加密匹配获取一定数量的匹配点时，由于待匹配点与邻近已知点的距离较小，因此可以使用仿射变换模型在局部范围内建立左右影像间的变换关系：

$$\begin{cases} x_2 = a_0 + a_1 x_1 + a_2 y_1 \\ y_2 = b_0 + b_1 x_1 + b_2 y_2 \end{cases} \tag{5-40}$$

式（5-40）中仿射变换模型参数共有 6 个未知数，而每对同名点可以列出两个方程，因此使用 3 个同名点即可解算，一般使用 4 个均匀分布的已知点，当搜索范围内有多个已知点时则采用最小二乘平差求解，解算出变换参数 $a_i, b_i\,(i = 0,1,2)$ 后，即可利用式（5-40）由待匹配点坐标 (x_1, y_1) 预测出其同名点的像点坐标 (x_2, y_2)。由于点位预测给出的仍是同名点的大致位置，而真实同名点位置应该在预测点附近，本节算法的"精确点位预测"是期望预测点位与真实点位尽量接近，实际上当待匹配点周围有足够数量的已知点时，预测点位的精度可以达到 1～2 个像素，这就是算法期望达到的"精确预测"效果。在预测出点位之后，还需要对点位的预测精度进行估计，主要是根据邻近已知点与匹配点的距离再结合核线、地形等约束信息设定合理的搜索窗口大小。因此，点位预测模型可描述为

$$点位预测模型: \begin{cases} ①点位估计:(x_1, y_1) \xrightarrow{\text{predict}} (x_2, y_2) \\ ②核线、地形约束设定搜索窗口：k \times l \end{cases}$$

结合上述分析，基于邻近已知点构建仿射变换模型与核线等约束进行同名点预测的具体流程如下。

步骤 1：构建核线影像并输入立体影像已知同名点坐标。

步骤 2：构建已知同名点 KD 树。

步骤 3：给定 I_1 影像上的待匹配点 (x_1, y_1) 与搜索范围 R，利用 KD 树搜索该点的邻近已知点。

步骤 4：设搜索出的邻近已知点数量为 N，则利用 N 个已知点构建仿射变换模型并按照最小二乘原理求解仿射变换参数。

步骤 5：将像点坐标 (x_1, y_1) 代入式（5-40）计算出其在 I_2 影像上的估计值 (x_2, y_2)，同时根据已知点位数量、点位分布以及核线等约束条件给出搜索窗口 $k \times l$。

综合利用邻近已知点构建的仿射变换模型以及核线等信息形成多重几何约束条件，来达到精确点位预测的目的，其中点位预测机制是算法的核心。

（1）已知点数量越多，距离待匹配点越近，则点位预测越准确，此时可以设定一个较小的搜索窗口；反之，当已知点数量较少，距离待匹配点较远时，则点位预测精度较

差，此时应该设定一个较大的搜索窗口。

（2）当已知点数量较少时，仿射变换模型预测点位的精度不高，此时在 Y 方向仍然可以利用核线约束条件限定搜索空间，实际处理时核线约束放宽为 Y 方向上下各 2～3 个像素。

（3）对于大部分图像，通过逐层加密匹配的方法最终可以获取的同名点数量是比较多的，点位分布也是比较合理的，此时点位预测可以达到较高的精度。图 5.56 是 H8433 轨影像逐层加密匹配结果，试验图像大小为 3000×3000。图 5.56（a）是加密匹配一次结果，匹配出同名点 9321 个；图 5.56（b）是加密匹配两次结果，共匹配出同名点 89543 个，基本达到足 10×10 格网内有一个同名点的密度。实际上可以在图 5.56（b）匹配结果的基础上进一步加密匹配，获取更为密集的同名点，而此时由于有大量均匀分布的已知点，点位预测精度是非常高的，在此基础上进行密集匹配的成功率与计算效率都是比较高的。

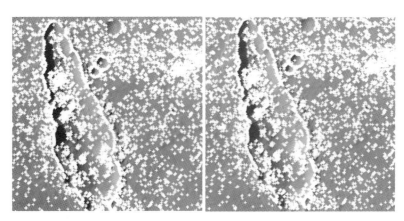

(a) 加密匹配一次结果(9321个同名点)

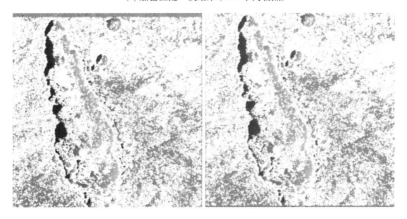

(b) 加密匹配两次结果(89543个同名点)

图 5.56 逐层加密匹配结果

下面通过试验分析预测点位与实际点位的误差，其中同名点的实际位置以相关系数匹配结果为准，且相关系数匹配结果已经过人工检查，粗差点数量极少。由于地形对点位预测精度有一定的影响，因此点位预测精度分析时选取地形相对复杂的 H5273 轨影像，该轨影像试验数据图像大小为 5000×5000，地形包括陨石坑、山地、平原。试验共分为两组，第一组已知点数量为 9455，第二组已知点数量为 44147，使用不同的搜索窗口分析匹配成功率及点位误差的最大值 (x_{max}, y_{max})、最小值 (x_{min}, y_{min})、均值 (x_{mean}, y_{mean})、方差 (x_{std}, y_{std}) 等指标，试验结果见表 5.17 和图 5.57。

表 5.17 预测点位与实际点位误差

已知点数	搜索窗口	预测点数	匹配点数	成功率	x_{max}	x_{min}	x_{mean}	x_{std}	y_{max}	y_{min}	y_{mean}	y_{std}
9455	9×3	20000	18693	93.4	4.496	0	−0.011	1.209	1.500	0	0.002	0.425
9455	9×5	20000	18719	93.5	4.496	0	−0.011	1.221	2.499	0	0.006	0.474
9455	9×7	20000	18726	93.6	4.496	0	−0.011	1.226	3.497	0	0.004	0.505
9455	9×9	20000	18734	93.6	4.496	0	−0.01	1.229	4.497	0	0.006	0.548
44147	9×3	100000	82780	82.7	4.496	0	0.004	1.226	4.496	0	0.004	1.226
44147	9×5	100000	83060	83.0	4.500	0	−0.059	1.448	2.499	0	−0.001	0.606
44147	9×7	100000	83175	83.1	4.500	0	−0.059	1.448	3.499	0	−0.001	0.677
44147	9×9	100000	83243	83.2	4.500	0	−0.062	1.461	4.498	0	0	0.736

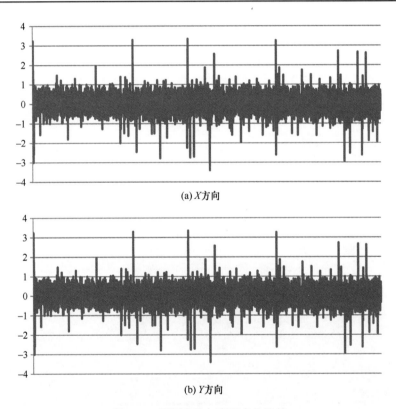

(a) X 方向

(b) Y 方向

图 5.57 预测点位与实际点位误差

对试验结果作出如下分析：

（1）点位预测精度的分析，点位预测结果 X 方向中误差在 1.2～1.5 个像素，Y 方向中误差为 0.5～0.7 个像素，点位预测精度是比较高的；

（2）匹配成功率的分析，由于点位预测精度较高，增大搜索窗口基本不影响匹配成功率，因此可以利用点位预测算法的预测机制限定一个较小的搜索窗口，在保证点位预测精度的情况下，提升匹配计算效率；

（3）核线几何约束的分析，点位预测误差在核线影像 Y 方向较小，试验中搜索窗口沿核线影像 Y 方向从 9×3 变化至 9×9，相当于放宽核线约束条件，但是并未影响匹配成功率，主要是点位精确预测模型结合核线约束共同形成高精度点位预测效果。

对于逐层加密中的粗差点问题，由于匹配策略的特点，一般粗差点的误差幅度并不大，因此即使已知点数据中有少量的粗差点，实际上对点位预测的影响并不大，且在逐层加密匹配过程中如果粗差点位导致预测精度不高时，在后序的相关系数匹配过程中是难以找出同名像点的，这等于自动在逐层加密匹配时舍弃上一层的粗差点，也就是说匹配算法的点位预测机制不会造成粗差点在逐层加密过程中逐渐传播的问题，反而会随着逐层加密匹配而自动剔除粗差点，即最终加密匹配结果的可靠性是比较高的。

图 5.58（a）是在 H8433 轨影像上人工加入了一个粗差点（绿色十字丝表示粗差点），粗差点的误差幅度约 20 个像素，已知同名点数量是 9321，在此基础上加密匹配得出 89544 个同名点，从图 5.58（b）可以看出，原有的粗差点并未影响后序加密匹配，因此匹配算法的点位预测机制，以及逐层加密的匹配策略具有潜在的抗粗差能力。

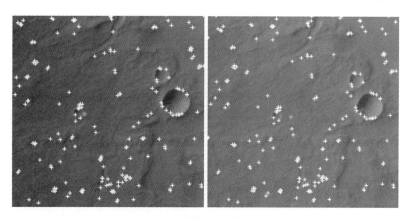

(a) 人工加入一个粗差点（绿色十字丝为粗差点）

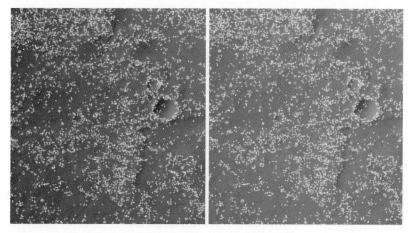

(b) 加入粗差点后进一步加密匹配结果

图 5.58　人工添加粗差点对逐层加密匹配的影响

5.6.4 匹配参数对行星表面遥感影像匹配结果的影响

KD 树搜索邻近已知点以及点位预测的效率是比较高的，匹配算法的主要计算量集中在相关系数计算上，对于待匹配的 N 个点，匹配算法复杂度与搜索窗口大小 $m \times n$、匹配窗口大小 $k \times l$ 有关，相关系数匹配算法复杂度可以表示为

$$O(N \times m \times n \times k \times l) \tag{5-41}$$

可见搜索窗口大小与匹配窗口大小对计算效率的影响是非常显著的，如匹配窗口均为 13×13 时，搜索窗口为 15×15 时的计算量是搜索窗口为 3×3 时计算量的 25 倍。

火星表面影像匹配的一个关键问题是匹配参数的确定，主要是匹配窗口大小、搜索窗口大小、相关系数阈值等参数。匹配参数直接影响匹配精度与匹配效率，由于火星表面影像与地球表面不同，常用的对地观测卫星影像的匹配参数不能直接用于火星表面影像的匹配。

为分析匹配结果，这里先给出匹配成功率与匹配可靠性的概念。设匹配点总数为 m_N，通过相关系数匹配出的同名点数为 m_M，而由于匹配点难以达到 100%正确率，匹配出的同名点一般或多或少会含有一些粗差点，设匹配正确同名点数为 m_T，匹配成功率 R_S 可以表示为

$$R_S = \frac{m_M}{m_N} \tag{5-42}$$

而匹配可靠性 R_T 可以表示为

$$R_T = \frac{m_T}{m_M} \tag{5-43}$$

匹配成功率表示匹配算法提取同名点的多少程度，而匹配可靠性表示匹配结果的可靠性程度，设计优良的匹配算法应该是保证匹配可靠性的情况下尽可能提高匹配成功率。匹配成功率的统计相对简单，而匹配可靠性的精确统计是比较困难的，因为匹配点数通常较多，人工检查时难以从大量匹配点中精确区分出误匹配点，而一些粗差自动剔除算法在剔除误差匹配点的同时往往也会剔除大量的正确匹配点。

1. 匹配窗口大小对匹配结果的影响

匹配窗口的宽高一般取相同值且一般是奇数，如 11×11 或者 15×15，以便在预测点位行方向与列方向取同样大小的像素区间。匹配窗口越大则窗口内的像素数越多，其相关系数计算结果越可靠，但是匹配窗口过大时，相关系数的计算量也随之迅速增长，如匹配窗口为 21×21 时的计算量理论上是匹配窗口为 7×7 时的 9 倍。而匹配窗口太小时，一方面匹配窗口内像素的轻微变化即会导致相关系数产生较大变动，此时相关系数对灰度变化过于敏感，匹配时可能舍弃了很多同名像点；另一方面，匹配窗口过小也可能加大同名点匹配错误率，图 5.59 是匹配窗口为 3×3 时的匹配结果，此时匹配的"成功率"达到 90%以上，但是匹配点中有大量的粗差点（如其中陨石坑边缘部分），匹配结果的可靠性较差。可见，匹配窗口大小直接影响算法的匹配成功率、匹配可靠性及计算效率。匹配成功率、匹配可靠性及匹配计算效率往往难以同步提升，在匹配成功率与匹配可靠

性的选择上，应该以提高匹配可靠性为主，因此匹配窗口不能设置得太小，通过对地观测卫星影像与火星表面影像的多次试验，匹配窗口大小一般不小于 7×7。

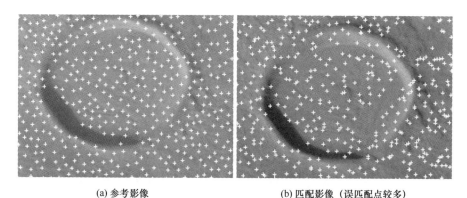

(a) 参考影像　　　　　　　　　　　　(b) 匹配影像（误匹配点较多）

图 5.59　匹配窗口（3×3）太小导致匹配可靠性降低

为合理分析匹配窗口大小对匹配成功率、匹配可靠性及匹配计算效率的影响，设计试验方案如下：保持影像搜索窗口大小、相关系数阈值、待匹配点数量不变，逐渐改变匹配窗口大小，通过四轨 HRSC 影像数据分析匹配结果，影像数据已知点位分布如图 5.60 所示。试验分为两组进行，第一组试验搜索窗口设置为 7×7，第二组试验搜索窗口设置为 11×11，而匹配窗口由 9×9 逐渐增大至 19×19，相关系数阈值均为 0.75。试验算

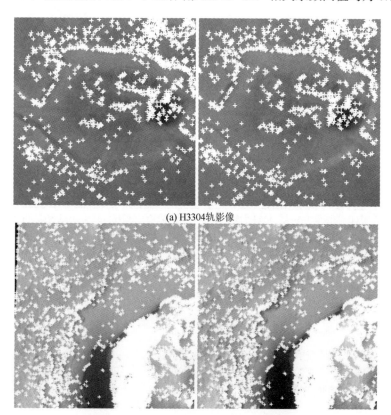

(a) H3304轨影像

(b) H5273轨影像（左上角黑边由核线重采样引起）

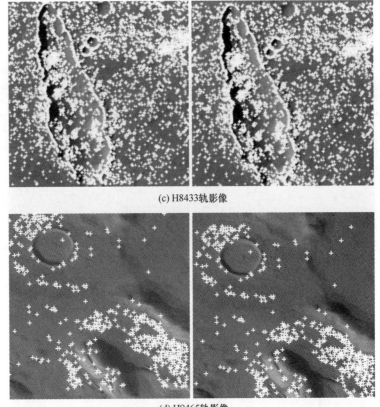

(c) H8433轨影像

(d) H9465轨影像

图 5.60 试验数据已知同名点分布

法程序设计平台为 Visual Studio 2010+Qt，试验硬件环境为 Windows 8 操作系统，CPU 为 Intel Core i5-2450，主频 2.50GHz，内存 4GB，匹配计算均为单线程。

第一组搜索窗口大小为 7×7 时匹配结果见表 5.18，第二组搜索窗口大小为 11×11 时的匹配结果见表 5.19，图 5.61 与图 5.62 分别表示匹配窗口对匹配成功率及匹配计算效率的影响，两组试验数据匹配结果如图 5.63 所示（实验数据较多，仅给出部分结果）。

表 5.18 匹配窗口大小对匹配结果的影响（搜索窗口为 7×7）

试验影像	匹配窗口	图像大小	已知点数量	待匹配点数量	匹配点数量	匹配成功率/%	匹配时间/s
H3304	9×9	2000×2000	1134	5000	3420	68.4	4.4
	11×11	2000×2000	1134	5000	3235	64.7	5.8
	13×13	2000×2000	1134	5000	3141	62.8	7.3
	15×15	2000×2000	1134	5000	3052	61.0	9.1
	17×17	2000×2000	1134	5000	2970	59.4	11.1
	19×19	2000×2000	1134	5000	2953	59.1	14.0
H5273	9×9	5000×5000	9295	30000	27207	90.7	28.5
	11×11	5000×5000	9295	30000	26329	87.8	39.2
	13×13	5000×5000	9295	30000	26427	88.1	47.1
	15×15	5000×5000	9295	30000	26498	88.3	59.6
	17×17	5000×5000	9295	30000	26616	88.7	71.7

试验影像	匹配窗口	图像大小	已知点数量	待匹配点数量	匹配点数量	匹配成功率/%	匹配时间/s
H5273	19×19	5000×5000	9295	30000	26667	88.9	89.3
H8433	9×9	3000×3000	9321	30000	27812	92.7	27.8
	11×11	3000×3000	9321	30000	27807	92.7	35.0
	13×13	3000×3000	9321	30000	27806	92.7	45.3
	15×15	3000×3000	9321	30000	27803	92.7	58.4
	17×17	3000×3000	9321	30000	27828	92.8	69.0
	19×19	3000×3000	9321	30000	27822	92.7	85.2
H9465	9×9	1000×1000	489	10000	8479	84.8	7.9
	11×11	1000×1000	489	10000	8448	84.5	10.4
	13×13	1000×1000	489	10000	8414	84.1	13.9
	15×15	1000×1000	489	10000	8380	83.8	16.9
	17×17	1000×1000	489	10000	8343	83.4	21.6
	19×19	1000×1000	489	10000	8316	83.2	24.8

表 5.19 匹配窗口大小对匹配结果的影响（搜索窗口为 11×11）

试验影像	匹配窗口	图像大小	已知同名点数量	待匹配点数量	匹配点数量	匹配成功率/%	匹配时间/s
H3304	9×9	1000×1000	1134	5000	3513	70.3	10.2
	11×11	1000×1000	1134	5000	3321	66.4	13.5
	13×13	1000×1000	1134	5000	3220	64.4	17.3
	15×15	1000×1000	1134	5000	3132	62.6	22.7
	17×17	1000×1000	1134	5000	3038	60.8	27.1
	19×19	1000×1000	1134	5000	3020	60.4	33.1
H5273	9×9	5000×5000	9295	30000	26807	89.4	65.9
	11×11	5000×5000	9295	30000	26718	89.1	90.1
	13×13	5000×5000	9295	30000	26785	89.3	111.3
	15×15	5000×5000	9295	30000	26837	89.5	139.6
	17×17	5000×5000	9295	30000	26923	89.7	172.5
	19×19	5000×5000	9295	30000	26978	89.9	208.8
H8433	9×9	3000×3000	9321	30000	27845	92.8	62.0
	11×11	3000×3000	9321	30000	27837	92.8	81.8
	13×13	3000×3000	9321	30000	27826	92.8	110.3
	15×15	3000×3000	9321	30000	27819	92.7	136.5
	17×17	3000×3000	9321	30000	27834	92.8	166.9
	19×19	3000×3000	9321	30000	27839	92.8	204.5
H9465	9×9	1000×1000	489	10000	8703	87.0	19.0
	11×11	1000×1000	489	10000	8647	86.5	25.8
	13×13	1000×1000	489	10000	8602	86.0	34.1
	15×15	1000×1000	489	10000	8552	85.5	40.9
	17×17	1000×1000	489	10000	8494	84.9	51.8
	19×19	1000×1000	489	10000	8468	84.7	61.0

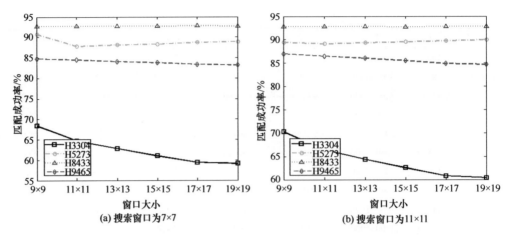

图 5.61　匹配窗口大小对匹配成功率的影响

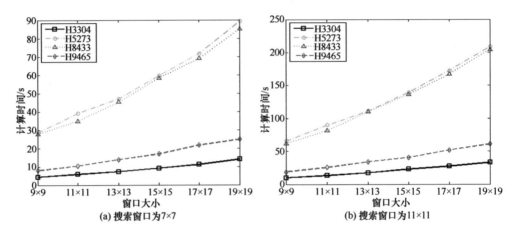

图 5.62　匹配窗口大小对匹配计算效率的影响

对试验结果分析如下。

1）匹配窗口大小对匹配成功率的影响

H3304 轨影像位于火星 Mamers 峡谷附近，其影像接近于地球表面的沙滩区域，如图 5.63（a）所示，影像纹理信息较少，影像匹配本身难度较大，其匹配成功率明显低

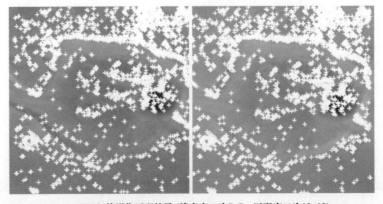

(a) H3304轨影像匹配结果 (搜索窗口为7×7，匹配窗口为13×13)

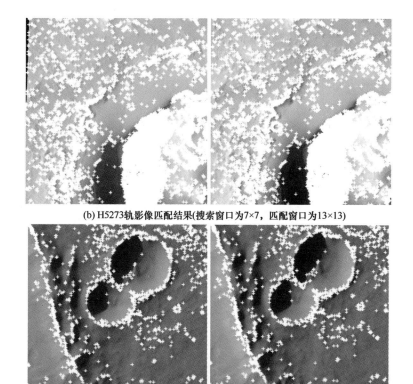

(b) H5273轨影像匹配结果(搜索窗口为7×7，匹配窗口为13×13)

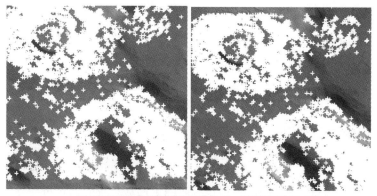

(c) H8433轨影像局部区域匹配结果(搜索窗口为11×11，匹配窗口为13×13)

(d) H9465匹配结果(搜索窗口为11×11，匹配窗口为13×13)

图 5.63　匹配同名点效果图（匹配窗口大小变化对匹配结果影响试验）

于其他三轨影像，可见影像本身质量即影像纹理信息、地形特征等是影响匹配成功率的最主要因素。分析图 5.61 可知，在匹配成功率随匹配窗口变化关系方面，仅 H3304 轨影像的匹配成功率随着匹配窗口增大呈逐渐减少的趋势；H9465 轨影像匹配成功率随着窗口增大而略有减少，但是变化幅度为 2%～3%；H5273 与 H8433 轨影像匹配成功率基本不受匹配窗口大小影响。

通过以上分析可以得出结论：在有一定数量已知点的情况下，预测点位的精度能够得到保证，匹配窗口大小变化对匹配成功率的影响不大；而当已知点数量较少且地形纹理稀疏时，匹配窗口增大反而会降低匹配成功率。

2）匹配窗口大小对匹配可靠性的影响

通过人工检查发现匹配窗口大小为 9×9、11×11、17×17、19×19 时的匹配结果有少量粗差点，但误匹配率均小于 1%；图 5.60（d）陨石坑边缘至陨石坑底部区域有少量误匹配点，误差在 2～4 像素，主要是该区域影像纹理稀少，且几何畸变较大；而匹配窗口大小为 13×13 与 15×15 时的粗差点相对较少。

3）匹配窗口大小对匹配计算效率的影响

分析图 5.62 可知：①匹配计算效率与图像大小基本无关，而仅与待匹配点数、匹配窗口大小、搜索窗口大小有关，如 H5273 图像大小为 5000×5000，而 H8433 图像大小为 3000×3000，两轨影像的已知同名点数量、待匹配同名点数量基本相同，其各组试验的匹配计算时间也基本相同；②影像匹配计算时间与匹配窗口大小基本呈线性增长关系，匹配窗口增大时匹配计算效率的降低幅度略低于理论值，如搜索窗口大小同为 11×11 时，H9465 轨影像匹配窗口为 19×19 时的计算时间是匹配窗口为 9×9 的 3.2 倍，而其理论值是（19×19）/（9×9）≈4.5 倍，主要是特征点提取、预测机制构建需要消耗计算时间及计算机缓存自动优化等因素。

通过上述分析，在兼顾匹配成功率、匹配可靠性及匹配计算效率的情况下，火星表面影像匹配时的匹配窗口大小以 13×13 或者 15×15 为宜。

2. 搜索窗口大小对匹配结果的影响

搜索窗口的宽高可不相同，由于核线影像上 Y 方向视差接近于 0，因此 Y 方向搜索窗口要小一些。理论上来说经过核线重采样后，左右影像同名像点应该严格位于一条核线上，而实际上对地观测卫星影像处理时通常沿 Y 方向多搜索 1～2 个像素。由于火星探测器定姿、定轨精度要低于对地观测卫星，因此核线几何约束条件应当进一步放宽，在核线影像 Y 方向上下各取 2～3 个像素，取 Y 方向搜索窗口大小取为 5 或者 7；而 X 方向搜索窗口大小则由预测点位精度决定，当预测点位较准时，可以设置得小一些，当预测点位精度不高时，应该适当增大 X 方向搜索窗口大小。搜索窗口的大小也直接影响匹配的成功率与可靠性，当搜索窗口较大时，即使预测点位与实际点位偏离较大，仍然有机会匹配出同名像点，但是匹配窗口过大时除了增加计算时间也可能导致匹配时的多解问题，即匹配时的相关系数最大值并非同名像点；而当搜索窗口过小时，虽然计算效率较高，此时同名像点可能已经落在搜索窗口外部，会错失许多同名像点。应当综合利用核线几何约束、邻近已知点位几何位置约束等条件尽量缩小搜索窗口。

试验匹配窗口大小均为 13×13，搜索窗口 Y 方向取为 7（近似核线影像），而 X 方向由 9 逐渐增大至 17，试验结果见表 5.20 与图 5.64。

对试验结果分析如下。

1）搜索窗口大小对匹配成功率的影响

分析图 5.64（a）可知，在匹配成功率随搜索窗口大小变化关系方面，四轨影像匹配成功率均随着搜索窗口增大而有所增加，但是仅 H3304 轨影像匹配成功率变化相对明

表 5.20　搜索窗口大小对匹配结果的影响

试验影像	搜索窗口	图像大小	已知点数量	待匹配点数量	匹配点数量	匹配成功率/%	匹配时间/s
H3304	9×7	1000×1000	1134	5000	3141	62.8	7.3
	11×7	1000×1000	1134	5000	3189	63.8	9.3
	13×7	1000×1000	1134	5000	3213	64.3	11.3
	15×7	1000×1000	1134	5000	3234	64.7	13.2
	17×7	1000×1000	1134	5000	3246	64.9	15.1
H5273	9×7	5000×5000	9295	30000	27403	91.3	60.1
	11×7	5000×5000	9295	30000	27500	91.7	74.5
	13×7	5000×5000	9295	30000	27560	91.9	90.9
	15×7	5000×5000	9295	30000	27608	92.0	100.2
	17×7	5000×5000	9295	30000	27631	92.1	113.8
H8433	9×7	3000×3000	9321	30000	27841	92.8	60.3
	11×7	3000×3000	9321	30000	27856	92.9	70.1
	13×7	3000×3000	9321	30000	27858	92.9	81.3
	15×7	3000×3000	9321	30000	27851	92.8	95.8
	17×7	3000×3000	9321	30000	27853	92.8	105.4
H9465	9×7	1000×1000	489	10000	8609	86.1	17.5
	11×7	1000×1000	489	10000	8643	86.4	22.1
	13×7	1000×1000	489	10000	8654	86.5	25.7
	15×7	1000×1000	489	10000	8659	86.6	28.4
	17×7	1000×1000	489	10000	8656	86.6	32.1

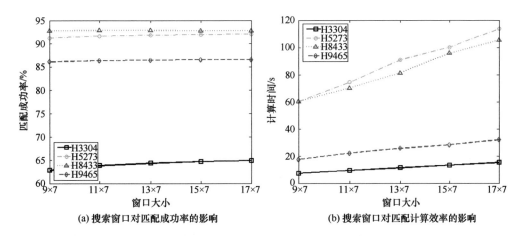

(a) 搜索窗口对匹配成功的影响　　　　　(b) 搜索窗口对匹配计算效率的影响

图 5.64　搜索窗口大小对匹配成功率与匹配计算效率的影响

显，由 62.8%提升至 64.9%，其他几轨影像匹配成功率变化幅度并不明显，主要原因是 H5273 与 H8433 轨影像已知点数量较多（约 1 万个），因此预测点位精度较高，而 H9465 轨影像虽然已知点数量较少，但是在其山地区域已知点数量分布较多，而平地区域预测点位时不需要太多已知点，且 H9465 轨影像纹理信息较为丰富。通过以上分析可以得出结论：已知点的数量及分布是影响匹配成功率的重要因素，而当影像纹理信息较少或者已知点数量较少时，增大搜索窗口可以小幅度提高匹配成功率。

2）搜索窗口大小对匹配可靠性的影响

通过人工检查各组试验结果，匹配可靠性与匹配窗口大小改变时试验结果基本一致，误匹配率均小于 1%，且匹配可靠性基本不随搜索窗口变化而变化，主要原因是综合核线约束以及已知点位几何约束预测出的同名点位精度较高。因此当有一定数量合理分布的已知同名点时，搜索窗口大小变化对匹配可靠性的影响并不明显。

3）搜索窗口大小对匹配计算效率的影响

分析图 5.64（b）可知，匹配计算时间随着搜索窗口的增长呈线性增长趋势。

通过上述分析，火星表面影像匹配时搜索窗口大小沿核线影像 Y 方线搜索窗口大小设置为 5 或者 7 是合理的，而 X 方向则与预测点位精度有关，当预测点精度较高时可以将搜索窗口设置的小一些（如 5×5），以提高计算效率；反之应该增大搜索窗口。

3. 相关系数阈值对匹配结果的影响

相关系数阈值是判断左右影像像点是否是同名点的依据，相关系数阈值越大，则提取的同名点数量相对越少，但是理论上来说其匹配结果可靠性越高；而相关系数阈值越小则提取的同名点数量相对越多，而匹配的可靠性可能会降低。因此，相关系数阈值对匹配结果的影响是比较明显的，该值的设定是综合考虑匹配成功率与匹配可靠性而给出的，且一般是经验值，在对地观测卫星影像匹配时，相关系数阈值一般取为 0.7～0.9。由于火星表面影像有其自身特点，现有少量火星摄影测量数据处理也未涉及该阈值的具体确定问题，因此针对火星表面影像匹配通过试验分析给出一个比较合理的相关系数阈值。

火星表面影像信息的丰富程度比地球表面要低一些，因此相关系数阈值不宜设定得太高，试验相关系数阈值上限设定为 0.9；而相关系数阈值太低时匹配结果中可能含有大量粗差点，因此试验相关系数阈值最小取 0.65，然后按照 0.05 的步长变化，即相关系数阈值分别取为 0.65，0.7，…，0.9。选取 H8433 轨影像，图像大小为 3000×3000，匹配窗口大小为 13×13，搜索窗口大小为 7×7，试验方案一已知点数量为 4685，试验方案二已知点数量为 9321。由于相关系数阈值变化不影响匹配计算时间，因此不再分析匹配计算效率，试验结果见表 5.21 与图 5.65～图 5.67。

对试验结果分析如下。

1）相关系数阈值对匹配成功率的影响

试验结果表明相关系数阈值越大则匹配成功率越小，这与前述分析结果一致，当相关系数阈值设置为 0.9 时，试验方案一匹配成功率下降到 79.3%，试验方案二匹配成功率下降至 71.0%，但是相关系数阈值为 0.70 与 0.65 时的两组试验匹配成功率基本不变，这表明即使相关系数阈值设置得低一些，也不可能达到 100%的匹配成功率。

2）相关系数阈值对匹配可靠性的影响

通过人工检查匹配结果发现相关系数为 0.7 和 0.65 时存在少量粗差点，而相关系数阈值为 0.75～0.9 时人工检查未发现粗差点，这表明相关系数阈值低于 0.7 时匹配结果中含有粗差的概率较大。

表 5.21　相关系数阈值对匹配成功率的影响

试验方案	相关系数阈值	已知点数量	待匹配点数量	匹配点数量	匹配成功率/%
方案一	0.65	4685	10000	9635	96.4
	0.7	4685	10000	9603	96.3
	0.75	4685	10000	9519	95.2
	0.8	4685	10000	9329	93.3
	0.85	4685	10000	8914	89.1
	0.9	4685	10000	7927	79.3
方案二	0.65	9321	20000	18538	92.7
	0.7	9321	20000	18430	92.2
	0.75	9321	20000	18219	91.1
	0.8	9321	20000	17777	88.9
	0.85	9321	20000	16731	83.7
	0.9	9321	20000	14197	71.0

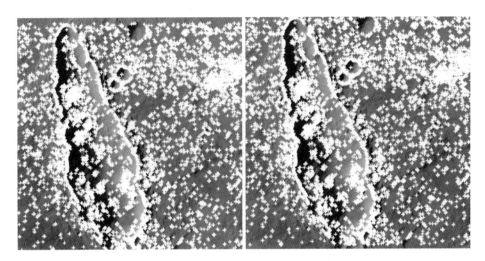

图 5.65　相关系数阈值为 0.65 匹配结果

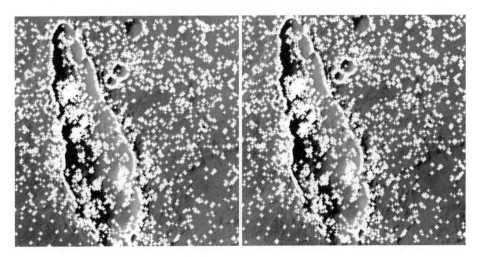

图 5.66　相关系数阈值为 0.9 匹配结果

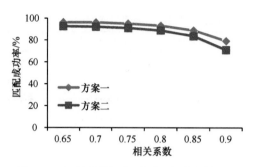

图 5.67   相关系数阈值对匹配成功率的影响

通过上述分析，同时考虑匹配成功率与匹配可靠性，火星表面影像匹配时的相关系数阈值以 0.75 为宜。

4. 匹配参数对匹配结果影响总结

综合上述匹配参数对匹配结果影响的试验分析，可得出如下结论。

（1）影像本身的纹理信息是影响匹配结果的最主要因素，但是匹配窗口大小、搜索窗口大小、相关系数阈值对匹配成功率、匹配可靠性，以及匹配计算效率有着显著的影响，因此匹配参数的合理设置也是匹配算法的关键。

（2）当有一定数量的已知点时，利用基于精确点位预测思想设计的火星表面影像匹配方法可以获得 80%～90%的匹配成功率，且匹配结果可靠性较高。

（3）火星表面影像匹配时匹配参数采用如下设置比较合理：①匹配窗口大小为 13×13；②搜索窗口沿核线 Y 方向设置为 5 或者 7（即核线上下各 2～3 个像素），沿核线 X 方向需要根据地形、影像及邻近已知点情况设置；③相关系数阈值为 0.75。

5.7   逐像素匹配算法

对于一般火星科学研究来说，通常几十米或者百米级格网间距的 DEM 数据已经足够，但是对于火星着陆探测则希望能够获取更为精细的地形信息，以便检测并识别出着陆区的石块、小陨石坑等着陆障碍物。我国嫦娥三号能够顺利实现月面软着陆，也得益于嫦娥一号及嫦娥二号对着陆区地形的详细测绘。目前火星探测的成功率仍不足 50%，为辅助火星着陆探测，获取着陆区的精细地形数据是非常有必要的。利用火星表面影像进行逐像素匹配（pixel-wise image matching），在影像分辨率保持不变的情况下获取更为精细的火星地形数据。

5.7.1   逐像素匹配研究现状

针对逐像素匹配问题国内外开展了大量研究与实践，像素工厂[1]、ERDAS[2]、SocetSet[3]、Inpho[4]、UltraMap[5]等摄影测量系统也在近年来相继推出了逐像素匹配（或接近逐像素的密集匹配）模块，但是逐像素匹配技术仍然是摄影测量领域的一个研究热点

① Pixel Factory 摄影测量系统. http：//www.astrium-geo.com/cn/2326-. 2014-04-15.

② ERDAS/LPS 摄影测量系统. http：//www.hexagongeospatial.com/products/imagine-photogrammetry/Detail.aspx. 2014-04-15.

③ Socet Set 摄影测量系统. http：//www.geospatialexploitationproducts.com /content/products/socet-set. 2014-04-15.

④ Inpho 摄影测量系统. http：//www.trimble.com/imaging/inpho.aspx. 2014-04-15.

⑤ UltraMap 摄影测量系统. http：//www.microsoft.com/en-us/ultracam/ UltraMap.aspx. 2014-04-15.

与难点，其中还有诸多问题有待解决。目前对地观测领域逐像素匹配技术主要用于获取高精度 DSM，以便制作真正射影像以及城市区域高精度三维重建。但是逐像素匹配的突出问题是计算量庞大，这也是限制逐像素匹配在实际生产中广泛应用的主要瓶颈。

EuroSDR（european spatial data research）在 2013 年对主流商业摄影测量系统、行业知名科研院所的逐像素匹配算法进行了一次评估[①]，该评估结果基本代表了当前逐像素匹配算法的研究现状，该评估结果可以作为火星表面影像逐像匹配方法的参考。EuroSDR 的逐像素匹配评估试验利用 Vaihingen/Enz，以及 München 区域的两组航空影像数据开展，试验数据基本情况见表 5.22。由于评估试验硬件环境不同，且相关文献并未介绍逐像素匹配的具体算法，因此仅从试验结果不能对各个逐像素匹配算法的优劣进行评价，这也不是 EuroSDR 开展逐像素匹配评估试验的初衷，但是该评估试验还是得出了许多有指导性的结论，对于开展逐像素匹配研究有一定的参考价值，下面对表 5.23 逐像素匹配评估试验结果作出如下分析：

（1）逐像素匹配计算量庞大，即使是像素工厂、SocetSet、UltraMap、Match-T/Inpho 等商业摄影测量软件进行逐像素匹配处理的计算时间也是比较长的，因此测试数据普遍采用并行加速方法，包括单机多核、集群并行、GPU 并行，可见并行加速是设计逐像素匹配算法的重要因素，但是就处理效率而言，商业摄影测量软件的逐像素匹配计算效率也是不高的，对于 GB 级数据量的逐像素匹配通常需要 10~20h，虽然有试验环境的差别，但是侧面也反映出逐像素匹配计算量非常大，这也是逐像素匹配算法实用化必须解决的问题；

（2）利用 GPU 进行并行加速可大幅度提升逐像素匹配计算效率，如 UltraMap 采用

表 5.22　EuroSDR 逐像素匹配评估试验数据

测试数据	地区	传感器	分辨率/cm	单张影像大小/MB	影像数量/幅	总数据量/GB
数据一	Vaihingen/Enz	UCX	20	136	36	5
数据二	München	DMC	10	200	15	3

表 5.23　EuroSDR 逐像素匹配算法评估试验结果

软件/系统	公司/机构	处理器	内存	数据一处理时间/h	数据二处理时间/h
SocetSet	BAE	X5570 3GHz	24GB	36	25
UltraMap	Microsoft	Telsa K10+M2090×4	—	0.5	—
Match-T	Trimble/Inpho	i7 3GHz×4	8GB	23	19
ImageStation	Geosystems GmbH.	两台 Xeon×4	16GB	—	11
Pixel Factory	Astrium	两台 Xeon 2.5GHz×12	—	3.1	2.2
RMA DSM	RMA	Fedora 集群 2.4GHz×90	272GB	5	5
遥感软件	Joanneum Research	Xeon E5 2.0GHz×16	32GB	17	21
MicMac	IGN	—	—	6	12
SURE	IfP	i7 3.4GHz×4	32GB	4.5	4
SGM	DLR	Virtex FPGA	8GB	19.5	6

---

① Norbert Haala. The Landscape of Dense Image Matching Algorithms. http：//www.ifp.uni-stuttgart.de/eurosdr/ImageMatching/index.en.html. 2014-04-15.

5 个 GPU（高性能 Telsa 处理器）并行处理，其逐像素匹配计算时间小于 1h，计算效率明显高于其他几组测试结果，目前 GPU 的计算能力明显优于 CPU，且已经在摄影测量处理中得到不断应用，利用 GPU 技术提升逐像素匹配计算效率可能是解决逐像素匹配效率瓶颈的一个有效手段；

（3）为了获取各个角度影像数据以精确重建 DSM，逐像素匹配普遍采用大重叠摄影方式，如航向达到 80%，旁向达到 60%，因此相比常规航空摄影其数据量明显增大，这也进一步增大了逐像素匹配的计算量；

（4）逐像素匹配的几何精度与常规匹配方法是相当的，但是逐像素匹配获取 DSM 的细节程度要明显高于常规影像匹配方法，EuroSDR 的评估试验也表明了逐像素匹配算法的优势。

5.7.2 逐像素匹配算法分析

火星表面影像匹配要达到逐像素的匹配密度，难度是相当大的，且逐像素匹配的成功率一般会低于特征点匹配的成功率。然而通过逐像素匹配方法仍然可以获得比常规 DEM 提取方法更为密集的匹配点，也更有利于火星表面陨石坑、石块等地物的检测与识别，这对火星探测器安全着陆是非常重要的。

设逐像素匹配时影像宽高分别为 $N \times M$，搜索窗口大小为 $m \times n$，匹配窗口大小为 $k \times l$，暂时不考虑点位预测时间的影响（相对匹配来说计算量很小），基于点位精确预测模型的逐像素匹配算法复杂度是：

$$O(N \times M \times m \times n \times k \times l) \tag{5-44}$$

式中，$N \times M$ 为逐像素匹配时的待匹配点数。通过分析算法复杂度可知，逐像素匹配的计算量非常大，这也是逐像素匹配的一个突出难点问题，如 5000×5000 大小的图像待匹配点数为 2500 万，对于火星快车影像来说，其 Level 2 级影像宽度为 5184，而扫描行数一般为 2 万～4 万，而由于匹配是在核线影像上进行，经过核线重采样后的影像宽、高一般会大于原始图像，对于逐像素匹配如此数量庞大的匹配点，常规匹配方法难以应对。逐像素影像匹配计算效率在 300～1000 点/s（单线程），按平均 500 点/s 计算，HRSC 影像扫描行以 2 万行为例，此时待匹配点数约为 1 亿个，逐像素匹配一轨影像耗时为 20 万 s（约 55 h），显然如果不对算法进行优化，逐像素匹配方法难以得到实际应用。要提升逐像素匹配算法的计算效率一方面需要对算法本身进一步优化；另外一方面必须采用并行机制，充分利用计算资源。

针对火星表面影像的逐像素匹配策略作如下分析。

1）逐像素匹配基于逐层加密匹配或者格网点加密匹配结果

已知点数量越多则点位预测精度越高，此时可以缩小搜索窗口，提升计算效率。由于逐像素匹配本身计算量较大，应该在保证命中同名点的情况下充分限定搜索窗口大小，因此逐像素匹配可在逐层加密匹配或者格网点加密匹配的基础上进行，当影像纹理信息丰富并且可以提取足够数量的特征点时，逐像素匹配可以直接基于逐层加密匹配的结果进行；而当影像纹理信息较少，通过逐层加密匹配提取的特征点仍然比较少时，可以使用格网点加密匹配方法进一步增加点匹配点密度，由于此时格网点仅用于后序逐像素匹配时的已知点，因此逐层加密匹配用的格网点可以比生成 DEM 时适当大一些，如使用 9×9 的格网，因为格网点间距越大则匹配计算量越小，如使用 9×9 的格网点进行加密匹配时的计算量仅为逐像素匹配的 1/81。

2）逐像素匹配时的邻近已知点搜索及点位预测效率

试验结果已经表明即使已知点数量较多时 KD 树搜索及点位预测的计算效率仍然是比较高的，且两者为线性关系，因此无须担心逐像素匹配时已知点数量过多导致点位预测效率迅速下降的问题。

3）逐像素匹配的匹配参数设置

结合匹配参数对匹配结果影响的分析，匹配窗口一般固定为 13×13 或者 15×15 即可，相关系数阈值也以 0.75 为宜，因此匹配参数设置主要集中在搜索窗口大小上，由于逐像素匹配计算量非常大，但是搜索窗口不能太小，一般来说搜索窗口最小可以设置为 3×3，但是在地形变化比较剧烈的地方，3×3 的窗口意味是预测点位与实际点位仅差 1 个像素，而实际上由于核线影像上仍然存在着几何畸变，仅依靠仿射变换将点位预测精度限制为 1 个像素有些严格，这会将很多同名点直接排除在搜索窗口以外，降低匹配成功率，因此逐像素匹配时的搜索窗口最小设置为 5×5。

4）逐像素匹配的并行设计

目前计算机配置普遍为多核 CPU，配置较高的工作站可以达到 16 核甚至 32 核，因此可以结合计算机本身的多核运算能力进行匹配算法的并行化设计，以提升计算效率。

5.7.3 逐像素匹配算法并行化设计

通过对逐像素匹配算法复杂度以及匹配策略的分析可知，逐像素匹配的一个关键问题是算法的并行化设计，主要涉及并行模式、并行任务分解及负载平衡等问题。

1. 并行模式

并行模式一般指单机多核模式与多机分布式模式两种，多机分布式模式早在单机多核模式出现之前已经得到广泛应用，但是分布式计算需要网络环境，开发难度相对较大。与多机分布式并行模式相比，单机多核并行模式主要有如下特点：

（1）单机多核并行模式的主要优点是各线程之间内存共享，且共享数据的访问非常高效，这对逐像素匹配的任务分解计算比较有利；

（2）单机多核模式算法并行化开发难度小，仅需要利用操作系统的多线程机制开辟多个匹配子线程即可，而线程的调度等环节则由操作系统自动处理；

（3）但是单机多核并行模式的主要问题是目前单机 CPU 数量仍然有限，常用的一般为 8 核或者 16 核，超过 32 核的计算机配置则相对较少。但是如果能够充分发挥 8 核或者 16 核 CPU 的计算能力，对计算效率的提升也是非常可观的。

2. 并行任务分解

算法的并行设计一般可分为粗粒度并行与细粒度并行。对于逐像素匹配算法来说，细粒度并行是指算法并行化集中在提升单点的相关系数匹配上；而粗粒度并行是指对整个匹配任务进行分解，然后交由多个匹配子线程完成各自的匹配任务。结合 HRSC 影像逐像素匹配的实际考虑，选用粗粒度并行方案较为合适。针对以上分析，本书设计的火星表面影像逐像素匹配算法采用单机多核、任务分解（即粗粒度并行）模式，并行方案特点如下。

1）匹配子线程间共享内存，计算效率高

HRSC 影像加上匹配点的数据量一般为几百兆，现有计算机配置 4GB 内存已经非常普遍（实际摄影测量处理工作站配置更高），因此可以将待处理图像、匹配已知点全部读入内存，然后将任务分解给各个匹配子线程即采用粗粒度并行方案，由于内存共享机制，任务分解时无需再进行数据拷贝，只需要记录每个匹配子线程待处理影像数据的行、列号，子线程在匹配时直接访问全局内存即可，因此计算效率更高，否则如果采用图像分块处理方式即每一个匹配子线程读取并处理一块图像数据，则块与块之间一般还要有重叠区域，且邻近点搜索时将面临各个小分块的边界问题（实际上对于整幅影像来说未必是边界），反而使问题变得更为复杂。

2）算法整体内存开销不大

对于逐像素匹配算法各个像素的匹配过程实际上是独立的，相关系数计算的内存开销也是很小的，除上述影像数据、已知点数据一次性读取外，相关系数匹配计算时仅需要存储待匹配点匹配窗口、搜索窗口范围内的像素即可，因此整个内存开销对于当前计算机配置是完全可以承受的。

3）匹配子线程间基本不需要通信

按照粗粒度并行方案，各个匹配子线程在计算时不需要考虑其他线程，即无需与其他线程通信，仅在该匹配子线程完成任务时告知主线程即可。

图 5.68 描述了逐像素匹配并行化设计任务分解方案，设影像与已知点文件读取时间为 T_r、已知点 KD 树构建时间为 T_{KD}，以 4 核 CPU 为例，将逐像素匹配任务平均分解至 4 个子线程，设每个子线程的匹配时间为 $T_i (i = 1, 2, 3, 4)$，由于 CPU 资源调度等因素影响，4 个子线程不可能同时完成任务，图中所示任务最长的是匹配子线程计算时间为 T_3，因此 T_3 即为整个匹配任务计算时间，由于匹配计算量一般比较大，各个子线程完成任务的时间基本上是一致的，在任务分解后，主线程监视各个子线程的运行情况，各个子线程匹配完成后向主线程发出消息，当所有 4 个线程均计算完毕后，主线程开始输出匹配结果，设输出匹配结果所用时间为 T_{out}，则逐像素匹配总时间为 $T = T_r + T_{KD} + T_3 + T_{out}$，其中磁盘 IO 及 KD 树构建时间相比 T_3（即子线程匹配计算最长时间）来说是很小的。

逐像素匹配并行化方法对于多机分布式处理同样适用，只是需要考虑网络通信开销以及多台机器间的任务同步问题。

3. 负载平衡

图 5.68 中各个匹配子线程计算时间并不相同，当其差别不大时表明算法负载平衡效果较好，而当算法负载平衡不合理时，如 T_3 计算时间是 T_1 两倍时，就会造成匹配子线程 1 长期处理闲置状态，降低并行化计算效率。

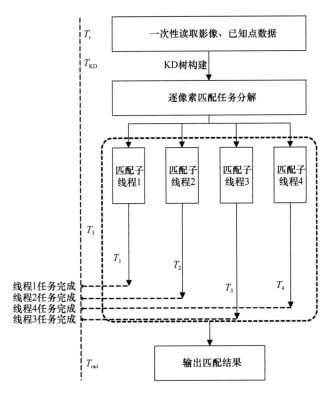

图 5.68　逐像素匹配任务分解示意图

负载均匀度是用来衡量负载平衡的指标，设各 CPU 平均计算时间为 t_{mean}，最大的匹配子线程计算时间为 t_{max}，则负载均匀度可表示为

$$b(n) = \frac{t_{\text{mean}}}{t_{\text{max}}} \tag{5-45}$$

当忽略其他串行部分计算时间时，可以得出加速比与负载均匀度呈正比，理想情况下 $b(n)=1$，此时加速比等于 CPU 核数，即加速比将随 CPU 的增加而线性增加。

实际上负载平衡的一种直观表现形式是 CPU 利用率，即 CPU 利用率越高表明负载均匀度越好，图 5.69 是 H3304 轨影像逐像素匹配时的 CPU 利用率，可以看出其 CPU 利用率长期维护在 100%，表明逐像素匹配并行化方案有较好的负载均匀度。

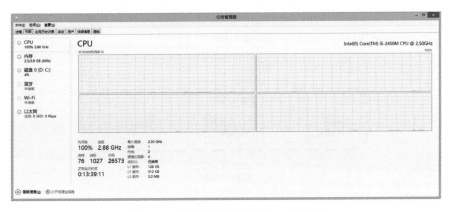

图 5.69　逐像素匹配时的 CPU 利用率

4. 加速比

在衡量并行算法计算效率提升幅度时一般使用加速比指标。加速比通常使用阿姆达尔（Amdahl）定律，该定律给出了加速比与处理器个数，以及程序中串行部分所占比例的公式，其定义如下：设程序中不能进行并行分解计算的部分所占用的比例为 f，那么并行部分比例即为（$1-f$），并假定并行计算时无额外开销（如通信开销等），设程序在单个处理器上的执行时间为 t_s，那么程序在 n 个处理器上执行时，串行部分所用时间为 ft_s，并行部分执行时间为（$1-f$）t_s/n，这样可以计算出加速比 $S(n)$ 为

$$S(n) = \frac{t_s}{ft_s + (1-f)t_s} = \frac{n}{1 + (n-1)f} \tag{5-46}$$

根据阿姆达尔定律公式，可以推导出如下不等式：

$$S(n) = \frac{n}{1 + (n-1)f} < \frac{1}{f} \tag{5-47}$$

当处理器个数 $n \to \infty$ 时 $S(n) = 1/f$。

根据上述分析可知，采用多处理器并行计算的加速比极限为 $1/f$，即极限值仅与串行比例 f 有关而与处理器个数无关，如当串行部分所占比例 $f = 5\%$ 时，加速比最大值 $S(n)_{\max} = 20$，在这种情况下即使再增大 CPU 处理器个数，加速比也不会进一步提升。

火星表面影像逐像素匹配时涉及影像读取、已知点文件读取、已知点 KD 树构建、KD 树邻近已知点搜索与点位预测、逐点相关系数匹配，以及匹配点结果输出等操作，各步骤执行过程如图 5.70 所示。

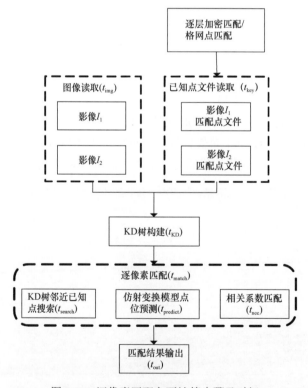

图 5.70　逐像素匹配主要计算步骤及时间

设影像读取时间为 t_{img}，邻近已知点文件读取时间为 t_{key}，利用匹配点构建 KD 树时间为 t_{KD}，而匹配时 KD 树搜索时间 t_{search} 与点位预测时间 t_{search} 可以与相关系数匹配时间 t_{ncc} 合并，即统一表示为逐像素匹配计算时间 t_{match}，并假定逐像素匹配结果文件输出时间为 t_{out}，因此串行计算时逐像素匹配的总时间 t_{total} 可以表示为

$$t_{total} = t_{img} + t_{key} + t_{KD} + t_{match} + t_{out} \tag{5-48}$$

下面结合阿姆达尔定律对逐像素匹配时的加速比进行分析，设单个影像数据量为 100MB，立体影像数据量共 200MB，影像读写速度按 50MB/s 计算，则 $t_{img}=4s$，设已知匹配点为 50 万个，对应文件数据量约为 20MB，同样按磁盘 IO 速度为 50MB/s 计算，则 t_{key} 不足 1s，此处暂取 $t_{key}=1s$，同时结合前文分析 KD 树构建时间是比较快的，50 万个已知点的 KD 树构建在 1s 以内完成，因此也取 $t_{kd}=1s$，以 2000×2000 大小图像计算，逐像素匹配的待匹配点数为 400 万，按 500 点/s 的计算效率，其串行计算时间约为 8000 s，并假定匹配成功率为 100%，即输出的匹配同名点数量为 400 万个，则此时输出的同名点数据量约为 160MB，则其磁盘 IO 时间约为 3.2 s，由于数据读写通常不做并行化处理，因此算法并行化的部分即为逐像素匹配部分，其他均为串行部分，这样加速比可统计为

$$S(n) = \frac{(t_{img} + t_{key} + t_{KD} + t_{out}) + t_{match}}{(t_{img} + t_{key} + t_{KD} + t_{out}) + t_{match}/n} \tag{5-49}$$

将磁盘 IO 部分与 KD 树构建部分合并为串行计算时间 t_s，则逐像素匹配的加速比可近似地按照如下公式表示：

$$S(n) = \frac{t_s + t_{match}}{t_s + t_{match}/n} \tag{5-50}$$

式中，$t_s = t_{img} + t_{key} + t_{KD} + t_{out} = 4+1+1+3.2 = 9.2s$，分别取 $n = 4,8,12,16,24,32$，则可得出其加速比，按照上述分析方法，取逐像素匹配图像大小为 5000×5000，则也可计算出一组加速比，同时按照式（5-46）计算出加速比极限值，具体结果见表 5.24。

表 5.24　逐像素匹配加速比分析

图像大小	待匹配点数/10000	CPU 个数	t_{img}/s	t_{key}/s	t_{KD}/s	t_{out}/s	t_s/s	t_{match}/s	$S(n)$	$S(n)_{max}$
2000×2000	400	4	4	1	1	3.2	9.2	8000	3.986	
	400	8	4	1	1	3.2	9.2	8000	7.936	
	400	12	4	1	1	3.2	9.2	8000	11.850	870
	400	16	4	1	1	3.2	9.2	8000	15.729	
	400	32	4	1	1	3.2	9.2	8000	30.900	
5000×5000	2500	4	4	1	1	20	26	50000	3.986	
	2500	8	4	1	1	20	26	50000	7.936	
	2500	12	4	1	1	20	26	50000	11.850	1924
	2500	16	4	1	1	20	26	50000	15.729	
	2500	32	4	1	1	20	26	50000	30.900	

分析可知，逐像素匹配算法的并行加速比基本与 CPU 核数呈正比，采用单机多核

模式即可获得计算效率的大幅度提升。另外分析极限加速比可知，逐像素匹配算法的极限加速比很高，也就是说理论上可以达到几百倍甚至上千倍的加速比。需要说明的是，当影像数据量进一步加大时，匹配点结果文件也会增大，此时磁盘 IO 会成为限制加速比的一个瓶颈，目前采用文本形式输出匹配文件数据量可能会达到 1GB，而 1GB 匹配结果的磁盘写入时间是需要考虑的（通常会有几十秒），因此逐像素匹配算法的计算效率也不会无限制增大，这正是阿姆达尔定律意义所在。

当前 GPU 计算效率已经远远高于 CPU（刘航冶，2010；杨靖宇，2011），实际上 GPU 也是共享内存模型，逐像素匹配算法以及并行任务分解方案可以扩展至 GPU。如果能够充分利用 GPU 的并行加速特性，则在单台计算机上可以获得的加速比将更高，由于本书的重点是匹配算法以及并行化方案的设计，因此并未实现逐像素匹配的 GPU 并行化。

由于主要针对共享内存模型，当前计算机 CPU 多为 4 核、8 核，稍微高端的一点有 12 核、16 核，在这种情况下加速比达到几倍的提升是可以的。而实际上上述分析可以扩展至网络多机分布式并行模式，按照网络传输带宽为 100MB/s（千兆网带宽），则数据传输时间是极小的，因此逐像素密集匹配算法通过网络分布式并行可以获得的加速比是非常高的，理论上来说可以达到极限值。基于上述分析，如果采用局域网并行加速计算的模式，暂时不考虑通信开销，以局域网内 10 台计算机每台电脑采用 8 核 CPU 为例，则计算效率可以提升大约 80 倍，此时 2000×2000 大小图像的逐像素匹配可在 2min 内完成，而 5000×5000 大小图像也可以在 10min 内完成，这也是像素工厂、DPGrid 等摄影测量系统采用集群并行方案并在匹配方面具有较高计算效率的原因。

5.8　基于 P3M 算法的数字高程模型自动生成

5.8.1　数字高程模型自动提取流程

影像匹配的一个主要用途是自动提取 DEM 数据，对地观测通常还有 DEM 与 DSM 之分，而由于火星表面无人工建筑物，因此只需提取 DEM。利用精确点位预测匹配算法，火星 DEM 自动提取流程如图 5.71 所示，具体过程描述如下。

步骤 1：数据输入，包括火星表面立体影像数据、传感器严密几何模型参数，以及光束法平差结果。

步骤 2：数据预处理，统计影像灰度、地形等信息用于自适应确定匹配参数，对影像进行直方图均衡化处理及核线重采样处理，并构建影像金字塔。

步骤 3：SURF 匹配初始点，利用 SURF 算法提取初始匹配点，对于大数据量影像可以采用分层、分块处理机制，如一次处理 5000×5000 或者 3000×3000 大小的图像（视机器配置而定）。

步骤 4：基于精确点位预测模型逐层加密匹配获取稠密特征点，利用 SURF 获取的初始已知点并结合核线、地形等约束信息构建点位预测模型，提取并匹配角点，初始匹配时取少量特征明显的强角点，后序逐层加密匹配过程中随着已知点的增多，点位预测精度不断提高，可以提取更多特征不明显的角点；对于影像质量较好、纹理信息丰富的数据，通过逐层加密即可获取满足 DEM 构建所需的匹配点，此时可直接转至步骤 6，否则转至步骤 5。

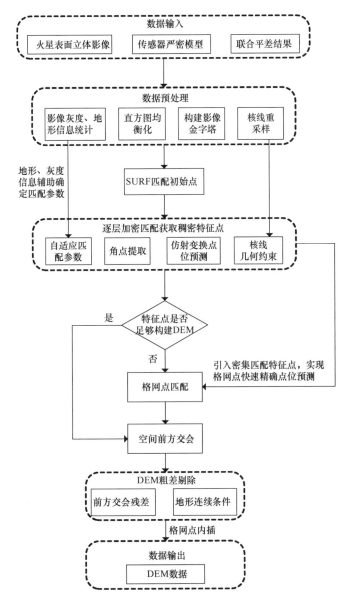

图 5.71　火星表面影像密集匹配与 DEM 自动生成算法设计

步骤 5：格网点匹配，当逐层加密匹配点数尚不足构建 DEM 时，需要选取格网点进行匹配，格网点匹配时由于利用了前期匹配出的大量已知点，因此点位预测精度是比较高的，通常情况下有 1～3 个像素，因此即使格网点的数量较多，匹配计算效率也是比较高的，在 3×3 或者 5×5 的小窗口内选择格网点时利用 Moravec 算子计算各像素的兴趣值，选取最大者为待匹配点，可提高匹配成功率。

步骤 6：空间前方交会获取离散点云数据，当匹配出足够数量的同名点时，即可基于空间前方交会原理计算同名点的物方坐标，此时物方坐标一般为空间直角坐标系，需要经过一系列坐标转换过程转换至 DEM 产品坐标系（通常为投影坐标系）。

步骤 7：DEM 粗差点剔除，由于匹配过程难免产生粗差点，因此构建 DEM 时必须要考虑粗差剔除，根据同名像点交会于物方一点的原理，可以利用空间前方交会的残差值作为粗差剔除的一种手段，即认为交会残差值太大的点为粗差点，另外还可以利用地形约束条件并结合 RANSAC 算法剔除粗差点。

步骤 8：格网点内插，影像匹配得出的点为离散点，而 DEM 产品通常为格网点，此时可利用相应的格网点内插算法计算出格网点的高程值。

步骤 9：输出 DEM 数据，匹配点经过格网点内插后，即可将 DEM 数据转换至相应的坐标系形成 DEM 产品。

在格网点加密匹配时通常作法是在窗口内任意选择一点，并未考虑窗口范围内各个像素的特征强弱，格网点加密匹配则在窗口范围内选择一个特征较为明显的点作为待匹配点，以提高匹配成功率。由于 Moravec 算子兴趣值的计算量较小，因此可以选用 Moravec 算子（杨靖宇，2011）计算窗口范围内各个像素的兴趣值，从中选择兴趣值最大者作为待匹配点。

5.8.2 核线影像同名点前方交会及坐标转换

影像匹配后即可利用空间前方交会原理解算地面点物方坐标，此时影像的内、外方位元素是已知的，对于卫星影像即已知每一条扫描线的外方位元素。空间前方交会的数学基础是共线条件方程，当仅由两幅影像前方交会时可按相对定向解算模型点坐标的方法计算物方坐标（耿则勋等，2010），当多视影像匹配时可基于共线条件方程按照最小二乘原理求解物方坐标。观测值为像点坐标 (x, y)，其改正数为 (v_x, v_y)，多视匹配空间前方交会误差方程式为

$$\begin{cases} v_x = (x) - x + \dfrac{\partial x}{\partial X}\Delta X + \dfrac{\partial x}{\partial Y}\Delta Y + \dfrac{\partial x}{\partial Z}\Delta Z \\ v_y = (y) - y + \dfrac{\partial y}{\partial X}\Delta X + \dfrac{\partial y}{\partial Y}\Delta Y + \dfrac{\partial y}{\partial Z}\Delta Z \end{cases} \tag{5-51}$$

其矩阵形式可以表示为

$$AV = BX - l \tag{5-52}$$

其中式（5-51）中偏微分的具体形式可参考文献（张保明等，2008）。有

$$\begin{cases} A = \begin{bmatrix} 1 & 0 \\ 0 & 1 \end{bmatrix} \\[2mm] B = \begin{bmatrix} \dfrac{\partial x}{\partial X} & \dfrac{\partial x}{\partial Y} & \dfrac{\partial x}{\partial Z} \\[2mm] \dfrac{\partial y}{\partial X} & \dfrac{\partial y}{\partial Y} & \dfrac{\partial y}{\partial Z} \end{bmatrix} \\[4mm] X = \begin{bmatrix} \Delta X \\ \Delta Y \\ \Delta Z \end{bmatrix} \\[4mm] V = \begin{bmatrix} v_x \\ v_y \end{bmatrix} \\[4mm] l = \begin{bmatrix} x - (x) \\ y - (y) \end{bmatrix} \end{cases} \tag{5-53}$$

虽然影像匹配是自动提取 DEM 的核心，但是匹配出同名点后还需要利用空间前方交会原理并经过一系列坐标转换过程才能形成 DEM 产品，且影像匹配是在核线影像上进行的，坐标转换过程还涉及由核线影像坐标转换至原始影像坐标，如图 5.72 所示。生成 DEM 时的坐标转换步骤描述如下。

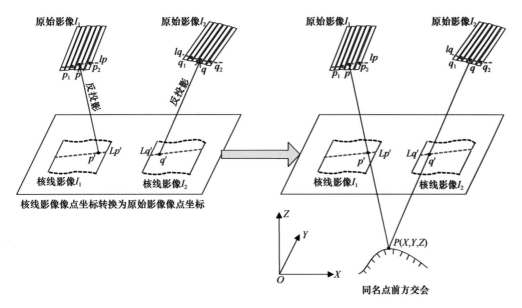

图 5.72　核线影像上同名点空间前方交会示意图

步骤 1：设原始影像为 I_1 与 I_2，对应的核线影像为 I_1^e 与 I_2^e，核线影像上同名点 p、q 像素坐标分别为 (s_1^e, l_1^e) 与 (s_2^e, l_2^e)，利用核线重采样时的几何关系将核线影像像素坐标转换至水平影像投影坐标系下坐标 (X_1^{hp}, Y_1^{hp}) 与 (X_2^{hp}, Y_2^{hp})。

步骤 2：将水平影像投影坐标系下坐标转换至地理坐标 (L_1^h, B_1^h) 与 (L_2^h, B_2^h)。

步骤 3：由地理坐标 (L_1^h, B_1^h) 与 (L_2^h, B_2^h) 结合生成核线影像时用的高程信息得出三维地理坐标 (L_1^h, B_1^h, H_1^h) 与 (L_2^h, B_2^h, H_2^h)。

步骤 4：将核线影像（水平影像）三维地理坐标转换至地心直角坐标系坐标 (X_1^h, Y_1^h, Z_1^h) 与 (X_2^h, Y_2^h, Z_2^h)。

步骤 5：利用地面点反投影快速算法由地心直角坐标系坐标计算其在原始图像 I_1 与 I_2 上的像平面坐标 (x_1, y_1) 与 (x_2, y_2)。

步骤 6：由原始影像像平面坐标交会解算出地面点物方坐标，此时物方坐标系一般为地心直角坐标系，其坐标表示为 (X, Y, Z)。

步骤 7：由地心直角坐标系坐标 (X, Y, Z) 计算出地理坐标 (L, B, H)。

步骤 8：由地理坐标转换至 DEM 产品投影坐标系下坐标 (X^p, Y^p, H)。

5.8.3　数字高程模型格网点内插

利用匹配算法获取火星表面立体影像同名点并进行前方交会后计算出的点云数据

是不规则的，为了获取规则格网 DEM 需要进行格网点内插。DEM 格网点内插可以看作是从离散数据点创建一个栅格图像的过程，如图 5.73 所示。对于各种内插函数，都是基于原始函数的连续光滑性，即邻近数据点之间存在较大的相关性，这才有可能从邻近的数据点内插出格网点，对于一般地形是满足连续光滑条件的，而火星表面无其他人工建筑物干扰，因此地形连续性更好。

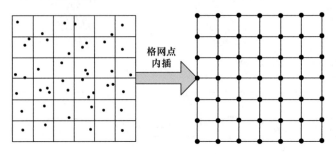

图 5.73　DEM 格网点内插示意图

常用的内插方法有移动曲面内插、多面函数法内插、最小二乘法内插、有限元内插、反距离权重内插等（王之卓，2007）。反距离权重插值方法（inverse distance to a power）实际上是一种加权平均插值方式，其基本原理是利用搜索半径范围内的离散点数据，通过加权平均内插的方式计算格网点的数值，而各点的权值按照离散点与格网点的反距离进行加权。反距离权重插值法计算公式如下：

$$Z = \frac{\sum_{i=1}^{n} w_i z_i}{\sum_{i=1}^{n} w_i} \tag{5-54}$$

式中，z_i 为已知点 i 的高程值；n 为搜索半径内的点数；w_i 为离散点的权重，其计算公式如下：

$$w_i = \frac{1}{r_i^p} \tag{5-55}$$

式中，r_i 为格网点至离散点 i 的距离；p 为权重系数。

5.8.4　数字高程模型粗差剔除

影像匹配是以某种测度判断像点间的相似程度，即使匹配算法能够命中同名点，实际上匹配结果中仍然可能含有粗差点，即影像匹配结果难以达到 100%的正确率，因此自动生成 DEM 时粗差剔除是必不可少的工作。通常可以利用空间前方交会残差值以及地形连续条件剔除粗差。

空间前方交会实际上存在多余观测值，可以利用平差时的残差值作为粗差剔除的一个指标，基本思想是如果匹配的同名点位比较精确，则从左右影像点出发的光线应该严格交于地面上的同一点，而事实上由于匹配结果不正确，或者内、外方位元素精度不高时会产生交会误差，显然粗差点的交会误差是比较大的，即其地面点坐标解算时的残差值较大，因此可以利用空间前方交会的残差值剔除粗差，一般以残差值的 3 倍中误差作为粗差剔除的阈值。

由于火星表面没有人工建筑物，地形连续性是比较好的，因此可以利用地形的连续性条件剔除粗差，其依据是局部范围内点位的高程应该是连续的，不存在明显突出地表的点，对于火星表面来说，由于不存在树木、高大建筑物等突出地物，因此地形连续性约束非常有效，明显突出地表的点一般即可认为是粗差点。在利用地形连续条件剔除粗差时，为防止较大粗差对粗差剔除算法的干扰，结合 RANSAC 算法剔除粗差。

5.9 火星表面数字高程模型自动生成实例

5.9.1 特征点匹配直接构建数字高程模型

实验一利用 H3304 与 H8433 轨影像，两轨影像纹理信息丰富，特征点数量相对较多，DEM 由 SURF 匹配后通过两次逐层加密匹配特征点得出；实验二为 H5273 与 H9465 轨影像，其影像纹理信息相对较弱，因此首先经过两次逐层加密匹配，然后利用格网点进一步加密，最后利用格网点与逐层加密匹配的特征点构建 DEM，实验结果见表 5.25；实验三对利用生成的火星 DOM 与 DEM 进行精度分析。HRSC 原始立体影像间存在较大几何畸变，首先对原始 HRSC 立体影像进行核线重采样，实验一与实验二影像匹配均在核线影像上进行。

表 5.25　DEM 自动提取实验

实验方案	影像	地形	图像大小	逐层加密次数	格网点加密	格网点加密方式	匹配点数
实验一	H3304	峡谷	2000×2000	2	否	—	37032
	H8433	峡谷	3000×3000	2	否	—	195858
实验二	H5273	陨石坑	5000×5000	2	是	7×7	147712
	H9465	山地	1000×1000	2	是	5×5	24014

图 5.74 与图 5.75 分别是 H3304 与 H8433 轨影像逐层加密匹配生成 DEM 效果，其中 H3304 轨影像大小为 2000×2000，匹配同名点 37032 个，接近于 10×10 格网内一个匹配点；H8433 轨影像大小为 3000×3000，匹配同名点 195858 个点，接近 7×7 格网内一个匹配点。对比 H3304 与 H8433 可以发现，H8433 轨影响匹配结果更为密集，主要是该轨影像纹理信息更为丰富。分析匹配结果可以发现，H3304 轨影像仍有少量纹理稀疏区域未成功匹配出同名点，但主要位于平地区域，并不影响地形构建效果；而 H8433 轨影像在阴影区域仍然缺少同名点。图 5.74（d）是 DOM 叠加 DEM 结果，可以看出两者吻合程度较好。

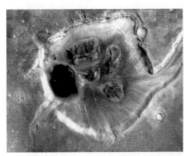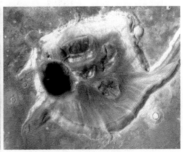

(a) 原始S1、S2通道立体影像（立体影像间存在几何畸变）

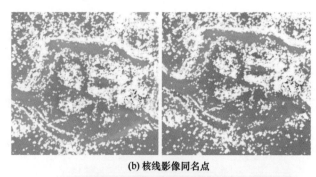

(b) 核线影像同名点

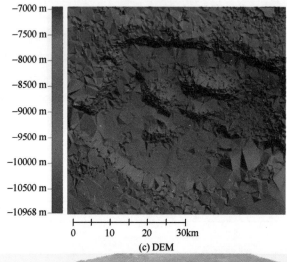

(c) DEM

(d) DOM叠加DEM结果

图 5.74　H3304 轨影像逐层加密匹配生成 DEM

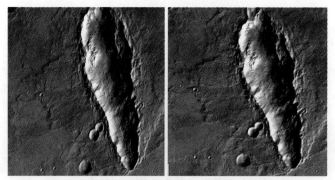

(a) 原始S1、S2通道立体影像（立体影像间存在几何畸变）

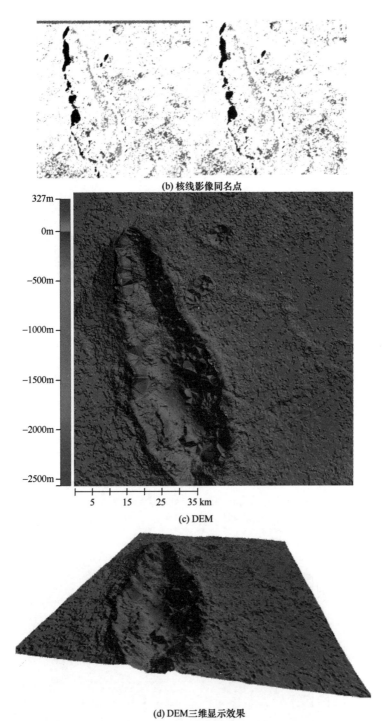

(b) 核线影像同名点

(c) DEM

(d) DEM三维显示效果

图 5.75　H8433 轨影像逐层加密匹配生成 DEM

5.9.2　特征点加格网点匹配构建数字高程模型

实验二所选影像纹理信息相对贫乏，仅利用特征点逐层加密匹配结果尚不足以构建 DEM。H5273 轨影像大小为 5000×5000，采用 7×7 格网点进行加密，加密匹配结果为 147712 个同名点，相当于 13×13 格网内一个匹配点；H9465 轨影像大小为 1000×1000，采用 5×5 格网点进行加密，加密匹配结果为 26014 个同名点，相当于 7×7 格网一个匹配点。分析格网点加密匹配成功率可知，由于影像纹理信息少，格网点匹配成功率并不高，H5273 轨影像中部，如图 5.76 所示，与 H9465 轨影像左下角区域（图 5.77）灰度信息

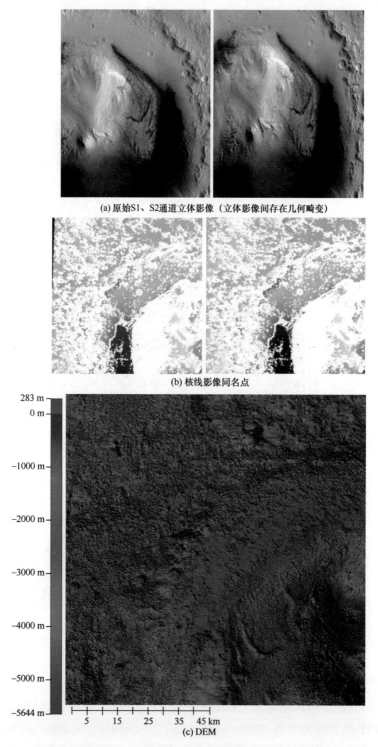

(a) 原始S1、S2通道立体影像（立体影像间存在几何畸变）

(b) 核线影像同名点

(c) DEM

图 5.76　H5273 轨逐层加密匹配结合格网点匹配生成 DEM

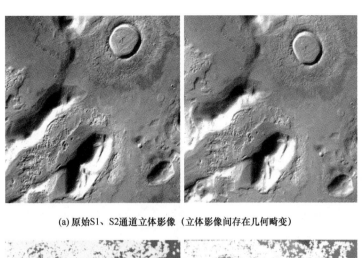

(a) 原始S1、S2通道立体影像（立体影像间存在几何畸变）

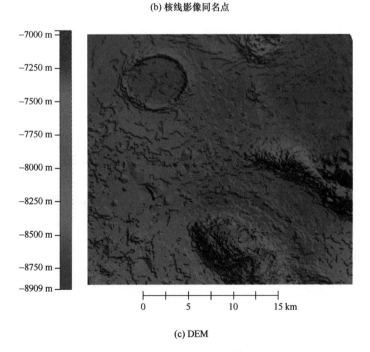

(b) 核线影像同名点

(c) DEM

图 5.77　H9465 轨逐层加密匹配结合格网点匹配生成 DEM

含量少，因此匹配比较困难，但是这些区域均为平地地形，因此并不影响 DEM 构建。

图 5.78 是 H9465 轨 DOM 与 DEM 叠加效果图，其中 DOM 是影像融合后结果，可以看

出 DOM 与 DEM 吻合程度较好。

图 5.78　H9465 轨 DOM 叠加 DEM 效果

5.9.3　逐像素匹配构建数字高程模型

基于精确点位预测、优选强角点逐层加密匹配的基本思想，火星表面影像逐像素匹配与 DEM 自动生成算法流程如图 5.79 所示，具体步骤描述如下。

步骤 1：SURF 匹配获取初始已知点并逐层加密匹配获取特征点，当特征点数量较多时（如平均达到 10×10 格网一个点）可直接用作逐像素匹配的已知点；当特征点数量较少时则利用格网点加密匹配方法获得加密格网点。

步骤 2：利用步骤 1 获取的已知点（此时已知点数量已经较为密集）构建 KD 树。

步骤 3：根据计算机可用 CPU 数量 n 对逐像素匹配任务进行分解，开辟 n 个匹配计算子线程，设原始图像大小为 $N\times M$，则各个子线程平均处理点数为 $(N\times M)/n$，针对卫星影像线阵扫描的特点可按扫描行分解任务，以 4 核 CPU、影像扫描行 20000 行为例，计算子线程 T_0 处理 0～5000 行，T_1 处理 5001～10000 行，T_2 处理 10001～15000 行，而 T_2 处理 15001～20000 行，各个匹配计算子线程之间是独立的。

步骤 4：对匹配计算子线程 T_i 上的像点 (c,r)，利用 KD 树搜索出其邻近已知点并进行点位预测，依据邻近已知点的距离、地形等信息自适应设定搜索窗口大小，然后利用相关系数匹配确定同名点。

步骤 5：当各个匹配计算子线程 T_i 的所有像素均处理完毕后，输出逐像素匹配结果，并利用空间前方交会原理计算地面点坐标。

步骤 6：剔除地面点中可能存在的少量粗差，并通过格网点内插形成 DEM 产品。

选取 H5273、H8433、H9465 三轨影像数据进行实验，其中 H5273 轨影像可以获取欧空局公布的 DEM 数据，因此可以进行对比分析；而由于欧空局 DEM 数据较为滞后，

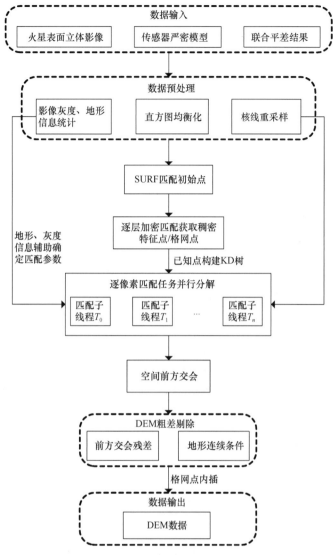

图 5.79 火星表面影像逐像素匹配与 DEM 自动生成方案设计

目前 H8433 与 H9465 轨影像并未发布 DEM 产品。试验数据涵盖陨石坑、峡谷、高山以及平原地形，通过试验数据对逐像素匹配算法并行加速能力、匹配成功率以及计算效率进行分析。

1. H5273 轨逐像素匹配生成 DEM 与欧空局结果对比

图 5.80（a）为 H5273 轨 Level 2 级产品立体影像，基于该数据利用逐像素匹配方法生成 DEM，其结果见图 5.80（b），而欧空局发布的同区域 DEM 见图 5.80（c）。欧空局发布的 H5273 轨 DEM 格网间距为 75 m，而逐像素匹配生成 DEM 格网间距为 20m（H5273 轨原始影像分辨率即为 20 m）。试验生成的 DEM 三维显示效果见图 5.81，其中图 5.81（a）仅为 DEM 三维显示效果，图 5.81（b）为 DOM 叠加 DEM 显示效果，红色椭圆标记区域即为好奇号火星探测器着陆区，可以发现好奇号着陆位置较为平坦，但是着陆区周边地形较为复杂，着陆位置与附近陨石坑以及高山地形区域距离仅为 5～

10km，因此该区域的着陆探测难度是非常大的，对着陆器着陆位置精度要求比较高，潜在的对着陆区的地形精度要求也更高。好奇号选择盖尔陨石坑作为着陆区的主要原因是该区域科学价值较高。

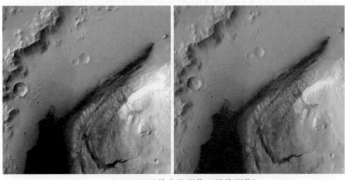

(a) H5273轨立体影像（核线影像）

(b) 逐像素匹配生成DEM　　　　　　　　(c) 欧空局发布DEM

图 5.80　H5273 轨逐像素匹配生成 DEM 与欧空局结果对比

(a) DEM三维显示效果

(b) DOM与DEM叠加显示效果（红色椭圆标记处即为好奇号着陆区）

图 5.81　H5273 轨逐像素匹配生成 DEM 三维显示效果

对比逐像素匹配生成 DEM 与欧空局公布结果可以发现，逐像素匹配生成的 DEM 地形更为精细，高精度、高分辨率的 DEM 数据是探测器精确着陆的重要保障。在"盖尔"陨石坑平地区域由于纹理较为稀疏，逐像素匹配方法并未获得密集匹配点，但是由于该处地形较为平坦，未匹配成功的区域可以采用内插方式，因此并不影响 DEM 地形构建。

2. H8433 轨逐像素匹配生成 DEM 结果

H8433 轨影像纹理信息丰富，利用逐层加密方式即可获得大量的匹配点，这些已知点可以直接作为逐像素密集匹配的已知点，即无需再匹配格网点（图 5.82）。图 5.83 即为 H8433 轨影像逐像素密集匹配生成的 DEM 效果图，与图 5.75 的 DEM 结果（仅利用逐层加密匹配点生成）进行对比可知利用逐像素匹配方法生成的 DEM 地形更为精细，尤其是在陨石坑边缘、山地、峡谷区域逐像素匹配可以达到精确重建三维地形的效果，图 5.84 是局部精细地形效果。

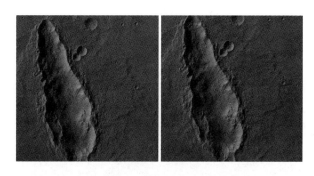

图 5.82　H8433 轨立体影像（核线影像）

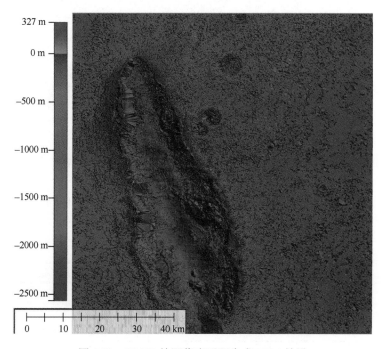

图 5.83　H8433 轨逐像素匹配生成 DEM 效果

图 5.84　H8433 轨逐像素匹配生成 DEM 局部精细地形

3. H9465 轨逐像素匹配生成 DEM 结果

图 5.85 为 H5273 轨 Level 2 级产品立体影像，基于该数据利用逐像素匹配方法生成 DEM 效果见图 5.86，其中图 5.86（a）中含有少量粗差点，而图 5.86（b）是剔除粗差后的结果，匹配粗差主要集中在影像左上角平地区域，即纹理信息缺乏区域。图 5.87 是逐像素匹配生成 DEM 的三维显示效果。与逐层加密并进行格网点加密生成的 DEM 结果相比，基于逐像素匹配生成的 DEM 地形更为精细。

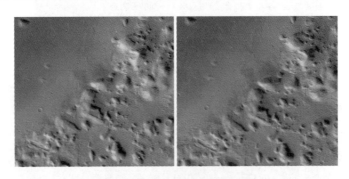

图 5.85　H9465 轨立体影像

算法程序设计平台为 Visual Studio 2010+Qt，由于逐像素匹配计算量较大，试验选用配置较高的硬件环境，操作系统为 Windows 7，CPU 为 Intel Xeon（R） E5-2620，主频 2.00GHz×12 核，内存 32GB，三组试验的匹配成功率与计算时间如表 5.26 所示。对试验结果分析如下：

表 5.26　逐像素匹配成功率与计算效率

试验影像	图像大小	待匹配点/10000	成功匹配点/10000	匹配成功率/%	匹配时间/s
H5273	5000×5000	2500	1074	42.9	11032
H8433	3000×3000	900	676	75.1	4206
H9465	2000×2000	400	306	76.5	1883

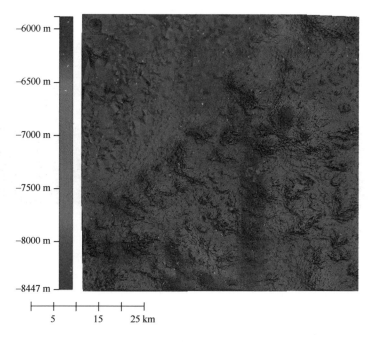

(a) 未剔除粗差结果

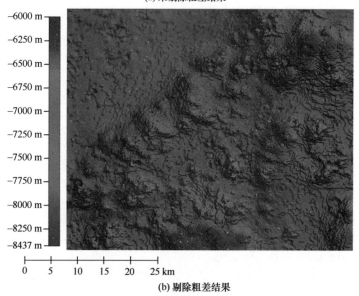

(b) 剔除粗差结果

图 5.86　H9465 轨逐像素匹配生成 DEM 效果图

（1）逐像素匹配成功率主要受影像本身纹理信息的影响，H5273 轨影像中存在较多的平原地形，且影像左下角大部分区域灰度过暗，因此逐像素匹配成功率较低；而 H8433 与 H9465 地形特征相对明显，而且影像质量也比较好，因此匹配成功率相对较高；

（2）逐像素匹配的成功率明显低于特征点匹配成功率，特征点的匹配成功率普通可以达到 85%～90%，而逐素匹配时即使影像纹理比较丰富（如 H8433 与 H9465），其匹配成功率也难以达到 80%；

（3）利用逐像素匹配并行设计方案，程序运行时内存占用量并不大，最大不超过

图 5.87　H9465 轨逐像素匹配生成 DEM 三维显示效果

300MB，而匹配过程中 CPU 基本上处于满负荷运转，其利用率一直维护在 100%，表明并行算法计算资源占用合理，负载均衡较好，这表明逐像素匹配并行优化方案是切实可行的；

　　（4）由于试验选用的计算机配置较高，且充分发挥了多核 CPU（本试验为 12 核）的计算能力，试验逐像素的匹配计算效率是比较高的，2000×2000 大小的图像可以在半个小时内完成，即使 5000×5000 大小的图像，匹配点数为 2500 万时，也基本上可以在 3h 左右完成逐像素匹配任务，相对于逐像素匹配的庞大计算量来说，计算效率是比较高的。

参 考 文 献

陈俊勇，杨元喜，王敏，等. 2007. 2000 国家大地控制网的构建和它的技术进步. 测绘学报，36(1): 1～8

范大昭，刘楚斌. 2011. ALOSPRISM 影像严格几何模型的构建与验证. 测绘学报，40(5): 568～574

耿迅，徐水平，龚志辉，袁军. 2011. ADS40 线阵影像空中三角测量数据处理与精度分析方法. 武汉大学学报信息科学版，36(7): 776～779

耿则勋，张保明，范大昭. 2010. 数字摄影测量学. 北京: 测绘出版社

龚辉，姜挺，江刚武. 2012. 四元数微分方程的高分辨率卫星遥感影像外方位元素求解. 测绘学报，41(3): 409～416

龚健雅. 2007. 对地观测数据处理与分析研究进展. 武汉: 武汉大学出版社

江刚武，姜挺，王勇，等. 2007. 基于单位四元数的无初值依赖空间后方交会. 测绘学报，36(2): 169～175

李春来. 2013. 嫦娥一号三线阵 CCD 数据摄影测量处理及全月球数字地形图. 测绘学报，42(6): 853～860

李德仁，袁修孝. 2005. 误差处理与可靠性理论. 武汉: 武汉大学出版社

刘航冶. 2010. 基于集群的摄影测量并行处理若干关键技术研究. 郑州: 解放军信息工程大学博士学位论文

刘军. 2007. GPS/IMU 辅助机载线阵 CCD 影像定位技术研究. 郑州: 解放军信息工程大学博士学位论文

刘军，王冬红，张永生，等. 2008. 基于单位四元数的机载三线阵影像光束法平差. 测绘学报，37(4): 451～457

欧阳自远. 2005. 月球科学概论. 北京: 中国宇航出版社

唐新明，张过，祝小勇，等. 2012. 资源三号测绘卫星三线阵成像几何模型构建与精度初步验证. 测绘学报，41(2): 191～198

涂辛茹，许妙忠，刘丽. 2011. 机载三线阵传感器 ADS40 的几何检校. 测绘学报，40(1): 78～83

王密, 胡芬, 王海涛. 2008. 一种基于物方几何约束的线阵推扫式影像坐标反投影计算的快速算法. 测绘学报, 37(3): 384~390

王仁享, 胡莘, 王建荣. 2013. 天绘一号无控制点定位精度分析. 测绘学报, 42(1): 1~5

王涛, 张永生, 张艳, 范大昭. 2012. 基于自检校的机载线阵 CCD 传感器几何标定. 测绘学报, 41(3): 393~400

王之卓. 2007. 摄影测量原理. 武汉: 武汉大学出版社

杨靖宇. 2011. 摄影测量数据 GPU 并行处理若干关键技术研究. 郑州: 解放军信息工程大学博士学位论文

杨元喜, 高为广. 2004. 基于方差分量估计的自适应融合导航. 测绘学报, 33(1): 22~26

叶培建. 2006. 深空探测与我国深空探测展望. 中国工程科学, 8(10): 13~18

袁修孝. 1999. GPS 辅助光束法平差中观测值的自动定权. 武汉测绘科技大学学报, 24(2): 115~118

张保明, 龚志辉, 郭海涛. 2008. 摄影测量学. 北京: 测绘出版社

张过. 2005. 缺少控制点的高分辨率卫星遥感影像几何纠正. 武汉: 武汉大学博士学位论文

张过, 李德仁. 2007. 卫星遥感影像 RPC 参数求解算法研究. 中国图象图形学报, 2(12): 2080~2088

张永生, 巩丹超, 刘军, 等. 2007. 高分辨率遥感卫星应用——成像模型、处理算法及应用技术. 北京: 科学出版社

张祖勋, 张剑清. 2007. 数字摄影测量学. 武汉: 武汉大学出版社

赵葆常, 杨建峰, 汶德胜, 高伟, 等. 2011. 嫦娥二号卫星 CCD 立体相机设计与验证. 航天器工程, 20(1): 15~21

赵双明, 李德仁. 2006. ADS40 机载数字传感器平差数学模型及其试验. 测绘学报, 35(4): 342~346

赵双明, 李德仁, 牟伶俐. 2011. CE-1 立体相机影像与激光高度计数据不一致性分析. 测绘学报, 40(6): 751~755

Albertz J, Attwenger M, Barrett J, et al. 2005. HRSC on Mars express–photogrammetric and cartographic research. Photogrammetric Engineering and Remote Sensing, 71(10): 1153~1166

Bay H, Tuytelaars T, Van Gool L. 2008. Surf: Speeded up robust features. Proceedings of the 9th 118 European Conference on Computer vision, 110(3): 404~417

Beckett K, Rampersad C, Putih R, et al. 2009. RapidEye product quality assessment In: SPIE Proceedings: Sensors, Systems, and Next~Generation Satellites XIII. Berlin: 1~10

Bouillon A D, Breton E, Lussy F. 2003. SPOT5 geometric image quality. In: Proceeding of 2003 IEEE International Geoscience and Remote Sensing Symposium. Toulouse: 303~305

Chen Y H. 2008. Bundle adjustment of Mars HiRISE orbiter stereo images based on the rigorous sensor model. In: Proceeding of the International Archives of Photogrammetry and Remote Sensing. Beijing: 999~1004

Duxbury T C, Kirk R L, Archinal B A, Neumann G A. 2002. Mars geodesy Cartography Working Group Recommendations on Mars Cartographic Constants and Coordinate Systems. In: Proceeding of the International Archives Photogrammetry and Remote Sensing, Ottawa. Canada

Fraser C S, Hanley H B. 2003. Bias compensation in rational functions for ikonos satellite imagery. Photogrammetry Engineering and Remote Sensing, 69(1): 53~57

Gleyzes M A, Perret L, Kubik P. 2012. Pleiades system architecture and main performance In: Proceeding of International Archives of the Photogrammetry. Remote Sensing and Spatial Information Sciences. Melbourne: 519~523

Grodecki J, Dial G. 2001. IKONOS Geometric Accuracy. In: Proceeding of Joint Workshop of ISPRS Working Groups I/2, I/5 and IV/7 on High Resolution Mapping from Space. Hannover: 19~21

Grodecki J, Dial G. 2003. Block adjustment of high-resolution satellite images described by rational polynomials. Photogrammetry Engineering and Remote Sensing, 69(1): 59~68

Gwinner K, Scholten F, Spiegel M, et al. 2009. Derivation and validation of high-resolution digital terrain models from Mars express HRSC data. Photogrammetric Engineering and Remote Sensing, 75(9): 1127~1142

Hirschmüller H. 2008. Stereo processing by semi-global matching and mutual information. IEEE Transactions on Pattern Analysis and Machine Intelligence, 30(2): 328~341

Kim T, Shin D, Lee Y R. 2001. Development of a robust algorithm for transformation of a 3D object point onto a 2D image point for linear pushbroom imagery. Photogrammetry Engineer and Remote Sensing, 67(4): 449~452

Kirk R L, Howington-Kraus E, Redding B, et al. 2003. High-resolution topomapping of Candidate MER landing sites with Mars orbiter camera narrow-angle images. Journal of Geophysical Research, 108(12): 343~358

Kocaman S, Gruen A. 2008. Orientation and self-calibration of ALOS PRISM imagery. The Photogrammetric Record, 123 (23): 323~340

Kratky V. 1989. On-line aspects of stereo photogrammetric processing of SPOT images. Photogrammetric Engineering and Remote Sensing, 55(3): 311~316

Li R X, Ju W H, Chen Y, Di K. 2011. Rigorous photogrammetric processing of HiRISE stereo imagery for Mars topographic mapping. IEEE Transactions on Geoscience and Remote Sensing, 49(7): 2558~2572

Lowe D G. 2004. Distinctive image features from scale-invariant keypoints. International Journal of Computer Vision, 60(2): 91~110

Lussy F, Greslou D, Dechoz C, et al. 2012. Pleiades HR in Flight Geometrical Calibration: Location and Mapping of the Focal Plane. In: Proceeding of International Archives of the Photogrammetry. Remote Sensing and Spatial Information Sciences. Melbourne: 519~523

McEwen A S, Banks M E, Baugh N, et al. 2010. The high resolution imaging science experiment (HiRISE) during MRO's Primary Science Phase (PSP). Icarus, 37(2): 2~37

Rosiek M R, Kirk R L, Archinal B A, et al. 2005. Utility of viking orbiter images and products for Mars mapping. Photogrammetric Engineering and Remote Sensing, 71(10): 1187~1195

Sandau R, Braunecker B, Driescher H, et al. 2000. Design principles of the LH systems ADS40 airborne digital sensor. In: Proceeding of International Archives of Photogrammetry and Remote Sensing. Amsterdam: 258~265

Scholten F, Gwinner K, Roatsch T, et al. 2005. Mars express HRSC data processing–Methods and operational aspects. Photogrammetric Engineering and Remote Sensing, 71(10): 1143~1152

Seidelmann P K, Archinal B A, A'Hearn M F, et al. 2011. Report of the IAU/IAG working group on cartographic coordinates and rotational elements: 2006. Celestial Mechanics & Dynamical Astronomy, 109(2): 101~135

Shan J, Yoon J, Lee D S, et al. 2005. Photogrammetric analysis of the Mars global surveyor mapping data. Photogrammetric Engineering and Remote Sensing, 71(1): 97~108

Shi J, Tomasi C. 1994. Good features to track. In: IEEE Conference on Computer Vision and Pattern Recognition. Seattle: 593~600

Silpa A C, Hartley R. 2008. Optimised KD-trees for fast image descriptor matching. In: IEEE Conference on Computer Vision and Pattern Recognition. Anchorage: 1~8

Spiegel M. 2007. Improvement of interior and exterior orientation of the three line scanner camera HRSC with simultaneous adjustment. In: Proceeding of the International Archives of Photogrammetry and Remote Sensing. Munich: 161~166

Tao C V, Hu Y. 2001. A comprehensive study of the rational function model for photogrammetric processing. Photogrammetry Engineering and Remote Sensing, 67(12): 1347~1357

Tong X H, Liu S J, Weng Q H. 2010. Bias-corrected rational polynomial coefficients for high accuracy geo-positioning of QuickBird stereo imagery. ISPRS Journal of Photogrammetry and Remote Sensing, 65(2): 218~226

Yoon J, Shan J. 2005. Combined adjustment of MOC stereo imagery and MOLA altimetry data. Photogrammetric Engineering and Remote Sensing, 71(10) : 1179~1186

第6章　小行星形貌测绘技术

在当前掀起月球和火星探测热潮的同时，小行星探测也逐渐成为深空探测的重点。崔平远等（2005）小行星作为太阳系中数量最多的一类群体，具有十分重要的研究价值，它们所蕴含的物质以及长期演化历史是我们认识和了解太阳系起源和演化的重要依据。季江徽等（2005）开展小行星探测活动，可以帮助人类以更清晰的视角认识我们所处的宇宙，揭开宇宙起源的神秘面纱，同时，近距离探测那些对地球安全有潜在威胁的小行星，可以促进地球防护，帮助我们更好地保卫自己的家园（朱恩涌等，2012）。其中，小行星形貌测绘技术作为小行星探测中的一项重要内容（徐青，2006），是精细获取并准确认知小行星几何和物理特性的基础。此外，小行星表面形貌的高精度表征对于实现探测器着陆过程导航制导、安全着陆等方面具有重要的指导意义。

根据我国深空探测规划，在未来 20 年内，我国将实施火星和小行星等深空目标的着陆探测（杨剑峰等，2012；徐青等，2014）。本章结合我国的小行星探测计划，对小行星表面形貌测绘技术进行研究，目的是探索快速精确重建小行星表面形貌的技术方法，为小行星特点分析与探测器软着陆提供技术支撑。

6.1　国内外小行星探测任务

1991 年，用于木星探测的伽利略探测器在探测木星之余，顺带造访了两颗小行星 Gaspra 和 Ida，对小行星的形状和表面地形特征进行了近距离多手段探测（崔平远等，2005）。九年后，第一个专门用于近地小行星探测的 NEAR 号探测器经过了四年的长途跋涉，成功交会了 433 号小行星——"爱神星"（Eros），并在爱神星上实现了软着陆。NEAR 利用携带的多种探测仪器获取了 Eros 详细的表面地形等数据。进入 21 世纪后，小行星探测进入了白热化阶段，世界各航天大国相继发射了隼鸟号（Hayabusa）、罗塞塔号（Rosetta）、黎明号（Dawn）小行星探测器，实现了对小天体的全面探知与测绘。

6.1.1　黎明号（Dawn）深空探测器

2007 年发射的美国黎明号（Dawn）深空探测器，如图 6.1 所示，目标是探测灶神星（Vesta）和谷神星（Ceres）这两颗著名小行星，是人类第一颗探测火星和木星之间的小行星带的探测器。"黎明号"首次提出将绘制小天体的表面形貌图和探测小天体表面特征和撞击坑，并在任务中提出了具体实现的指标，它将获得超过小行星 80%表面的影像图，其分辨率分别高于 100m（Vesta）和 200m（Ceres）；同时要获取小行星表面 80%以上形貌图，要求其平面精度优于 100m（Vesta）和 200m（Ceres），高程精度达到 10m

（Vesta）和 20m（Ceres）。为了实现这个目标，黎明号搭载两台互为备份的德国生产的画幅式照相机（FC），并在到达小行星后，将在围绕灶神星的不同轨道上运行 5～6 个月。分别在 2500km 高度和 800km 高度轨道上，获取小行星表面的高分辨率影像图、表面数字高程模型。

图 6.1　Dawn 深空探测器

黎明号于 2011 年 7 月 16 日进入 Vesta 小行星轨道，分别主要在距离 Vesta 表面平均 680km 和 210km 的高度上进行了精确观测，经过处理后生成了较高分辨率的正射影像图和数字高程模型。黎明号于 2012 年 9 月 7 日离开 Vesta 小行星轨道，奔向 Ceres。

黎明号于 2014 年 12 月 1 日获取了 Ceres 的第一张影像，2015 年 3 月 6 日进入 Ceres 小行星轨道，4 月进入距离 Ceres 13600km 的 RC3 轨道，6 月进入距离 Ceres 4400km 的测量轨道，计划还要在距离 Ceres 约 1500km 和 500km 的轨道上对其进行更加详细的观测，如图 6.2 所示。

图 6.2　Dawn 卫星探测轨道示意图

目前黎明号正处于 4400km 的测量轨道，利用其携带的高分辨率相机获取了 Ceres 表面部分区域的影像，影像地面分辨率达到 410m，如图 6.3 所示。

图 6.3　Dawn 卫星 2015 年 6 月 6 日获取的 Ceres 表面部分区域的影像

6.1.2　美国近地小行星交会

在以小行星和彗星为代表的小天体探测方面，美国发射了多颗探测器，实现了对不同小行星和彗星表面的探测。其中，NASA 发射的"近地小行星交会"探测器（NEAR）于 1997 年首先探测了 253 号小行星马西德并拍摄了高分辨率影像，另外也首次对 Eros（爱神星）小行星进行了探测，在经过对 Eros 一年多的在轨观测后，获取了大量表面影像数据，利用这些数据，于 2001 年对 Eros 小行星成功地实施了软着陆，在着陆下降过程中又获得了大量的比在轨时分辨率更高的影像数据，为下降过程的精确导航提供了观测资料。

6.1.3　欧空局罗塞塔

欧空局 2004 年 3 月发射了罗塞塔（Rosetta）探测器，如图 6.4 所示，用于探测太阳系的原始星体：小行星和彗星彗核。2011 年到达 Wirtanen 彗星。它所携带的核心器件为 OSIRIS（optical，spectroscopic，and infrared remote imaging system）成像相机，该相机涵盖了可见光、红外和紫外波段，具备科学探测、导航等多种功能。OSIRIS 有窄视场（2.35°×2.35°）和宽视场（12°×12°）两套成像系统，窄视场相机用于获取深空目标表面高分辨率影像数据，宽视场相机将用于收集彗星表面的气体和尘埃的反射光谱信息。OSIRIS 的高分辨率相机将为彗星表面形貌图绘制、着陆区域选取发挥核心作用。

Rosetta 探测器于 2014 年 8 月 6 日抵达目的地彗星 67P/C-G，开始对其进行详细的探测，获取了大量高分辨率的彗星表面影像，如图 6.5 所示，并构建了其表面模型，在此基础上进行着陆区域选址。2014 年 11 月 12 日 Rosetta 探测器在距离彗星表面 22.5km 处释放了"菲莱"（Philae）着陆器，如图 6.6 所示。但 Philae 在彗星着陆时被弹出了着陆点，而且被卡在了一处峭壁的阴影中，在那里它的太阳能电池板无法接收到阳光。11 月 15 日，欧空局称 Philae 进入休眠模式。2015 年 6 月 13 日 Philae 通过 Rosetta 和地球联系了 85s——这是自 2014 年 11 月"冬眠"后首次与地球取得联系。目前科学家们正期待与菲莱取得第二次联系。

6.1.4　日本隼鸟号

日本于 1985 年开展的哈雷彗星号探测计划，成功实现了对彗星的远距离观测。

图 6.4　欧空局 Rosetta 彗星探测器

图 6.5　Rosetta 拍摄的首张 67P/C-G 彗星彩色影像

图 6.6　Philae 着陆器

随后又开展了隼鸟号（Hayabusa）小行星探测任务，如图 6.7 所示，隼鸟号探测器主要用于对丝川（1998SF36）小行星实施探测并试图采样取回，于 2003 年 5 月发射，2005年 9 月成功进入小行星的探测轨道，以 20km 的距离对小行星开展了为期 100 天的观测，获取了大量小行星的表面形貌数据，且首次成功将小行星地质样本带回地球。2014 年成功将隼鸟 2 号探测器送入太空，该颗探测器将对 1999JU3 号近地小行星开展探测，并尝试实施软着陆。

图 6.7　隼鸟号探测器

6.1.5　中国图塔蒂斯小行星探测

由于我国目前仅实施了月球探测任务，我国的空间目标测量技术也主要集中在月球测量。2007 年 10 月发射的嫦娥一号是我国首颗月球探测器，中国科学院国家天文台制作了我国第一幅全月球影像图。2010 年 10 月发射升空的嫦娥二号卫星搭载的 CCD 立体相机大幅度提高了地面分辨率，根据嫦娥 2 号获取的影像数据，制作了 746 幅 7m 分辨率全月正射影像图，是目前分辨率最高的全月影像图。

在 CE-1、与 CE-2 选项成功探测的基础上，2013 年 12 月 CE-3 顺利实现软着陆，标志着我国空间探测技术的又一巨大飞跃。由于我国目前仅实施了月球探测，目前还未实施小行星探测任务，仅在 2012 年嫦娥二号扩展任务中探测了图塔蒂斯小行星，获取了部分小行星观测影像，如图 6.8 所示，并重建了小行星的三维形状，如图 1.11 所示。

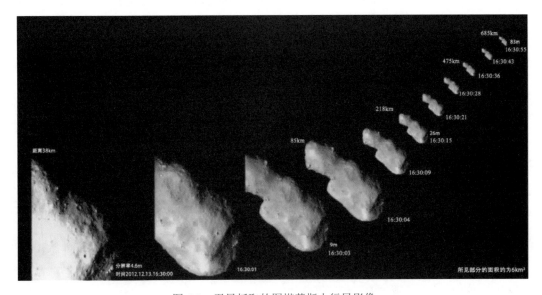

图 6.8　卫星抓取的图塔蒂斯小行星影像

6.2　小行星摄影测量基础

参照对地观测卫星以及火星月球探测器的数据处理方法可知，主要是利用摄影测量的手段进行目标实体信息的恢复与测量。因此，对于小行星表面的形貌测绘任务，当然也离不开摄影测量技术。本节主要探讨小行星摄影测量处理涉及的技术基础，在分析小行星地形特点的基础上，讨论了小行星影像几何处理基础，对国外十分成熟的行星数据处理系统进行了系统介绍，为后续的深入研究奠定理论基础。

6.2.1　已探测小行星概况及其影像特点

1. 已探测小行星概况

1）爱神星

如图 6.9（a）所示，爱神星（Eros）的外形并不是规则的球形，而是呈现出一种马鞍状，爱神星是一颗体积为 33km×13km×13km 的小行星，由于其质量分配不均匀，导致爱神星的表面引力各处不同。通过"近地小行星交会"号探测器获取的爱神星影像来看，爱神星的腰部存在巨大沟壑，沟壑内存在许多细小的沟纹和些许陨石坑，初步推定这些细小的沟纹是由陨石与爱神星相碰撞产生的。从爱神星的形状和密度来看，它是一颗完整的巨石，而非大行星解体产生的。

2）灶神星

灶神星（Vesta），又称第 4 号小行星，灶神星体积较大，为 578km×560km×458km，是位于火星和木星之间小行星带里个头最大的成员之一，仅次于谷神星。如图 6.9（b）所示，灶神星也不是一个规则的球体，其外形可能是受了重力的影响，呈现出一种扁球态。灶神星的表面地形地貌与地球上的沙漠地区十分类似，覆盖着众多的山丘和陨石坑，以及零星散落的石块，在临近南极点有一个巨大的陨石坑，其宽度达到了整个灶神星直径的 80%，深度达到了大约 13 km（Marchi et al.，2012）。灶神星的东半球和西半球呈现出明显不同的地形，东半球多是经过了长年累月的风化后的高地地形，和深度足以探测星体深层地形的陨石坑穴，而西半球则覆盖着大片由玄武岩组织组成的类似于月海的表面（Schenk et al.，2012）。

3）谷神星

谷神星（Ceres），又名 1 号小行星，是人类发现的第一颗小行星，外形是规则的球体，直径约为 950km，类似于地球或其他类地行星，谷神星的赤道比南北两极的距离要宽一些，如图 6.9（c）所示。谷神星由于其体积和质量远比一般的小行星大得多，因此被归为矮行星行列，它是太阳系中体积最小的、也是唯一一颗位于火木之间小行星带中的矮行星。经研究，谷神星的内部存在着大量的冰水物质，并且其表面某些区域被发现存在水蒸气，谷神星表面的地形地貌十分复杂，存在许多山脉和陨石坑，其中一座巨大的山脉外形与地球上的金字塔十分类似，其南北半球都存在着巨大的陨石坑（表 6.1）。

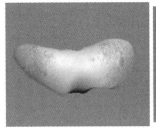
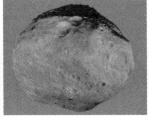

| (a) Eros | (b) Vesta | (c) Ceres |

图 6.9　代表性的已探测小行星

表 6.1　部分已探测的小行星情况

	小行星		
	Eros	Vesta	Ceres
大小/km	33×13×13	578×560×458	950×950×950
质量/kg	7.2×10^{15}	(2.67±0.02)×10^{20}	(9.43±0.07)×10^{20}
平均密度/（g/cm^3）	2.4	3.4	2.09
自转周期/天	0.2194	0.2226	0.3778
公转周期/天	643.219	1325.46	1680.5
光谱类型	S 型	V 型	矮行星

2. 小行星观测影像与地形特点

多数小行星的外形并不是十分规则的球形，由于质量分布不均匀，其不同区域的表面引力存在较大的差别。通过分析探测器获取的小行星表面影像数据可以发现，小行星的表面覆盖许多大型陨石坑和沟洼，风化后的隆起山丘，以及数不清的散落石块，多数小行星整体的地形起伏比较大。

以黎明号获取的灶神星表面影像为例，总结小行星表面地形影像的特点。图 6.10 是截取的灶神星表面的典型地形分布情况。图 6.10（a）是众多小陨石坑和小山丘错综复杂地交叠在一起的区域，纹理特征相对较丰富，由于陨石坑的存在，部分区域的影像灰度差异相对较大；图 6.10（b）是灶神星表面的平原区，可以看出该区域影像灰度变化比较均匀，影像整体的灰度差异很小，纹理信息比较缺乏，提取明显的特征比较困难；图 6.10（c）是灶神星表面的山脉地形，山背和相应的沟壑区域由于风化作用表现得很光滑，但山脊线的灰度变化差异增加了影像的纹理信息；图 6.10（d）是大陨石坑区域，其周围也分布着众多的小陨石坑，陨石坑的边缘灰度差异较大，陨石坑内部侧壁由于反射作用存在灰度值较大的纹理相似区域，给特征提取和影像匹配造成了一定困难。

总体上，小行星表面不像地球表面一样存在很多明显的特征，十分类似于地球上的沙漠和戈壁地区，灰度分布差异很小，影像纹理单一，信息比较匮乏，特征点提取困难，给影像匹配带来了较大的难度。但同时，不同于对地观测卫星影像，小行星上不存在建筑物遮挡、河流湖泊等因素对匹配产生的影响，表面地形比较连续，几乎不存在高程突变的情况，对影像匹配来说是一种有利因素。

6.2.2　小行星影像几何处理基础

小行星参考系是开展小行星地形地貌测绘的基础，但由于小行星数量众多，类型各异，很难采用统一的参考系定义，因此对于不同的小行星，需要根据其实际情况进行定义相关的参考系。本节以灶神星为例加以说明。

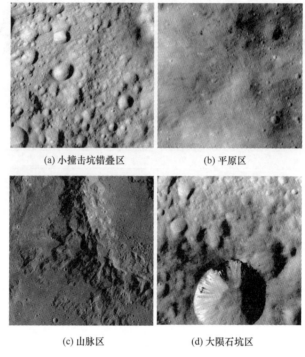

(a) 小撞击坑错叠区　　　　　　　　(b) 平原区

(c) 山脉区　　　　　　　　　　(d) 大陨石坑区

图 6.10　小行星表面不同的地形情况

1. 经纬度定义

对于灶神星的经纬度，国际天文学会（the International Astronomical Union，IAU）和黎明号探测任务小组有着不同的定义标准（Marchi et al.，2012）。早在 1997 年，IAU根据 NASA 的哈勃太空望远镜观测到的数据，建立了灶神星的坐标系统，该系统将灶神星的本初子午线定义在 200km 跨度的圆形区域奥伯斯（Olbers Regio）的中心，而在 2011年黎明号获取灶神星的更加精细的数据后，任务小组发现 IAU 的坐标系统使得灶神星的旋转磁极存在将近 10°的偏移，因此，为了消除旋转磁极的偏移，该小组将本初子午线定义在了 700m 大的陨石坑克劳迪娅（Claudia）的中心，并根据这个坐标系发布了灶神星的影像数据和相关研究文献。这两个坐标系统相差了 155°，目前，大多数研究学者采用黎明号探测任务小组定义的坐标系统。

2. 制图投影

1）摩尔魏特投影

图 6.11 是灶神星的摩尔魏特投影（Mollweide projection）（Jaumann et al.，2012），摩尔魏特投影是地图投影的一种，属等面积伪圆柱投影。在摩尔魏特投影中，球体的纬线是一些间距不等的直线，球体的经线多为椭圆形，只有 0°经线是直线。在这种投影方式中，面积不会发生变形，但长度和角度都会发生变形。在中央经线和大约 40°的南北

纬线的交点上不存在变形现象，以此点为中心向外变形逐渐增大。

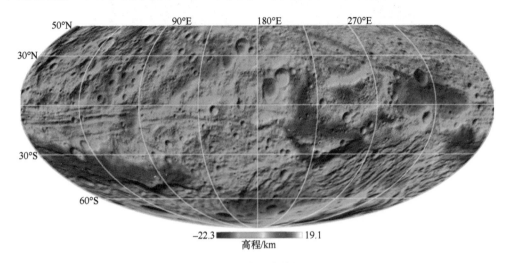

图 6.11　摩尔魏特投影

2）墨卡托投影

墨卡托投影（Mercator projection）是地图投影的一种，是以圆柱面为承影面的一类圆柱投影，属于等角投影。假想用圆柱包裹着球体且与球体的赤道相切，分别将经线以几何方式，纬线以数学方式投影到圆柱面上，再将圆柱沿任意一条经线"剪开"展开为平面，可以获得最终的圆柱投影。这种投影方式形成的经线是按照一定间距排列的线，而各纬线之间的距离从赤道到极点越来越大。在这种投影方式中，恒向线和等方位角线是直线，但大多数的线都不是直线。图 6.12 是灶神星表面墨卡托投影（Russell et al.，2012；Reddy et al.，2012），该投影转换公式简单，且广泛用于全球栅格影像中。

图 6.12　墨卡托投影

3）极射赤平投影

图 6.13 是灶神星南北极的极射赤平投影（stereo graphic projection）（Reddy et al.，2012），极射赤平投影属于方位投影的一种，以平面作为投影面，地面点与相应投影点之间具有一定的透视关系，该投影主要用于两极区域。

图 6.13　极射赤平投影

6.2.3　国外行星数据处理系统

美国在行星测绘领域一直处于国际领先地位，先后对太阳系内的八大行星与众多具有科研价值的小行星进行了多手段全方位的探测，在数据积累、处理与应用等方面具有坚实的基础和宝贵的经验，基于自身深厚的行星测绘背景，NASA 研发了一系列行星数据存储与处理系统，利用这些数据处理系统，可以将各种行星测绘任务的成果投入到实际应用中，具有代表性的主要有 PDS 行星数据系统、ISIS 行星处理系统、ASP 立体影像处理系统，以及 SPICE 辅助数据库等。

1. PDS 行星数据系统

为了对多种深空探测任务获取的行星数据格式进行统一和归档，NASA 专门研制了 PDS（planetary data system）行星数据系统（Smith et al.，1999），该系统一般存储探测器捕获的行星表面影像数据。PDS 文件的文件格式是.img 格式，PDS 文件的文件头包含该文件的一些辅助信息，主要是拍摄时间、轨道序号等，以 ASCII 码形式进行记录，其文件主体是以二进制方式存储的影像数据。虽然 PDS 文件的格式是.img 格式，但利用商业软件 ENVI 和 ERDAS IMAGINE 都不能打开该类型的文件，需采用 NASA 研发的 ISIS 行星处理系统中相应的软件模块将 PDS 原始数据转换为 ISIS 默认的.cub 文件格式，然后再利用 ISIS 系统的数据转换软件模块将.cub 格式的数据转换为常用的.tif 或者.jpeg 格式。

2. ISIS 行星处理系统

ISIS（the integrated system for imagers and spectrometers）行星处理系统是美国地质勘探局（United States Geological Survey，USGS）研发的专用于深空探测行星数据处理的系统。NASA 的大部分深空探测任务数据均采用 ISIS 进行一些基础的数据处理。ISIS 系统一般将原始的.img 文件格式通过软件转换成.cub 文件格式进行处理。该系统具有对行星探测任务数据进行预处理和后续处理的功能，其中如原始数据格式转换、坐标系转换、辐射较正、几何纠正等预处理功能比较常用，处理效果较为理想；而后续数据处理的功能，如光束法平差和影像匹配等，与专业的处理软件相比精度较低。一般情况下，ISIS 系统多被用于进行数据预处理，而后将数据输出为一般影像格式供后续处理使用。

3. ASP 立体影像处理系统

ASP（the ames stereo pipeline）是由 NASA 协同众多高校和组织开发的一套开源自

动立体摄影测量影像处理系统，ASP 立体影像处理系统是开源软件，遵循 GNU 开源协议，运行在 Linux 平台。ASP 支持的文件是由 ISIS 转换后的.cub 文件，ASP 主要用于对行星轨道器和行星表面着陆器获取的行星影像数据进行处理，也可用于处理地球表面影像数据，该系统可以基于 NASA 获取的和其他商业探测器获取的立体影像制作包括数字高程模型、正射影像和三维模型在内的摄影测量产品，生产出来的数据产品在科学价值分析、探测任务规划和公众认知拓展等方面发挥了重要作用。

4. SPICE 辅助数据库

SPICE 库（spacecraft planet instrument c-matrix events）（Jr Cha，1996）是 NASA 旗下的 NAIF（Navigation and Ancillary Information Facility）开发的一套星历程序，其中包含了传感器参数、探测器位置、姿态等辅助任务数据。科研工作者们可以直接读取 SPICE 库中的星历文件获取太阳系内各种星际探测任务中卫星和科学仪器的位置、速度、姿态等信息。NASA 将这些行星探测任务辅助参数封装在 SPICE 库中，使用者可通过相应的接口进入 SPICE 辅助数据库中，查找到对应的详细辅助参数。

6.2.4　小行星摄影测量处理流程

结合 ISIS、ASP，以及 SPICE 行星数据处理系统的数据处理方法，总结出小行星测绘任务数据的摄影测量处理流程。小行星摄影测量处理主要包括对影像数据进行预处理、对影像辅助数据进行转换、构建卫星影像严密几何模型、平差处理，以及立体测图等，最终获得小行星表面的 DEM 和 DOM 数据，详细流程如图 6.14 所示。

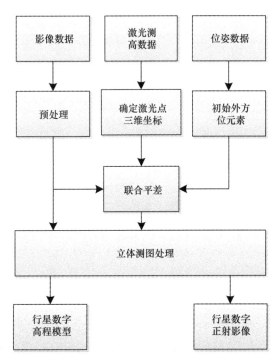

图 6.14　小行星摄影测量处理流程

6.3 小行星影像与激光测高数据联合平差

小行星探测轨道器影像的几何定位与对地观测卫星影像的几何定位具有相同的原理，但是相比于对地观测卫星，行星探测轨道器的轨道和姿态测量方式有限，测量精度较低，并且没有传统意义上的高精度控制点可供使用。因此，小行星表面影像的几何定位特别需要一些提高其几何定位精度的数据处理技术。行星探测器除了装备有光学相机外，还携带有激光高度计，利用激光高度计获取的激光测高数据往往具有较高的定位精度，可以利用激光测高数据的高精度几何定位的特点，将其与影像进行联合平差以提高影像的几何定位精度。

6.3.1 小行星影像光束法平差方法

光束法平差方法是一种严格的影像区域网平差方法（王之卓，2007；张保明等，2008），以像点坐标为观测值，以影像严格成像模型为基础方程，以一幅影像组成的一束光线作为平差基本单元，用最小二乘方法同时解算影像的外方位元素和连接点的物方坐标。

小行星表面的影像数据一般由小行星探测器采用面阵传感器进行捕获，面阵传感器成像原理与框幅式传感器成像原理相同（邢帅，2008），即地面上所有点均通过同一个投影中心在投影平面上成像，影像的几何关系稳定，整幅影像的外方位元素是一样的，影像上的每一个像点与对应的地面点，以及投影中心之间遵循严格的成像模型，即共线条件方程：

$$\begin{cases} x = -f\dfrac{a_1(X-X_S)+b_1(Y-Y_S)+c_1(Z-Z_S)}{a_3(X-X_S)+b_3(Y-Y_S)+c_3(Z-Z_S)} \\ y = -f\dfrac{a_2(X-X_S)+b_2(Y-Y_S)+c_2(Z-Z_S)}{a_3(X-X_S)+b_3(Y-Y_S)+c_3(Z-Z_S)} \end{cases} \tag{6-1}$$

式中，(X,Y,Z) 为物方地面点坐标；(X_S,Y_S,Z_S) 为影像外方位线元素；(x,y) 为对应的像点坐标；f 为光学传感器的焦距；$(a_i,b_i,c_i)(i=1,2,3)$ 为由外方位角元素计算得到的旋转参数。

由共线条件方程可以看出，影像坐标的观测值与待求的未知数之间是非线性关系，为了利用最小二乘法对未知数进行计算，需要将共线条件方程进行线性化处理。在对共线条件方程进行线性化的过程中，除了对影像的外方位元素 $X_S,Y_S,Z_S,\varphi,\omega,\kappa$ 进行偏微分外，还要对连接点的物方坐标 X,Y,Z 进行偏微分处理，则对应的线性化后的误差方程式为

$$\begin{cases} v_x = c_{11}dX_S + c_{12}dY_S + c_{13}dZ_S + c_{14}d\varphi + c_{15}d\omega + c_{16}d\kappa + c_{17}dX + c_{18d}Y + c_{19}dZ - l_x \\ v_y = c_{21}dX_S + c_{22}dY_S + c_{23}dZ_S + c_{24}d\varphi + c_{25}d\omega + c_{26}d\kappa + c_{27}dX + c_{28d}Y + c_{29}dZ - l_y \end{cases} \tag{6-2}$$

式中，$c_{ij}(i=1,2,j=1,\cdots,9)$ 为相应的偏微分系数，上式用矩阵形式表示为

$$V_M = A_M X + B_M X_g - L_M \tag{6-3}$$

式中，$X = [\mathrm{d}X_S \; \mathrm{d}Y_S \; \mathrm{d}Z_S \; \mathrm{d}\varphi \; \mathrm{d}\omega \; \mathrm{d}\kappa]^T$ 为影像外方位元素改正数向量；$X_g = [\mathrm{d}X \; \mathrm{d}Y \; \mathrm{d}Z]^T$ 为连接点物方坐标改正数向量；A_M 和 B_M 为相应的系数矩阵；$L_M = [l_x \; l_y]^T$ 为常数项。

在光束法平差过程中，需要给影像外方位元素未知数提供一组初始值，然后利用空间前方交会计算连接点地面坐标的初始值，利用这些初始值进行迭代计算，渐进地趋近最优解。并且，初始值对解算的收敛速度有很大影响，所提供的初始值越接近最佳解，收敛速度越快，而不合理的初始值不仅会影响收敛速度，还有可能造成解算的不收敛。对于小行星表面影像而言，这组影像外方位元素初始值可以根据原始影像中包含的拍摄时间等信息，利用 SPICE 库中的 Kernels 文件读取得到。

6.3.2 多传感器数据联合平差基本原理

在行星测绘任务中，测绘相机和激光高度计通常搭载在同一轨道探测器上同时获取地质和形貌信息，最早的是 Apollo 任务中的相机与激光高度计的组合使用，以及 MGS 火星探测任务中的轨道器相机 MOC 与火星激光高度计 MOLA，日本 SELENE 月球探测任务中的激光高度计 LALT 与地形测绘相机，美国 LRO 月球探测任务中的轨道器相机 LROC 与激光高度计 LOLA，以及我国嫦娥一号、嫦娥二号月球探测器同样搭载有激光高度计。由实际数据可知，激光高度计获取的数据具有较高的高程精度，但数据结构稀疏离散，而影像数据是按行列等间距稠密排列的，其平面分辨率较高。激光数据与影像数据具有互补性，将两者进行联合平差，可以提高影像的几何定位精度。

影像与激光测高数据联合平差的基础任务是实现激光点与影像的精确配准，一般可基于共线条件方程，采用激光点反投影法将地面激光点反投影至轨道器影像上。理论上，探测器获取的影像数据与激光测高数据应具有很好的一致性，即将激光测高数据利用反投影算法投影到立体影像上后，得到的对应像点应该是同名点。但是，由火星 MOLA 和 MOC 数据配准（Yoon and Shan，2005；Ebner et al.，2004；耿迅等，2013），以及嫦娥一号轨道器影像与 LAM 数据配准（耿迅，2014；Di et al.，2012）和嫦娥二号影像数据与 LRO 激光测高数据联合平差与配准（Wu et al.，2014；邸凯昌等，2015）可知，由于轨道精度与测量过程中不确定因素的影响，即使是同一轨道器平台获取的激光数据与影像数据也存在一定的不一致性。这种不一致性表现为利用影像外方位元素初始值，将激光点三维坐标反投影至对应的立体影像上后，得到的左右激光反投影点与实际影像的同名点之间存在坐标差。

针对影像数据与激光测高数据不一致性的问题，国内外学者进行了深入研究并提出了多种解决方案。其中，Shan（2005）、Yoon 和 Shan（2005）等基于火星 MGS 探测任务中的 MOC 影像数据与 MOLA 激光测高数据，提出了一种激光高度数据与影像进行联合平差的方法，其基本原理是将激光数据作为带权附加观测值与影像数据一起进行联合平差解算，得到更加精确的影像外方位元素。利用投影中心到地面激光点的距离与激光测距值相等这一原理，增加如下观测方程：

$$F_R = \rho_k - \sqrt{(X_k - X_G)^2 + (Y_k - Y_G)^2 + (Z_k - Z_G)^2} = 0 \qquad (6\text{-}4)$$

式中，ρ_k为第k个激光点的测高数据值；(X_k, Y_k, Z_k)为第k个激光点的地面坐标；(X_G, Y_G, Z_G)为激光高度计中心点在物方坐标系下的空间坐标，它与光学影像投影中心的空间坐标X_S, Y_S, Z_S（即影像的外方位线元素）之间存在一个平移量$[X_0, Y_0, Z_0]^T$。因此式（6-4）也可表示为

$$F_R = \rho_k - \sqrt{(X_k - X_S - X_0)^2 + (Y_k - Y_S - Y_0)^2 + (Z_k - Z_S - Z_0)^2} = 0 \qquad （6\text{-}5）$$

利用泰勒公式，将式（6-5）线性化可得

$$F_R = c_1 dX_S + c_2 dY_S + c_3 dZ_S - (\rho_k - \rho_{kC}) = 0 \qquad （6\text{-}6）$$

式中，$\rho_{kC} = \sqrt{(X_k - X_S^0 - X_0)^2 + (Y_k - Y_S^0 - Y_0)^2 + (Z_k - Z_S^0 - Z_0)^2}$为利用外方位线元素的初始近似值$X_S^0, Y_S^0, Z_S^0$计算得到的激光测距的计算值；$dX_S, dY_S, dZ_S$为外方位线元素的改正数，其系数偏微分分别为$c_1 = \dfrac{\partial F_R}{\partial X_S} = (X_k - X_S - X_0)/R$、$c_2 = \dfrac{\partial F_R}{\partial Y_S} = (Y_k - Y_S - Y_0)/R$、$c_3 = \dfrac{\partial F_R}{\partial Z_S} = (Z_k - Z_S - Z_0)/R$；$R = \sqrt{(X_k - X_S - X_0)^2 + (Y_k - Y_S - Y_0)^2 + (Z_k - Z_S - Z_0)^2}$。

式（6-6）的误差方程式以矩阵形式表示为

$$V_R = A_R X - L_R \qquad （6\text{-}7）$$

式中，$A_R = [c_1 \quad c_2 \quad c_3]$为系数设计矩阵；$X = [dX_S \quad dY_S \quad dZ_S]$为外方位线元素改正数列向量；$L_R = \rho_k - \rho_{kC}$为常数项。

为了与光束法平差模型形成统一的外方位元素列向量，使法方程的解算更为方便，将式（6-7）中的外方位线元素改正数向量进行扩展处理，加上外方位角元素改正数后，扩展为外方位元素的改正数向量，即$X = [dX_S \quad dY_S \quad dZ_S \quad d\varphi \quad d\omega \quad d\kappa]^T$，则对应的系数矩阵中的系数值设为0，即$A_r = [c_1 \quad c_2 \quad c_3 \quad 0 \quad 0 \quad 0]$。

6.3.3 联合平差误差方程式构建

影像与激光测高数据的联合平差中，观测值主要有影像连接点坐标和激光测距值，待求的参数有影像6个外方位元素和连接点的地面坐标。将激光测距数据观测模型与常规影像光束法平差模型进行联合，综合连接点观测方程和激光测距观测方程，将对应的误差方程联立为

$$\begin{cases} V_M = A_M X + B_M X_g - L_M & P_M \\ V_R = A_R X \qquad\qquad\quad - L_R & P_R \end{cases} \qquad （6\text{-}8）$$

上述方程分别是关于平差连接点和激光测距值的误差方程，其中V_M为影像上的像点坐标观测值残差；V_R为激光测距值残差；$X = [dX_S \quad dY_S \quad dZ_S \quad d\varphi \quad d\omega \quad d\kappa]^T$为影像外方位元素改正数；$X_g = [dX \quad dY \quad dZ]^T$为连接点地面坐标改正数；$A_M, B_M$和$A_R$为相应的系数矩阵；$P_M$和$P_R$为对应的权矩阵。

将联立后的误差方程以矩阵形式表示为

$$V = \begin{bmatrix} A_M & B_M \\ A_R & 0 \end{bmatrix} * \begin{bmatrix} X \\ X_g \end{bmatrix} - \begin{bmatrix} L_M \\ L_R \end{bmatrix} \qquad \begin{bmatrix} P_M & 0 \\ 0 & P_R \end{bmatrix} \tag{6-9}$$

作联合平差时，根据最小二乘法平差原理可知其法方程为

$$\begin{bmatrix} A_M^{\mathrm{T}} P_M A_M + A_R^{\mathrm{T}} P_R A_R & A_M^{\mathrm{T}} P_M B_M \\ B_M^{\mathrm{T}} P_M A_M & B_M^{\mathrm{T}} P_M B_M \end{bmatrix} * \begin{bmatrix} X \\ X_g \end{bmatrix} - \begin{bmatrix} A_M^{\mathrm{T}} P_M L_M + A_R^{\mathrm{T}} P_R L_R \\ B_M^{\mathrm{T}} P_M L_M \end{bmatrix} = 0 \tag{6-10}$$

简化表示为

$$\begin{bmatrix} N_{11} & N_{12} \\ N_{21} & N_{22} \end{bmatrix} * \begin{bmatrix} X \\ X_g \end{bmatrix} - \begin{bmatrix} L_1 \\ L_2 \end{bmatrix} = 0 \tag{6-11}$$

对于式（6-11），按照光束法平差中的解算方法求解对应的外方位元素改正数和连接点的物方坐标改正数，然后不断进行法方程的循环迭代运算，直至外方位元素改正数的精度满足阈值要求时停止解算，输出计算结果。

6.3.4 基于方差分量估计的观测项权值确定

在平差计算过程中，各观测值的权值设定至关重要，对平差的结果具有重要的影响（袁修孝，1999）。对于同类观测值，可以按照经验定权的方式进行权值确定，而对于不同类型的观测值，很难合理地确定各类观测值的权值。因此，在影像与激光测高数据联合平差中，各观测项的权值不能简单地利用经验定权的方法进行确定。

因此，为了对不同类型的观测值确定其权值大小，首先可以根据经验定权方法确定初始权，依据此初始权值进行平差预处理，根据平差得到的结果来估计对应的方差，利用估计的方差值重新进行定权，作为下一次平差计算的权值，如此重复，直至不同类型观测值的权值趋于合理，这种平差方法称为方差分量估计（杨元喜和高为广，2004；张显云，2008）。方差分量估计的核心思想是通过迭代运算，使得不同类型观测值之间的权比得到有效调整，直到其所对应的方差因子满足一定阈值为止（崔希璋等，1992）。

由于第一次计算所采用的权 P_M、P_R 是由经验估计得到的，一般情况下多是不合适的，即可能会导致迭代运算不收敛。将它们对应的单位权方差分别设为 σ_{0M}^2 和 σ_{0R}^2，只有 $\sigma_{0M}^2 = \sigma_{0R}^2 = \sigma_0^2$ 时，才认为定权合理。方差分量估计的目的就是根据初始设定的权 P_M、P_R 实施第一次平差计算，然后利用平差后得到的两类观测值的 $V_M^{\mathrm{T}} P_M V_M$、$V_R^{\mathrm{T}} P_R V_R$，按照方差分量估计的原理求单位权方差的估计量 $\hat{\sigma}_{0M}^2$ 和 $\hat{\sigma}_{0R}^2$，由单位权方差估计值进行权值的重新计算，而后再次进行平差，直到 $\hat{\sigma}_{0M}^2 = \hat{\sigma}_{0R}^2$ 为止。

针对激光测高数据和影像数据的联合平差，主要有连接点坐标和激光测距值两类观测值，利用方差分量估计方法进行迭代定权的计算方法如下。

（1）计算联合平差法方程中各系数矩阵，并对于不同的观测值，根据经验定权的方法确定其初始权矩阵，一般初始权矩阵多为对角阵，可由下式进行经验定权：

$$P_{ii} = E \cdot \left(\frac{\sigma_0^2}{\sigma_i^2} \right) \tag{6-12}$$

式中，E 为单位对角矩阵；σ_0 为中误差；σ_i 为初始时各类观测值的经验精度。小行星

表面影像和激光测高数据的初始权值可根据测量精度进行设定，一般连接点坐标观测值的经验权值为1。

（2）进行第一次平差，求得 $V_M^T P_M V_M$ 和 $V_R^T P_R V_R$。

（3）按照方差分量估计的简化计算公式（崔希璋等，1992），利用矩阵解算的方法计算各分量因子的估计量 $\hat{\sigma}_{0M}^2$ 和 $\hat{\sigma}_{0R}^2$：

$$\begin{cases} [n_1 - \mathrm{tr}(N^{-1}N_1)]\hat{\sigma}_{0M}^2 = V_M^T P_M V_M \\ [n_2 - \mathrm{tr}(N^{-1}N_2)]\hat{\sigma}_{0R}^2 = V_R^T P_R V_R \end{cases} \tag{6-13}$$

式中，$N_1 = \begin{bmatrix} A_M^T P_M A_M & A_M^T P_M B_M \\ B_M^T P_M A_M & B_M^T P_M B_M \end{bmatrix}$；$N_2 = \begin{bmatrix} A_R^T P_R A_R & 0 \\ 0 & 0 \end{bmatrix}$；$N = N_1 + N_2$；$n_1, n_2$ 分别为矩阵 N_1, N_2 的秩。

（4）根据计算的方差分量因子进行权值的再次计算：

$$P_i^{v+1} = \frac{\sigma_0^2}{\sigma_{0i}^2} P_i^v \tag{6-14}$$

（5）反复进行（2）～（4）步，直至 $\sigma_{0M}^2 = \sigma_{0R}^2$。

为了保证联合平差结果的可靠性和精度，大量的影像和非线性方程会参与到平差中，且需要迭代解算大量的未知数，由于许多未知的因素作用于最小投影误差，运用通用的非线性最小二乘（levenberg-marquardt，LM）算法解算联合平差的法方程时，会带来极高的计算代价。

幸运的是，在基本的法方程中，系数矩阵呈现一种稀疏的块结构，因此合理利用法方程系数矩阵的稀疏性进行方程组求解，可有效减少光束法平差解算所需的时间。稀疏光束法平差[①]（sparse bundle adjustment，SBA）正是利用这种稀疏的特性，使用 LM 算法的简化稀疏变量来降低计算的复杂度，进而快速解算法方程。

6.3.5 实验与分析

由于小行星测绘任务没有真实激光测高数据可供使用，为了对本书的联合平差方法进行实验验证，基于利用沙盘模拟的小行星表面影像数据与利用激光扫描仪获取的对应区域的地形点云数据，开展序列观测影像与激光测高数据联合平差实验，以平差连接点的坐标精度为依据，对比分析在联合平差模型中加入激光测高数据前后的精度。整体的实验思路如下：

（1）在地形模拟区域放置三个靶标球，作为影像数据与激光测高数据的转换标准；

（2）利用焦距为 25mm，分辨率为 1280×1024 的工业相机获取地形模拟区域的序列影像；利用激光扫描仪对相应区域的地形进行扫描，得到密集的点云，作为真实值；

（3）对获取的点云数据进行抽稀处理，得到离散的激光点作为联合平差中的激光测高数据；

（4）利用 SURF 匹配算法提取序列影像中匹配点作为平差的连接点；对含有靶标球

---

① SBA，2005，Website：http://www.ics.forth.gr/lourakis/sba.

的序列影像，利用 Hough 圆检测确定靶标球的中心位置，也作为平差的连接点；

（5）开展两组实验：一组是只利用提取的连接点进行传统的光束法平差，另一组是利用提取的连接点和模拟的激光测高数据进行联合平差处理，分别得到连接点的物方坐标；

（6）在激光点云数据中提取靶标球的中心点三维坐标及其半径大小，计算出靶标球的顶点坐标，利用该坐标与平差得到的三个靶标球顶点坐标解算两个坐标系之间的转换参数；

（7）利用计算的坐标系转换参数将平差连接点三维坐标转换到激光点云所在的坐标系中，得到新的三维坐标信息，并根据新的 X,Y 值在激光点云数据中内插出对应的高程值作为真值，分别对比传统光束法平差与联合平差后，平差连接点的高程值与真值的差异。

1. 数据准备

在实验室条件下，利用地面沙盘模拟小行星表面地形，采用焦距为 25mm 的工业相机获取小行星表面的序列影像数据，如图 6.15 所示。其中影像中的白色球体是靶标球，利用 Hough 圆检测可以精确检测到靶标球的中心位置。同时，图 6.16 是利用激光扫描

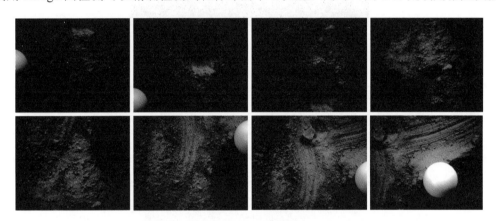

图 6.15　模拟小行星表面观测影像

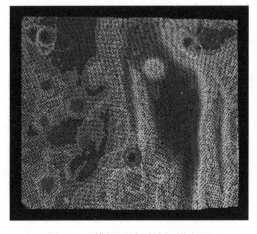

图 6.16　模拟区域原始扫描点云

仪扫描得到的相应区域高精度的地形点云数据。在激光点云数据中，靶标球球心的三维空间坐标和半径都能够精确获取到。因此，可以利用三个靶标球在两个坐标系下的三维坐标作为影像平差结果和激光扫描结果的转换基准。对扫描得到的密集点云进行抽稀处理后，得到离散分布的激光点，用以模拟激光测高数据，如图 6.17 所示。扫描得到的地形点云信息统计如表 6.2 所示。

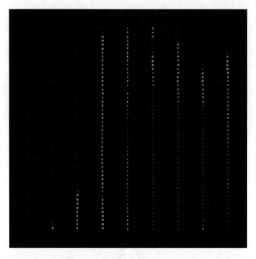

图 6.17　模拟激光测高数据

表 6.2　激光扫描点云信息统计

点数	宽	高
4870509	36522	2570
X_{min}/m	Y_{min}/m	Z_{min}/m
0.45	1.36	−0.139
X_{max}/m	Y_{max}/m	Z_{max}/m
2.82	3.65	0.090

2. 联合平差实验

可靠的影像连接点是进行光束法平差的前提，因此，首先在序列影像之间利用 SURF 匹配算法获取同名像点，基于 RANSAC 原理剔除匹配误差较大的点，将剔除后的高精度同名点作为影像光束法平差中的连接点，序列影像连接点提取效果见图 6.18。另外，对于连续两张都存在靶标球的影像，利用 Hough 圆检测算法检测出靶标球在影像上的像坐标，也作为光束法平差的连接点，以便平差迭代解算完成后直接得到靶标球的物方坐标，Hough 圆检测效果见图 6.19。

首先，只利用序列影像进行平差解算，得到序列影像的外方位元素和影像连接点对应的物方坐标。其中，三个靶标球的物方坐标也会在平差结束后直接得到，将得到的三个靶标球顶点的物方坐标与其在激光扫描点云中的坐标作为空间转换基准，将所有平差连接点对应的物方坐标转换到扫描点云所在的坐标系中，根据其平面坐标 X,Y 找到对应的绝对高程值，对比平差得到的连接点高程值与激光扫描得到的连接点高程值之间的差异。然后，将激光扫描数据作为附加观测值加入到光束法平差中进行联合平差，重复以上的操作，再次对比连接点的高程差异。最后，选取其中 1000 个平差连接点，将两次平差的结果进行统计（图 6.20），计算其平均值与中误差见表 6.3。

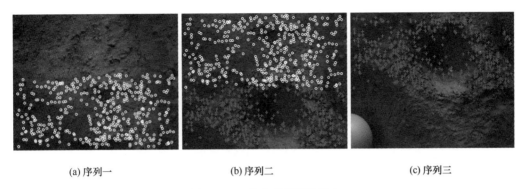

(a) 序列一   (b) 序列二   (c) 序列三

图 6.18　三张序列影像连接点

图 6.19　序列影像靶标球检测结果

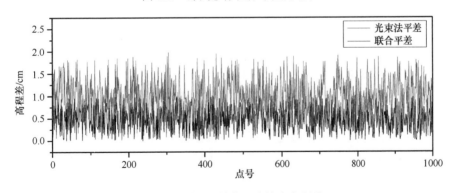

图 6.20　联合平差前后连接点高程差

表 6.3　联合平差前后连接点高程值差异　　　　　　（单位：cm）

高程差	最小值	最大值	平均值	中误差
光束法平差	0.035	2.102	1.237	1.478
联合平差	0.042	1.021	0.492	0.524

从联合平差前后的连接点高程与激光扫描高程的差值可以看出，本书的影像与激光测高数据联合平差可以有效地提高影像的几何定位精度，也证明了联合平差可以显著提高影像的外方位元素精度。

6.4 基于单目序列影像的小行星形貌精确测量方法

从黎明号探测器对灶神星进行探测的主要轨道可知，如图 6.21 所示，探测器从 3000km 的勘测轨道逐渐抵进至 900km 的高轨测绘轨道（high altitude mapping orbit，HAMO）时，轨道器便开始利用自身携带的光学相机连续对目标小行星进行成像，成像过程从最开始的一个具有一定亮度的小白点，逐渐放大至小行星的地形地貌能够被清晰地看到。在高轨环绕测量阶段，轨道器获得了一系列小行星表面的单目序列影像数据，利用这些序列影像数据，可以初步对小行星表面的地形地貌进行检测和识别（王栋等，2015），进而恢复其表面的精细地形（蓝朝桢等，2014；耿迅等，2012）。而后，探测器进入半径为 475km 的低轨测绘轨道（low altitude mapping orbit，LAMO），此时可以利用光学相机获取较高分辨率的灶神星表面的影像数据，重建出较高精度的形貌数据。目前，在 NASA 官方网站可以下载到黎明号探测器在高轨测绘轨道时获取的灶神星表面形貌数据，而在低轨测绘轨道获取的高精度影像数据还不支持下载。

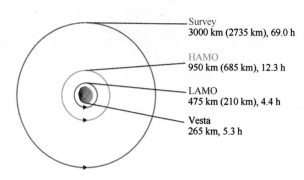

图 6.21　灶神星探测轨道示意图

对真实小行星表面序列影像分析后可知，小行星表面影像的纹理单一、特征信息不明显、光照引起的阴影复杂多变等性质会增加匹配的难度，影像同名点的寻找会受到很大影响，并且常常会出现匹配错误的情况。现有的匹配策略对小行星表面序列影像不具有很好的适应性。因此，如何从少量最明显的特征入手，在多种约束条件的联合作用下，渐进式增加特征点的数量，同时保证匹配的正确性，直至最终实现逐像素匹配，是解决小行星序列影像密集匹配问题的关键。

因此，结合小行星表面影像的特点，本节设计了一种基于核线和不规则三角网组合约束的渐进式加密匹配策略，如图 6.22 所示。首先，利用具有强鲁棒性的特征点匹配方法对两幅具有一定重叠度的影像进行相对定向，确定其相对方位，然后基于影像间的相对关系，利用计算多边形重叠范围的算法确定两幅影像的重叠范围；接着，利用已经精确匹配的同名点对和重叠范围数据构建不规则三角网；然后对每个三角网计算其形变参数，在不满足要求的三角形内部增加特征点并进行影像匹配，得到新的同名点，并进行

三角网的更新；最后在每个三角形内部采用基于灰度的匹配方法进行密集匹配，并利用
RANSAC 方法剔除误匹配，得到密集匹配点云；最后进行地形点云拼接，获得整个区域的地形数据。

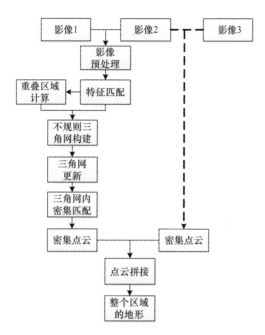

图 6.22　序列影像渐进式加密匹配流程图

6.4.1　序列影像重叠区域确定方法

序列影像间重叠区域的计算一方面可以对影像的匹配区域进行约束，影像不重叠区域即可不进行匹配，另一方面，可以限制搜索区间，节省影像匹配计算时间。

对两幅具有一定重叠度的影像进行影像匹配后，可得到两幅影像的相对关系，然后将两幅影像统一到同一坐标系之下。这里可以将两幅影像都视为简单的多边形，则其影像重叠范围的确定，就等价于对多边形求交集。在得到多边形的交集后，其重叠区域的顶点组成一个点的集合，然后利用影像间的相对关系将重叠范围的顶点集合还原至原始影像上，从而可以标绘出两幅影像的重叠区域（张红斌，2006）。

1. 重叠区域计算流程

一般情况下，在确定影像重叠区域的过程中，由于待计算的两幅影像相对自由度是由传感器的姿态确定的，当获取影像时，传感器姿态变化较大，则影像的重叠区域可能会出现三边形、四边形甚至八边形的情况（唐敏，2014；徐亚明等，2011）。由于小行星探测器获取连续的两幅影像时，其姿态变化不明显，因此两幅影像的重叠区域一般多为四边形，如图 6.23 所示。

相应的影像重叠区域计算步骤为分以下五步。

（1）对序列图像进行特征点匹配，获取单应矩阵。

（2）根据单应矩阵，将右影像的四个顶点转换到左影像所在的坐标系中，记为顶点转换点集合。

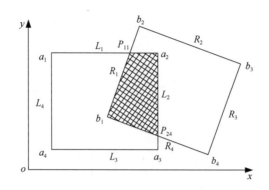

图 6.23　影像重叠情况示意图

（3）由左影像的四个顶点集合和右影像的四个顶点转换点集合，计算多边形交叉点集合，该交叉点集合即为重叠区域在左影像中的原始点集合。

（4）根据单应矩阵的逆，将多边形的交叉点集合转换到右影像上，得到重叠区域在右影像中的原始点集合。

（5）根据左右影像重叠区域的原始点集合，在对应影像中标绘出相应的重叠区域。

2. 计算简单多边形空间关系

在确定两幅影像重叠区域的方法中，最为关键并且最复杂的就是解算两个多边形的空间关系，在平面空间中，两个多边形的空间关系可以分为三大类：包含、相交和无交集，其中相交又会有多种情况。结合实际应用情况，因为连续的具有一定重叠区域的序列影像之间只会出现多边形相交的情况，不会出现多边形包含和无交集的情况，因此，这里只讨论两个多边形的相交问题，更确切的是讨论两个简单矩形的相交问题。如图 6.24 所示，两个矩形相交，其相交结果会出现三边形、四边形一直到八边形。

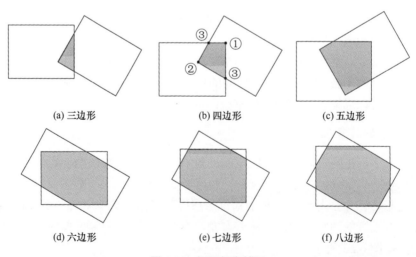

| (a) 三边形 | (b) 四边形 | (c) 五边形 |

| (d) 六边形 | (e) 七边形 | (f) 八边形 |

图 6.24　矩形相交情况

通过分析重叠区域可以发现，在这六种矩形相交的情况中，以重叠区域为四边形时加以说明（图 6.24（b）），其重叠区域的顶点主要包含三类：①左影像的四个顶点；②右影像的四个顶点；③左影像边界和右影像边界的交点。更进一步的定量分析后，发现其中第一类和第二类点属于"不定点"，即这两类顶点的数量分别可能为 0，而第三类点属于"必须点"，即该类点的数量必然不为 0（在不考虑包含和无交集两种空间关系的情况下），或者说其数量必然大于 2 个。

因此，基于以上定性和定量分析，采用跟踪点的方法来确定两个矩形的重叠区域，以图 6.23 为例加以说明。首先，可以先找到一个三类点 P_{11}，沿着其中一条边进行跟踪，如选择边 L_1 进行跟踪，跟踪到左影像的顶点，即一类点 a_2，接着继续沿着边 L_2 跟踪，可得到一个三类点 P_{24}，即左影像的边 L_2 与右影像的边 R_4 的交点，这是要交换跟踪路径，即跟踪路径从左影像的边 L_2 变换到右影像的边 R_4；然后继续沿着 R_4 跟踪，找到右影像的顶点，即二类点 b_1；最后沿着路径 R_1 找到 P_{11}。这样，最终就形成了一个闭合的区域，即为要求的重叠区域。

6.4.2 不规则三角网渐进式加密策略

在确定了两幅序列影像的重叠区域后，即可获得重叠区域的顶点，再加上已经匹配的稀疏局部特征点，可以此为基础构建不规则三角网（triangulated irregular network，TIN），TIN 的最大优点就是对复杂景物的准确描述（余杰等，2010）。在基于整幅影像的特征点及其重叠区域的顶点建立初始三角网后，对复杂区域进行渐进式加密三角网，即在每一个不满足要求的三角形面元内部增加新的特征点并进行影像匹配，将新特征点匹配结果加入到初始三角网的构建过程中，构成新的更加密集的三角网，不断循环直至所有三角形面元的误差小于一定的阈值，之后在每个小三角形面元内部进行密集匹配。

1. 构建初始三角网

狄洛尼（Delaunay）三角网能很好地拟合复杂地物的结构和细部，常被用于不规则三角网的生成（张尧等，2012；徐青等，2000），其基本原理是利用地形采集点构造覆盖整个地形区域且互不重叠的许多三角形。在狄洛尼三角网生成算法中，离散分布的地形点被称为"参考点"，构成狄洛尼三角网的基本法则就是："每三个参考点组成一个三角形，该三角形的外接圆内部都不包含其他参考点"。

在狄洛尼三角网中，每个参考点都对应一个泰森多边形，每个三角形的三个顶点对应三个相邻的泰森多边形，这三个相邻泰森多边形的公共顶点是该三角形外接圆的圆心，基于以上性质，可以利用一定数量的不重合平面点构建狄洛尼三角网。

Delaunay 三角网构建方法如下：

（1）从离散分布的众多参考点中任意选取一个点作为起始点 P_1，利用最邻近点原理找出 P_1 最邻近的一个参考点 P_2，计算 P_1 和 P_2 组成的直线方程 L_1。

（2）在直线 L_1 的附近寻找第三个点 P_3，计算该点到直线 L_1 的距离，将距离最小的点作为候选点，然后以这三个参考点为基准作圆，判断其内部是否存在其他参考点。如果存在，则由当前三个参考点组成的三角形不是狄洛尼三角形。放弃该候选点，再选用第二个候选参考点进行同样的操作，直到以三个参考点作的圆内部不存在其他参考点为止，则由该三个参考点组成的三角形就是狄洛尼三角形。

（3）从该三角形中的剩余两条边中任意选择一边作为基边，计算其直线方程，然后利用同样的判断方法找出其他的三角形，直到狄洛尼三角网覆盖所有参考点为止。

以左右影像上已匹配的同名点为基础参考点构建狄洛尼三角网时，由于影像的几何变形不可能完全消除，并且已经匹配的同名点中难免会存在少量的误匹配点，在这种情况下若分别以左右影像上的同名像点为参考点同时构建三角网，会出现左右影像上的三角网不能一一对应的问题。因此，一般是先基于左影像上的同名特征点构建狄洛尼三角网，然后利用同名特征点的一一对应的关系，把左影像上的三角网一一映射到对应的右影像上去，这样在右影像上的三角网构建完成后，左右影像上的三角网才是一一对应的关系。

2. 三角网的渐进式加密

初始不规则三角网构建完成后，影像被这些不规则三角形分割为许多的小三角形区域。一般情况下，影像的变形存在连续性，则被不规则三角网分割形成的每一个三角形区域与其相邻区域的放射变形参数应该存在很小的差异（邢帅和徐青，2007；张云生等，2013）。因此，可以利用左右影像上对应两个三角形的三对同名顶点，利用仿射变形模型估计其仿射变形参数：

$$\begin{cases} x_2 = a_0 + a_1 x_1 + a_2 y_1 \\ y_2 = b_0 + b_1 x_1 + b_2 y_1 \end{cases} \qquad (6\text{-}15)$$

然后将该三角形的形变参数与其相邻区域的三角形形变参数进行对比，如果形变参数差异值大于给定的阈值，则该三角形的形变参数与相邻区域的形变参数存在较大差异，需要对该三角形进行加密处理。渐进加密过程为：首先在不满足阈值要求的三角形区域内提取新的特征点，基于新的特征点和初始三角网进行整体三角网的更新，然后再计算更新后的三角形区域的形变参数，并判断其与邻域三角形的形变参数差异是否满足阈值要求。如此循环往复，直至所有的三角面元的形变参数都能满足形变阈值要求为止。整个加密过程的流程如图 6.25 所示。

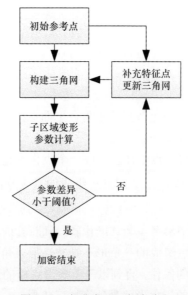

图 6.25　渐进式 TIN 加密流程

如图 6.26 所示，更新三角网时，需要在左影像上不满足形变参数阈值要求的三角形内部提取新的特征点，并在右影像上精确匹配出其同名点。针对这一要求，采取方法是基于三角形重心的概念，即三角形三边中线的交点。首先在左影像上不满足要求的三角形内部提取其重心点作为参考点（图 6.26 中虚线的交点），然后，在右影像上，以对应三角形的重心点作为同名点的候选点进行影像匹配，精确定位出同名像点，最后将新匹配出的同名点与初始三角网结合，在初始三角网的基础上构建新的更加密集的三角网。

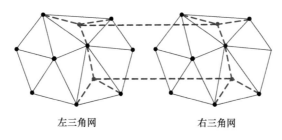

左三角网   右三角网

图 6.26　三角网更新原理

6.4.3　密集匹配的相似性测度

不规则三角网更新完成后，即可在每个三角形内部进行基于影像灰度的密集匹配。在基于影像灰度值的匹配方法中，相似性测度的选择至关重要，它是灰度匹配算法的基础，关系着整个匹配结果的好坏。相似性测度种类众多，灰度匹配中常见的相似性测度主要有绝对差之和（sum of absolute differences，SAD）、相关系数（normalized cross correlation，NCC）（耿则勋等，2010）、互信息（mutual information，MI）（Kim et al.，2003；Egnal，2000；Yong et al.，2009）、集群回馈（cluster reward algorithm，CRA）（Inglada and Giros，2004），以及结构相似性指数（structure similarity，SSIM）（Wang et al.，2004；张卡等，2010）等。对于小行星表面影像的匹配需要选择鲁棒性较强的相似性测度，该测度不仅要对灰度值的变化不敏感，而且要能克服噪声的影响，同时还要计算简单、执行速度快。

1. SAD

绝对差之和相似性测度计算简单，是基于一定大小的窗口内像点的灰度计算像点间的相似程度，但由于只是单纯地基于影像的灰度值，导致其对影像灰度变化很敏感，而实际匹配过程用到的影像或多或少都会存在辐射畸变，对于较大的辐射畸变会导致大量误匹配点的出现。SAD 计算原理见式（6-16）：

$$C(x,y,d) = \sum_{x \in S} \left| I_R(x,y) - I_T(x+d,y) \right| \tag{6-16}$$

式中，$I_R(x,y)$ 为参考影像上影像位置 (x,y) 处的灰度值；$I_T(x+d,y)$ 为目标影像上 $(x+d,y)$ 处的灰度值；d 为参考影像与目标影像在行方向上的偏移量，在立体影像中称之为视差。

2. NCC

相关系数测度在目前基于灰度的匹配方法中应用较多，其对匹配窗口尺度变化、像素微小偏移具有相对较好的适应性。NCC 相似性测度对影像间的灰度差异敏感度较低，并且具有较高的匹配成功率，已成功应用于多种匹配算法中，但计算量相对较大。NCC 计算原理见式（6-17）：

$$\rho(c,r) = \frac{\sum\limits_{i=1}^{m}\sum\limits_{j=1}^{n}g_{i,j}\cdot g'_{i+r,j+c} - \frac{1}{m\cdot n}(\sum\limits_{i=1}^{m}\sum\limits_{j=1}^{n}g_{i,j})(\sum\limits_{i=1}^{m}\sum\limits_{j=1}^{n}g'_{i+r,j+c})}{\sqrt{[\sum\limits_{i=1}^{m}\sum\limits_{j=1}^{n}g_{i,j}{}^2 - \frac{1}{m\cdot n}(\sum\limits_{i=1}^{m}\sum\limits_{j=1}^{n}g_{i,j})^2][\sum\limits_{i=1}^{m}\sum\limits_{j=1}^{n}g'_{i+r,j+c}{}^2 - \frac{1}{m\cdot n}(\sum\limits_{i=1}^{m}\sum\limits_{j=1}^{n}g'_{i+r,j+c})^2]}} \quad (6\text{-}17)$$

3. MI

互信息的概念最早来源于信息论，是用来表示两个随机变量所含信息之间的相关性。两张影像互信息的计算基于影像各自的熵及其联合熵，当两幅含有共同场景的影像达到最佳匹配时，它们的互信息最大。互信息定义为

$$\text{MI}_{I_1,I_2} = H_{I_1} + H_{I_2} - H_{I_1,I_2} \quad (6\text{-}18)$$

式中，H_{I_1}、H_{I_2} 分别为左右影像的熵；H_{I_1,I_2} 为两幅影像的联合熵。但式（6-18）计算的是整个图像的互信息，且需要已知视差，如此大的代价使得它并不适合于逐像素匹配。Kim 等（2003）利用 Taylor 级数展开将 H_{I_1,I_2} 的计算转换至像素和的计算，并将其限定在局部窗口中。改进后的 MI 定义为

$$\text{MI}_{I_1,I_2} = \sum_{P}\text{mi}_{I_1,I_2}(I_{1p},I_{2p}) \quad (6\text{-}19)$$

式中，$\text{mi}_{I_1,I_2}(i,k) = h_{I_1}(i) + h_{I_2}(k) - h_{I_1,I_2}(i,k)$；$h_{I_1}$ 和 h_{I_2} 分别为根据左右影像各自的灰度概率分布计算得到；h_{I_1,I_2} 为根据左右影像间的灰度联合概率分布 P_{I_1,I_2} 计算得到：

$$\begin{cases} h_I(i) = -\dfrac{1}{n}\log(P_I(i)\otimes g(i))\otimes g(i) \\[2mm] h_{I_1,I_2}(i,k) = -\dfrac{1}{n}\log(P_{I_1,I_2}(i,k)\otimes g(i,k))\otimes g(i,k) \end{cases} \quad (6\text{-}20)$$

式中，"$\otimes$" 为卷积；$g(i)$ 和 $g(i,k)$ 分别为一维和二维高斯函数，左右影像的灰度联合概率分布 P_{I_1,I_2} 可由下式计算：

$$P_{I_1,I_2}(i,k) = \frac{1}{n}\sum_{p}T[(i,k) = (I_{1p},I_{2p})] \quad (6\text{-}21)$$

式中，"$T[]$" 函数为参数为真时，值为 1，否则为 0。

对于单张影像的灰度边缘概率分布 P_I，并不是单纯地基于整幅影像的灰度值进行统计计算，而是基于两张影像的联合概率分布累加得到的，通过将联合概率分布按照行或者列叠加，可得到相应单张影像的边缘概率分布：

$$P_{I_1}(i) = \sum_{k}P_{I_1,I_2}(i,k) \quad (6\text{-}22)$$

此时的匹配代价定义如下：

$$C_{\text{MI}}(p,d) = -mi_{I_b,f_D(I_m)}(I_{bp},I_{mq}), \quad q = e_{bm}(p,d) \quad (6\text{-}23)$$

式中，参考影像像素 p 的像素值大小为 I_{bp}，在待匹配影像上同名点 q 的像素值为 I_{mq}；函数 $q = e_{bm}(p,d)$ 为匹配影像上对应于参考影像像素 p 的核线，核线参数是 d。

4. CRA

集群回馈相似性测度是一种基于直方图分布的相似性量测方法，以整幅影像的灰度直方图为基础，计算待匹配点位的匹配代价。但实际情况中，整幅影像灰度直方图地计算量较大，因此多采用固定大小的窗口计算灰度直方图，进而计算相应的 CRA 测度。CRA 定义为

$$I_{CRA} = \frac{\dfrac{\varPhi}{F} - \dfrac{F}{P^2}}{1 - \dfrac{F}{P^2}} \tag{6-24}$$

式中，$\varPhi = \sum\limits_{k=0}^{N-1}\sum\limits_{l=0}^{N-1} H_{IJ}^2(k,l)$；$F = \sqrt{h_I h_J}$；$h_I = \sum\limits_{k=0}^{N-1} H_I^2(k)$；$h_J = \sum\limits_{k=0}^{N-1} H_J^2(k)$；$H_{IJ}(k,l)$ 为两幅影像 I,J 的联合灰度直方图；$H_I(k)$、$H_J(k)$ 分别为 I,J 的边缘灰度直方图；P 为影像的像素数。

由式（6-24）可以看出，当两幅影像的联合直方图有较小的离散差时，即两幅影像的相似程度较大时，I_{CRA} 取得最大值。I_{CRA} 还可以表示成下面的形式：

$$I_{CRA} = \frac{\int p_{ij}^2 - \int p_i^2 \int p_j^2}{\sqrt{\int p_i^2 \int p_j^2 - \int p_i^2 \int p_j^2}} \tag{6-25}$$

式（6-25）中的分母起到归一化的作用，而由分子的形式可以看出，I_{CRA} 描述的是两幅影像的独立性。I_{CRA} 选择直方图计算的原因是，直方图对噪声不敏感，因此可以适当缩小目标窗口和匹配窗口的大小，减少计算量。

5. SSIM

影像除了灰度信息，还含有丰富的结构信息，相对于人眼视觉系统（human vision system，HVS）寻找共轭点的机制，视觉对于结构变化剧烈处较为敏感。结构相似性指数是由 Wang 等（2004）提出的预测人眼视觉系统对影像质量评价的指标，在人眼对结构信息更加敏感的前提下，通过排除对影像结构信息影响较小的信息，只针对结构信息所表现出的因素进行度量，即可得到良好的图像质量评价标准，SSIM 能够很好地度量两个匹配实体间的结构相似性。SSIM 是通过两张影像之间的亮度、对比度和结构相似性 3 个方面的对比，建立起一个对图像结构相似性度量的指标：

$$\rho_{SSIM} = f\left[l(x,y), c(x,y), s(x,y)\right] \tag{6-26}$$

式中，$l(x,y) = \dfrac{2\mu_x\mu_y + C_1}{\mu_x^2 + \mu_y^2 + C_1}$；$c(x,y) = \dfrac{2\sigma_x\sigma_y + C_2}{\sigma_x^2 + \sigma_y^2 + C_2}$；$s(x,y) = \dfrac{\sigma_{xy} + C_3}{\sigma_x\sigma_y + C_3}$ 分别为两幅影像亮度、对比度和结构相似性对比的函数；x,y 为两幅影像；μ_x, μ_y 分别为影像 x,y 的均值；σ_x, σ_y 分别为两张影像的标准差；σ_{xy} 为两者的协方差；C_1, C_2, C_3 为防止分母为

0 设置的常数。为简化计算，Wang 等（2004）给出了 SSIM 的简化计算公式：

$$\rho_{\text{SSIM}} = \frac{(2\mu_x\mu_y + C_1)(2\sigma_{xy} + C_2)}{(\mu_x^2 + \mu_y^2 + C_1)(\sigma_x^2 + \sigma_y^2 + C_2)} \tag{6-27}$$

6. 相似性测度比较实验

为了对比分析上述各相似性测度算子的匹配精度和效率，检验不同的相似性测度对小行星表面影像的适应性，实验分别采用两组由灶神星表面序列影像经过裁剪得到的近似立体影像，在进行核线几何纠正的基础上进行影像匹配。首先在左影像中提取特征角点，常用的特征角点检测算法主要有 Moravec 算子、Förstner 算子、Harris 算子、SIFT 算子、SURF 算子，以及 Shi-Tomasi 算子等，其中 Shi-Tomasi 算子（Shi et al.，2000）是对 Harris 算子的一种改进，大部分情况下可以得到优于 Harris 算子的效果，可以提取强角点，其角点特征比较明显，并且点位分布较均匀，因此采用 Shi-Tomasi 算子在左影像上提取特征点。

实验采用的影像特点与提取的特征点数量统计在表 6.4 中。

表 6.4　实验影像信息

组别	影像大小	影像特点	特征点数量	左右影像示意图
实验一	621×563	左右影像存在亮度差异，布满大小不一的陨石坑和山丘，同时存在阴影遮挡，整体表面纹理光滑	11341	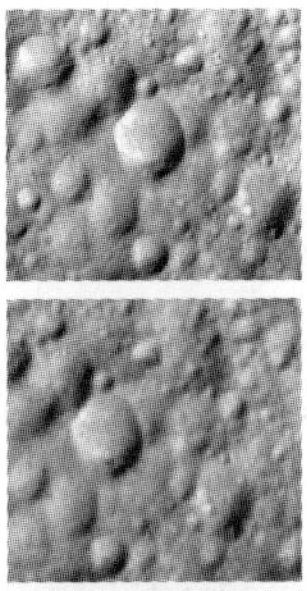
实验二	646×880	左右影像主要包含两个大陨石坑，陨石坑内部的灰度存在明显差异，陨石坑周围是光滑的平原地区	19174	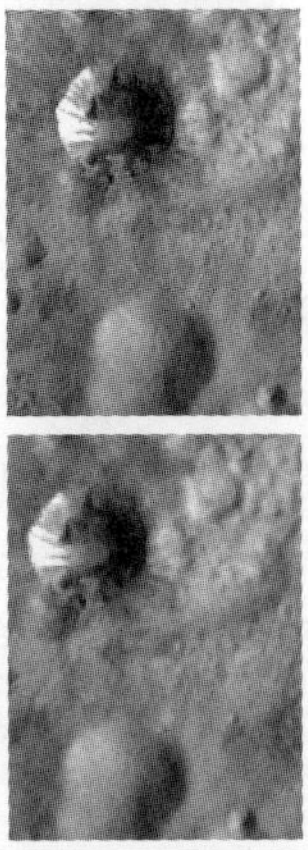

在利用三角网进行同名点预测的基础上，分别基于以上五种相似性测度算子实施影像匹配，其中匹配窗口大小固定为 15×15，搜索窗口大小为 25×5，对于 NCC 和 SSIM 相似性测度，阈值设为 0.8。匹配结束后利用 RANSAC 原理剔除结果中的错误匹配，统计各相似性测度的匹配成功率（匹配得到的同名点数量与提取的原始点数量的比值）和

匹配时间如表 6.5 所示。

表 **6.5** **相似性测度匹配实验对比**

实验组别	实验一			实验二		
相似性测度	同名点数量	匹配成功率/%	匹配时间/s	同名点数量	匹配成功率/%	匹配时间/s
SAD	8405	74.1	3.8	13111	68.4	8.6
NCC	10429	92.0	13.9	15862	82.7	24.6
MI	10021	88.3	42.2	15212	79.3	65.1
CRA	9984	88.0	45.7	14801	77.2	70.3
SSIM	9094	80.2	22.7	14208	74.1	38.8

通过实验比较发现，SAD 虽然计算速度最快，但匹配成功率最低，而且对影像间的灰度差异非常敏感。相关系数测度拥有最高的匹配成功率，而且匹配所消耗的时间仅低于 SAD；因为事先需要计算匹配窗口中的灰度概率分布或者灰度直方图，互信息相似性测度和集群回馈相似性测度的计算耗时都比较大，虽然拥有较高的匹配成功率，但较低的匹配效率使得它们不适合于处理小行星表面影像数据的匹配任务；结构相似性指数对小行星影像没有较好的适应性，匹配成功率仅高于 SAD，同时计算效率较低。

基于以上对比实验可得出以下结论，相关系数相似性测度在匹配可靠性和效率方面具有较大的优势，对小行星表面影像具有很好的适应性，因此，不规则三角网加密完成后，在每个三角面元内以相关系数为测度进行密集匹配。

6.4.4 基于渐进式组合约束的序列影像密集匹配

基于序列影像重叠区域计算，综合核线几何约束与渐进式不规则三角网约束，结合基于 NCC 相似测度匹配算法，本书提出了一种基于核线和不规则三角网组合约束的序列影像密集匹配方法。该方法的基本流程是：

（1）采用 SURF 匹配算法进行稀疏匹配，精确匹配出两张影像上的同名像点，进而精确计算出序列影像的重叠区域；

（2）基于匹配得到的同名点和计算得到的重叠区域顶点，构建初始三角网；

（3）计算每一个三角形的形变参数，并与其相邻区域的形变参数进行比较，根据设定的阈值标记出形变参数差异大的三角形面元；

（4）对标记出的参考影像上每一个三角形面元，计算其重心点作为新的特征点，并利用基于 NCC 相似测度匹配算法进行影像匹配，之后对这些标记出的三角形面元进行重新构网，实现三角网的加密；

（5）对新的三角网重复（3）、（4）两步，渐进式加密优化整个三角网，直至所有三角形面元满足阈值；

（6）对每个三角形面元内的点，在三角形结构和核线几何约束下，采用基于 NCC 相似测度的匹配算法进行影像密集匹配；

（7）利用 RANSAC 方法剔除误匹配，得到密集匹配点。

6.4.5 实验与分析

为了验证本书提出的小行星表面序列影像密集匹配方案，采用一组实验室条件下模拟的小行星表面影像数据（实验一）和一组真实的灶神星表面影像数据（实验二）进行实验验证。两组影像数据信息如表 6.6 所示。

表 6.6　实验数据信息

组别	影像数目	影像大小	影像特点
实验一	49	1280×1024	几何变形小，灰度差异小
实验二	10	1024×1024	陨石坑密集，存在亮度差异

1. 模拟序列影像匹配实验

实验一采用的是在实验室环境下，利用地面沙盘模拟小行星表面地形，采用工业相机按照七条航带，每条航带获取七张序列影像，一共获取 49 张序列影像，其中航带内相邻影像之间存在 60%左右的重叠度，航带与航带之间存在约 40%的重叠度。该组影像几何变形很小，影像间灰度分布基本相同，灰度差异很小，影像纹理较丰富，十分有利于初始特征点的匹配，原始影像序列如图 6.27 所示。

对原始序列影像进行核线纠正后，以其中连续的两张序列影像为例，详细说明本书序列影像渐进式加密匹配算法的技术流程。实验结果如图 6.28～图 6.31 所示。

图 6.27　模拟小行星表面序列观测影像

图 6.28　重叠区域计算结果

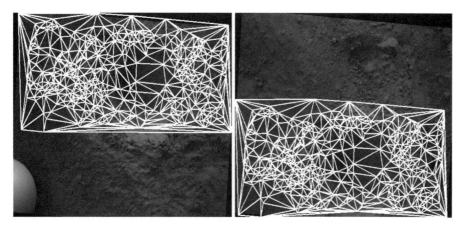

图 6.29　三角网构建结果

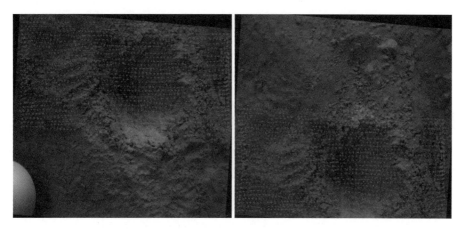

图 6.30　密集匹配结果（间隔 10 个像素）

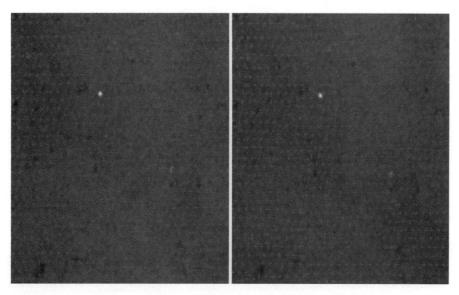

图 6.31　密集匹配结果局部放大图

从图 6.28 可以看出，实验室下模拟的小行星表面序列影像，由于其几何变形小，并且几乎不存在辐射畸变，经核线纠正后，影像之间的重叠区域能够被精确地计算出来；基于同名点和重叠区域顶点建立不规则三角网后，左右影像上的三角网分布十分均匀，各对应的三角形形状几乎没有差别，如图 6.29 所示，这说明初始匹配点以及重叠区域顶点的计算都是比较准确的。为了视觉效果，采用每隔 10 个像素的间隔进行密集匹配，如图 6.30 所示，采用本书的基于渐进式组合约束的序列影像密集匹配方法可以得到较为精确的密集匹配点。从图 6.31 匹配结果局部放大图可以清晰地看到，绝大部分像素点都可以匹配出同名像点。

在序列影像之间两两进行了逐像素密集匹配后，可以将得到的点云数据利用空间前方交会原理统一到同一坐标系下，进而实现三维模型的拼接，拼接后的三维点云与生成的DEM 模型如图 6.32 与图 6.33 所示。可以看出，经第 3 章的联合平差处理后，匹配后经前方交会得到的点云能够很好地融合在一起，生成的 DEM 模型具有较高的表面精细度。

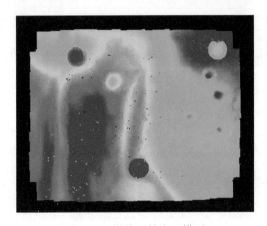

图 6.32　拼接后的点云模型

图 6.33　生成的 DEM

为了定量地对本书算法生成的模型精度进行评价，根据第 3 章联合平差计算的坐标系之间的关系，将本章算法生成的点云转换到激光扫描得到的点云数据坐标系下，从两组点云数据中任意抽取相同位置的 100 个点，将激光扫描得到的点云高程值作为真值，统计拼接点云坐标转换后的高程值与真值之间的误差。高程误差统计如图 6.34

所示，表 6.7 是相应的平均值与中误差。

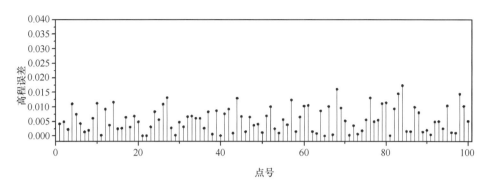

图 6.34　拼接点云与扫描点云高程误差

表 6.7　拼接点云与扫描点云高程误差统计　　　　　　　　（单位：%）

	最小值	最大值	平均值	中误差
高程误差	0.041	1.802	1.492	1.524

从随机抽取的 100 个离散点的高程误差统计结果可以看出，本章的序列影像密集匹配策略能够实现小行星表面地形的高精度重建，重建后的高程误差基本上控制在 2%以内，说明本章序列影像密集匹配算法可以实现小行星表面形貌的高精度重建。

2. 灶神星序列影像匹配实验

实验采用的是"黎明"号轨道器拍摄的一组灶神星表面序列影像，如图 6.35 所示，这组影像纹理差异较大，分别具有不同的地形特征，部分影像中包含许多的小陨石坑和沟壑，由于光的反射作用，部分陨石坑内部侧壁拥有很高的灰度值，给该区域内同名点的获取带来了一定难度；还包含一个巨大的陨石坑，陨石坑边缘特征较为明显，但其内部侧壁仍然有部分区域具有很高的灰度值，在大陨石坑的周围零散聚集一些小陨石坑，这些小陨石坑的边缘经过风化作用显得比较光滑。

图 6.35　部分灶神星表面序列影像

利用 ISIS 行星处理系统和 ASP 影像处理系统对该组序列影像实施核线几何纠正处理后，得到相应的核线序列影像。基于纠正后的序列影像，利用本书的序列影像匹配算法进行密集匹配。对于灶神星表面序列影像，由于其几何变形较大，经核线纠正后，影像的有效区域与影像边界并不重合，发生了很大的旋转和偏移，因此在确定重叠区域之前，需要检测影像的有效轮廓区域，然后基于有效轮廓区域可以精确计算出序列影像间的重叠范围。下面以其中两组序列影像对为例加以说明。

灶神星的序列影像几何畸变较大，核线纠正后的影像与纠正之前的影像在几何上存在很大的差异，但进行轮廓检测后，仍然可以利用本节的影像重叠区域计算方法确定相应的重叠区域。从图 6.36 可以看出，两组实验都能很好地标绘出对应的重叠区域，为后续的三角网构建和密集匹配提供了基础。在三角网的构建与渐进式加密过程中，其初始特征点数目较少，使得初始三角网内部的很多三角形都不满足变形参数的阈值要求，因此，在初始三角网的基础上实施了三角网加密处理，加密后的三角网都能满足变形阈值要求，并且左右影像中的三角面元都是一一对应的关系，如图 6.37 所示。图 6.38 是三角网内密集匹配后的效果图，为了视觉效果，采用的匹配间隔是 10 个像素，可以看出密集匹配取得了较好的匹配效果，图 6.39 分别是序列一和序列二的放大图。利用剔除算法对错误匹配点进行处理后，从相应的密集匹配点云可以看出（图 6.40），在序列二中，

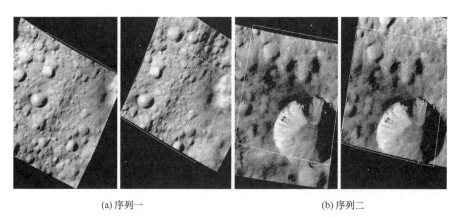

(a) 序列一　　　　　　　　　　　　　　(b) 序列二

图 6.36　灶神星序列影像重叠区域计算结果

(a) 序列一　　　　　　　　　　　　　　(b) 序列二

图 6.37　三角网构建结果

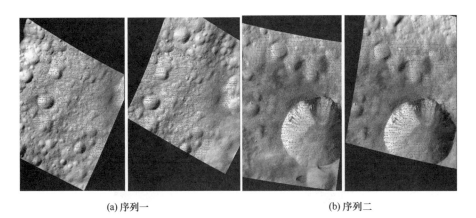

(a) 序列一 (b) 序列二

图 6.38 密集匹配结果（间隔 10 个像素）

(a) 序列一 (b) 序列二

图 6.39 密集匹配结果局部放大图

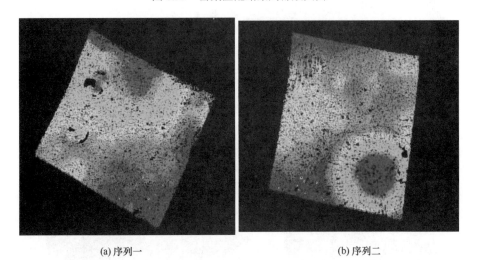

(a) 序列一 (b) 序列二

图 6.40 密集匹配得到的点云

左边陨石坑内部的一小部分纹理相似区域（由于反射作用，呈现出几乎全白的区域）没有准确地匹配出同名点，这也是基于灰度匹配方法通有的弊端。除此之外，其余区域的匹配效果都比较显著。

依据匹配得到的三维点云，采用格网内插的方法得到对应的数字高程模型，并将数字正射影像与数字高程模型叠加处理，两组实验结果如图 6.41～图 6.44 所示。

(a) 视角一   (b) 视角二

图 6.41　序列影像对一生成的 DEM

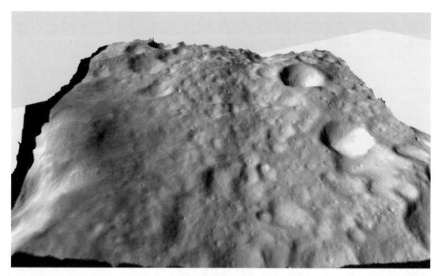

图 6.42　序列影像对一生成的 DOM

(a) 视角一   (b) 视角二

图 6.43　序列影像对二生成的 DEM

图 6.44　序列影像对二生成的 DOM

利用本节的序列影像渐进式加密密集匹配方法，将 10 张灶神星序列影像进行密集匹配，得到密集的三维点云和对应的 DEM 模型，利用空间相似变换原理进行拼接，可得到整个航带的 DEM 模型，如图 6.45 所示。

图 6.45　灶神星表面整个航带的 DEM 模型

6.5　基于双目立体影像的小行星形貌精确测量方法

目前，小行星探测器多采用单目相机对小行星表面进行拍摄，得到其表面序列影像。但是，当探测器实施软着陆等任务时，对高精度的小行星表面形貌数据的需求就会变得十分迫切，而基于单目相机进行高精度形貌测绘不能很好地满足导航的需要。参照火星探测器基本载荷的配置可以知道，当探测器携带的着陆器执行着陆任务时，需要利用双目立体相机获取表面形貌以满足星上导航的需求。因此，本节主要研究利用立体测绘相机进行表面形貌精确测量的技术，基于模拟行星表面立体影像数据，分析对比了较为优异的双目立体匹配方法，结合小行星表面影像的特点，改进了相关的立体匹配算法，增强了其对行星表面影像的鲁棒性和适应性，并在此基础上重建出对应的地形模型，分析了立体模型连接的关键技术，并基于多组模拟立体影像数据精确恢复了行星表面的形貌。

图 6.46 是本章主要的技术流程，就一对立体影像而言，首先对立体影像的左右影像进行影像预处理，在一定程度上消除影像间的灰度差异，在此基础上进行核线几何纠正，得到按核线排列的影像，然后利用改进的密集匹配算法对立体影像进行逐像素密集匹配，得到密集匹配点。而后，基于匹配点进行相对定向，得到左右影像间的相对方位元素，然后利用空间前方交会原理求解物方模型三维坐标，得到密集的匹配点云。在相邻的立体影像对之间，选取其中的左影像进行稀疏匹配，得到高精度的离散匹配点，利用这些离散点并结合空间相似变换原理，对相邻的两组立体像对进行绝对定向，进而实现立体影像对之间的拼接，得到整个区域的精细地形。

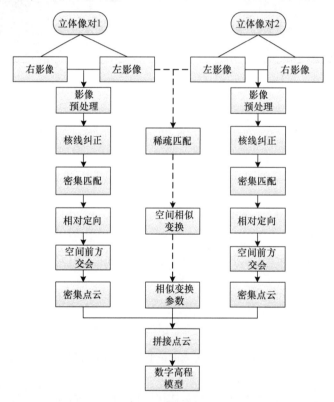

图 6.46　立体序列影像匹配与拼接流程图

6.5.1　立体影像匹配约束条件

立体匹配的问题是由二维图像到三维表面信息的恢复，可以看成是图像捕获的逆过程。而成像过程中由于传感器所处环境的影响以及成像系统不够精密，都会造成影像的畸变，所以得到的图像并不是理想图像，同时也失去了深度信息（肖艳青等，2009）。Marr 视觉理论认为，从二维图像恢复到具有深度信息的三维场景问题是一个有"病态性"的不确定性问题，即会存在多解或者无解的情况。因此，在丢失大量信息的情况下，必须对立体影像间的几何关系、深度信息等方面做出假设性约束，才能确定正确的匹配实体，进而恢复目标的三维信息（陈爱华等，2014）。立体匹配约束条件主要有以下六点。

（1）核线几何约束：左图像上的一点 p 在右图像上的同名像点 q 必位于相应的同名核线上，这样就把匹配搜索范围从二维空间降到了一维空间。

（2）唯一性约束：左图像上的一个匹配基元 p 若在右图像上存在对应的匹配基元 q 时，q 具有唯一性，这样就保证了匹配基元间视差的唯一性。

（3）视差连续性约束：物体表面一般多是平滑过渡的，所以物体在图像上投影视差的变化应该是连续的；而在边界区域或遮挡区域，由于其存在深度的突变，所以在其投影区域附近视差的变化表现为不连续。

（4）顺序约束：对于沿着极线上的点，其同名像点也将顺序地出现在同名极线上。

（5）视差一致性约束：左图像中像素点 x 的视差为 d，则在右图像中像素点 $x-d$ 的视差也为 d，则认为 d 点的视差符合一致性约束。

（6）视差有限约束：图像上某一点的视差的范围是有限的。

比较常见的几种约束条件有，核线几何约束和视差连续性约束。合理地利用这些假设性约束条件，可以在立体影像的匹配中发挥最大价值，有效地减少同名点的搜索范围，降低匹配的时间代价。

6.5.2　基于树形结构的半全局密集匹配算法

目前，立体影像的匹配算法众多，效果各异，Scharstein 和 Szeliski（2002）将这些方法划分为两大类：一类是局部方法，该类方法一般是基于窗口计算匹配代价，通过聚合窗口内各像素匹配代价，对比得到最佳的匹配点，由于这类算法不是全局最优准则下的估计，没有考虑到整体的一致性与相容性，以及难以处理遮挡等缺点，容易出现误匹配；另一类是全局方法，该方法是基于全局能量函数的最小化问题计算最佳匹配点，全局能量函数为 $E(d)=E_{\text{data}}(d)+\lambda E_{\text{smooth}}(d)$，通过求解能量函数的全局最小值寻找最佳匹配点，该类方法是在全局范围内寻求最优，所以，所确定的匹配点比局部方法可靠，并且关于噪声、信息量、遮挡等其他问题，匹配结果也更稳健，但计算较复杂。

全局算法主要包括图割算法（graph cuts，GC）（Fezza and Ouddane，2011；张令涛等，2010）、置信传播算法（belief propagation，BP）（Shum et al.，2003；Felzenszwalb and Huttenloeher，2006），以及半全局匹配算法（semi-global matching，SGM）（Hirschmüller，2008，2005）等。其中，由 Hirschmüller 提出的半全局匹配算法兼具匹配精度和匹配速度上的双重优势（高波和马利庄，2009；葛忠孝等，2015），SGM 算法是依据全局能量函数最小化的原理，利用动态规划原理（Sung et al.，2006）实现全局最优搜索，该算法获取的匹配结果视差图比较准确，但同时也要承担较大的计算复杂度。SGM 算法基本思想是，先基于影像互信息执行逐像素代价计算，在多个一维约束路径上进行代价聚合以趋近二维平滑约束，在一维平滑约束路径上利用动态规划算法实现全局最优路径的选择。SGM 算法保留了动态规划高效的特点，同时提高了计算结果的精度，可以进行逐像素的匹配，且能保持目标边缘信息及其结构信息。SGM 算法对参数设置有较强的稳健性，而其他同类匹配算法往往对参数设置较为敏感，目前已被一些摄影测量软件系统所采用，并且在火星影像的匹配任务中也得到了有效利用。

1. 半全局密集匹配算法

1）匹配代价的计算

经典的 SGM 算法以互信息 MI 作为相似性测度，与 MI 相比，Birchfield 和 Tomasi（1998）提出的一种利用前后相邻像素进行线性插值的方法也具有一定的优势，以作者的名字命名为"BT 插值算法"，该算法可使匹配结果达到子像素级精度，本书采用这种方法作为立体匹配的相似性测度，其原理如图 6.47 所示，其中 x_{i-1}, x_i, x_{i+1} 是左影像上相邻的三个像素位置，$I_L(x_i)$ 表示像素 x_i 处的灰度值，y_{i-1}, y_i, y_{i+1} 是右影像上相邻的三个像素位置，$I_R(y_i)$ 表示像素 y_i 处的灰度值。则右影像上对应的 I_R^- 和 I_R^+ 分别代表 y_{i-1} 与 y_i 处的灰度平均值和 y_i 与 y_{i+1} 处的灰度平均值，其计算公式为

$$\begin{cases} I_R^- = \frac{1}{2}\left[I_R(y_i) + I_R(y_i - 1)\right] \\ I_R^+ = \frac{1}{2}\left[I_R(y_i) + I_R(y_i + 1)\right] \end{cases} \tag{6-28}$$

而后定义 $I_{\min}, I_{\max}$ 分别表示 I_R^-, I_R^+ 和 $I_R(y_i)$ 三者中的最小值和最大值：

$$\begin{cases} I_{\min} = \min\left[I_R^-, I_R^+, I_R(y_i)\right] \\ I_{\max} = \max\left[I_R^-, I_R^+, I_R(y_i)\right] \end{cases} \tag{6-29}$$

由此，可以定义基于点的匹配代价为

$$C_{\mathrm{BT}}(x_i, y_i, I_L, I_R) = \max\left\{0, I_L(x_i) - I_{\max}, I_{\min} - I_L(x_i)\right\} \tag{6-30}$$

这种线性插值的方法计算量小，结构简单，计算效率高，综合考虑了待匹配点与其领域像点的关系，对影像的灰度差异敏感度较低。

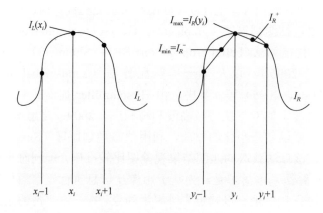

图 6.47　BT 插值算法原理

2）匹配代价的聚合

影像中的辐射畸变是不可避免的因素，而基于灰度的匹配代价计算依靠的是影像中像

素的灰度值，这就不可避免地受到噪声等因素的影响，造成错误匹配的代价小于正确匹配的代价，进而导致错误匹配的情况。因此，在匹配代价的聚合中，不能仅仅依靠匹配代价函数，还需要引入一种平滑约束，逐像素匹配代价和平滑约束被表示为能量函数的形式：

$$E(D) = \sum_p C(p, D_p) + \sum_{q \in N_p} S(D_p, D_q) \tag{6-31}$$

式中，$\sum_p C(p, D_p)$ 为像素点的匹配代价之和；$\sum_{q \in N_p} S(D_p, D_q)$ 为平滑约束项。在 SGM 算法的平滑约束项定义中，分别利用系数 P_1 和 P_2 对像点 P 的视差进行惩罚。当像点 P 与其相邻像点的视差差异小于一定的阈值时，采用较小的 P_1 进行惩罚，反之，则采用较大的 P_2 进行惩罚。SGM 中的能量函数可进一步表示为

$$E(D) = \sum_p C(p, D_p) + \sum_{q \in N_p} P_1 T\left[\left|D_p - D_q\right| = 1\right] + \sum_{q \in N_p} P_2 T\left[\left|D_p - D_q\right| > 1\right] \tag{6-32}$$

式中，函数"$T[]$"为参数为真时值为 1，否则为 0。

其中，解求式（6-32）的全局最小值是一个 NP 完全问题，而一维路径上的能量最小化可以使用动态规划的方法实现，因此，可以平等地对待多个一维路径，合并它们的结果来模拟二维的情况。沿着路径 r 方向，像素 p 的匹配代价 $L_r(p, d)$ 定义为

$$L_r(p, d) = C(p, d) + \min \begin{cases} L_r(p-r, d) \\ L_r(p-r, d-1) + P_1 \\ L_r(p-r, d+1) + P_1 \\ \min_i L_r(p-r, i) + P_2 \end{cases} - \min_i L_r(p-r, k) \tag{6-33}$$

式中，P_1, P_2 为惩罚系数；$c(p, d)$ 为像素点 p 的视差为 d 时的匹配代价；等号右边第二项为路径 r 上 p 点的上一个像素点 $p-r$ 的最小匹配代价；第三项是为了防止 L_r 过大而加入的附加项，对最优路径的确定不会产生影响。

对像点 p 而言，将所有聚合路径上的匹配代价进行累加，可以得到对应的总匹配代价，其中 SGM 算法中，聚合路径的数量一般为 8 或者 16 条：

$$S(p, d) = \sum_r L_r(p, d) \tag{6-34}$$

那么，对于每一个像素点 p，在视差允许的范围内，当式（6-34）取最小值时其对应的视差值即为计算的最佳视差结果，即 $d_p = \min_d S(p, d)$。

3）一致性检验

最后，还需要进行一致性检验。通过对比左右影像中匹配点的视差来判断匹配点是否是正确的，若左右匹配点的视差差异小于 1，则认为是正确匹配，否则，则认为该匹配点对是误匹配，其视差设为无效值。基于这种一致性检查的方法，可以有效地剔除匹配结果中的错误匹配点，进而生成轮廓明显、信息丰富的视差图。具体公式如下：

$$D_p = \begin{cases} D_{bp}, \left|D_{bp} - D_{mq}\right| \leqslant 1, q = e_{em}(p, D_{bp}) \\ D_{inv}, \text{otherwise} \end{cases} \tag{6-35}$$

式中，D_{bp} 为左匹配点视差值；D_{mq} 为右匹配点视差值；q 为 p 点在同名核线上的同名像点。

4）存在的问题

经典的半全局匹配算法，无论是采用 8 条还是 16 条规划路径进行匹配代价聚合（图 6.48），都不能完全利用待匹配点周围的像素，由于匹配结果不能完全基于整幅图像，而只是基于对应路径上的像素，导致了在影像弱纹理或纹理相似区域易出现错误的匹配结果。

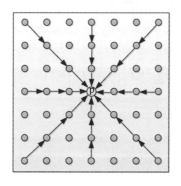

图 6.48　SGM 的 8 条路径匹配代价聚合

为了研究聚合路径的方向对匹配结果的影响，将经典的半全局匹配算法按照聚合方向拆分为 8 个路径，从左边开始，按顺时针方向依次命名为 0、45、90、135、180、225、270、315，分别统计每一条路径匹配完成后的错误匹配率百分率，利用 Middlebury 资料库[①]供的 30 多组影像做了实验，现将部分结果统计如图 6.49 所示，并列出 Tsukuba 测试图的单方向匹配结果，如图 6.50 所示。

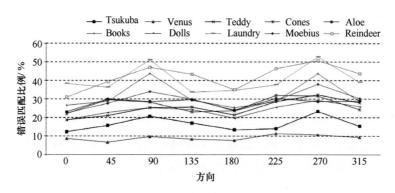

图 6.49　单方向匹配的错误匹配百分率 PBM

通过实验结果可以看出，水平方向（0°和180°）的单路径匹配效果普遍比其他方向的匹配效果好，而经典的半全局匹配算法是平等地对待各个一维路径上的匹配代价，由此，可以将水平聚合路径作为主要路径，而将垂直聚合路径作为次要路径进行组合，以求提高匹配的精度。

---

① Middlebury stereo datasets[DB/OL].（2014-09-01）[2015-03-07]. http://vision.middlebury.edu/stereo/data/.

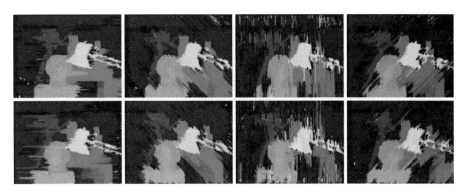

图 6.50　8 个单方向匹配结果

2. 算法改进原理

针对经典的半全局匹配算法不能充分利用整体影像信息的缺陷，本书提出一种基于树形结构的半全局匹配算法，如图 6.51 所示是两种树形结构（Bleyer and Gelautz，2008），这两种树形结构能充分利用 p 点周围的所有像素点，在影像上的所有像素点与 p 点之间建立关联，在计算 p 点的匹配代价时，能充分利用其周围的所有像素，进而改善匹配结果。

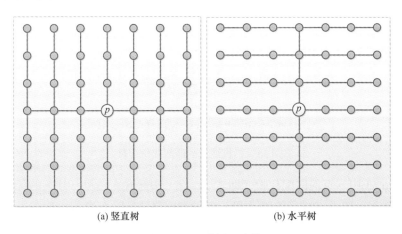

(a) 竖直树　　　　　　　　　　　　　(b) 水平树

图 6.51　两种树形结构

基于树形结构的半全局匹配算法原理如图 6.52 所示，即在 SGM 竖直和水平四条规划路径的基础上，加入树形结构的计算策略。以水平树为例加以说明，经典的 SGM 算法在竖直方向上利用动态规划的方法计算 p 点的匹配代价时，利用的只是 p 点所在的竖直路径上的所有像素值，影像的其他像素没有被充分利用；而基于树形结构的 SGM 算法引入树状结构的原理，以 p 点作为树的根节点，p 点所在的竖直路径上的所有像素作为分支节点，这些分支节点所在的水平路径上的所有像素作为树的叶节点。其基本计算过程可表述为：首先根据叶节点计算分支结点的匹配代价，之后再运用动态规划的原理计算根节点 p 点的匹配代价。

改进的 SGM 算法与经典的 SGM 算法相比，匹配代价聚合的路径由原来的 16 条减少为现在的 4 条，并且改进的 SGM 算法借助于两种树形结构实现了待匹配点周围像素的全部利用，进一步强化了局部联系，进而增强了全局影响，能从全局角度解决匹配代价的计算与能量函数的最小化问题。

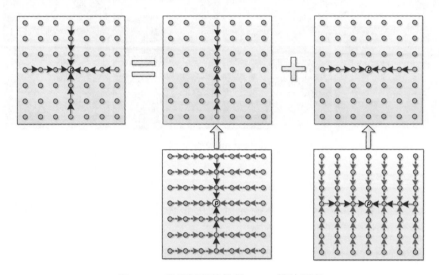

图 6.52　基于树形结构的 SGM 算法原理

同样以水平树为例，计算分支节点的匹配代价时，是以行为单位进行的，如图 6.53 中的虚线箭头所示，在每一行上利用扫描线优化的思想计算出分支节点的匹配代价，其对应的计算公式为

$$e(p_{x,y},d)=c(p_{x,y},d)+\sum_{q\in N_D}\min_{i\in D}\big[s(d,i)+e(q,i)\big] \qquad (6\text{-}36)$$

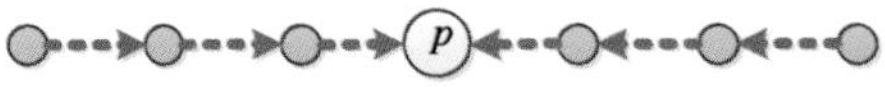

图 6.53　扫描线上的匹配代价计算

针对图 6.53 中 p 点的匹配代价（即式（6-36）中等式右边第一项）的计算，可分为前路径和后路径，即 p 点以左的路径和 p 点以右的路径，以 F 表示由前路径计算的匹配代价，B 表示由后路径计算的匹配代价，前后路径计算的匹配代价可进一步表示为

$$\begin{cases} F(p_{x,y},d)=c(p_{x,y},d)+\min_{i\in D}\big[s(d,i)+F(p_{x-1,y},i)\big] \\ B(p_{x,y},d)=c(p_{x,y},d)+\min_{i\in D}\big[s(d,i)+B(p_{x+1,y},i)\big] \end{cases} \qquad (6\text{-}37)$$

则在前后路径交汇点 p 点，新的匹配代价为

$$c'(p_{x,y},d)=c(p_{x,y},d)+\min_{i\in D}\big[s(d,i)+F(p_{x-1,y},i)\big]+\min_{i\in D}\big[s(d,i)+B(p_{x+1,y},i)\big] \qquad (6\text{-}38)$$

式（6-38）等同于：

$$c'(p_{x,y},d)=F(p_{x,y},i)+B(p_{x,y},i)-c(p_{x,y},d) \qquad (6\text{-}39)$$

式（6-39）即为基于树形结构的半全局匹配算法的匹配代价函数，相比于原始的匹配代价函数只基于待匹配点本身的像素值，式（6-39）将待匹配点周围的像素（包括其本身）都加入到匹配代价的计算中。

实验研究发现，水平聚合路径对匹配精度的影响要大于竖直聚合路径，因此，为了综合利用两种树形结构，将水平树作为主要项，竖直树作为附加项进行组合，其主要步骤为先进行竖直树匹配代价的计算，计算后的匹配代价以 $V(p_{x,y},d)$ 表示，然后在此基础上，将竖直树的计算结果作为一种附加项加入到水平树的计算过程中，基本方程如下：

$$c''(p_{x,y},d) = c'(p_{x,y},d) + \lambda \cdot \left[V(p_{x,y},d) - \min_{i \in D} V(p_{x,y},i) \right] \qquad （6\text{-}40）$$

式中，$V(p_{x,y},d)$ 为由竖直树计算的 p 点视差为 d 时的匹配代价；λ 为控制竖直树对最终匹配结果产生影响的系数即权重，λ 值的大小可通过实验进行确定，经试验验证后，本书 λ 取值为 0.025。

6.5.3 小行星表面形貌三维重建

利用本书改进的半全局密集匹配算法对小行星表面立体影像进行逐像素匹配后，得到稠密的匹配点，从这些匹配点中，提取一些较好的匹配点实施单独像对的相对定向，得到左右影像的相对方位，然后基于计算的相对方位和影像上的同名点，利用空间前方交会原理计算得到模型的物方坐标。

1. 单独像对相对定向

相对定向是利用部分已匹配的同名点，解算两张影像之间的相对关系，其原理是，在确定了立体像对的相对方位元素时，同名投影光线将在各自的核面内对对相交，即同名投影光线与基线应该共面，其原理如图 6.54 所示。

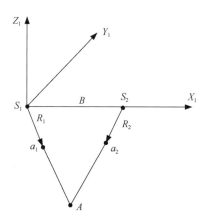

图 6.54　相对定向原理示意图

在单独像对的相对定向中，是以基线坐标系为摄影测量坐标系。图 6.54 中坐标系 $S_1 \text{-} X_1Y_1Z_1$ 是以左影像投影中心为原点的基线坐标系，其 X 轴沿着基线方向，以左投影中心到右投影中心的方向为正方向，Z 轴垂直向上，Y 轴根据右手定则确定。

由图 6.54 可得，共面条件方程为

$$\vec{B} \cdot (\vec{R}_1 \times \vec{R}_2) = 0 \qquad （6\text{-}41）$$

设右影像投影中心 S_2 在 $S_1 \text{-} X_1Y_1Z_1$ 坐标系中的坐标为 $(B_X,0,0)$，左像点 a_1 在

$S_1 - X_1Y_1Z_1$ 坐标系中的坐标为 (X_1,Y_1,Z_1)，右像点 a_2 在 $S_2 - X_2Y_2Z_2$ 坐标系中的坐标为 (X_2,Y_2,Z_2)。则其坐标表达形式为

$$F = \begin{vmatrix} B_X & 0 & 0 \\ X_1 & Y_1 & Z_1 \\ X_2 & Y_2 & Z_2 \end{vmatrix} = 0 \qquad (6\text{-}42)$$

式中，$\begin{bmatrix} X_1 \\ Y_1 \\ Z_1 \end{bmatrix} = \begin{bmatrix} a_1 & a_2 & a_3 \\ b_1 & b_2 & b_3 \\ c_1 & c_2 & c_3 \end{bmatrix} \begin{bmatrix} x_1 \\ y_1 \\ -f \end{bmatrix}$；$\begin{bmatrix} X_2 \\ Y_2 \\ Z_2 \end{bmatrix} = \begin{bmatrix} a_1' & a_2' & a_3' \\ b_1' & b_2' & b_3' \\ c_1' & c_2' & c_3' \end{bmatrix} \begin{bmatrix} x_2 \\ y_2 \\ -f \end{bmatrix}$。

为了解求立体影像中两张影像的相对方位元素，需要已知至少 6 对影像上同名点的像坐标，一般情况下，会选择多于 6 对的同名点坐标，利用最小二乘方法进行解算。图 6.55 是具体的解算流程。

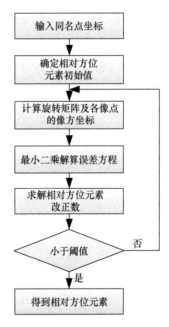

图 6.55 相对定向流程图

2. 单独像对三维重建

结合单次获取的立体影像的匹配结果和相对定向结果，利用空间前方交会原理可以解算出目标局部表面的三维信息，其原理如图 6.56 所示。

假设空间中的任意一点 P 在两个相机坐标系 C_1 与 C_2 下的投影像点为 p_1 与 p_2，相机投影矩阵分别为 M_1 与 M_2，于是有

$$Z_{C_1} \begin{bmatrix} u_1 \\ v_1 \\ 1 \end{bmatrix} = \begin{bmatrix} m_{11}^1 & m_{12}^1 & m_{13}^1 & m_{14}^1 \\ m_{21}^1 & m_{22}^1 & m_{23}^1 & m_{24}^1 \\ m_{31}^1 & m_{32}^1 & m_{33}^1 & m_{34}^1 \end{bmatrix} \begin{bmatrix} X \\ Y \\ Z \\ 1 \end{bmatrix} \qquad (6\text{-}43)$$

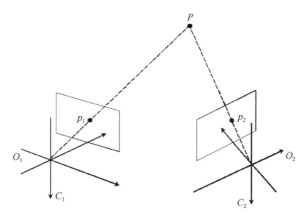

图 6.56　前方交会原理示意图

$$Z_{C_2}\begin{bmatrix} u_2 \\ v_2 \\ 1 \end{bmatrix} = \begin{bmatrix} m_{11}^2 & m_{12}^2 & m_{13}^2 & m_{14}^2 \\ m_{21}^2 & m_{22}^2 & m_{23}^2 & m_{24}^2 \\ m_{31}^2 & m_{32}^2 & m_{33}^2 & m_{34}^2 \end{bmatrix} \begin{bmatrix} X \\ Y \\ Z \\ 1 \end{bmatrix} \tag{6-44}$$

式中，$(u_1,v_1,1)$ 与 $(u_2,v_2,1)$ 分别为 p_1 与 p_2 点在各自图像中的像点齐次坐标；$(X,Y,Z,1)$ 为 P 点在世界坐标系下的齐次坐标；$m_{ij}^k(k=1,2;i=1,\cdots,3;j=1,\cdots,4)$ 分别为 M_k 的第 i 行第 j 列元素。

由以上两式消去 Z_{C_1} 或 Z_{C_2} 可得到关于 X,Y,Z 的四个线性方程：

$$\begin{cases} (u_1 m_{31}^1 - m_{11}^1)X + (u_1 m_{32}^1 - m_{12}^1)Y + (u_1 m_{33}^1 - m_{13}^1)Z = m_{14}^1 - u_1 m_{34}^1 \\ (v_1 m_{31}^1 - m_{21}^1)X + (v_1 m_{32}^1 - m_{22}^1)Y + (v_1 m_{33}^1 - m_{23}^1)Z = m_{24}^1 - v_1 m_{34}^1 \\ (u_2 m_{31}^2 - m_{11}^2)X + (u_2 m_{32}^2 - m_{12}^2)Y + (u_2 m_{33}^2 - m_{13}^2)Z = m_{14}^2 - u_2 m_{34}^2 \\ (v_2 m_{31}^2 - m_{21}^2)X + (v_2 m_{32}^2 - m_{22}^2)Y + (v_2 m_{33}^2 - m_{23}^2)Z = m_{24}^2 - v_2 m_{34}^2 \end{cases} \tag{6-45}$$

现在有 4 个方程，要求 3 个未知数，考虑到数据噪声的存在，则可以采用最小二乘法求解。以矩阵形式重写上式得

$$\begin{bmatrix} u_1 m_{31}^1 - m_{11}^1 & u_1 m_{32}^1 - m_{12}^1 & u_1 m_{33}^1 - m_{13}^1 \\ v_1 m_{31}^1 - m_{21}^1 & v_1 m_{32}^1 - m_{22}^1 & v_1 m_{33}^1 - m_{23}^1 \\ u_2 m_{31}^2 - m_{11}^2 & u_2 m_{32}^2 - m_{12}^2 & u_2 m_{33}^2 - m_{13}^2 \\ v_2 m_{31}^2 - m_{21}^2 & v_2 m_{32}^2 - m_{22}^2 & v_2 m_{33}^2 - m_{23}^2 \end{bmatrix} \begin{bmatrix} X \\ Y \\ Z \end{bmatrix} = \begin{bmatrix} m_{14}^1 - u_1 m_{34}^1 \\ m_{24}^1 - v_1 m_{34}^1 \\ m_{14}^2 - u_2 m_{34}^2 \\ m_{24}^2 - v_2 m_{34}^2 \end{bmatrix} \tag{6-46}$$

可以将式（6-46）简写成：

$$KX = U \tag{6-47}$$

式中，K 为上式左边的 4×3 矩阵；X 为未知的三维向量；U 为上式右边的 4×1 向量。K 和 U 为已知向量，则上式的最小二乘解为

$$m = (K^{\mathrm{T}}K)^{-1}K^{\mathrm{T}}U \tag{6-48}$$

二维图像和三维场景存在着透视投影关系，一般用一个投影矩阵（即相机参数矩阵）

来表达这种投影关系。首先，可以通过少量图像点的三维信息恢复投影矩阵；然后，通过双相机的双投影矩阵，利用上述的最小二乘法恢复每一对同名像点的三维信息，从而恢复物体的三维外貌。

3. 立体模型连接基本原理

通过序列立体观测影像重建模型的连接，可以将匹配生成的目标局部表面三维形状信息统一起来，生成完整的目标表面三维形状信息，其难点在于精确确定相邻两组立体影像对之间的几何关系。本书通过对相邻立体影像对的两张左影像进行稀疏匹配，提取出一定数量的同名点，据此建立相邻立体影像对之间的空间变换模型，并通过模型纠正将两组模型归化至同一坐标系下。

SURF 匹配是目前应用较多的一种特征点匹配算法，其具有稳定性好、速度快且正确率高的特点。因此，采用 SURF 算子得到立体模型间的连接点。模型连接的原理是依据同一相机在相邻时刻获取的影像中存在同名像点，以此为连接点，通过空间相似变换可以将得到的连续立体模型连成一个整体。实际上，序列立体观测影像重建模型分离的原因是没有一个统一的坐标系，因此，模型连接需要将模型的坐标系规划到同一个坐标系下。可以根据连接点的坐标解算出各个立体影像坐标系之间的变换关系，本书采用空间相似变换来求解这种关系，其公式为

$$\begin{bmatrix} X_{\mathrm{T}} \\ Y_{\mathrm{T}} \\ Z_{\mathrm{T}} \end{bmatrix} = \lambda \begin{bmatrix} a_1 & a_2 & a_3 \\ b_1 & b_2 & b_3 \\ c_1 & c_2 & c_3 \end{bmatrix} \begin{bmatrix} X \\ Y \\ Z \end{bmatrix} + \begin{bmatrix} X_0 \\ Y_0 \\ Z_0 \end{bmatrix} \tag{6-49}$$

式中，X_{T}、Y_{T}、Z_{T} 为在前一组立体图像模型坐标系下的模型点坐标；X、Y、Z 为相邻下一组立体图像模型同名模型点在其模型坐标系下的坐标；X_0、Y_0、Z_0 为相邻下一组立体图像模型坐标系原点在前一组立体图像模型坐标系下的坐标，λ 为两组立体图像模型的大小缩放比例因子；a_i、b_i、c_i 为角元素 φ、ω、κ 的函数。若已知这 7 个参数，就可以进行两组立体图像模型坐标系之间的坐标变换。

由式（6-49）可知，其式中含有 7 个未知参数，而一对同名点的方程个数为 3 个，这样一来，解算它们就至少需要 3 个不在一条直线上的同名特征点。在实际处理过程中，为了保证精度、可靠性，常需要 4 个或 4 个以上的同名特征点来解答变换参数。由于式（6-49）是非线性方程，经过线性化处理得误差方程为

$$\begin{bmatrix} 1 & 0 & 0 & X_{\mathrm{tr}} & 0 & -Z_{\mathrm{tr}} & -Y_{\mathrm{tr}} \\ 0 & 1 & 0 & Y_{\mathrm{tr}} & -Z_{\mathrm{tr}} & 0 & X_{\mathrm{tr}} \\ 0 & 0 & 1 & Z_{\mathrm{tr}} & Y_{\mathrm{tr}} & X_{\mathrm{tr}} & 0 \end{bmatrix} \begin{bmatrix} \mathrm{d}X \\ \mathrm{d}Y \\ \mathrm{d}Z \\ \mathrm{d}\lambda \\ \mathrm{d}\varphi \\ \mathrm{d}\omega \\ \mathrm{d}\kappa \end{bmatrix} = \begin{bmatrix} \delta X \\ \delta Y \\ \delta Z \end{bmatrix} + \begin{bmatrix} v_x \\ v_y \\ v_z \end{bmatrix} \tag{6-50}$$

下面给出模型连接处理的流程图，如图 6.57 所示。

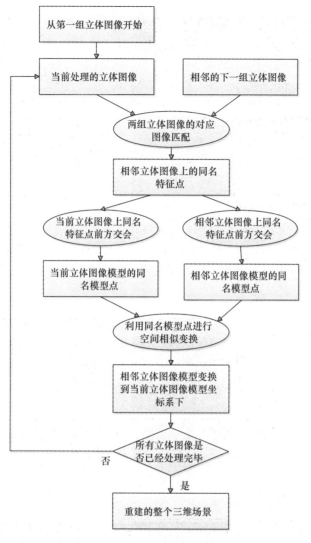

图 6.57　模型连接流程图

经过立体图像重建模型的连接，探测器在移动过程中所重建的目标三维信息可以整合到一个第一组立体图像重建模型的坐标系中，形成整个空间目标一个完整的三维模型。再根据已确定的立体相机间精确的位姿关系，则可以确定整个空间目标上的每一个模型点的三维坐标。

6.5.4　实验与分析

1. 标准影像匹配实验

借助于 Middlebury 资料库中的 4 对标准测试图，本书实现并测试了全局算法中的图割算法 GC、置信传播算法 BP，以及半全局匹配 SGM 等经典算法，并在 SGM 算法的基础上，对本书提出的基于树形结构的 SGM 算法加以实现，即下文中的 T-SGM 算法。其测试结果如图 6.58 所示。

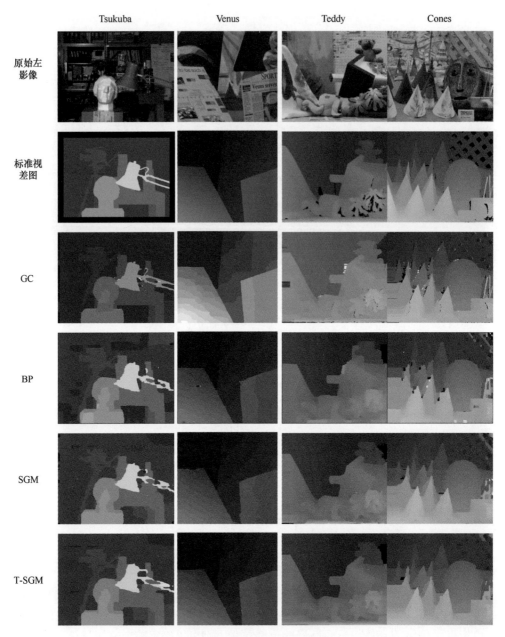

图 6.58　各个算法的匹配结果

结合标准视差图，从图 6.58 中可以看出，本书算法相比于经典的 SGM 算法在匹配结果上有了较大改进，在部分弱纹理区域，如 Tsukuba 测试图中摄像机的镜头部分，能得到更加正确的结果；在边界表示方面也有所改进，如 Venus 测试图中的右边报纸与背景的分界线，本书算法表现得更为精细。同时，在背景视差处理上比 BP 算法要均匀很多，针对 Tsukuba 测试图而言，T-SGM 算法与 GC 算法在匹配精度上还存在些许差距。为了对以上匹配算法的匹配结果进行质量评估，分别计算出各算法对应的均方根误差（RMS）与错误匹配像素百分率（PBM），数据统计如表 6.8 和表 6.9所示。

表 6.8　各算法匹配结果均方根误差（RMS/像素）

	Tsukuba	Venus	Teddy	Cones
GC	0.985	0.843	5.854	5.914
BP	1.214	1.083	7.006	6.766
SGM	1.057	0.684	5.676	5.360
T-SGM	0.990	0.508	5.676	5.358

表 6.9　各算法错误匹配像素百分率　　　　　　　（单位：%）

	Tsukuba	Venus	Teddy	Cones
GC	2.340	1.854	12.453	11.231
BP	3.867	2.532	15.283	13.760
SGM	3.386	2.254	11.239	11.045
T-SGM	3.332	0.975	10.024	10.104

表 6.8 显示，对于 Tsukuba、Venus 和 Cones 测试图，T-SGM 算法比 SGM 算法更加精确，两者都要优于 BP 算法，但就 Tsukuba 测试图而言，改进的 T-SGM 算法的匹配精度仍然低于 GC 算法，因为基于马尔可夫随机场的 GC 算法对于简单的纹理具有较其强的适应性；对于纹理复杂的 Teddy 测试图，各算法的均方根误差则存在一些差距，T-SGM 算法与 SGM 算法匹配结果的误差相同，这是因为 T-SGM 与 SGM 算法都存在规划路径不完全的问题，即 teddy 熊左侧的视差无法计算出来，这是动态规划的弊端，因为其规划路径是直线，对于 teddy 熊左侧的区域，其右侧的规划路径不能沿着直线从外部的复杂纹理区域进行匹配代价的传递，导致视差计算出现错误，但都要优于 BP 和 GC 算法。

从表 6.9 中的错误匹配像素百分率参数来看，对于 Tsukuba 测试图，GC 算法表现较为优异，本书的 T-SGM 算法次之，但要优于经典的 SGM 算法与 BP 算法；对于 Venus、Teddy 和 Cones 测试图，T-SGM 算法表现要优于其他三种算法。

2. 真实影像匹配实验

为了对比分析 T-SGM 算法与 SGM 算法在行星表面影像匹配中的优劣性，本书分别利用行星表面模拟影像、火星表面影像和灶神星表面影像进行了相关实验，根据实验结果，分析了两种匹配算法对行星表面影像匹配工作的适应性。火星影像数据来源是火星侦查轨道器（Mars reconnaissance orbiter，MRO）搭载的 HiRISE（high resolution imaging science experiment）相机拍摄的一对火星表面影像对，数据名称为 ESP_017002_1535 与 ESP_017147_1535。灶神星影像数据来源是黎明号小行星探测器搭载的 FC（framing camera）相机拍摄的火星表面序列影像，数据名称为 FC21A0010191_11286212239F1U 与 FC21A0010192_11286212639F1U，测试图与实验结果如图 6.59 所示。

从匹配结果可以看出，行星表面模拟影像核线几何重采样后，影像的几何变形很小，几乎不存在灰度差异，两种密集匹配算法都能很好地计算出视差值，但在精细度方面，T-SGM 算法比 SGM 算法要更细致一点。

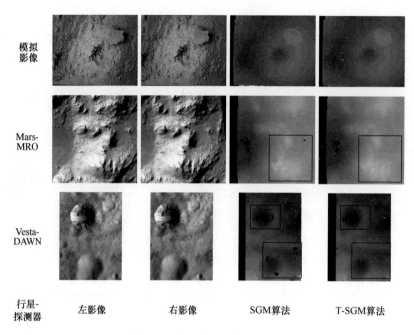

	左影像	右影像	SGM算法	T-SGM算法

图 6.59　行星表面影像匹配结果

HiRISE 相机获取的火星表面影像经校正后几何变形和辐射畸变较小，给影像的匹配提供了很好的条件，SGM 算法与 T-SGM 算法都能较好地匹配出同名像点，然而在纹理相似区域，经典的 SGM 算法出现了少量的误匹配点，如图 6.59 中 HiRISE 影像的右下区域，而 T-SGM 算法则表现较为理想，能够比较精确地表现出行星表面形貌特性。

对于灶神星表面影像匹配实验，由于黎明号探测器获取的影像分辨率较低，仅为 1024×1024，且灶神星影像对部分区域灰度不一致，影像部分区域存在较大的辐射畸变，给影像的密集匹配造成了一定的干扰和影响。从图 6.59 匹配结果中可以看出，由于 SGM 算法的原理是基于像素点及其部分领域像素计算匹配代价，对于存在辐射畸变的区域，SGM 算法会出现错误的匹配结果，如图 6.59 中 Vesta 影像右下角的区域，而 T-SGM 算法则是基于影像的全部像素，有效地克服了这一缺陷，得到了相对精确的匹配结果。但同时，对于辐射畸变较大的区域，如 Vesta 影像左上角的陨石坑，T-SGM 算法也会出现少量误匹配的现象。图 6.60 是 T-SGM 匹配生成地形结果的三维效果显示。

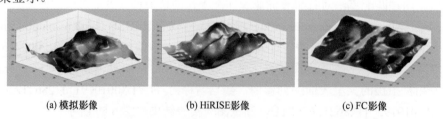

(a) 模拟影像　　　　　　(b) HiRISE影像　　　　　　(c) FC影像

图 6.60　三维重建效果图

3. 小行星表面形貌重建仿真实验

结合实验室地面小行星表面形貌仿真模型与深空探测器运动仿真平台，利用立体相机获取其光学序列立体影像对，图 6.61 是获取的部分影像数据，其中的黑色小块是预先设置好的标志点，以便后续与激光测距数据进行坐标转换与精度对比。单幅影像的分辨率为 1280×1024 像素，像元大小为 0.053mm，相机的焦距为 25mm，传感器类型为面阵 CCD。

模拟影像几何畸变较小，进行核线几何纠正后影像的变化较小，图 6.62 是对原始影像数据进行核线几何纠正得到的序列立体核线影像。

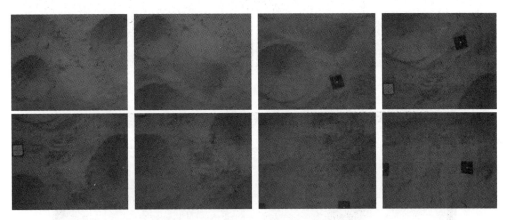

图 6.61　局部地形的原始序列立体影像

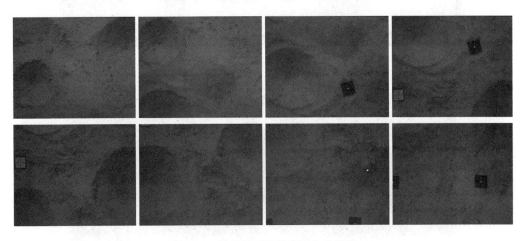

图 6.62　核线纠正后的序列立体影像

基于本书所提出的基于树形结构的半全局匹配方法，逐个对序列立体影像对进行逐像素密集匹配，得到视差图如图 6.63 所示。

而后，利用单独像对相对定向和空间前方交会原理，可得到单独像对的空间模型三维坐标，由 SURF 匹配算法可以获取两个立体像对间的同名像点，并以此作为立体模型的连接点，计算其空间相似变换参数。依据文中所提方法对各模型进行连接，统一规划到首个模型坐标系中，其三维效果如图 6.64 所示。

从拼接后的地形可以看到，各个三维模型块之间连接比较顺畅，过渡较为光滑，并且可以清晰地看出该区域有明显的撞击坑形貌和小山丘形貌，且左边是一片不规则的洼地地形。图 6.65 是生成的 DEM 模型，与真实地形比较接近。

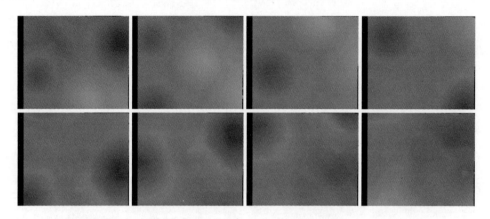

图 6.63 序列立体影像所生成的视差图

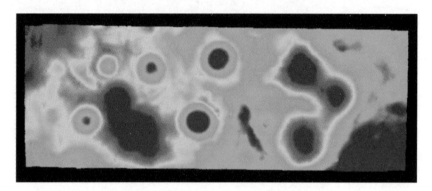

图 6.64 重建的模拟小行星表面形貌点云模型

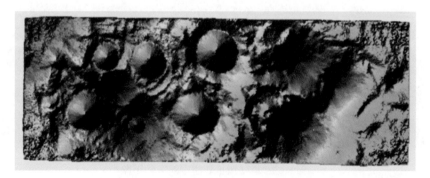

图 6.65 模拟小行星表面重建的 DEM

为了评价重建地形后的精度，利用激光扫描仪获取了模拟区域的激光点云数据，如图 6.66 所示，点云数据具有较高的精度，可以作为重建地形的参考数据。

从拼接的点云数据和扫描的点云数据中手动找到对应的标志点，如表 6.10 所示，利用已知的标志点坐标计算两个点云数据的空间相似变换转换参数，将两者统一到同一坐标系下，再任意选取对应点，计算其高程之差，对重建的精度进行评价。

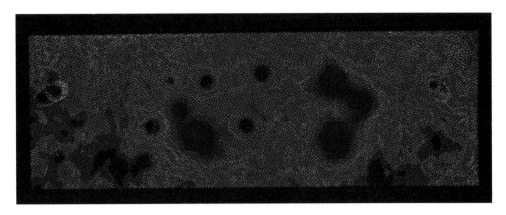

图 6.66　模拟小行星表面的激光扫描点云数据

表 6.10　标志点坐标　　　　　　　　　　　　　（单位：cm）

点号	拼接点云			扫描点云		
	X	Y	Z	X	Y	Z
1	46.660	11.526	36.738	−141.932	−113.169	145.059
2	138.085	−28.952	33.733	−170.846	−87.054	120.039
3	−34.177	−37.575	34.011	−106.926	−102.59	124.042
4	511.95	−182.292	33.653	−123.174	−39.643	119.037
5	132.641	−395.268	31.371	−132.971	46.723	112.993
6	48.929	−398.422	27.092	−97.382	38.172	105.912
7	−34.556	−186.034	32.146	−90.929	−49.247	114.930
8	168.253	−146.035	29.275	−170.293	−41.324	108.963
9	173.031	130.371	24.327	−199.028	−141.164	101.862
10	67.793	280.289	29.351	−172.690	−208.351	109.326

利用标志点解算的坐标系转换参数，将拼接点云数据转换到扫描点云数据所在的坐标系下，然后从两组数据中任意选取 100 组相同 X, Y 位置的数据点，计算两者的高程差值与真实值（激光扫描数据）之间的比值作为高程误差，将随机抽取 100 组数据的高程误差统计如图 6.67 所示。

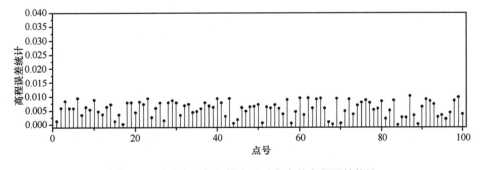

图 6.67　重建点云与扫描点云对应点的高程误差统计

从图 6.67 和表 6.11 可以看出，拼接后的地形与扫描得到的真实地形之间的偏差很小，其高程误差基本上控制在 1%以内，说明利用本书提出的小行星表面形貌测量方法重建出的地形结果具有十分可靠的精度。分析误差主要来源得出，是因为两者统一坐标系时所使用的对应三维点坐标是通过手动选取的，不可避免地会带来一定的误差。

表 6.11　重建点云与扫描点云的高程误差统计　　　　　（单位：%）

	最小值	最大值	平均值	中误差
高程误差	0.008	1.023	0.784	0.874

6.6　灶神星形貌三维重建实验

为验证本书方法的有效性，从"黎明号"探测器在测绘轨道（survey orbit）获取的灶神星 1000 多帧观测影像中，筛选了其中 80 张影像（部分影像如图 6.68 所示），进行了灶神星形貌三维重建试验，实验流程如图 6.69 所示。

图 6.68　部分灶神星序列观测影像

从原始的影像中不难看出，拍照的角度、光照变化都比较大，影像基本处于无序状态。原始影像经过特征提取匹配以及误匹配点剔除后得到连接点，经过光束法平差恢复的影像位姿和连接点的情况如图 6.70 所示。图 6.70（b）中包含了 53255 个连接点。同时还恢复了相机的相对位置和姿态，相对位置的平差精度小于 0.4 个像素。

利用这些连接点，已经基本重建了 Vesta 三维形状，但是缺乏表面细节，许多地方还有较大的空洞，因此，还需要利用多帧重叠影像的密集匹配，得到稠密点云。图 6.71 为经过多视密集匹配后得到稠密的点云，并经过三角化得到的最终 Vesta 三维形状重建的结果。

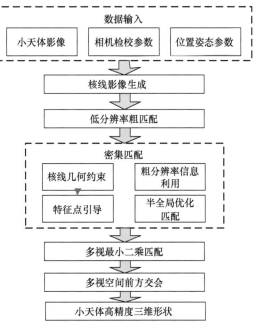

图 6.69　实验流程图

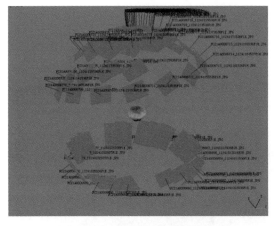

(a) 光束法平差恢复的序列观测影像位姿关系

(b) 光束法平差得到的连接点

图 6.70　光束法平差的结果

图 6.71　Vesta 三维形状的重建结果

局部区域（如陨石坑）的三维重建结果如图 6.72 所示，该陨石坑为 Vesta 上最大的陨石坑 Marcia，其表面细节地形得以精确重建。

小天体表面地形精细重建后，可以制作小天体表面的正射影像图。图 6.73 为 Vesta 小行星南极区域的正射影像图。

图 6.72　Marcia 陨石坑的三维重建结果

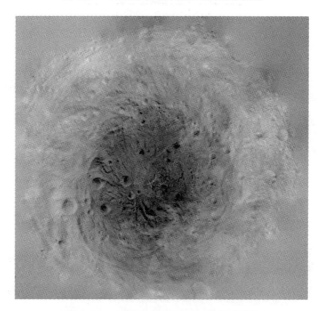

图 6.73　Vesta 南极区域的正射影像图

参 考 文 献

陈爱华, 高诚辉, 何炳蔚. 2014. 立体视觉中的图像立体匹配方法. 中国工程机械学报, 12(3): 24~198

崔平远, 崔祐涛, 赵海滨, 等. 2005. 我国小行星探测方案设想. 见: 中国宇航学会深空探测技术专业委员会学术会议. 哈尔滨

崔希璋, 於宗俦, 陶本藻, 等. 1992. 广义测量平差. 北京: 测绘出版社

邸凯昌, 刘召芹, 万方辉, 等. 2015. 月球和火星遥感制图与探测车导航定位. 北京: 科学出版社

高波, 马利庄. 2009. 加入结构约束的半全局立体匹配方法. 计算机应用软件, 26(2): 244~248

葛忠孝, 邢帅, 徐青, 等. 2015. 行星表面影像半全局密集匹配技术研究. 中国宇航学会深空探测技术专业委员会第十二届学术年会

耿迅. 2014. 火星形貌摄影测量技术研究. 郑州: 解放军信息工程大学博士学位论文

耿迅, 蓝朝桢, 徐青, 邢帅, 等. 2013. 火星快车 HRSC 线阵推扫式影像地面点反投影快速融合. 测绘科学技术学报, 30(6): 601~605

耿迅, 徐青, 蓝朝桢, 邢帅. 2012. 火星快车 HRSC 影像三维地形重建. 见: 中国宇航学会深空探测技术专业委员会第九届学术年会. 北京: 26~30

耿则勋, 张保明, 范大昭. 2010. 数字摄影测量学. 北京: 测绘出版社

季江徽, 刘林, 李广宇. 2005. 欧空局近地小行星探测计划. 见: 中国宇航学会深空探测技术专业委员会第一届学术会议论文集

蓝朝桢, 耿迅, 徐青, 等. 2014. 基于序列影像的小天体三维形状重建方法研究. 深空探测学报, 1(2): 140~145

唐敏. 2014. 序列无人机影像预处理与匹配中的几个关键问题研究. 成都: 西南交通大学博士学位论文

王栋, 徐青, 邢帅, 等. 2015. 小行星形貌特征的分析与描述. 深空探测学报, 2015(4): 358~364

王之卓. 2007. 摄影测量原理. 武汉: 武汉大学出版社

肖艳青, 刘党辉, 孙朋. 2009. 图像立体匹配研究进展. 测控技术, 28(8): 1~5

邢帅. 2008. 多源遥感影像联合定位技术研究. 郑州: 解放军信息工程大学博士学位论文

邢帅, 徐青. 2007. 多重约束下由粗到精的多源图像自适应配准算法. 光电工程, 34(6): 57~66

徐青. 2006. 数字空间与深空测绘及其支撑技术. 测绘科学技术学报, 23(2): 97~100

徐青, 常歌, 杨力. 2000. 基于自适应分块的 TIN 三角网建立算法. 中国图象图形学报, 5(6): 461~465

徐青, 耿迅, 蓝朝桢, 邢帅. 2014. 火星地形测绘研究综述. 深空探测学报, 1(1): 28~35

徐亚明, 邢诚, 陈晓东. 2011. 一种基于拼接线的无人机序列影像拼接方法. 武汉大学学报: 信息科学版, 36(11): 1265~1269

杨剑峰, 盛英华, 徐博. 2012. 我国小行星探测发展趋势研究. 中国宇航学会深空探测技术专业委员会学术年会

杨元喜, 高为广. 2004. 基于方差分量估计的自适应融合导航. 测绘学报, 33(1): 22~26

余杰, 吕品, 郑昌文. 2010. Delaunay 三角网构建方法比较研究. 中国图象图形学报, 15(8): 1158~1167

袁修孝. 1999. GPS 辅助光束法平差中观测值的自动定权. 武汉测绘科技大学学报, 24(2): 115~118

张保明, 龚志辉, 郭海涛. 2008. 摄影测量学. 北京: 测绘出版社

张红斌. 2006. 遥感图像拼接算法研究. 西安: 西安电子科技大学博士学位论文

张卡, 盛业华, 叶春. 2010. 基于数字视差模型和改进 SIFT 特征的数字近景立体影像匹配. 测绘学报, 39(6): 624~630

张令涛, 曲道奎, 徐方. 2010. 一种基于图割的改进立体匹配算法. 机器人, 32(1): 104~108

张显云. 2008. 基于抗差方差分量的自适应联合平差及其应用. 测绘通报, 2008(8): 7~9

张尧, 樊红, 黄旺. 2012. 基于 Delaunay 三角网的等高线树生成方法. 测绘学报, 2012(3): 461~467

张云生, 朱庆, 吴波, 等. 2013. 一种基于三角网约束的立体影像线特征多级匹配方法. 武汉大学学报: 信息科学版, 38(5): 522~527

朱恩涌, 孙国江, 果琳丽, 等. 2012. 我国小行星探测发展思路及关键技术探讨. 航天器工程, 21(3): 96~100

Birchfield S, Tomasi C. 1998. Depth discontinuities by pixel-to-pixel stereo. In: Proceedings of 6th International Conference on Computer Vision. Bombay. India: 1073~1080

Bleyer M, Gelautz M. 2008. Simple but effective tree structures for dynamic programming-based stereo matching. International Conference on Computer Vision Theory and Applications, 425~422

Di K, Hu W, Liu Y, Peng M. 2012. Co-registration of Chang'E-1 stereo images and laser altimeter data with crossover adjustment and image sensor model refinement. Advances in Space Research, 50(2012): 1615~1628

Ebner H, Spiegel M, Baumgartner A, et al. 2004. Improving the exterior orientation of Mars-Express-HRSC imagery. In: ISPRS-Congress, Comm. IV. Istanbul: 852~857

Egnal G. 2000. Mutual information as a stereo correspondence measure. Technical Reports

Felzenszwalb P F, Huttenloeher D P. 2006. Efficient belief propagation for early vision. International Journal on Computer Vision, 70(1): 41~45

Fezza S A, Ouddane S. 2011. Fast stereo matching via graph cuts. In: The 7th International Workshop on Systems, Signal Processing and their Applications. Moncton: 115~118

Hirschmüller H. 2005. Accurate and efficient stereo processing by semi-global matching and mutual information. Proc. IEEE Conf. Computer Vision and Pattern Recognition, 2: 807~814

Hirschmüller H. 2008. Stereo processing by semi-global matching and mutual information. IEEE Transactions on Pattern Analysis and Machine Intelligence, 30(2): 328~341

Inglada J, Giros A. 2004. On the possibility of automatic multisensor image registration. Geoscience & Remote Sensing IEEE Transactions on, 42(10): 2104~2120

Jaumann R, Williams D A, Buczkowski D L, et al. 2012. Vesta's shape and morphology. Science, 336(6082): 687~690

Jr Cha. 1996. Ancillary data services of NASA's Navigation and Ancillary Information Facility. Planetary & Space Science, 44(1): 65~70

Kim J, Kolmogorov V, Zabih R. 2003. Visual correspondence using energy minimization and mutual information. In: Computer Vision, IEEE International Conference on. IEEE Computer Society, 2: 1033~1040

Marchi S, Mcsween H Y, O'Brien D P, et al. 2012. The violent collisional history of asteroid 4 Vesta. Science, 336(6082): 690~694

Reddy V, Nathues A, Le C L, et al. 2012. Color and albedo heterogeneity of Vesta from Dawn. Science, 336(6082): 700~704

Russell C T, Raymond C A, Coradini A, et al. 2012. Dawn at Vesta: Testing the protoplanetary paradigm. Science, 336(6082): 684~686

Scharstein D, Szeliski R. 2002. A taxonomy and evaluation of dense two-frame stereo correspondence algorithms. International Journal of Computer Vision, 47(1): 7~42

Schenk P, O'Brien D P, Marchi S, et al. 2012. The geologically recent giant impact basins at Vesta's south pole. Science, 336(6082): 694~697

Shan J, Yoon J, Lee D S, et al. 2005. Photogrammetric analysis of the Mars global surveyor mapping data. Photogrammetric Engineering and Remote Sensing, 71(1): 97~108

Shi J, Tomasi C. 1994. Good features to track. In: IEEE Conference on Computer Vision and Pattern Recognition. Seattle: 593~600

Shum H, Sun J, Zheng N. 2003. Stereo matching using belief propagation. Pattern Analysis and Machine Intelligence, IEEE Transactions on, 25(7): 787~800

Smith D, Neumann G, Ford P, et al. 1999. Mars global surveyor laser altimeter precision experiment data record. NASA Planetary Data System, MGS-M-MOLA-3-PEDR-L1A- V1. 0

Sung M C, Lee S H, Cho N I K. 2006. Stereo matching using multidirectional dynamic programming. In: 2006 International Symposium on Intelligent Signal Processing and Communication. Tottori: 697~700

Wang Z, Bovik A C, Sheikh H R, et al. 2004. Image quality assessment: From error visibility to structural similarity. In: IEEE Transactions on Image Processing: 600~612

Wu B, Hu H, Guo J. 2014. Integration of Chang'E-2 imagery and LRO laser altimeter data with a combined block adjustment for precision lunar topographic modeling. Earth & Planetary Science Letters, 391(Complete): 1~15

Yong S H, Lee K M, Sang U L. 2009. Mutual information-based stereo matching combined with SIFT descriptor in log-chromaticity color space Proc. ieee Conf. computer Vision & Pattern Recognition: 445~452

Yoon J-S, Shan J. 2005. Combined adjustment of MOC stereo imagery and MOLA altimetry data. Photogrammetric Engineering and Remote Sensing, 71(10): 1179~1186

第7章 行星表面形貌特征的分析与识别

行星表面形貌是指行星表面的地形地貌，反映了其表面的起伏状况，而形貌特征是指行星表面具有典型性的地形地貌，如环形山、火山、峡谷和撞击坑等。行星表面的形貌特征分析是认识地外星体的一个必不可少的内容，是保障深空探测器着陆导航、未来载人登陆空间目标，以及建立空间基地的前提。本章主要对行星表面形貌特征进行分析，从现有深空探测数据中提取、识别行星表面典型形貌特征，尤其是行星表面的撞击坑特征。

7.1 行星表面形貌概况

7.1.1 月球

月球表面山峦起伏，地貌类型多样，其表面总体上可分为月海、高地两大地理单元（欧阳自远，2005；Taylor et al.，1991）。

月海是月面上宽广的平原，其海拔低于平均表面 1～2km，甚至更低，约占月表面积的 17%。大多数月海分布于月球正面，约占正面半球的一半，尤以北半球的月海分布更为显著。多数月海具有圆形封闭的特点，被山脉（细长伸延的山地）所包围。例如，雨海的四周环绕着亚平宁、高加索、阿尔卑斯和朱拉等山脉，如图 7.1 所示。高地是指月球表面高出月海的地区，一般高出月球水准面 2～3km，约占月表面积的 83%。月球正面的高地面积和月海面积大体相等，而月球背面的高地面积要大得多。

图 7.1 雨海区的 DEM

1）月貌类型

月球地貌是指月球表面高低起伏的状态，按自然形态可分为月海、撞击坑、山脉、峭壁、月谷、月湾和月面辐射纹等地貌类型。

月球表面最大的月海是风暴洋，位于月球正面北半球的西侧，面积约 500 万 km²。

此外，位于月海正面且面积较大的月海有澄海、丰富海、酒海、危海、云海、知海等，其面积大多在7万~28万km²；而其背面也存在月海，如东海盆地，是一个直径达1000km的巨大环形类月海构造，大致位于月球背面15°S，89°W。

月海延伸进高地的部分称为月湾和月沼。月球表面最大的月湾是露湾，位于风暴洋的最北部，其面积比危海还大。虹湾位于雨海西北角，呈半圆形，被朱拉山脉所包围，如图7.2所示。

图7.2　虹湾区的DEM

月球表面上分布有连续的、险峻的山峰带，称之为山脉。其数目不多，高度可达7~8km。例如，月球表面最大的山脉是亚平宁山脉，长达1000km，高出月海水准面3~4km。在月球表面不少地区出现了一些黑的大裂缝，弯弯曲曲延绵数百千米，宽度达数千米，类似于地球表面的峡谷，称之为"月谷"。这些月谷多出现于高地的较平坦区域。

月球表面布满密密麻麻、大大小小的圆形凹坑构造，称之为撞击坑。它包括了撞击坑环形山、辐射线，以及撞击坑有关的隆起构造。据统计，月球表面的撞击坑总数在33000个以上，尤其在高地区域分布最为密集。它们的直径分布范围很宽，小的不足1m，大的超过1000km，而直径大于1km的撞击坑的总面积占月面的7%~10%。依据其空间形态，可分为碗形小撞击坑、具有中央峰的较大型撞击坑和具有多环盆地的巨型撞击坑（Stöffler et al.，2006）。其中，碗形撞击坑的直径一般小于20km。

2）月貌分析

由月球表面DEM分析可知，月海平原相对平坦，最大坡度约为17°，大部分坡度在0°~10°，标准方差是3.7°。高地地形起伏较月海地区更大，最大坡度约为34°，大部分坡度为0°~23°，标准方差为4.5°~6°，甚至更高。撞击坑内侧坡度很陡，在25°~50°，平均为35°左右；外侧坡度则很缓，仅为3°~8°，平均为5°左右，再向外侧和平原相连。因此，软着陆舱和月球车应选择月海平原或大型撞击坑的外侧。

据统计，在Surveyor 3着陆区，月表每100m²面积范围内的石块数分布如下：①高度$h>6cm$的石块数（100个）；②$h>25cm$的石块数（3~4个）；③$h>50cm$的石块数（0.6个）。

而在Apollo 11着陆区，月表每100m²面积范围内撞击坑的个数如下：①直径$D>1m$的撞击坑（100个）；②$D>3m$的撞击坑（0.4个）；③$D>50m$的撞击坑（0.1个）。

可以说 Surveyor 3 和 Apollo 11 着陆区的选择正是建立在月表形貌分析的基础之上的，着陆区中岩石和撞击坑的分布情况会影响着陆器安全着陆以及后期工作的开展。因此，着陆器在着陆过程中还应具备自主导航能力，避开其表面的撞击坑和岩石等障碍。

7.1.2　火星

火星表面地形起伏较大，地貌复杂多样，高差巨大。例如，希腊盆地起伏高差可达 7km，而奥林匹斯山高出周围平原达 20km。火星上有广阔的海洋、大小明显不同和密集的陨石坑及巨大的盆地、峡谷、河道、山脉、火山、断裂构造等，其中最具代表性的有火上、风积沙丘、峡谷-河床和撞击坑等（韩同林等，2006）。

火星内部能量释放形成火山，典型的火山锥有奥林匹斯火山、三斑火山等。其中，奥林匹斯火山锥最高，基座宽达 700km，山顶有直径达 65km 的巨大火山口，且火山堆积物布满整个火山高原，如图 7.3 所示。火星表面存在大量的沙尘和稀薄的大气，经过风积作用形成了独具特点的风积沙丘景观。

图 7.3　火山区的 DEM

由于撞击、地震、火山等作用，火星表面还存在断裂现象，进而形成峡谷与河床等典型地貌特征。例如，科普雷特斯大峡谷长超过 2700km，宽 400~500km。而河道大多发育于 30°N~40°S，向源分叉，下游变宽，有的河道围绕火山区形成火山泉水的河流特征，如图 7.4 所示。

图 7.4　峡谷-河床区的 DEM

火星上撞击坑不但大小悬殊，分布也极不均匀，最大撞击坑直径达上千千米以上，最小的不及百米。在撞击高原区撞击坑最密集，在海区及现代火山区分布密度最小。火星撞击坑形态，除发育与月球上相似的盆状、碗状、辐射状等之外，在火星海区和两极极冠区及其附近，还常形成特有的波环状、圆盘状撞击坑。

对月球与火星对比可见，它们表面都存在大量的撞击坑特征，其空间结构具有一定的相似性。这些撞击坑特征是深空探测器着陆区域选择的重要因素，因此从深空遥感数据中提取、识别该特征成为一个研究热点。

7.1.3　小行星

据统计现已发现的小行星约有数十万颗，正式命名的达到 4 万多颗，其直径大的约有 1000km，小的则只有几十米。与月球、类地行星相比，小行星存在体积小、形状不规则及质量分布不均匀等显著特点，其表面大多都不是平坦、光滑的，甚至整体形状出现巨大差异。

从小行星的整体外形的角度，将其分为类球型小行星和非球型小行星两类：前者指整体外形呈球或者椭球形状的小行星，如小行星 Vesta、Dione 等，如图 7.5（a）所示；后者指不满足类球型特征的小行星为非球型小行星，如小行星 Toutatis、Eros，如图 7.5（b）所示等，而直径大于 100km 的小行星通常属于前者。

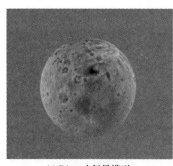 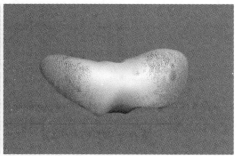

(a) Dione小行星模型　　　　　　　　(b) Eros小行星模型

图 7.5　典型小行星的三维模型

小行星表面皱褶复杂、形貌各异，充满着随意性，同时也独具特点。在地球上，一块岩石、一个凹坑算不得形貌特征，而在小行星表面也许就是典型的形貌特征，是深空探测器着陆导航的重要依据。通过对小行星表面形貌进行分析，本节将小行星的典型形貌特征归纳为"两凹两凸一条线"，即撞击坑、沟壑、岩石、山丘、地脊线 5 类特征。

小行星表面存在大量的撞击坑特征，是其在成长、演变期间遭受空间小型陨石撞击而造成的。目前，在 IAU 官方网站上列举撞击坑特征最多的是 Vesta 小行星，因此重点对该小行星表面撞击坑特征进行分析。其中，撞击坑半径最大的是 Rheasilvia 撞击坑，约为 450km，如图 7.6 所示。

个别小行星表面存在沟壑特征，其成因有多种可能性：或有天体表面先遭受撞击坑而造成地质裂缝，再经过岩石风化填补形成；或有天体内部岩浆流淌而留下的；或有天体形成早期局部地质松软，大小陨石滚落所致。例如，在小行星 Vesta 上最长的沟壑特征是 Divalia，中心纬度为–9.05°，经度为 196.23°，其长度约为 549.37km。

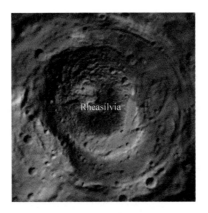

图 7.6　Rheasilvia 撞击坑

小行星表面常会存在一定数量的岩石，或为小行星形成之初空间碎石就已附着于其表面，或为空间陨石撞击坑产生的碎石散落于其表面。其整体形状也是千奇百怪的，其大小、表面粗糙度等属性也是不一样的。大型巨石的直径可达数百米，而小的岩石只有几米，甚至更小。例如，DAWN 探测器绕飞 Vesta 小行星的最低轨道高度为 210km，此时其相机的分辨率约为 65m/pixel，因此直径小于百米的岩石在影像中无法分辨出来，即便大型岩石也不会很清晰。从 DAWN 探测器所获取的影像中却能发现小行星 Vesta 表面存在一定数量的岩石特征，如图 7.7 所示，其表面纹理及其阴影可以辨别出岩石特征，并估算出小岩石的直径约为 150m，大岩石的直径约为 300m。

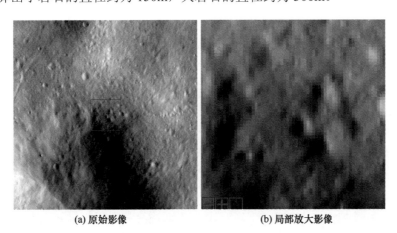

(a) 原始影像　　　　　　　　　　　(b) 局部放大影像

图 7.7　小行星 Vesta 的局部影像

山丘特征表现为由地面突起而成的穹窿形，一般只出现在直径较大的小行星上，其形成原因可能是天体内部能量散发作用所造成的。在已发现的小行星中，小行星 Vesta 表面的山丘特征最多。

脊线特征是指地形突出、顶部呈线条型的地形特征，如连续的环形山脉、褶皱而突起的地形形貌。作为一种单纯的线特征，本书将其并列于撞击坑、沟壑、岩石和山丘特征，其原因是脊线特征能够较好显示出地形形貌的起伏特点。例如，小行星 Vesta 表面就存在 Lavinium 脊线特征，其长度为 96.35km（图 7.8）。

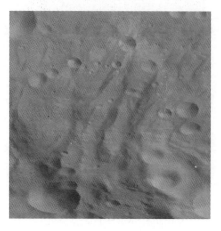

图 7.8　Neptunalia 脊线特征

上述 5 种典型形貌特征是小行星上常见的形貌特征，前 4 种是局部独立的面状特征，只有脊线是线状特征，其较好的可识别性有益于地形形貌的分析和探测器的导航应用。

7.2　行星表面撞击坑特征的分析

7.2.1　撞击坑形态特征

对月球、火星表面撞击坑特征的研究与分析，通常依据撞击坑的形态、大小等多种方式来进行分类，而目前的研究偏重于其空间形态。根据撞击坑的形貌特征，本书将其分为简单撞击坑、复杂撞击坑和撞击坑盆地三类。

（1）简单撞击坑：主要形态是"碗形"，坑唇和坑底一般比较平滑，直径一般小于 20km，较大的撞击坑坑底也可能出现小山丘或隆起。数量众多，分布广泛。新鲜的简单撞击坑周围可能会出现明亮的有溅射物形成的辐射纹石块。

（2）复杂撞击坑：由于尺度不同、撞击偶然、地质变化等，撞击坑形态也更加复杂。有的坑唇部分开始塌陷，形成阶梯状的坑壁；有的撞击坑与撞击坑之间有重叠；有的坑底部分广阔，甚至带有中央峰等。

（3）撞击坑盆地：最大的撞击构造，具有多环边缘和平坦的坑底，围绕中央峰有许多不连续的圆环形隆起。一般超过几十到几百千米。

行星表面绝大部分撞击坑是简单撞击坑，尺度较小，分布广泛，数量众多，其总体结构一般呈"碗形"或"圆锥状"，是其表面最为明显、最为重要的特征之一，也是本章的主要研究对象。由于撞击过程的差别和基岩种类的差异等原因，在撞击坑的形成时形态上会有所不同，如尺寸、形状、边缘特征、坑底特征，以及溅射物沉积和辐射纹等；随着时间推移，空间环境影响在撞击坑形态上也会有所反应，如风沙掩埋和退化等，会使撞击坑变浅甚至消失。

1）形态特征

典型撞击坑有坑唇、坑底、外坑唇、边缘峰等部分组成，撞击坑的坑唇部分坡度较陡，外坑唇的坡度较缓，撞击坑底面相对平滑，坑主体形状呈"碗形"或"圆锥形"，一般没有中央峰，部分没有明显的坑底结构，如图7.9所示；少部分较大的新鲜的撞击坑周围有辐射线，从中心呈现射线或次射线状向外展布，经常可以延伸几个撞击坑直径或更远的距离；小型撞击坑的边缘部分在形成时期一般不会坍塌，比较完整，而大型撞击坑的边缘一般是残缺的（李春来等，2010；金丽华等，2009）。

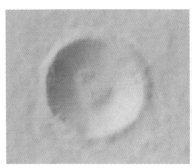 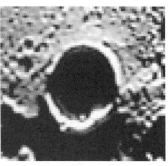

(a) 坑底有突兀的撞击坑　　　　　　(b) 底部无突兀的撞击坑

图 7.9　典型撞击坑的影像

撞击坑的平面外形一般是圆形，少数会有椭圆形、多边形和其他不规则形状等，如图7.10所示。致使撞击坑不规则形态的原因主要有以下几种可能：①形成阶段地质构造作用，在陨石的冲入挖掘阶段，由于基岩地质结构不均匀等原因，可能形成多边形撞击坑；②陨石较低的入射角度，研究表明，以水平面为基准，当陨石的入射角度小于大约5°的时候，会形成一道刮痕，进而形成拉长的或者椭圆撞击坑；③后期形态改变，由于后期的撞击或者内生作用等因素影响，如溅射等，撞击坑边缘本身坍塌而形成不规则坑；④其他原因。

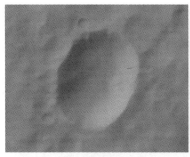 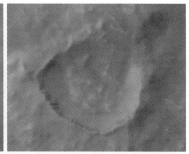

(a) 椭圆撞击坑　　　　　　　　(b) 边缘不规则撞击坑

图 7.10　特殊形态的撞击坑影像

有时还会出现坑连坑、坑中坑等现象，即两个撞击坑相邻、有交集或者撞击坑内部还有撞击坑，如图7.11所示。由于岩石的风化变质、撞击波的冲击等原因，会出现坑壁坍塌的现象，如图7.12所示。

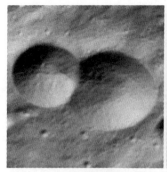

| (a) 坑连坑特征 | (b) 坑中坑特征 |

图 7.11　坑连坑、坑中坑特征的影像

图 7.12　坍塌坑特征的影像

2）溅射物和辐射纹

在撞击坑形成时，矿物质被挖掘出来，大多数沉积在距离撞击坑只有几倍半径以内的范围，形成溅射物沉积层，并抬高外延部分；一小部分高速物质可以溅射的很远，继续撞击在月球表面，形成次生撞击坑；有些物质速度甚至超过行星逃逸速度并离开它。另外，溅射物围绕撞击坑可以形成由溅射物刮痕引起的放射性的沟槽和带状的石块分布。

溅射物中一些轻薄的粉末状的物质溅射的较远，形成美丽的辐射纹，辐射纹很容易退化，一般只分布在鲜明撞击坑周围，如图 7.13 所示。辐射纹也有很多形态，一般辐射纹是明亮的放射状，和背景形成鲜明对比；极少数辐射纹相对于背景是暗色的，

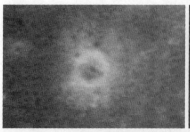

| (a) 撞击坑辐射纹 | (b) 不对称辐射纹 |

图 7.13　撞击坑辐射纹和溅射物的影像

这可能是由于撞击挖掘并溅射出了表层下面低反照率的矿物质而引起的。一些撞击坑的溅射物不对称，或者是部分缺失的。此外，撞击的角度不同也会造成溅射物的分布不同。

需要指出的是，撞击坑的空间形态各有千秋，而这种不同是局部细节的差异，大多数撞击坑的空间形态都具有一定的共性，如圆形、内凹等特点。另外，无论是影像数据，还是 DEM 数据都可以通过处理减弱或消除局部细节的差异，以保留它们的共性特点。例如，用滤波方法可以滤除撞击坑周围及内部的岩石噪声等。以此为基础，我们对常见的撞击坑形貌特征进行建模与分析。

7.2.2　撞击坑特征的建模与参数描述

1）普通撞击坑特征模型

20 世纪 80 年代，NASA（SP-8023）报告就提出采用普洛克鲁斯（Proclus）坑模型来模拟撞击坑，该模型将撞击坑的坑口视为理想圆形，而实际上陨石倾斜撞击、冲击波及地震等因素的影响可能会造成撞击坑的坑口呈近似椭圆形。因此，本节在普洛克鲁斯坑模型基础上，提出了一种坑口为椭圆形状的撞击坑模型，其坑口形状如图 7.14（a）所示，而其切面形状如图 7.14（b）所示（王栋等，2015）。

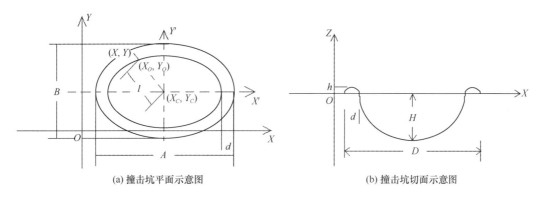

(a) 撞击坑平面示意图　　　　　　　(b) 撞击坑切面示意图

图 7.14　撞击坑空间结构示意图

依据图 7.14，坑口的长半径为 A、短半径为 B，坑唇的直径为 d、高度为 h，撞击坑的深度为 H。下面给出新的撞击坑函数模型为

$$z(x,y)=\begin{cases} H\left(\dfrac{(x-x_c)^2}{(A/2-d)^2}+\dfrac{(y-y_c)^2}{(B/2-d)^2}-1\right)+H', & \text{if } \sqrt{\dfrac{(x-x_c)^2}{(A/2-d)^2}+\dfrac{(y-y_c)^2}{(B/2-d)^2}}\leqslant 1 \\[4mm] h\left(1-\left[\dfrac{\sqrt{(x-x_c)^2+(y-y_c)^2}-d/2-l}{d/2}\right]^2\right)+H', & \text{if } 2\sqrt{\dfrac{(x-x_c)^2}{A^2}+\dfrac{(y-y_c)^2}{B^2}}<1 \\[4mm] 0, & \text{other} \end{cases} \quad (7\text{-}1)$$

其中，

$$l=(A/2-d)(B/2-d)\sqrt{\dfrac{(x-x_c)^2+(y-y_c)^2}{(x-x_c)^2(B/2-d)^2+(y-y_c)^2(A/2-d)^2}}$$

行星表面的中大型撞击坑常会出现坑唇的现象，而小行星表面的撞击坑一般为小型撞击坑，且坑唇特点并不明显。因此，针对这些小型撞击坑特征，本书将式（7-1）中 d、h 的值设置为 0，简化式（7-1）为

$$z(x,y) = \begin{cases} H\left(\dfrac{(x-x_c)^2}{(A/2)^2} + \dfrac{(y-y_c)^2}{(B/2)^2} - 1\right) + H', & \text{if } \sqrt{\dfrac{(x-x_c)^2}{(A/2)^2} + \dfrac{(y-y_c)^2}{(B/2)^2}} \leqslant 1 \\ 0, & \text{other} \end{cases} \quad （7\text{-}2）$$

另外，本书以撞击坑的拟合底点来确定撞击坑的空间位置，结合前文列出的空间方位特征参数，即撞击坑的经纬度 $(L_{中心},\ B_{中心})$，绝对高程 $H_{中心}$，以及中心轴的方向夹角 $\alpha_{中心}$ 等，可以真实显示形貌特征的空间方位。下面根据撞击坑函数模型及其特征参数，我们生成了一组模拟的撞击坑模型，如图 7.15 所示。

图 7.15　模拟撞击坑的形貌模型

2）带中央峰的撞击坑特征模型

小行星表面也会存在个别大型撞击坑特征，其坑底中央区域有中央峰特征，即撞击坑坑底有明显突起。经过观测发现，其中央峰形似尖尖的小山峰，而侧面可用二次抛物线来拟合，下面给出带有中央峰的撞击坑模型的切面如图 7.16 所示。

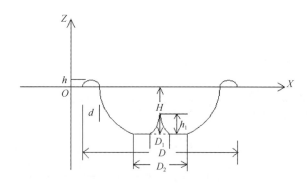

图 7.16　凹坑中央峰的切面示意图

依据上图 7.16，该撞击坑中央峰的高度为 h_1，半径为 D_1，其周围平坦区半径为 D_2，其他参数含义与上节中的定义一致。下面给出撞击坑中央峰的模型公式：

$$Z(x,y) = \frac{4h_1}{D_1^2}\left(\frac{D_1}{2} - r\right)^2 - H \quad （7\text{-}3）$$

其中,

$$r = \sqrt{(x - x_c)^2 + (y - y_c)^2}$$

结合上述撞击坑及中央峰的函数模型,设置相关特征参数,可生成一组模拟的带有中央峰的撞击坑形貌模型,如图 7.17 所示。

图 7.17 模拟带中央峰的撞击坑形貌模型

3)特征描述参量

特征描述参量是指用以描述特征相关属性的参量,其原则是简洁、全面、易于数值化。简洁就是避免特征参量所表示的属性含义有重复;全面就是特征描述参量能够准确表达相应特征,即由特征描述参量可以重建该特征模型;易于数值化就是特征描述参量便于从已知的数据和模型中提取出来,可以用数值形式来定量表达。下面给撞击坑的特征描述参量,见表 7.1 所示。

表 7.1 撞击坑的特征描述参量

描述参量名称		变量	定义
空间结构	坑口	长短半径	$a_{边}$ 与 $b_{边}$	椭圆函数来拟合坑口(不含坑唇范围)的形状,以该椭圆的长短轴半径为参量
		拟合度	$w_{边}$	真实坑口与拟合坑口的逼近程度
		高度	$H_{边}$	坑口边缘点与坑底点之间的垂直平均距离
	坑壁	宽度	$l_{壁}$	以坑壁内侧坡度小于 5° 的临界点为分界点,其与坑口的平均长度为量化参数
		抛物线系数	$m_{壁1}, m_{壁2}, m_{壁3}$	用二次抛物线函数拟合坑中心切面与坑壁的交线,以其抛物线系数为量化参数
		拟合度	$w_{壁}$	真实坑壁与拟合坑壁的逼近程度,以其中误差为量化参数
	坑底	面积	$S_{底}$	以坑壁内侧分界线区域为坑底,以坑底所占区域的大小为量化参数
	坑唇	宽度	$l_{唇}$	以坑唇外坡度坡度小于 5° 的临界点为边界点,其与坑口的平均长度为量化参数
		高度	$h_{唇}$	坑唇的曲面顶点至其边界平面的距离
	中央峰	高度	$h_{峰}$	峰顶点至坑底点之间的距离
		面积	$S_{峰}$	以中央峰底部坡度为 0° 的点为边界点,其所占区域的大小为量化参数
空间方位		空间位置	$(L_{中心}, B_{中心})$	撞击坑坑口的中心在 IAU 所建议的小行星固定坐标系中的经纬度坐标
		空间方向	$\alpha_{中心}$	坑口长半径与中心所在纬线之间的夹角
		宽高比	$t_{宽高比}$	撞击坑的宽度与高度之间的比值

7.3 基于影像的撞击坑特征提取与识别

7.3.1 撞击坑特征的成像模型分析

结合行星表面撞击坑的空间结构特点，本节以"碗形"撞击坑为例，对其成像模型进行分析。假设其半径为 r_C，坑唇的直径为 d，高度为 h，撞击坑的深度为 H，中心坐标为 $(x_C, y_C, z - H)$，光照高度角为 φ，且与 X、Z 轴所在平面平行，如图 7.18 所示。

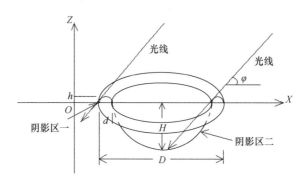

图 7.18 撞击坑光照条件下成像模型

由图 7.18 可知，撞击坑的阴影出现于两个区域，与其形状参数和光照方向有关。根据模型的空间结构，给出了两区域阴影的计算方法，其原理都是坑壁与坑唇壁的突出，阻碍了光线沿直线传播，并在影像中呈现为灰暗纹理区域。阴影的分界线依据坑唇壁与光线的接触点，直接以坑唇的最高点为此接触点，并用函数模型来计算阴影分界线，其中阴影区域一为

$$x = x_C - (1 - \frac{d}{2r_C})\sqrt{r_C^2 - (y - y_C)^2} - \frac{h}{\tan(\varphi)} \tag{7-4}$$

阴影区域二为

$$x = \frac{\tan(\varphi)r_C^2 - \sqrt{\tan^2(\varphi)r_C^4 - 4h^2 y^2 + 4h^2 r_C^2 + 4Hh r_C^2 - 4h\tan(\varphi)r_C^2\sqrt{r_C^2 - y^2}}}{2h} \tag{7-5}$$

实际上，地形形貌或者撞击坑形貌通常是由 DEM 点云形式来直接表示的，或者由函数模型逐点计算而得其形貌。那么，如何判断各个模型点是否在阴影区域内，本书提出了一种向量角比较法，即模型点与其光照方向上撞击坑边缘点可构成一个向量，该向量与平面有一个夹角，将该夹角与光照角进行比较来判断其模型点是否在阴影区域内。设撞击坑模型上任意一点为 (x, y)，则其指向边缘向量为

$$\vec{n} = \left[\sqrt{r_C^2 - y^2} - x, 0, \left(1 - \frac{x^2 + y^2}{r_C^2}\right) \cdot H \right] \tag{7-6}$$

进而可得到其向量角的正切值为

$$\tan(\varphi') = \frac{\left(1 - \dfrac{x^2 + y^2}{r_C^2}\right) \cdot H}{\sqrt{r_C^2 - y^2} - x} \tag{7-7}$$

当 $\tan(\varphi') > \tan(\varphi)$ 时，该模型点在阴影区域内；当 $\tan(\varphi') < \tan(\varphi)$ 时，其不在阴影区域内。以此类推，逐点计算可知撞击坑及其周围在影像中的阴影区域。

为了分析小行星表面撞击坑特征在影像中的成像特点，本书分别在不同光照条件下仿真出其成像结果；设置不同的太阳高度角与视点位置，生成相应条件下撞击坑特征的影像；设置不同深度与坑唇高的撞击坑模型，生成相同光照条件下的撞击坑影像。结果显示：随着撞击坑模型的深度越来越深，其坑壁阴影区域越来越大，影像中区域的灰度渐渐变深暗；随着撞击坑模型的坑唇越来越高，影像中坑唇产生的阴影越来越深暗，其区域轮廓相对明显。下面对撞击坑模型的成像结果进行归纳分析。

（1）结合模型的空间结构与光线的反射强度，撞击坑在影像中通常呈现为明亮与黑暗两个区域。明暗区域的形状主要与撞击坑的深度、坑唇的高度、光线的入射角有关，其明暗程度（即影像中撞击坑的灰度值）主要与撞击坑表面的物质属性、入射角，以及传感器的角度有关，而明暗区域的方位关系主要与入射光线的方向有关。

（2）在其他条件不变的情况下，撞击坑的深度越深阴影区的灰度值受其表面漫反射的影响就越小；反之，撞击坑的深度较浅时，其在影像中的明暗区域变化表现不强烈，边缘分界相对模糊。

（3）依据影像中明暗区域的分界线，可以确定出撞击坑模型的边缘线。在坑唇较为突出的情况下，坑唇阴影区与坑壁向阳区的亮度形成鲜明对比，而坑唇向阳面的亮度与坑壁阴影区又形成对比，既有利于边缘线的提取，又有利于其精度的提高。在坑唇不明显的情况下，其边缘只能由明暗区域匹配和外边缘线拟合来获取。

（4）当太阳高度角大于 70°时，影像中撞击坑的明亮区域开始向其中心转移，坑壁的亮度反而偏暗，其原因是坑壁有一定的坡度，反射光线向下传播，而传感器所接收的光线却相对较少。

7.3.2　无约束条件下撞击坑特征的提取

在未知地形信息和光照条件的情况下，自动提取行星表面影像中的撞击坑特征，其基本原理是向阳面呈亮色调而背阳面呈暗色调，亮色调随曲面坡度的变化而变化。从深空遥感影像中提取撞击坑的方法主要有 Boosting 算法（Martins et al.，2008；　丁萌等，2009）、形态拟合算法（Pedrosa et al.，2012；袁悦峰等，2013）、模板匹配算法（Bandeira et al.，2007）等。其中，Boosting 算法的原理是依据行星上撞击坑的成像规律，先分类其中的阴影与光亮区域，再将这些区域与已设计的图像特征进行比对，以学习分辨出各区域是否是撞击坑特征；形态拟合算法的原理是影像纹理与撞击坑特征的外形轮廓的一致性来判断相应区域是否是撞击坑特征，如用圆形霍夫变换对火星影像进行处理，识别火星表面撞击坑；模板匹配算法的原理是根据已知模式到另一幅图中寻找相应模式的处理方法。比较上述 3 种方法，模板匹配算法存在比例尺不一致和特征纹理不确定性等问题；形态拟合算法亦存在特征纹理复杂的问题，如皱褶地形会严重干扰特征提取；而 Boosting 算法结合特征影像明暗区域特点，通过机器学习比对来识别特征相对可靠，但还存在皱褶地形的干扰，应当考虑特征形态因素以提高识别效率。下面介绍一种基于双阈值分割的撞击坑自动提取方法（王栋等，2015a），其流程如图 7.19 所示。

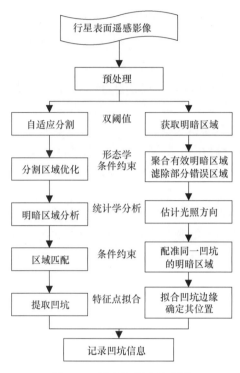

图 7.19　撞击坑提取流程图

1）双阈值自适应分割法

按照影像灰度纹理，可将撞击坑特征区域的影像分为明亮区域、黑暗区域和背景区域 3 类。明亮区域是光照反射较强烈的区域，如向阳面的坑壁区域；黑暗区域是光照反射较弱的区域，如背阳面的坑壁区域；而大部分区域为背景区域，其影像灰度介于明亮区域和黑暗区域之间。

分割影像中明暗区域的传统方法主要是阈值分割法，即由影像纹理来设置其分割阈值，将影像分为黑白两个区域，而该方法没有考虑到小行星表面影像中大部分区域为背景区域，不能直接应用于撞击坑特征的提取。依据"两刀三段"的思想，本书采用了双阈值自适应分割法将小行星表面影像分割为明亮、黑暗和背景 3 类区域。该算法的特点是无需先验知识，对非理想双峰直方图影像可以直接分割。

假设影像中 (i, j) 的灰度值为 $g(i, j)$ $[0 \leqslant g(i, j) \leqslant 255]$，则整幅影像的平均灰度为

$$\mu = \frac{\sum\limits_{i=0, j=0}^{m,n} g(i, j)}{m \times n} \tag{7-8}$$

式中，μ 为影像的平均灰度；(i, j) 为影像中像素坐标；m, n 分别为影像的宽与高。以平均灰度 μ 作为阈值，可以将整幅影像的像素分为两部分。由于背景色调介于亮色调与暗色调之间，因此分割明暗区域的阈值范围应是 $0 < t_1 < \mu$、$\mu < t_2 < 255$，其中 t_1, t_2 为明暗区域分割阈值。考虑到小行星表面影像的灰度分布不一定符合双峰性，需要拟合方差以获取最优的分割阈值。结合已推的阈值范围，本书采用了一种改进的 Otsu 法阈值快速

分割方法来获取影像分割所需的双阈值。

假设 σ^2 为原图灰度值的平均方差，$\sigma_0^2, \sigma_1^2, \sigma_2^2$ 为各分割区灰度的平均方差，w_0, w_1, w_2 为各分割区所占图像的比例，则 Otsu 算法改进后的公式为

$$f(t_1, t_2) = \mathrm{Arg} \max_{0 < t_1 < \mu < t_2 < 255} \left\{ w_0 \left(\sigma^2 - \sigma_0^2 \right)^2 + w_1 \left(\sigma^2 - \sigma_1^2 \right)^2 + w_2 \left(\sigma^2 - \sigma_2^2 \right)^2 \right\} \quad (7\text{-}9)$$

结合最小二乘原理，在明暗阈值范围内求出每次对应的 $f(t_1, t_2)$，其最大值对应的 (t_1, t_2) 即为最佳双阈值。进一步采用分段函数：

$$g(i, j) = \begin{cases} 0 & g(i, j) \leqslant t_1 \\ 127 & t_1 \leqslant g(i, j) \leqslant t_2 \\ 255 & t_2 \leqslant g(i, j) \end{cases} \quad （7\text{-}10）$$

式中，$g(i, j)$ 的含义与式（7-10）中的一样。依此式可将整幅影像分割为明亮、黑暗和背景 3 类区域。

2）区域优化

实际上，小行星表面往往存在一些小碎石等因素，使得影像分割会出现干扰杂点；陨石撞击与自然作用导致撞击坑的空间结构并不规则，造成撞击坑边缘坍塌、其周围区域有皱褶形貌，严重影响了影像中撞击坑特征的自动提取与识别。这就需要对上述分割区域做进一步优化处理，包括滤除干扰杂点、填合分割区域，这里采用了数学形态学方法来优化影像分割结果。

首先，数学形态学中最基本的变换有膨胀和腐蚀，膨胀的作用是把影像周围的背景点合并至目标物中，腐蚀的作用是消除目标物边缘。假设结构元素为 $B(i, j)$，其窗口大小为 $m_0 \times n_0$，而 $E(i, j)$ 和 $D(i, j)$ 分别为其对 $g(i, j)$ 腐蚀和膨胀的结果。那么，灰度膨胀定义为

$$D(i, j) = (f \oplus B)(i, j) = \max_{\substack{0 \leqslant a \leqslant m_0 - 1 \\ 0 \leqslant b \leqslant n_0 - 1}} \left[g(i + a, j + b) + B(a, b) \right] \quad （7\text{-}11）$$

灰度腐蚀定义为

$$E(i, j) = (f \ominus B)(i, j) = \min_{\substack{0 \leqslant a \leqslant m_0 - 1 \\ 0 \leqslant b \leqslant n_0 - 1}} \left[g(i + a, j + b) + B(a, b) \right] \quad （7\text{-}12）$$

其次，将腐蚀和膨胀组合，可以实现影像的复合运算处理。形态开运算定义为先腐蚀，再膨胀腐蚀后的影像，而形态闭运算正好相反，无论是开运算还是闭运算，都不会扩大或缩小特征边缘。通过开运算可以实现分割影像中杂点的滤除，闭运算可以实现影像中分割区遗漏的填补。实际上，在提取撞击坑特征的过程中周围岩石产生的杂点可能多于 4 个像素，如果开运算先做一次腐蚀运算再做一次膨胀运算，那么该运算仍无法滤除岩石杂点的影响。因此，这里采用了加强开运算的方法，即先做多次腐蚀运算再做同样次数的膨胀运算，其中腐蚀次数的设置需要考虑撞击坑的空间结构、太阳高度角、影像的分辨率，以及任务需求等多个因素，而本书是在无约束条件下提取撞击坑特征，故直接做 2～3 次腐蚀运算以提高分割影像的优化效果。一般情况下，小行星表面撞击坑的坑唇相对不明显，经

过优化处理可直接剔除坑唇的影响，因而后续处理没有考虑坑唇的明暗区域。

3）光照方向估计

虽然未知太阳光线的方位与高度角、传感器的位置与姿态等信息，但是在影像中撞击坑特征形成的明暗区域都是相对一致的，即同一撞击坑中明暗区域中心的矢量指向是相对一致的，因此在像平面坐标系中估计出光照的方向，将有利于提高撞击坑特征提取的效率。光照方向估计的依据是影像中撞击坑特征所形成的明暗区域，其处理思路是先统计所有明暗区域的中心位置并计算出其平均坐标，以阴影区域中心指向光强区域中心的矢量为光照方向；再初步匹配每个撞击坑特征的明暗区域，应用概率统计原理来判断光照方向。实际上，小行星表面起伏、皱褶、碎石的影响，会造成分割后明暗区域的个数并不相等，干扰区域会直接直接影响判断结果。因此，本节采用了第二种处理方法来估计影像中光照方向。

首先，提取并统计明暗区域的数量，分别记为。N_1, N_2 其中，本书采用了 8 邻域判断方法从分割影像中逐个提取明暗区域，给每个独立区域取唯一编号。

然后，以数量较少的明、暗区域为参考区域，数量较多的为匹配区域。通过计算匹配区域 P_j 与独立的参考区域 C_i 之间的欧氏距离 S_i：

$$S_i = \left| P_j(x,y) - C_i(x,y) \right| \tag{7-13}$$

式中，(x,y) 为相应区域的中心坐标，若 $N_1 < N_2$，则 $i \leqslant N_1$，$j \leqslant N_2$。选择其中距离最近且小于参考区域直径的区域为对应匹配区域 P_i。

接着，在像平面坐标系下，对每个撞击坑的光照指向进行标准化处理，用单位向量形式来表示，其解算公式为

$$\begin{cases} \cos \alpha_i = \dfrac{P_i(x) - C_i(x)}{\left| P_i(x,y) - C_i(x,y) \right|} \\[3mm] \sin \alpha_i = \dfrac{P_i(y) - C_i(y)}{\left| P_i(x,y) - C_i(x,y) \right|} \end{cases} \tag{7-14}$$

式中，α_i 为第 i 个撞击坑的单位向量与 X 轴之间的夹角。受撞击坑的形状、地形皱褶及碎石等因素的影响，会造成单位向量的指向存在不一致的现象。为了得到最佳的光照指向，本书采用了限制夹角求概率最大指向为光照的像平面指向。

最后，设定夹角范围 Δt 的大小为 20°，夹角中心为候选光照的像平面指向，采样间隔以 1° 为单位，依次计算光照指向的概率，其概率公式为

$$P(\beta) = \left\{ \beta \left| \alpha - \frac{1}{2} \Delta t \leqslant \beta \leqslant \alpha + \frac{1}{2} \Delta t \right. \right\} \tag{7-15}$$

通过比较各个光照指向概率的大小，选择其中概率最大值所对应的指向为光照指向，为后续撞击坑明暗区域的匹配提供有利的限制条件。

4）区域匹配

结合优化后的明暗区域，本书依据撞击坑的成像特点来自动判定其明暗区域，即满足

约束条件和相适度最好的明暗区域属于同一个撞击坑。其中，相适度的评价指标是特征因子，如方向因子 α、距离因子 η 和大小因子 μ 等。下面具体介绍区域匹配的处理过程。

步骤 1：分别以独立参考区域为基准，获取一定范围内所有匹配区域。其中，搜索范围以参考区域的中心为原点，以 2 倍参考区域的直径为搜索半径，即只要参考区域的中心与匹配区域中心之间的距离小于 2 倍的参考区域的直径，就将这些匹配区域作为待匹配区域。

步骤 2：方向因子判断。以其中一个独立参考区域为例，其中心坐标为 $C(x,y)$，分别计算它与每个待匹配区域的中心坐标 $P(x,y)$ 之间的矢量角为

$$\alpha' = \arctan\left[\frac{P(y)-C(y)}{P(x)-C(x)}\right] \tag{7-16}$$

将式（7-16）中的矢量角 α' 与光照指向角 β 相差的绝对值作为方向因子，其计算公式为

$$\alpha = |\alpha' - \beta| \tag{7-17}$$

设定方向因子的判断阈值为 $\Delta\alpha$，当 $\alpha < \Delta\alpha$ 时，认为该待匹配区域与参考区域不可能属于同一个撞击坑特征并剔除该待匹配区域；否则，仍将该匹配区域作为候选区域。

步骤 3：距离因子计算。与上步类似，分别计算参考区域的中心与其候选区域的中心之间的欧式距离 s，并以此距离与配对区域半径和之比作为距离因子 η，其公式为

$$\eta = \frac{s}{r_1 + r_2} \tag{7-18}$$

式中，r_1, r_2 分别为参考区域与匹配区域的半径。

步骤 4：大小因子计算。先依次比较候选区域与参考区域的半径大小，并分别以其半径大的数值 r_d 为分子、以其半径小的数值 r_x 为分母，计算撞击坑特征的大小因子 μ（即影像中撞击坑的明暗区域半径之比），其公式为

$$\mu = \frac{r_d}{r_x} \quad (r_d \leqslant r_x) \tag{7-19}$$

需要说明的是，与其他干扰物产生的明暗区域半径的比值相比较，影像中撞击坑的明暗区域半径的比值常趋向于 1。因此，在未知其他辅助信息的情况下，认为该比值 μ 越接近 1，则相应的配对区域为同一撞击坑的可能性越大。

步骤 5：相适度计算。这里的相适度是对距离因子与大小因子的综合评价，通常情况下距离因子与大小因子都大于 1，并且越接近于 1，配对区域为同坑的可能性越大，其相适度就越好。因此，本节以它们的乘积定义为撞击坑特征的相适度 λ，其公式为

$$\lambda = \eta \cdot \mu \tag{7-20}$$

最后，逐次计算每个候选匹配区域与参考区域的相适度，比较并选择其中相适度最小的结果，认为该结果所对应的明暗区域属于同一撞击坑特征。

5）撞击坑的定位

已知撞击坑的明暗区域及其中心位置，我们可以用其中心坐标的中值来近似相应撞

击坑的位置。但是，该方法得到的撞击坑位置是不准确的，其原因是小行星表面撞击坑的空间结构往往并不规则，光照方向的不同会造成其成像效果的差异等，进而造成该中值偏离真正的撞击坑中心。因此，本节以该中值为撞击坑的初始位置，先确定明暗区域的外边缘，再用椭圆拟合的方法精确计算其位置坐标。其中，相应撞击坑特征的初始半径 r' 为

$$r' = \frac{s + r_1 + r_2}{2} \qquad (7\text{-}21)$$

以该撞击坑的明暗区域中心点确定一条直线，并与各自的外边缘相交，获得两个外边缘的交点。从外边缘交点开始，依次计算相邻点两边的倾斜角变化 ε，并将其与倾斜角变化阈值 $\Delta\varepsilon$ 进行比较。若 $\varepsilon \geq \Delta\varepsilon$，则该点为外接弧段的端点；否则，继续计算相邻点的倾斜角变化。其计算公式为

$$\varepsilon = \left| \arctan\left(\frac{y_{-1} - y_0}{x_{-1} - x_0} \right) - \arctan\left(\frac{y_0 - y_1}{x_0 - x_1} \right) \right| \qquad (7\text{-}22)$$

结合撞击坑的空间结构和光照模型，本书将所提取的外接弧段看作撞击坑的边缘部分，进而用椭圆拟合的方法来获取撞击坑特征的最终位置。这里，依据最小二乘原理求椭圆中心坐标，其二次曲线方程为

$$x^2 + 2Bxy + Cy^2 + 2Dx + 2Ey + F = 0 \qquad (7\text{-}23)$$

式中，(x, y) 为边界上的点坐标；B, C, D, E, F 为待解求的参数，可由最小二乘法解得。进而给出撞击坑椭圆中心坐标的公式为

$$\begin{cases} x_0 = \dfrac{BE - CD}{C - B^2} \\[2mm] y_0 = \dfrac{BD - E}{C - B^2} \end{cases} \qquad (7\text{-}24)$$

7.3.3 有约束条件下典型特征的提取

在深空探测过程中，探测器往往携带多台科学探测仪器，如光学相机、星敏感器、陀螺仪、激光高度计等，可以同时获取小行星表面影像、太阳高度角、探测器的姿态与位置等多种科学数据，而综合利用这些数据将有助于提高数据处理的效率。例如，在已知太阳高度角和探测器姿态的情况下，就可以直接判断像平面中光照方向，进而简化了撞击坑特征提取的处理流程；能够排除不同典型形貌特征的相互干扰，甚至能够从影像中提取和识别出撞击坑、岩石等典型形貌特征。下面以撞击坑特征为例，进一步给出了在有约束条件的情况下典型形貌特征的提取方法。

1. 成像因素影响分析

1）空间结构与太阳高度角

撞击坑作为行星表面极为重要的形貌特征，其空间结构本身就影响着影像的纹理分布。NASA（SP-8023）报告认为，依据撞击坑年龄可将其分为新生坑、较年轻坑、成熟坑和年老坑 4 类，它们的坑底深度、坑唇高度和坑直径的比值关系如表 7.2 所示。其中，

成熟的和年老的撞击坑因风化等作用，边缘坡度变得平缓，既不会威胁小行星探测器着陆，又无助于探测器着陆导航，故而一般不作为检测对象。

表 7.2　不同年龄撞击坑的深度、唇高和直径比值关系

坑的类型	深度与直径的比值	坑唇高度与直径的比值
新生	0.23～0.25	0.022～0.06
较年轻	0.17～0.19	0.016～0.045
成熟	0.11～0.13	0.008～0.03
年老	—	—

下面以新生坑和较年轻坑为研究对象，假设撞击坑的剖面线用抛物线来拟合表示，新生坑的深度与直径之比为 0.24，坑唇高度与直径之比为 0.041；较年轻坑的深度与直径之比为 0.18，坑唇高度与直径之比为 0.03。依据明暗交界点至边缘点的距离之比，来表示明暗区域之比为

$$\gamma = \sqrt{\frac{\tan^4 \alpha - 4\beta \tan^3 \alpha + (4\beta^2 + 1)\tan^2 \alpha}{\tan^4 \alpha - 4\beta \tan^3 \alpha + (4\beta^2 - 4\beta)\tan^2 \alpha + 4\beta^2}} \tag{7-25}$$

式中，γ 为撞击坑坑内明暗区域面积之比；α 为太阳高度角；β 为撞击坑的深度与半径之比。

那么，随着太阳高度角的变化影像中撞击坑坑内明暗区域之比和坑唇背面阴影区域大小也随之变化，其变化情况分别如图 7.20 和图 7.21 所示。由图 7.20 可知，当太阳高度角较小（小于 10°）时，坑内明暗区域之比值都比较小，即坑内区域大部分为阴影区域；当太阳高度角逼近坑边缘切线与地平面的夹角时，坑内明暗区域之比迅速增大。由图 7.21 可知，当太阳高度角越大时，坑唇产生的阴影区域就越小，反之，阴影区域越大；当坑唇高度越高时，产生的阴影区域也越大，反之，阴影区域就越小。

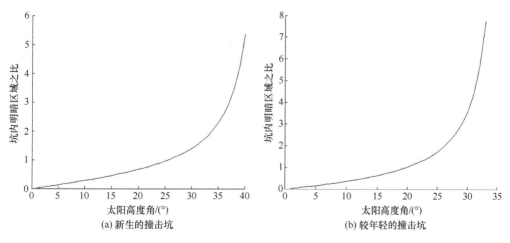

图 7.20　太阳高度角对坑内明暗区域之比的影响

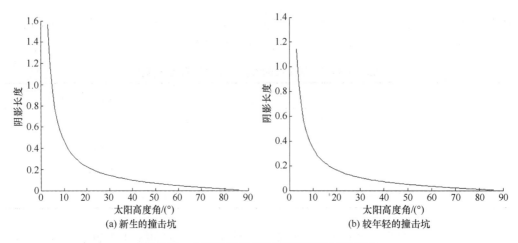

图 7.21　太阳高度角对坑唇背面阴影区的影响

2）传感器水平指向与太阳方位角

这里的传感器是指光学相机，其水平指向是像平面坐标系中 X 轴与行星固定坐标系中纬线正向之间的水平夹角；太阳方位角是在行星水平面上光照方向与纬线正向之间的夹角。传感器水平指向与太阳方位角是影像中撞击坑明暗区域指向的重要因素，并且它们有一个共同的参考标准，即行星固定坐标系。

太阳方位角直接决定了局部区域内撞击坑明暗区域的指向，即局部区域内由撞击坑的明亮区域中心至阴影区域中心的方向 δ，与太阳光线的入射方向相反，如图 7.22 所示。传感器的水平指向最终决定了影像中撞击坑明暗区域的指向 ε，即影像中由撞击坑的明亮区域中心至阴影区域中心的方向。当像平面坐标系中 X 轴方向与小天体固定坐标系中纬线正向之间的夹角为 ε' 时，则在影像坐标系中纬线正向顺时针旋转了 ε'，影像中撞击坑明暗区域的指向也相应顺时针旋转 ε'。

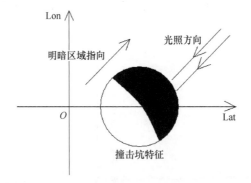

图 7.22　太阳方位角对撞击坑明暗区域指向的影响

以小天体的固定坐标系为中间基准，下面直接给出传感器水平指向与太阳方位角对撞击坑明暗区域指向的影响。假设太阳方位角为 δ_0，传感器水平指向为 ε_0，则影像中撞击坑明暗区域的指向角为

$$\varphi = \delta_0 - \varepsilon_0 \qquad (7\text{-}26)$$

3）传感器倾角

为了获取目标区域的光学影像，探测器携带的相机往往需要旋转一定的角度，称之为传感器倾角。其定义为传感器的像平面与小天体表面之间的夹角。该倾角会使目标影像中像点存在位移，称之为倾斜误差，如图7.23所示，它以相同交点的水平像平面为参考标准。在图7.23（a）中，P为倾斜影像，P_0为同焦点的水平影像，它们相交于等比线$h_c h_c$，(m)与m_0分别为天体表面物方点在倾斜影像与水平影像上的投影点。当倾斜影像沿等比线重合于水平影像时，点(m)在水平影像上的位置为m，显然存在倾斜误差δ_a。图7.23（b）中，φ为等角点辐射线cm的方向角。

经过公式推导，可得倾斜误差的严密公式为

$$\delta_a = -\frac{r_c^2 \sin\varphi\sin\alpha}{f - r_c\sin\varphi\sin\alpha} \tag{7-27}$$

当α比较小时，倾斜误差的近似公式为

$$\delta_a = -\frac{r_c^2}{f}\sin\varphi\sin\alpha \tag{7-28}$$

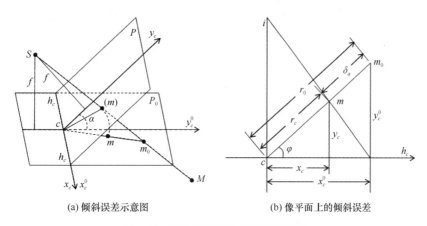

(a) 倾斜误差示意图　　　　　　(b) 像平面上的倾斜误差

图7.23　倾角情况下物像关系示意图

由图7.23与式（7-28）可知，倾斜误差发生在等角点的辐射线上；位移方向与等角点辐射线方向有关，以等比线为界，P影像的上方区域所有像点移近等角点，而下方区域所有像点远离等角点；辐射距r_c越大时，移位的绝对值就越大。

2. 基于约束条件的撞击坑提取方法

在深空探测过程中，应用星敏感器可获取星空背景影像，进而由影像处理与分析可知太阳的方位；利用陀螺仪、激光高度计等设备可以直接获取探测器的位置和姿态等。实际上，深空探测器往往会携带多个科学探测器以满足多任务多目标的探测需求，多数光学影像都会配有价值的辅助信息，如美国MRO任务中HiRISE影像就配有太阳高度角、影像的外方位元素等辅助信息。

本章将以行星表面新生、较年轻撞击坑特征为提取目标，即其深度与直径的比值为0.17～0.25。以某局部探测区域为例，将成像模型所涉及的影响因素都归化至该区域的

固定坐标系中，假设区域中心为原点 O，X,Y 轴的方向分别切于天体固定坐标系的纬线与经线，而 Z 轴满足右手螺旋定律。在局部区域坐标系中，$X,Y,Z,\alpha,\omega,\kappa$ 为相机的 6 个外方位元素，τ,υ 为太阳光线的高度角与方位角，如图 7.24 所示。

倾斜角纠正是将倾斜影像纠正为水平影像，其目的是消除相机倾斜所造成的像素位移误差。由于焦距与探测器高度之比非常小，因此将影像平面近似为图 7.24 中 x,y 轴所在平面。首先，利用已知的相机姿态来确定图 7.23 中的角度 α 和 y_c 轴。在 (Z) 轴上选取 (M) 坐标点，如图 7.25 所示，其坐标为 $(0,0,1)$，经过姿态旋转后，变换至坐标点 m，其坐标为

$$\begin{bmatrix} (X)^0 \\ (Y)^0 \\ (Z)^0 \end{bmatrix} = \begin{bmatrix} \cos\kappa\sin\alpha + \sin\kappa\sin\omega\cos\alpha \\ \sin\kappa\sin\alpha - \cos\kappa\sin\omega\cos\alpha \\ \cos\omega\cos\alpha \end{bmatrix} \qquad (7\text{-}29)$$

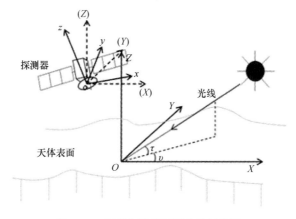

图 7.24　小天体局部区域成像示意图

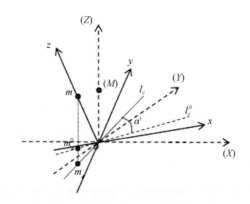

图 7.25　传感器像平面姿态转换示意图

因为 z 轴为 xy 平面的法线方向一致，而且 (Z) 轴为 $(X)(Y)$ 平面的法线方向一致，所以 z 轴与 (Z) 轴之间的夹角即为 xy 平面与 $(X)(Y)$ 平面之间的夹角。由点 m 向下作平面 $(X)(Y)$ 的垂线，交于点 m_c^0，向下延长线段 mm_c^0 交平面 xy 于点 m_c。因为线段 $o(M)$、om

与 mm_c^0 相互共面，而且直线 l_c^0 与 (Z) 轴垂直，直线 l_c 与 z 轴垂直，所以直线 l_c^0 与直线 l_c 之间的夹角等于 (Z) 轴与 z 轴之间的夹角。通过比较图 7.23 与图 7.25 可知，图 7.25 中直线 l_c 与直线 l_c^0 为图 7.23 中对应的直线 y_c 与直线 y_c^0，其夹角为

$$\alpha' = \arccos(\cos\omega\cos\alpha) \tag{7-30}$$

依据式（7-28）可以计算出倾斜影像中各个像素点的倾斜误差 δ_a，以图 7.23 为例，该误差是指线段 cm 与线段 cm_0 之间的差值，即线段 mm_0 的距离。设倾斜影像上某像点至原点的距离为 r_c，则水平影像上某像点至原点的距离为

$$r_0 = r_c - \delta_a \tag{7-31}$$

设倾斜影像上某像点坐标为 (x_c, y_c)，水平影像上某像点坐标为 (x_c^0, y_c^0)，它们的中心都为 o 点，则

$$\begin{cases} x_c^0 = \dfrac{r_c - \delta_a}{r_c} x_c \\[2mm] y_c^0 = \dfrac{r_c - \delta_a}{r_c} y_c \end{cases} \tag{7-32}$$

撞击坑明暗指向是指影像中撞击坑特征所呈现的明暗区域中心连线的方向，即从明亮区域中心至阴影区域中心的方向。太阳光线的方位角决定了行星表面撞击坑的阴影方向，而传感器的姿态决定了在影像中其明暗区域的方向。首先，利用相机的姿态参数来确定纠正后的水平影像上 x 轴与局部区域固定坐标系中 X 轴之间的角度关系。在 (X) 轴上选取 (N) 坐标点，如图 7.26 所示，其坐标为 $(1, 0, 0)$，经过姿态旋转后，变换至坐标点 n，其坐标为

$$\begin{bmatrix} (X)^1 \\ (Y)^1 \\ (Z)^1 \end{bmatrix} = \begin{bmatrix} \cos\kappa\sin\alpha + \sin\kappa\sin\omega\cos\alpha \\ \sin\kappa\sin\alpha - \cos\kappa\sin\omega\cos\alpha \\ \cos\omega\cos\alpha \end{bmatrix} \tag{7-33}$$

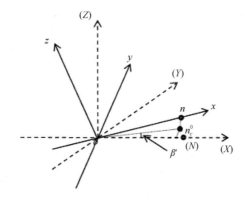

图 7.26　像平面 x 轴投影的示意图

如图 7.26 所示，过点 n 作 $(X)(Y)$ 平面的垂线，并相交于点 n_c^0，连接线段 on_c^0，与 (X)

轴的夹角为 β'。由于倾斜影像纠正是在原点射线方向上作纠正，因此线 on_c^0 的方向就是纠正水平影像的 x 轴的方向，即 β' 为水平影像上 x 轴与固定坐标系中 X 轴之间的夹角，其角度为

$$\beta' = \arctan\left[\frac{\sin\kappa\cos\alpha - \cos\kappa\sin\omega\sin\alpha}{\cos\kappa\cos\alpha - \sin\kappa\sin\omega\sin\alpha}\right] \qquad (7\text{-}34)$$

其次，当太阳方位角为 ν 时，小天体表面撞击坑的光照反射强的区域与阴影区域的指向正好相同，其角度亦为 ν。最后，伴随局部区域光照反射特点，将撞击坑特征的明暗区域指向转换至影像中，依据式（7-26）可得影像中其指向角为

$$\varphi = \nu - \beta' = \nu - \arctan\left[\frac{\sin\kappa\cos\alpha - \cos\kappa\sin\omega\sin\alpha}{\cos\kappa\cos\alpha - \sin\kappa\sin\omega\sin\alpha}\right] \qquad (7\text{-}35)$$

需要说明的是，本节没有考虑地形起伏对撞击坑特征成像的影响，仅用阴影交界中心至撞击坑两侧边缘的距离之比来近似为影像中明暗区域之比。其原因是局部区域撞击坑相对较小，地形起伏对其成像的影响不大；而且一般情况下撞击坑的空间结构并不是理想的，会影响其明暗区域之比。本书依据前文给出的影像中撞击坑明暗区域之比的计算方法来估计其比值，并附加一个阈值范围，来提高撞击坑提取的正确率。

在已知探测器的姿态和太阳的方位角与高度角的情况下，应用上述方法可以将倾斜影像纠正为水平影像，可以估计出影像中撞击坑特征的明暗区域之比及其指向信息，其目的是提高影像中提取撞击坑的速率和正确率。在无约束条件下撞击坑提取方法的基础上，加入由探测器姿态和光照方向等辅助数据所推算出来的约束信息，进一步优化撞击坑提取的流程。

步骤 1：纠正倾斜影像。结合探测器的姿态信息，先确定像平面与天体局部表面之间的夹角和过像平面中心的最小夹角线，再按照倾斜误差纠正的严密公式将倾斜影像纠正为水平影像。

步骤 2：生成约束条件。结合撞击坑的空间结构和太阳的高度角，可以确定出其阴影区域与光线反射区域之间的比值 γ。结合探测器的姿态信息和太阳的方位角和高度角，依次确定小天体表面撞击坑特征的阴影方向，确定小天体局部表面在影像中的方位，按照明暗区域指向的计算公式可以得出影像中撞击坑特征的明暗区域的指向角 φ。

步骤 3：影像区域分割与优化。参照无约束条件下撞击坑特征的提取方法，先采用双阈值自适应分割法将小天体表面影像分割为明亮、黑暗和背景 3 类区域，再采用数学形态学方法对分割影像进行优化处理，以平滑撞击坑特征边缘且滤除其附近干扰点。

步骤 4：明暗区域匹配。参考上一节中的明暗区域匹配方法，应用欧氏距离比较法确定出候选的明暗配准区域，以步骤 2 中给出的影像中撞击坑特征的明暗区域的比值 γ 和指向角 φ 为约束条件，假设经过区域分割得出的明亮区域中心坐标为 $(x_{光照}, y_{光照})$，阴影区域中心坐标为 $(x_{阴影}, y_{阴影})$，该区域指向上明亮区域的直径为 $d_{光照}$，阴影区域的直径为 $d_{阴影}$，则明暗区域之比 γ 和指向角分别为 φ：

$$\gamma = \frac{d_{光照}}{d_{阴影}}$$

$$\varphi = \arctan\left(\frac{y_{\text{阴影}} - y_{\text{光照}}}{x_{\text{阴影}} - x_{\text{光照}}}\right) \qquad (7\text{-}36)$$

令明暗区域之比的阈值为 t_γ，指向角的阈值为 t_φ。当 $\gamma - t_\gamma < \gamma < \gamma + t_\gamma$，$\varphi - t_\varphi < \varphi < \varphi + t_\varphi$ 时，认为该明暗区域属于同一个撞击坑特征，否则，认为其不属于撞击坑特征。

步骤5：撞击坑特征定位。参照上一节中撞击坑的定位方法，先确定撞击坑的边缘弧线，再用最小二乘法拟合椭圆形的撞击坑边缘，并计算出撞击坑的大小和位置信息。

与无约束条件相比，上述撞击坑提取方法具有更好的可靠性，其原因是在已知约束条件的情况下，我们能够获知撞击坑的成像规律。而行星表面的岩石作为探测器着陆导航考虑的重要形貌特征，在成像过程中同样遵循着特定的规律，且与撞击坑近乎相反。

3. 岩石特征的提取

从影像中提取出岩石特征，不仅要注意其明暗区域的指向，还要解决岩石边缘确定的问题，其具体流程如下。

步骤1：纠正倾斜影像。该步骤与撞击坑特征提取中方法一致。

步骤2：生成约束条件。结合岩石的空间结构和太阳的高度角，可以依据式（7-33）和式（7-36）确定出其阴影区域与光线反射区域之间的比值 γ。与撞击坑特征相似，由探测器的姿态信息和太阳的方位角、高度角可计算出岩石明暗指向，即影像中岩石特征所呈现的明暗区域中心连线的方向。该指向与撞击坑特征的明暗区域指向是正好相反（图7.27），由式（7-35）可以直接获取影像中岩石明暗指向 φ 为

$$\varphi = \nu - \arctan\left[\frac{\sin\kappa\cos\alpha - \cos\kappa\sin\omega\sin\alpha}{\cos\kappa\cos\alpha - \sin\kappa\sin\omega\sin\alpha}\right] + \pi \qquad (7\text{-}37)$$

式中，ν 为太阳光线的方位角；α, β, κ 为相机的姿态元素。

步骤3：影像区域分割与优化。该步骤与撞击坑特征提取中方法一致。

步骤4：明暗区域匹配。该步骤亦与撞击坑特征提取中方法一致。

步骤5：岩石特征定位。在匹配的明暗区域中，明亮区域是岩石的朝阳面强反射所产生的，而阴影区域不仅有岩石的背光面部分，还有因岩石遮挡没有光线照射产生的地面部分。因此，明暗区域的边界中只有明亮区域且不接壤阴影区域的边界弧线是岩石的真实边缘线。

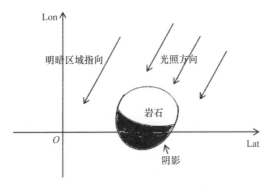

图7.27　太阳方位角对岩石明暗区域指向的影响

在明暗区域匹配正确的基础上，本节采用数学形态学方法膨胀阴影区域，使其侵蚀相邻的明亮区域边界。通过比对明亮区域边界的变化，选取明亮区域边界中没有变化的弧线段部分，并利用最小二乘法拟合出椭圆形的岩石边缘，计算出岩石的大小和位置信息。

7.4　基于形貌信息的撞击坑提取与识别

随着计算机技术、立体测量技术和仪器制造技术的不断发展，深空探测器所携带的仪器设备具备了一定的测量能力，如利用立体相机可以同时获取空间目标的立体影像，经过视觉或者摄影测量处理，能够得到目标的三维信息；利用激光雷达可以直接测量目标的三维信息等。小行星表面的三维信息能够比较直观地反映出其典型特征，以此作为数据可能将大大提高特征提取的正确率和可靠性。

实际上，小行星表面的形貌模型是一个整块而复杂的 DEM 模型，包括地形起伏、皱褶、撞击坑等特征，要从该数据模型中提取出典型形貌特征，就必须考虑其中的特征点、线、面。下面先给出一块小行星表面形貌模型，即一组栅格的 DEM 数据集，再从模型点的坡度、坡向和模型特征线等方面分析局部的特征情况。仍以灶神星上某撞击坑特征为原型，其半径为 36.86km，深度为 8.93km，中心坐标为（−49.4°，190.1°），坑唇的直径为 3.18km，高度为 0.92km。该撞击坑模型区域的行列间隔为 100×100，如图 7.28（a）所示。

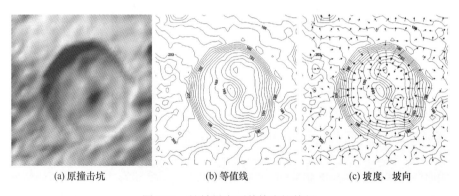

(a) 原撞击坑　　　　　　　　(b) 等值线　　　　　　　　(c) 坡度、坡向

图 7.28　灶神星表面某撞击坑特征

在撞击坑模型区域采集均匀分布的 225 个地形形貌点，如图 7.28（c）所示，其中 110 个点落在撞击坑特征内部，115 个点落在撞击坑特征的周围。图 7.28（c）中箭头的起始点为选取的地形形貌点，箭头的指向为该点的坡面方向，箭头起始点与终点之间的距离表示该点的坡度大小。从地形形貌的坡度角度出发，我们发现撞击坑特征区域的坡度具有如下特点：

（1）简单撞击坑坑壁的坡度相对较大，但其周围区域与坑底区域的坡度相对较小；

（2）撞击坑坑壁坡度的方向都指向坑底中心；

（3）撞击坑边缘区域的坡度方向往往会出现相反的指向，即坑内形貌点的坡度指向向内，坑外形貌点的坡度指向向外。

等值线是高程相等的相邻点的连线。Aumann 等（1991）指出地貌的形态在地图上主要是通过等值线进行精确表达和显示的，作为一种重要的 DEM 模型派生数据，等值线撞击坑形态特征和空间趋势的表达具有明显优势。在撞击坑模型中提取等值线，并将等值线之间的间距设为 1.0km，共生成等值线的等级数为 20，其中 16 条线落在撞击坑特征内部，4 条线落在撞击坑特征的外部，如图 7.28（b）所示。由图 7.28（b）可见，撞击坑特征形貌所生成的等值线具有如下特点：

（1）撞击坑外层等值线常表现为闭合的近似圆形或椭圆形；

（2）撞击坑外层等值线内侧可能存在多条嵌套的相似等高线，且中疏外密；

（3）撞击坑的剖面线可以用下凹的抛物线来拟合。

因此，结合等值线的约束特征和它们之间的相互关系，我们可以分析、识别出小星体表面的撞击坑特征。

基于地形形貌的撞击坑提取方法主要有深度图的边缘检测法、坑壁坡度分析法，以及地形特征线分析法等。例如，骆磊等（2014）用 Hough 变换检测法从月表深度图中提取出撞击坑；Kim 等（2005）、张锋等（2012）、Michael（2003）、贺力（2012）将坡度指数应用到撞击坑识别中，使得中大型撞击坑的识别率达到 75% 左右；同时，Bue 和 Stepinski（2007）也指出仅仅用深度图或坡度指数提取撞击坑还存在应用范围的限制，特别是星体表面存在碎石块和皱褶的地区，甚至会无中生有地提取出大量错误坑。为了更好地识别撞击坑，Salamuniccar 等（2011）、罗中飞等（2014）提出了采用融合 CCD 影像和 DEM 数据进行撞击坑的自动提取及识别的方法，即先用月球表面的光学影像重建其地形信息，再结合影像与地形信息提取撞击坑。下面将给出一种基于坡度的撞击坑提取方法和一种基于等值线的撞击坑提取方法（王栋等，2016）。

7.4.1　基于坡度的撞击坑提取

无论是摄影测量处理，还是激光雷达直接获取小行星表面的 DEM 数据，其数据形式常是离散、不规则的，即地形点与点之间的间隔是不一样的，甚至差别非常大，给后续撞击坑、岩石等形貌特征的提取造成了极大的困难。为了便于形貌数据的处理，首要解决的问题是对 DEM 数据进行规范化处理。

1. DEM 数据规范化

在后续的形貌特征提取过程中，地形形貌数据应该是规则的，既能降低形貌数据处理的难度，又能提高其处理的速度。DEM 数据规范化是指将原始的不规则的 DEM 数据转换为规则的栅格 DEM 数据，其具体处理步骤如下。

步骤 1：确定 DEM 数据范围。从 DEM 数据中找出最外围的 x, y 坐标值，以这些坐标值为定界的依据。

步骤 2：建立栅格数据格网。

步骤 3：内插栅格坐标。其依据是相邻数据点之间存在一定的相关性，用参考点上的高程可以内插出栅格点的高程，在数学上属于插值问题。其方法有多种，如移动曲面拟合法、加权平均值法等，本节采用移动曲面拟合法来计算对应栅格点的高程。

2. 坡度与坡向

在地形起伏分析中，坡度与坡向是最基本的参数，也是本节撞击坑特征提取的基础。坡度是指形貌表面某点的法线方向与垂直方向之间的夹角，如图 7.29 所示。

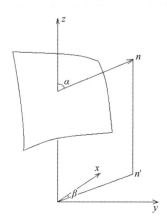

图 7.29　坡度表示示意图

设局部地形曲面的方程为

$$z = f(x, y) \qquad (7\text{-}38)$$

曲面上某点的方向数为 $f_x(x_0, y_0)$，$f_y(x_0, y_0)$ 和 -1，而垂直方向 Z 的方向数为 $0, 0, 1$，则坡度角的余弦函数为

$$\cos\alpha = \frac{-1}{\sqrt{f_x^{\,2}(x_0, y_0) + f_y^{\,2}(x_0, y_0) + 1}} \qquad (7\text{-}39)$$

实际上，栅格 DEM 数据的行列间距通常是相等的，而其局部曲面是由窗口映射得到的，当移动窗口较小（如窗口大小为 3×3）时，可以用平面来替代曲面，设平面函数的点法形式为

$$A(x - x_0) + B(y - y_0) + C(z - z_0) = 0 \qquad (7\text{-}40)$$

式中，(x_0, y_0, z_0) 为平面上的点坐标；A, B, C 为平面法线的方向数。经过推理可知，平面法线与垂直方向 Z 的夹角就是平面的坡度角，其余弦函数为

$$\cos\alpha = \frac{C}{\sqrt{A^2 + B^2 + C^2}} \qquad (7\text{-}41)$$

则该栅格点的坡度角为

$$\alpha = \arccos\left(\frac{C}{\sqrt{A^2 + B^2 + C^2}}\right) \qquad (7\text{-}42)$$

坡向是指过某栅格点所拟合的曲面片上某点的切平面的法线的正方向在平面上的投影与正北方向的夹角，即法方向水平投影向量的方位角。

由式（7-40）可以得到点 (x_0, y_0, z_0) 的切平面方程为

$$z = f_x(x_0, y_0)x + f_y(x_0, y_0)y + C \qquad (7\text{-}43)$$

则该点的坡向角为

$$\beta = \arctan\left(\frac{f_x(x_0, y_0)}{f_y(x_0, y_0)}\right) \qquad (7\text{-}44)$$

实际上，计算栅格 DEM 数据中某点的坡向，可以其为中心开设小窗口（如窗口大小为 3×3），直接用平面函数来拟合窗口，并以此来替代窗口内曲面的切面，设平面函数的形式为

$$z = Ax + By + C \qquad (7\text{-}45)$$

式中，A, B, C 分别为切平面函数优化后的系数。则该栅格点的坡向角为

$$\beta = \arctan\left(\frac{A}{B}\right) \qquad (7\text{-}46)$$

3. 撞击坑提取核心算法

依据撞击坑特征的坡度特点，以栅格数据点的坡度与坡向为基础，设计了一套基于坡度分析的撞击坑提取方法。该算法的核心在于坡度的量化分类、坡向的指向聚焦，以及撞击坑特征的验证与确定，其具体的处理流程如图 7.30 所示。

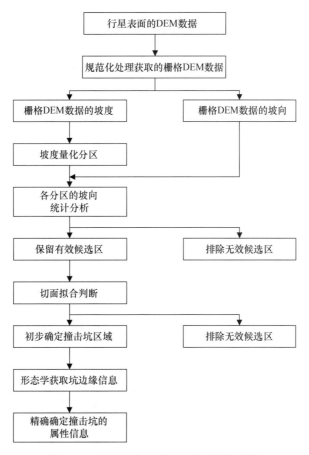

图 7.30 基于坡度的撞击坑特征提取流程

1）坡度的量化分类

坡度的量化分类是指依据坡度阈值将栅格 DEM 数据进行分块处理，以获取地形起伏差异的区域，而撞击坑特征的坑壁区域必然会成为其中之一。首先，结合栅格点的坡度与坡向，将栅格 DEM 数据所包含的三维坐标扩展为五维信息，即将栅格点的坡度 α、坡向 β 信息与其三维坐标组合在一起，以便于后续分类的对应处理。

依据不同年龄撞击坑的深度与直径比值关系，可对其坡度进行估计，当它们的比值较大时，撞击坑的坡度就较大；反之，撞击坑的坡度较小。以提取较年轻的撞击坑特征为目的，现参照较年轻撞击坑与新生撞击坑的深度与直径之比为 0.18～0.24，设坑壁为极端情况——平面斜坡，则可以估算出其坑壁的斜坡坡度为 19.8°～25.6°，并以其较小值作为坡度分类的最小阈值 t_1；设撞击坑的切面线为抛物线，则坑边缘点的斜坡坡度为切面线内坡度最大值点，经过估算得到该点的坡度为 35.8°～43.8°，并以其较大值作为坡度分类的最大阈值 t_2，阈值设定的示意图如图 7.31 所示。

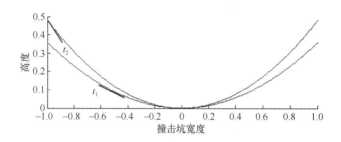

图 7.31　撞击坑切面线及其坡度表示

令栅格点的坡度为 t，当 $t_1 < t < t_2$ 时，则将该栅格点作为候选的撞击坑坑壁点；否则，将该栅格点看作非撞击坑坑壁点。结合撞击坑的空间结构发现，撞击坑的坑壁在栅格数据中占据一定的区域，且它是一个有规律的圆形区域，因而需要对已分类的坑壁点进行聚合处理。本书采用种子扩散点法来对坑壁点进行聚合处理，其基本步骤如下。

步骤 1：寻找种子点。在栅格数据中，按照行列顺序由上至下、从左到右依次查找候选的撞击坑坑壁点，并逐个对种子点进行扩散处理。

步骤 2：扩散区域。以某个候选的撞击坑坑壁点为例，采用 8 邻域检索法来确定周围点是否为坑壁点，记录周围的坑壁点并存储在同一个数据集中，同时标注已归类的候选点。

步骤 3：全区域检索。接着寻找下一个未标注的种子点，并进行扩散处理，直至全区域检索完毕。

这样一来，就实现了由坡度信息对整个区域进行量化分类的处理，而已记录的分割区域中既有撞击坑区域，又存在山丘、褶皱地形等干扰区域，因此需要从这些区域中初步判定出撞击坑区域。

2）坡向的聚合判断

坡向的聚合判断是指通过统计分析某区域内栅向来判断其是否为撞击坑区域，其依据是撞击坑区域所有撞击坑坑壁点的坡向都指向一个中心，且撞击坑区域是相对对称的。栅格点的坡向由其坡向角 β 来表示，其范围为 $0 \sim 2\pi$，根据撞击坑区域栅格点分布的对称性可知，理性情况下所有栅格点的坡向角的平均值应该为 π。

假设某候选区域内共有 n 个栅格点，其中一个栅格点的坡向角为 $\beta_i (i \leqslant n)$，则所有坑壁点坡向角的平均值为

$$\overline{\beta} = \frac{\sum\limits_{i \leqslant n} \beta_i}{n} \tag{7-47}$$

式中，$\overline{\beta}$ 为坡向角的平均值。实际上，小行星表面的撞击坑通常并不是理想的，坑壁及其边缘区域可能存在褶皱、岩石等干扰，因此这里所计算的坡向角的平均值鲜为 π，往往存在一定的干扰误差。令坡向角平均值的误差阈值为 t_β，当 $\overline{\beta} - \pi$ 时，保留该候选区域；否则，认为该区域不可能是撞击坑区域。

3）撞击坑的约束识别

由于行星表面存在岩石、山丘等地形形貌特征，会造成上述坡向聚合判断失误，因此需要对保留的候选区域作进一步的识别处理。结合撞击坑的空间结构，有坑口为近圆形、切面线近似为抛物线等特点，可通过对比候选区域的外边缘和切面线来判断与识别。一般的，与撞击坑的坑壁相比，坑底总是相对平整，因此上述候选区域的中间部分可能存在栅格点坡度小的现象，即候选区域中存在空洞。

第一，填充候选区域。其具体做法是计算候选区域的中心点，以候选区域中某栅格点为例，从其相邻的 8 个栅格点中选择最靠近区域中心的栅格点，如果该栅格点为非候选点，则将其记录为撞击坑的候选栅格点；否则，跳过该栅格点。按照行列顺序依次处理候选区域中内各栅格点，直至该区域中空洞填充完毕。

第二，提取区域边缘。将区域中栅格点的平面看作影像的平面，各栅格点是否是候选点看作影像二值化的灰度值，从而可将影像中边缘提取方法应用到此栅格 DEM 数据中，这里使用了 Canny 边缘提取算法来提取候选区域的外边缘。

第三，边缘圆度判别。结合二维椭圆方程，应用最小二乘原理来拟合上述提取的候选区域的外边缘，可以得到椭圆方程的参数和外边缘的方差。设二维椭圆方程为

$$x^2 + 2Bxy + Cy^2 + 2Dx + 2Ey + F = 0 \tag{7-48}$$

式中，(x, y) 为边界上的点坐标；B, C, D, E, F 为待解求的参数。利用最小二乘方法可以计算出该区域外边缘的拟合方差 σ。设定方差的阈值为 t_σ，当 $\delta < t_\sigma$ 时，继续认为该区域为撞击坑的候选区域；否则，认为该区域为非撞击坑候选区域。

第四，切面线凹向判别。过候选区域的中心点沿 X 轴方向，截取该区域的切面线，考虑到撞击坑的坑唇、坑壁和坑底情况，本书采用四次多项式来拟合该切面线。为了方便数据处理，可将这些剖面点规划到以区域中心为原点的二维平面坐标系中。下面给出四次多项式的拟合公式：

$$z = Ax^2 + Bx + C \tag{7-49}$$

结合切面线上的点坐标，可利用最小二乘方法答解出多项式系数 A, B, C。当 $0 < A$ 时，抛物线的开口向上，与撞击坑特征是相一致的，则认为该候选区域为撞击坑特征区

域；否则，认为该区域为岩石、山丘等干扰区域，排除其为撞击坑特征区域。

4）撞击坑的定位

上述候选区域的确定受阈值设定的限制，会造成候选区域遗漏了撞击坑边缘相对平缓的部分，使得候选区域的边缘并非真正的边缘，因此需要进一步确定撞击坑的边缘。本书采用数学形态方法来确定撞击坑的边缘及中心位置，其具体步骤如下。

步骤 1：膨胀候选区域。采用数学形态学中的膨胀运算方法，捡拾候选区域的邻近点，每膨胀一次记录膨胀生长的区域外延点。

步骤 2：判别外延点。以生长区域中某外延点 (x_w, y_w, z_w) 为中心，开设一个 5×5 的小窗口，用式（7-43）来计算该点的坡向角 β。设整个区域的中心坐标为 (x_0, y_0, z_0)，则可计算出该外延点与区域中心点之间的指向角为

$$\beta_0 = \arctan\left(\frac{y_0 - y_w}{x_0 - x_w}\right) \tag{7-50}$$

式中，β_0 为外延点与区域中心点的指向角。设定指向角误差阈值 t_β，当 $t_\beta > |\beta - \beta_0|$ 时，认为该外延点为撞击坑特征的外延点；否则，视其为非撞击坑特征的外延点。

步骤 3：循环处理，确定新的撞击坑区域。逐次对候选撞击坑区域进行膨胀处理，并以 X 轴方向上最左边的点为起始点，按照顺时针方向逐个判别外延点，直至膨胀运算停止，从而得到一个新的撞击坑区域并视为实际撞击坑区域。

步骤 4：提取区域边缘，确定撞击坑的中心位置。先参考前面约束识别中的提取区域边缘方法，提取出撞击坑区域的边缘，再结合前面的椭圆拟合方程的矩阵形式，详见式（7-47），可以由最小二乘法答解误差方程组，其计算公式为

$$X = (M^{\mathrm{T}}M)^{-1}M^{\mathrm{T}}L \tag{7-51}$$

由此可解算出椭圆方程的参数，进而用下面的公式计算椭圆中心（即撞击坑的中心）为

$$\begin{cases} x_0 = \dfrac{BE - CD}{C - B^2} \\ y_0 = \dfrac{BD - E}{C - B^2} \end{cases} \tag{7-52}$$

式中，(x_0, y_0) 为撞击坑中心的平面坐标。而撞击坑中心的高程值 z_0 通过其附近栅格点的高程内插而得。

7.4.2 基于等值线的撞击坑提取

结合撞击坑特征的空间结构特点，本书将撞击坑特征的提取工作分为 DEM 数据预处理、等值线的快速生成、撞击坑的初步判别、基于形态学的撞击坑边缘提取，以及撞击坑的定位等几个步骤来实现，其具体流程图如图 7.32 所示。

1）等值线的快速生成

本书采用了矢量法来内插等值线，即按逐条等高线的走向边搜索边内插点。生成等值线的具体步骤如下。

步骤 1：设定等值线高程。先采用逐点比较法来查找栅格 DEM 数据的最大、最小

高程，再结合设定的等高间距，计算整个 DEM 数据块中各等值线的高程。

步骤 2：内插等高点。遍历栅格数据中所有格网边，找到各有效高程的等高点。

步骤 3：追踪等高线。先按照从左向右、从上向下的顺序，逐条搜索等高线的起始点，从相邻的四条格网边中判断等高线的出口，并以此类推，直到等高线回到起点或 DEM 边界为止。

步骤 4：注记等高线。逐条记录等高线的高程值，以便后面的分析撞击坑使用。

2）撞击坑的初步判别

等高线是由一系列互不交叉的曲线组成的，能够基本反映地形形貌特征，而撞击坑往往表现为相互嵌套的圆环状。因此，本书初步判别撞击坑特征的思路是先根据闭合环线的圆度、粗糙度保留满足条件的等高线；再分析等高线之间的关系，聚合嵌套的等高线并标示出外层等高线；最后，通过剖面线的凹凸判断撞击坑区域。具体的判别步骤如图 7.32 所示。

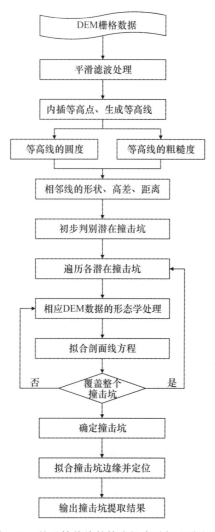

图 7.32　基于等值线的撞击坑自动提取流程图

步骤 1：逐条判断符合条件的等高线。由等高线与栅格格网相交可以得到一系列边缘点的坐标 (x_i, y_i)，以每条边缘线上最左边的点为起点，从 y 轴正向开始检索，获取第一个相邻点并依次进行，保留其中闭合的边缘线。为了进一步确定撞击坑上的等高线，用最小二乘拟合方法对边缘点进行拟合运算，拟合函数就是椭圆的二次曲线方程，其公式为

$$x^2 + By^2 + Cx + Dy + E = 0 \tag{7-53}$$

式中，(x, y) 为边界上的点坐标；B, C, D, E 为待解求的参数。由最小二乘法可以解算出式（7-53）中的参数值，进而计算出等高线的圆度 η 为

$$\eta = \frac{1}{B} \tag{7-54}$$

而其粗糙度 μ 为

$$\mu = V^{\mathrm{T}} V \tag{7-55}$$

式中，V 为误差 v 的向量形式。当 $\eta \leqslant \Delta\eta$，$\mu \leqslant \Delta\mu$ 时，则认为该等值线为撞击坑上的等值线。同时，记录每条等高线的中心坐标和平均半径，以便后面等高线间的关系分析使用。

步骤 2：分析等高线间的关系，聚合嵌套的同坑等高线。同坑等高线往往表现为大环套小环，本书以其中平均半径最大的等高线为初步的外环等高线，而其他内部的等高线为内环等高线。将所有保留的等高线编入列表，其编排以中心坐标的左右上下为顺序，每条等高线的信息包括编号、中心坐标、平均半径、所属外环及判断等，以便及时记录后续处理结果。

以第一条等高线为例，与列表中的其他等高线依次进行判别运算。假设他们的中心坐标分别为 $(x_i, y_i), (x_j, y_j)$，半径分别为 r_i, r_j，结合下面的距离解算公式：

$$\begin{cases} \Delta r = \left| r_i - r_j \right| - \sqrt{(x_i - x_j)^2 + (y_i - y_j)^2} \\ \Delta r' = \sqrt{(x_i - x_j)^2 + (y_i - y_j)^2} - (r_i + r_j) \end{cases} \tag{7-56}$$

当 $\Delta r > 0, r_i > r_j$ 时，说明选中的等高线为基准等高线的内环等高线；当 $\Delta r > 0, r_i < r_j$ 时，说明选中的等高线为基准等高线的外环等高线；当 $\Delta r < 0, \Delta r' > 0$ 时，说明选中的等高线与基准等高线是相离的；而当 $\Delta r < 0, \Delta r' < 0$ 时，说明选中的等高线与基准等高线是相交的。

以此类推，不仅可以聚合同坑的等高线，而且记录了撞击坑的内、外环等高线及其中心坐标。

步骤 3：判断等高线区域是否为撞击坑。为了避免山地、丘陵和球形巨石的影响，需要对聚合等高线的凹凸性进行再次判断处理。本书通过分析聚合等高线区域的剖面线来判断其形状的凹凸性。

先确定等高线区域的剖面点。为了方便数据运算，本节选择 X 轴方向为该区域的剖面方向，并且剖面应过外层等高线的中心。这样一来，剖面会与该区域的等高线有一系列的交点，分别记为 $(x_1, z_1), \cdots, (x_n, z_n)$。再拟合剖面线，判断其凹凸性。该剖面线的凹

凸判别方法与上一节中切面线凹向判别是一致的，这里不再赘述。

3）基于形态学的撞击坑边缘提取

经过分析发现，前面提取的撞击坑外层等高线往往不是其边缘，而真正的边缘线可能还在外层等高线之外。这就存在两个问题，即如何膨胀外层等高线区域和如何判断撞击坑的真实边缘。结合前面判别出的撞击坑位置及形状信息，通过对撞击坑区域的剖面线进行数学形态学的膨胀与腐蚀运算、多次函数模型拟合，来判断当前确定的边缘是否是真实撞击坑的边缘，进而确定该撞击坑的空间范围和边缘情况。

数学形态学中的膨胀处理可以拓宽撞击坑的边界，腐蚀处理可以收缩膨胀过界区，从而提取出真实的撞击坑边缘信息。令结构元素为 $B(x, y)$，而 $E(x, y)$ 和 $D(x, y)$ 分别为其对 $z(x, y)$ 腐蚀和膨胀的结果，则膨胀定义为

$$D(x, y) = (z \otimes B)(x, y) = \max_{\substack{0 \leqslant i \leqslant m-1 \\ 0 \leqslant j \leqslant n-1}} \left[z(x+i, y+j) + B(i, j) \right] \qquad （7-57）$$

腐蚀定义为

$$E(x, y) = (z \Theta B)(x, y) = \min_{\substack{0 \leqslant i \leqslant m-1 \\ 0 \leqslant j \leqslant n-1}} \left[z(x+i, y+j) + B(i, j) \right] \qquad （7-58）$$

以提取出来的撞击坑区域为基准，用数学形态学中的膨胀原理来逐个格网区的向外延伸。接着，过撞击坑区域的中心分别获取不同方向的剖面点，并用四次多项式来拟合这些剖面点，以便获取坑唇和坑底的值。

实际上，撞击坑边缘是一个连续封闭的近圆形，逐个以当前格网边缘点作剖面线来确定真实的撞击坑边缘，其运算量相当大。本书只解算与 X 轴夹角为 $10°, 20°, \cdots, 180°$ 的剖面线，而夹角间区域先用外层端点拟合的方法来填充，再用形态学腐蚀方法细化边缘。这里的腐蚀运算是一种有区别的腐蚀运算。

假设某剖面线的最外沿端点坐标为 (x_w, y_w)，中心点坐标为 (x_0, y_0)，则外沿点指向中心的方向矢量 (x', y') 为

$$\begin{cases} x' = \dfrac{x_0 - x_w}{\sqrt{(x_0 - x_w)^2 + (y_0 - y_w)^2}} \\ y' = \dfrac{y_0 - y_w}{\sqrt{(x_0 - x_w)^2 + (y_0 - y_w)^2}} \end{cases} \qquad （7-59）$$

则外沿点在该方向上的坡度斜率为

$$k = z(x', y') - z(x, y) \qquad （7-60）$$

式中，$z(x, y)$ 为点在坐标 (x, y) 上的高程函数；$z(x', y')$ 为点在坐标 (x', y') 上的高程函数。依据撞击坑外沿点坡度情况，当 $k < 0$ 时，则保留该外沿点；当 $k > 0$ 时，则继续腐蚀该外沿点，进而得到合理准确的外边缘点。

最后，以所提取的撞击坑特征区域为数据基础，结合撞击坑特征的模型，可以解算出相应的特征描述参数。

7.4.3 量化特征描述参数

无论是用坡度、坡向信息，还是用等值线信息，都可以从小行星局部形貌中自动提取出撞击坑特征区域。参考上节中撞击坑提取核心算法（如坡度的量化分类、形态学确定撞击坑的实际边缘等处理方法），可以识别出撞击坑特征的实际边缘——坑口、坑壁区域，其坑壁区域一般呈现为圆环区域，含有一条外边缘线和一条内边缘线。其中，坑壁的内边缘线所包围的区域为坑底区域，坑壁的外侧最高平衡点为坑的外边缘点，它们的连线为坑的外边缘线（即坑口）。在此基础上，下面给出撞击坑特征描述参数的量化方法。

1）空间方位

应用前文方法可以从小行星的局部形貌中提取出撞击坑的实际区域，即一组离散的栅格点组成。一般情况下，该组栅格点云相对集中，整个区域在平面上呈近似椭圆的形状，具有一定的对称性，因而可将其几何中心的位置作为该特征的位置。

首先，计算撞击坑特征的空间位置。假设该组栅格点的坐标为 (x_i, y_i, z_i)，i 为其序号且小于栅格点的总个数 n，可先由中值计算获取撞击坑中心的水平坐标和高程坐标为

$$
\begin{cases}
x_{\text{底部中心位置}} = \dfrac{\sum\limits_{i=0}^{n} x_i}{n} \\[4mm]
y_{\text{底部中心位置}} = \dfrac{\sum\limits_{i=0}^{n} y_i}{n} \\[4mm]
z_{\text{底部中心位置}} = \dfrac{\sum\limits_{i=1}^{4} \left| (x_{\text{底部中心位置}} - x_i) \cdot (y_{\text{底部中心位置}} - y_i) \right| \cdot z_i}{\left| (x_1 - x_3) \cdot (y_1 - y_3) \right|}
\end{cases}
\tag{7-61}
$$

式中，第 3 个方程中 $(x_i, y_i), i \leqslant 4$ 为中心点相邻的 4 个栅格点，且 (x_1, y_1) 与 (x_3, y_3) 是对角点。

其次，计算撞击坑特征的方向。依据长半径方向的定义，可知要求解撞击坑特征的空间方向就要首先计算出其长半径，而从撞击坑特征区域中的栅格点分布来看所有的栅格点都靠拢于该长半径所在直线。因此，本书直接采用直线拟合的方法来确定其空间方向，其直线方程为

$$
y = ax + b
\tag{7-62}
$$

式中，a, b 为直线方程的参数。由最小二乘算法可以解算出式（8-62）中的参数 a, b，进而可以由反三角函数计算撞击坑特征的空间方向角为

$$
\alpha_{\text{中心}} = \arctan(a)
\tag{7-63}
$$

2）空间结构

第一，计算坑口的描述参量。利用边缘提取算法可以自动提取出实际撞击坑区域的

边缘，并以此边缘线为撞击坑的坑口，由一组栅格点组成。假设该组栅格点的坐标为 (x_i, y_i, z_i)，i 为其序号。设二维椭圆方程为

$$x^2 + Ay^2 + Bx + Cy + D = 0 \qquad (7\text{-}64)$$

式中，(x, y) 为边界上的点坐标；A, B, C, D 为待解求的参数，可由最小二乘法解得。

那么，可以推算出坑口的长短半径，其公式为

$$\begin{cases} a = \sqrt{\dfrac{B^2}{4} + \dfrac{C^2}{4A} - D} \\[4mm] b = \sqrt{\dfrac{B^2}{4A} + \dfrac{C^2}{4A^2} - \dfrac{D}{A}} \end{cases} \qquad (7\text{-}65)$$

式中，a, b 为撞击坑的长短半径。

推算出坑口的拟合度，其公式为

$$\omega_o = \sqrt{V^{\mathrm{T}} V} \qquad (7\text{-}66)$$

推算出坑口的高度，其公式为

$$H_o = \dfrac{\displaystyle\sum_{i=0}^{n} Z_i}{n} - z_{底部中心位置} \qquad (7\text{-}67)$$

第二，计算坑唇的描述参量。依照前文方法可以获取唇顶特征线和坑口边缘线，以唇顶特征线为内边缘，用形态学方法向外拓展，以拓展点为中心，开设一个 3×3 的方形窗口，计算其坡度角 α 及其方向角 β。设坑唇外边缘线上的栅格点坐标为 (x_i', y_i', z_i')，i 为其序号且 $i \leqslant m$，则坑唇的宽度为

$$d = \left| \dfrac{\displaystyle\sum_{i=1}^{m} \sqrt{(x' - x_{底部中心位置})^2 + (y' - y_{底部中心位置})^2 + (z' - z_{底部中心位置})^2}}{m} - \dfrac{\displaystyle\sum_{i=1}^{n} \sqrt{(x' - x_{底部中心位置})^2 + (y' - y_{底部中心位置})^2 + (z' - z_{底部中心位置})^2}}{n} \right| \qquad (7\text{-}68)$$

而坑唇的高度为

$$h = \left| \max(z_j) - \dfrac{\displaystyle\sum_{i=1}^{n} z_i}{n} \right| \qquad (7\text{-}69)$$

式中，z_j 为坑唇区域内所有点的高程值。

第三，计算坑壁的描述参数。依照前文方法可以获取撞击坑的坑壁区域，并且提取出该区域的内外边缘线。其中，坑壁的宽度计算方法与坑唇的宽度计算方法类似，这里不再赘述。

过撞击坑底部中心沿 X 轴方向做切面，获取撞击坑坑壁的切面线，可以得到一组坑

壁上的栅格点$(x_{壁i}, y_{壁i}, z_{壁i})$，应用二次抛物线函数来拟合该切面线，其方程为

$$z_{壁} = m_{壁1}x_{壁}^2 + m_{壁2}x_{壁} + m_{壁3} \tag{7-70}$$

式中，$m_{壁1}, m_{壁2}, m_{壁3}$ 为待解求的参数，可由最小二乘法解得。

那么，可以推算出坑壁的抛物线系数，其公式为

$$X = (M^{\mathrm{T}}M)^{-1}M^{\mathrm{T}}L \tag{7-71}$$

以坑壁 X 轴向上的切面线的拟合度代替整个坑壁的拟合度，则该撞击坑坑壁的拟合度为

$$\omega_{壁} = \sqrt{V^{\mathrm{T}}V} \tag{7-72}$$

第四，计算坑底的描述参数。已知撞击坑区域栅格点之间的行列间隔分别为 $l_{行}, l_{列}$，则可以将每个栅格点的有效区域面积近似为

$$s_{栅格点} = l_{行} \times l_{列} \tag{7-73}$$

通过统计可知，撞击坑底部区域共存在栅格点的个数为 $n_{底部栅格点个数}$，则坑底的面积为

$$S = n_{底部栅格点个数} \times s_{栅格点} \tag{7-74}$$

此外，撞击坑的宽高比 $t = a_{边} / H_{边}$。而小行星表面的撞击坑通常属于小型撞击坑范畴，往往没有中央峰的特征，因此本书无需对其中央峰特征的描述参数进行提取。

7.5 在着陆区选址与自主导航中的应用

7.5.1 着陆区选择

着陆器在选取着陆区时应选择比较平坦的，安全性较高的区域，尽量避开撞击坑和岩石等起伏较大的区域，用粗糙度来衡量就是粗糙度较小的区域。其中，粗糙度计算方法主要有两种：①利用区域内所有格网点面元的粗糙度平均值和最大值表示；②基于空间向量的方法，即考虑相交于对角线的两个平面的夹角关系，并用这两个平面之间的夹角的关系来表征地表粗糙度。而本章分别基于影像与地形数据提取出其中的撞击坑特征，在此基础上来分析深空探测器的着陆区域（徐鲲，2012）。

1. 实验 1

月球勘测轨道飞行器轨道高度 30～216 km，搭载了窄角相机（简称 LROC NAC）和广角相机（简称 LROC WAC）。下面是 LROC WAC 相机所获取的月球某区域影像，如图 7.33 所示，其影像大小为 600×400 像素，而分辨率不详，摄影时太阳高度角约为 50°。

运用前文所述方法做提取撞击坑处理，解得影像的暗阈值为 63，亮阈值为 167；可将影像分割为黑色区域有 276 块，白色区域有 429 块；配对出撞击坑 105 个。其中，提取出正确的撞击坑有 103 个，错误的撞击坑有 2 个，而直径大于 8 个像素的撞击坑

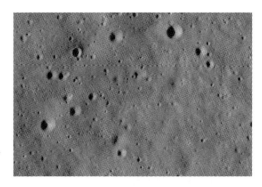

图 7.33　LROC WAC 相机所获取的月球某区域影像

有 22 个没有被标绘出来。按照正确检测率 DR 和虚警率 FAR 两个参数表示检测率，其公式如下：

$$DR = 100\%[TP / (TP + FN)]$$
$$FAR = 100\%[FP / (TP + FN)]$$

$$(7-75)$$

式中，TP 为检测出的目标个数；FP 为检测出的错误目标个数；FN 为遗漏的个数。下面给出检测率如表 7.3 所示，提取结果如图 7.34 所示。依据影像中撞击坑的分布情况，可以划出该区域的相对安全着陆区，如图 7.34 中两个方形框区域。

表 7.3　LROC WAC 影像中撞击坑的检测率

检测率	TP	FP	FN	DR	FAR
数值	103	2	22	82.4%	1.6%

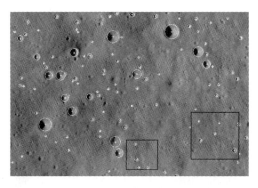

图 7.34　LROC WAC 影像中撞击坑的检测结果

2. 实验 2

　　Mimas 小行星的平均半径为 198.6 km，而长轴大约比短轴长 10%，因此其整体形状并不呈完美的球形。最为明显的是其上存在一个巨大而古老的撞击坑，被称为 Herschel 撞击坑，它的长半径为 66.49 km，短半径为 63.99 km，高程差最大达到 8.21 km，而坑唇的厚度约为 0.31 km，宽度约为 8.32 km，坑的中央峰高出坑底 6.72 km。此外，该小行星表面还遍布着众多较小的撞击坑。实验中，Mimas 的模型是 Robert Gaskell 教授用"卡西尼"号的 ISSNA、ISSWA 影像和"旅行者"号的 ISSN 影像来制作生成的，由方形格式（ICQ）来表示且共有三维数据点约 157.9 万个，模型点之间的间距约为 0.56km。应用本书所提方法自动提取该模型表面的撞击坑，其结果如图 7.35 所示。

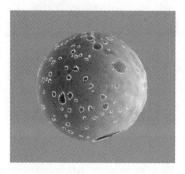

图 7.35　Mimas 小行星表面撞击坑的提取效果

由图 7.35 可知，采用前文所述方法对 Mimas 的全球模型进行扫描处理，分析大窗口检测结果，得出较大撞击坑的覆盖范围为 22.72°（除 Herschel 撞击坑），因而设置扫描窗口宽幅为 50°，共提取撞击坑 168 个。其中，提取正确的撞击坑 163 个，错误的撞击坑 5 个，而半径大于 5 km 的撞击坑有 36 个没有被标绘出来。其检测率如表 7.4 所示。

表 7.4　Mimas 小行星表面撞击坑的检测率

检测率	TP	FP	FN	DR	FAR
数值	168	5	36	82.4%	2.5%

依据类球型模型表面的经纬度，统计该小行星表面撞击坑的分布情况，如图 7.36 所示。由图可知，Mimas 表面的撞击坑随着经纬度的变化其分布情况也不尽相同：在经度方向上，经度为 0°~140° 区域的撞击坑个数明显高于其他地区，而经度为 140°~160° 区域仅有 2 个撞击坑；在纬度方向上，高纬度区域的撞击坑个数明显低于其他区域。结合前面撞击坑的统计情况，分析得出 Mimas 模型的北极区域（即纬度大于 75° 的区域）相对较为平坦，其次是经度为 140°~160° 区域相对平坦，可在其中选择合适的位置作为未来探测器的着陆区域。

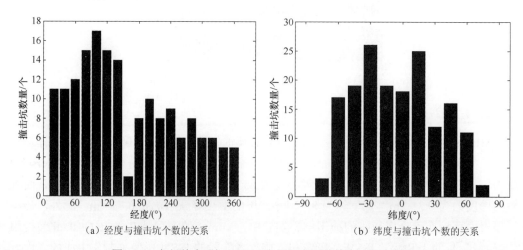

（a）经度与撞击坑个数的关系　　　　　　　　（b）纬度与撞击坑个数的关系

图 7.36　各经纬度区间 Mimas 小行星表面的撞击坑分布情况

7.5.2　基于形貌特征的自主导航

在形貌特征自动提取的基础上，有学者对行星着陆任务中利用三维地形匹配进行导航的方法进行了研究。Johnson 等（2001，2000）针对彗星着陆任务，提出了基于相邻帧激光雷达测量数据迭代求解探测器相对运动的方法。Jean 等（2006）针对火星软着陆任务的需要，提出了基于激光雷达来获取三维地表数据，并通过三维地形匹配进行导航的方法，主要介绍了三维特征的提取与匹配策略。Samil 等（2009）针对月球高精度数字高程图，提出了基于三维地形匹配实现探测器位置估计的导航方案。崔平远等（2014）、崔跃军（2009）利用双目视觉获取行星表面立体影像，重建了对应区域的三维信息，提出了基于典型形貌特征的自主导航方法。

本书通过行星三维地形匹配来实现探测器位置和姿态的估计，其导航方案的基本流程如图 7.37 所示。首先，由携带的激光雷达获取行星表面的三维数据或双目视觉处理解得其三维数据；接着，从获取的三维数据中提取出典型地形特征（如撞击坑），建立地形特征之间相对的距离和角度不变量，实现地形特征与全局三维数据之间的匹配；最后，依据探测器与局部三维数据中形貌特征的相对关系，估计出探测器的绝对位置和姿态。

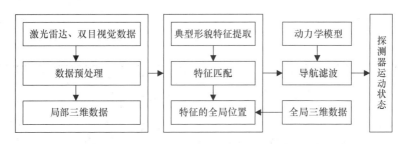

图 7.37　基于三维地形匹配的导航流程

相对于影像中特征几何的不确定性，其地形数据能够有效地表现特征之间真实的三维位置关系，行星表面的岩石、撞击坑等凹凸特征之间具有相对的距离和角度不变特性。崔平远等（2014）、崔祐涛和崔平远（2002）基于地形数据中形貌特征的这一几何不变性，通过投票的方法实现了三维地形的有效匹配。本书鉴于撞击坑的自有属性信息，通过仿真实验直接对形貌特征进行识别，并进行探测器的导航分析。

本书构建了一套行星探测器着陆导航地面仿真实验系统，实验验证立体相机重建局部地形数据、自动提取典型形貌特征，并实现探测器的导航分析。参考某小行星局部区域的形貌由细沙堆积而成，其地形有山地、平原，以及 6 个撞击坑特征等。该小行星表面局部形貌模型的区域大小为 4m×2m，立体相机的高度范围为 2~3m，基线长度小于10cm，因此实验中立体相机的基高比小于 0.05。下面给出立体相机获取地形模型的 3 组连续立体影像，如图 7.38 所示，利用这些立体影像可以生成对应的独立模型，如图 7.39 所示。应用本书所提方法来自动提取模型表面的撞击坑，其结果如图 7.40 所示。

实验中，所提撞击坑特征的平均半径分别为 113.56mm、114.12mm、113.77mm，深度分别为 85.24mm、85.98mm、85.68mm，造成误差的主要原因可能是不同角度所获取的立体影像来重建地形形貌模型存在一定的误差，从而使得由等高线分析撞击坑存在微小的误差。不过，在误差范围内（即若限制其半径和深度的误差范围为 2mm）能够满足撞击坑的识别与跟踪。在这 3 个立体模型中，撞击坑特征的位置分别为（298.59mm，426.14mm，189.18mm）、（320.16mm，267.04mm，0.69mm）、（336.10mm，100.97mm，188.82mm），从撞击坑的位置变换可以判断出探测器运动的方向是北方向偏西。

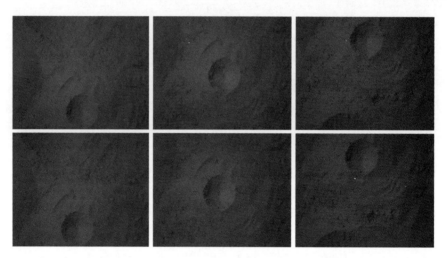

图 7.38　航带中 3 个立体影像对

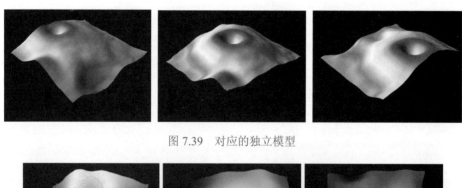

图 7.39　对应的独立模型

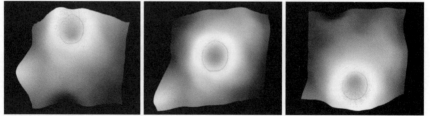

图 7.40　撞击坑特征提取结果

参 考 文 献

崔祜涛, 崔平远. 2002. 软着陆小行星的自主导航与制导. 宇航学报, 23(5): 1～4

崔平远, 胡海静, 朱圣英. 2014. 火星精确着陆制导问题分析与展望. 宇航学报, 35(3): 245～253

崔跃军. 2009. 基于双目相机的小行星软着陆导航方法及其仿真平台研究. 哈尔滨: 哈尔滨工业大学硕士学位论文

丁萌, 曹云峰, 吴庆宪. 2009. 基于 Census 变换和 Boosting 方法的陨石坑区域检测. 南京航空航天大学学报, 41(5): 682~687

韩同林, 孟宪刚, 邵兆刚, 等. 2006. 火星地貌与地质. 北京: 地质出版社

贺力. 2012. 基于"DEM"的月球撞击坑判识方法研究. 南京: 南京师范大学硕士学位论文

金丽华, 金晟业, 陈圣波, 等. 2009. "嫦娥一号"第一幅月面遥感影像撞击坑特征. 吉林大学学报, 2009: 942~946

李春来, 任鑫, 刘建军, 等. 2010. 嫦娥一号激光测距数据及全月球 DEM 模型. 中国科学: 地球科学, 2010(03): 281~293

罗中飞, 康志忠, 刘心怡. 2014. 融合嫦娥一号 CCD 影像与 DEM 数据的月球撞击坑自动提取和识别. 测绘学报, 43(9): 178~185

骆磊, 王心源, 李超, 等. 2014. "嫦娥一号"DEM 数据月球撞击坑自动检测. 遥感学报, 18(1): 105~116

欧阳自远. 2005. 月球科学概论. 北京: 中国宇航出版社

王栋, 邢帅, 徐青. 2015a. 一种类球型小行星表面撞击坑自动提取方法. 宇航学报, 36(10): 1163~1170

王栋, 徐青, 邢帅. 2015b. 小行星表面典型形貌特征的分析与建模. 深空探测学报, 2(4): 259~265

王栋, 邢帅, 徐青. 2016. 一种基于三维形貌的深空星体表面撞击坑自动提取方法. 测绘科学技术学报, 32(06): 619~625

徐鲲. 2012. 基于单张影像的月面探测器着陆区选取技术. 郑州: 信息工程大学硕士学位论文

袁悦峰, 朱培民, 赵娜, 等. 2013. 基于数学形态学的月海圆形撞击坑自动识别方法. 中国科学: 物理学 力学 天文学, 43(3): 321~332

张锋, 邹永廖, 郑永春, 等. 2012. 月球撞击坑自动识别与提取的新方法及其应用. 地学前沿, 19(6): 118~127

Aumann G, Ebner H, Tang L. 1991. Automatic derivation of skeleton lines from digitized contours. Isprs Journal of Photogrammetry & Remote Sensing, 46(5): 259~268

Bandeira L, Saraiva J, Pina P. 2007. Impact crater recognition on Mars based on a probability volume created by template matching. IEEE Transactions on Geoscience and Remote Sensing, 45(12): 4008~4015

Bue B D, Stepinski T F. 2007. Machine detection of martian impact craters from digital topography data. IEEE Transactions on Geoscience and Remote Sensing, 45(1): 265~274

Jean H, David N, Jean D. 2006. Feature matching navigation techniques for lidar-based planetary exploration. In: AIAA Guidance, Navigation, and Control Conference. Keystone

Johnson A, Martin S, Miguel A. 2000. Motion estimation from laser ranging for autonomous comet landing. In: IEEE International Conference on Robotics and Automation. San Francisco: 132~138

Johnson A, klumpp A, Collier J, et al. 2001. LIDAR-based hazard avoidance for safe landing on Mars. In: Advances in the Astronautical Science. Santa Barbara: 1091~1099

Kim J R, Muller J P, Van Gasselt S, et al. 2005. Automated crater detection: A new tool for Mars cartography and chronology. Photogrammetric Engineering and Remote Sensing, 71(10): 1205~1217

Martins R, Pina P, Marques J S, et al. 2008. A boosting algorithm for crater recognition. In: Conference: RecPad2008. Coimbra

Michael G G. 2003. Coordinate registration by automated crater recognition. Planetary and Space Science, 51(9): 563~568

Pedrosa M M, Silva E A, Dias M A, et al. 2012. The use of mathematical morphology in the detection of impact craters on digital images of the martian surface. Journal of Communication and Computer, 2012(9): 1351~1357

Salamuniccar G, Loncaric S, Grumpe A, Wohler C. 2011. Hybrid method for detection of lunar craters based on topography reconstruction from optical images. In: Conference: Image and Signal Processing and Analysis(ISPA)

Salamuniccar G, Loncaric S, Grumpe A, Wohler C. 2011. Hybrid method for detection of lunar craters based on topography reconstruction from optical images. In: Proceedings of the 7th International Symposium on Image and Signal Processing and Analysis, 263: 597～602

Samil T, Numan U, Fuat I. 2009. Novel terrain relative lunar positioning system using lunar digital elevation maps. In: 4th International Coference on Recent Advances Space Technologies. Istanbul: 597～602

Stöffler D, Ryder G, Ivanov B A, et al. 2006. Cratering history and lunar chronology. Reviews in Mineralogy and Geochemistry, 60(1): 519～596

Taylor G J, Warren P, Ryder G, et al. 1991. Lunar sourcebook: A user's guide to the Moon. London: Cambridge University Press

第8章 深空测绘成果三维可视化技术

使用卫星遥感测绘技术,获取星体表面遥感影像数据和三维形貌数据,然后借助三维可视化技术为星体绘制三维图,是深空探测的主要任务之一。目前,在深空探测任务需求的牵引下,人类借助深空测绘技术已经获取了部分星体(如月球、火星等)的形貌数据和影像数据,但由于受到探测技术手段的限制,所获取的形貌数据和影像数据精度和分辨率都很低,难以满足深空探测任务的进一步需求。如何在现有数据基础上,更好地表达深空环境与星体形貌,为后续的深空探测任务的实施提供信息支撑,是研究人员关心的技术问题。本章首先对空间环境体数据的可视化表达方法进行了描述,然后在对地形三维可视化中的 LOD 技术进行研究的基础上,对月球表面和火星表面形貌数据进行了三维可视化,并针对月面形貌和影像数据分辨率低的缺点,使用分形技术对形貌数据进行精化,并对月面陨石坑和岩石块进行了模拟,生成小尺度细节特征的形貌数据,以最大限度地模拟真实的月面形貌(周杨,2009)。

8.1 深空环境可视化表达

从 1957 年 10 月 4 日人类活动进入太空开始,空间环境状态及其变化规律就成为航天活动所关心的重要问题。空间作为航天器运行的主要运行区域,空间中的各种环境要素与航天器及其有效载荷的正常工作有很大的关系。50 年来,国际上已发射了数百个航天器在太空各个区域进行探测与研究,并在地面建立了大量的监测站,昼夜不停地监视着空间环境的变化,数以千计的科学家、工程师为保证航天器在轨安全可靠运行而努力工作。但是,空间环境异常造成的航天器故障事件仍不断发生。随着现代高技术的发展,人类对空间环境的感知能力逐步加强,并且已具有一定的认识、掌握甚至改变空间环境的能力。

由于空间环境不能被人的视力直接察觉,过去只能通过分散在空间环境监测点上的离散数据去认识它。而随着探测技术和观测水平的提高,由计算、测量或实验得到的空间环境数据越来越多,这些数据在空间的分布上构成了一个 3 维或高维的数据场。这些数据场中包含了庞大的复杂信息,不易被理解与分析。为了能把数据场中的不可见物理量转变为可见形式,以图像的形式展现出来,直观地表现出数据场中蕴含的丰富内涵和潜在规律,我们需要利用可视化技术来仿真和模拟其在空间的分布与运动。利用可视化技术研究空间环境,就是将人们通过监测和空间探测获得的离散的、静态的信息用直观的图形、图像形式表现,从而反映其存在状态及运动规律,指导人们科学地认识和利用空间环境。

可视化的目的是在确保信息表述完整性和精确性的前提下,将复杂信息转化为易于理解的表达形式的过程。通用的可视化技术主要分为面绘制和体绘制。其中,面绘制倾向于提供可以抽取的目标轮廓曲面,用于定量分析和后续处理,由于其仅提取轮廓结构,数据利用率不高；体绘制倾向于观察，力图避免面绘制"二分法式"分割方式，它不必生成中介几何图元，而改用颜色和不透明度传递函数通过合成计算来完成边界的构造和表达，直接对数据场进行成像，以反映数据场中各种信息的综合分布情况。因而充分利用了体数据信息（宋涛等，2005）。

8.2 深空环境三维可视化基本方法

本节针对空间环境数据在空间分布广，随时间变化非常复杂的特点，在空间环境时空数据模型的研究基础上，研究了基于 3D 纹理和光线投射算法的体绘制方法，对空间环境要素进行了可视化试验，旨在探索能合理、直观、高效地表示空间环境要素数据的理论、技术和方法手段。由于大气是人眼唯一能够看得见的环境要素，而其他空间环境要素（如电离层、地磁场以及辐射带等）对人眼来说本身就是不可见的。所以本书单独对光线在大气中传播的光学模型进行描述，并对星体大气效果进行了绘制。

8.2.1 深空环境可视化数据预处理

由于不同应用领域的体数据（如空间环境体数据和医学体数据）数据类型不同，且数据大小的数量级不同。为了数据的体渲染，应该对数据进行一定的预处理，以方便将其作为纹理数据载入到图形内存中。

1. 数据归一化处理

空间环境要素物理量的数值在量级上相差较大，有的相差能够达到 105 倍甚至更大，并且是分布不均匀，有的地方可能存在无效数据等，这些原始数据在预处理前不能直接用于显示。为了实现数据的可视化，可以使用一种自适应归一化的数据预处理方法。该算法的基本思想是：当数据场中的数值量级相差较大时，对数据场整体取对数后，寻找最大值、最小值，将数值归化到 0～1；而当数据场中的数值量级变化较小时，直接寻找最大值、最小值后，将数值归化到 0～1。借鉴王鹏（2006）的思想，本书首先对环境要素无效数据进行剔除，然后使用自适应归一化方法将环境要素数据规划到 0～255，以便下一步生成纹理数据。该数据处理方法在 3D 纹理体绘制算法和光线投射体绘制算法中同样适用。

2. 基于数据直方图的体数据处理

经过自适应归一化方法将环境要素数据规划到 0～255，这时体数据就可看作一个三维纹理或三维图像。借鉴直方图对二维图像具有增强作用的思想，本书通过对原始数据进行直方图计算，可分析数据取值范围和分布情况，以确定数据中哪些范围的值更为重要，然后根据对不同显示效果的需求，可使用直方图均衡化、规定化等操作，对三维体纹理进一步处理，以得到特征更为突出的体绘制效果。

体数据直方图的计算见式（8-1）：

$$p(x) = \frac{N_x}{N} \tag{8-1}$$

式中，$x \in [0, 255]$ 为体数据经过数据预处理后的值级，可称为灰度级；N_x 为体数据中灰度级等于x的体元素；N体数据体素总数。直方图均衡化公式如下：

$$y = (y_{\max} - y_{\min}) \sum_{i=0}^{x} p(i) + y_{\min} \tag{8-2}$$

式中，y为输出体数据的值级；$y_{\max}$和$y_{\min}$分别为值级的最大和最小值。在此，y的值级范围与原始体数据x的值级范围相等。

3. 体数据值的梯度计算

由于在进行光照计算时需要用到体数据的梯度信息。梯度计算公式如下：

$$g = \nabla f = \left[\frac{\partial f}{\partial X} \quad \frac{\partial f}{\partial Y} \quad \frac{\partial f}{\partial Z} \right]^{\mathrm{T}} \tag{8-3}$$

实际应用中，通常使用中心差分法近似计算每个体素的梯度矢量。其基本思想是沿三维空间坐标轴X,Y,Z计算相邻体素之间的数值差，然后用差值除以体素之间的距离，其计算公式如下所示：

$$\begin{cases} \nabla f_X [P(i,j,k)] = \dfrac{v[P(i+1,j,k)] - v[P(i-1,j,k)]}{2\varDelta} \\[2mm] \nabla f_Y [P(i,j,k)] = \dfrac{v[P(i,j+1,k)] - v[P(i,j-1,k)]}{2\varDelta} \\[2mm] \nabla f_Z [P(i,j,k)] = \dfrac{v[P(i,j,k+1)] - v[P(i,j,k-1)]}{2\varDelta} \end{cases} \tag{8-4}$$

式中，$\nabla f_X [P(i,j,k)]$、$\nabla f_Y [P(i,j,k)]$、$\nabla f_Z [P(i,j,k)]$分别为点$P(i,j,k)$在X,Y,Z轴方向的梯度分量；$v[P(i+1,j,k)]$为点$P(i+1,j,k)$点在的体素值；$\varDelta$为相邻两体素之间的间隔距离。

中心差分虽然计算简单，但容易引起视觉的失真现象。为此，本书使用线性分离的方法计算梯度，该方法用优化的分段多项式插值来保证计算的准确性和连续性。当用二阶的误差函数约束时，计算公式和中心差分法相同，三阶误差函数约束的计算公式为

$$\nabla f [P(i,j,k)] = \begin{bmatrix} -\dfrac{1}{12} f[P(i-2,j,k)] + \dfrac{2}{3} f[P(i-1,j,k)] - \dfrac{2}{3} f[P(i+1,j,k)] + \dfrac{1}{12} f[P(i+2,j,k)] \\[2mm] -\dfrac{1}{12} f[P(i,j-2,k)] + \dfrac{2}{3} f[P(i,j-1,k)] - \dfrac{2}{3} f[P(i,j+1,k)] + \dfrac{1}{12} f[P(i,j+2,k)] \\[2mm] -\dfrac{1}{12} f[P(i,j,k-2)] + \dfrac{2}{3} f[P(i,j,k-1)] - \dfrac{2}{3} f[P(i,j,k+1)] + \dfrac{1}{12} f[P(i,j,k+2)] \end{bmatrix} \tag{8-5}$$

点$P(i,j,k)$的法向量可用该点规一化的梯度矢量表示，如下式：

$$N[P(i,j,k)] = \frac{\nabla f [P(i,j,k)]}{\left\| \nabla f [P(i,j,k)] \right\|} \tag{8-6}$$

式中，$\left\| \nabla f [P(i,j,k)] \right\| = \sqrt{\dfrac{\partial f_{i,j,k}}{\partial x} + \dfrac{\partial f_{i,j,k}}{\partial y} + \dfrac{\partial f_{i,j,k}}{\partial z}}$为体素$P(i,j,k)$的梯度幅值。

对于空间环境要素的专题信息，如温度、密度、辐射强度等，由于其本身对于人眼并不可见，如何将这些数据值映射为光学性质即颜色与透明度，是环境要素可视化的关键。

1）转换函数

如果已知每个体素的颜色值 $C(R,G,B)$ 和透明度 α，便可根据式（8-7）沿视线方向累加每个体素的颜色值，从而计算出最终进入视点的光照强度 I_λ：

$$I_\lambda = \sum_{i=0}^{n} C_\lambda(i)\alpha(i)\prod_{j=0}^{t-1}(1-\alpha(j)) \tag{8-7}$$

但是每个体素的颜色值和透明度是未知值，为了使用 3D 纹理技术对体数据进行渲染，必须使用转换函数（transfer function）$T(f)$ 将体数据的任一体素值 $f(i,j,k)$ 转化为光学性质即颜色值 $C(R,G,B)$ 和透明度值 α。通常用颜色来区分数据场中的不同物质，用不透明度控制物质的可见程度，对感兴趣的物质设置高不透明度，对不感兴趣的物质设置低不透明度。

转换函数的作用是强调数据的特征，以便以较为突出的方式绘制出我们最为关心的信息。因而，数据转换也可称为数据分类，即将具有不同特性的数据进行分类。转换函数的设计是一个近似迭代过程，不同的体数据类型，其转换函数的设计差异较大。转换函数很大程度上决定了体绘制的最终效果，从而直接影响到用户对体数据的理解（Lamar et al., 1999）。目前，众多的研究者提出了大量的转换函数设计方法（胡永祥和蒋鸿，2006；周芳芳等，2008；Potts and Moeller, 2004；Kniss et al., 2003），综合来说，这些方法可以分为三类。

（1）试错法。该方法可以说是一种经验方法，采用该方法时，转换函数的系数只有很少或完全没有预先定义的限制条件，它需要用户根据经验反复设置转换函数的表达式的系数，因此对系数的设置随意性较大，要找到合适的转换函数是非常困难的。

（2）以体数据为中心的转换函数设计。以体数据为中心的转换函数设计的，是使用从体数据中抽取的信息来引导用户设置合适的转换函数或将转换函数集控制在一个最有希望的子集中。抽取的信息主要有灰度直方图、梯度幅度、二阶导数、等值面等。

（3）以图像为中心的转换函数设计。以图像为中心的转换函数设计方法使用绘制的图像来引导用户间接选择转换函数。这类方法首先绘制出数量较多的图像，并在用户接口中显示出来，用户从中选择一些效果较好的图像，系统根据选择结果，运用某种方法再生成数量相对较少而质量较好的图像供用户选择。重复这一过程，直到用户满意或达到某个结束条件为止。

本章主要研究以体数据为中心的转换函数。最简单的以体数据为中心的转换函数是一维的，即根据体数据的强度信息 f 计算其光学性质，如式（8-8）：

$$V_{i,j,k}(R,G,B,\alpha) = T(f) \tag{8-8}$$

式中，$V_{i,j,k}$ 为位置在 i,j,k 处的体素；f 为该体素值（如大气密度、温度、质子流量等）。

一维转换函数可通过一维纹理查找表来实现，实现简单，但对数据特征的分类效果有限。而很多体数据内部包含不同性质的数据，如人脑的 CT 体数据中，包含有不同人脑组织的体数据，一维转换函数并不能将这些数据特征有效分类，突出显示。针对一维转换函数的缺点，研究人员提出了用多维转换函数对分类空间进行扩展，以更好地区分各种特征。Kindlmann 和 Durkin（1998）将数据梯度值作为转换函数的一个因素，以更精细地控制特征分类的效果，得到更为精确的视觉特征。Kindlmann 等（2003）利用基于曲率的传递函数来控制投影图像中轮廓线的粗细，采用曲率信息，如脊线等，更好的显示对象的前后遮挡关系，对绘制效果进行增强。Kniss 等（2001）利用数据场的多种导数特征来设计多维传递函数，可以得到更加通用有效的绘制效果。Lum 和 Ma（2004）通过利用查找表的方式，同时指定颜色、阻光度和光照模型的相关参数。他们在光照计算中利用一个二维传递函数对组织的边界进行增强。

以上文献所研究的多维转换函数主要解决体数据中不同类型数据之间的特征分类效果问题，且只是给出了设计思路，并未给出具体的转换公式，用户在使用时必须根据具体应用进行转换函数的设计。对于空间环境要素的可视化，由于我们只是针对某一类要素的某一专题数据进行绘制，如大气的密度或大气温度，因此只需要绘制同一类型的体数据。这就为转换函数的简化提供了前提条件。本书综合考虑了转换函数的有效性和高效性，设计了基于体数据直方图与体数据梯度二阶导数的二维转换函数：

$$V_{i,j,k}(R,G,B,\alpha) = T(f, D^2_{\nabla f} f) \tag{8-9}$$

式中，$V_{i,j,k}$ 为位置在 i,j,k 处的体素；f 为该点的体素值，$D^2_{\nabla f} f$ 为该点梯度值的二阶导数：

$$D^2_{\nabla f} f = \frac{1}{\|\nabla f\|} \nabla(\|\nabla f\|) \cdot \nabla f \tag{8-10}$$

公式在具体实现时，可分为两部分：一部分使用映射函数映射体素颜色值；另一部分用于计算体素透明值。

较为简单的映射函数是矩形函数、三角形函数和梯形函数，图 8.1 是梯形函数示意图，对应于图 8.1 的梯形映射函数计算公式如下：

$$f(t) = \begin{cases} 0 & 0 \leqslant t \leqslant c - \dfrac{w}{2} \\[2mm] \dfrac{t - c - \dfrac{w}{2}}{\hat{w}} & c - \dfrac{w}{2} \leqslant t \leqslant c - \dfrac{w}{2} + \hat{w} \\[2mm] 1 & c - \dfrac{w}{2} + \hat{w} \leqslant t \leqslant c + \dfrac{w}{2} - \hat{w} \\[2mm] 1 - \dfrac{t - c - \dfrac{w}{2} + \hat{w}}{\hat{w}} & c + \dfrac{w}{2} - \hat{w} \leqslant t \leqslant c + \dfrac{w}{2} \\[2mm] 0 & c + \dfrac{w}{2} \leqslant t \leqslant 1 \end{cases} \tag{8-11}$$

式中，c 为数据范围的中心点；w 为数据范围宽度；$\hat{w}$ 为梯形斜边宽度。

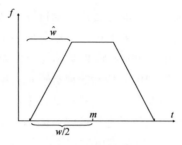

图 8.1　梯形函数图

　　梯形映射函数是较为理想的映射，具体实现时可分析数据的直方图，确定数据中哪些范围的值更为重要，从而使用不同形状的映射函数对具有重要值的体数据进行突出表示。本书将地球辐射带能量超过 30MeV 的质子密度（中国科学院空间科学与应用中心，2000）数据归化到 0～255，图 8.2 是体数据的直方图，从直方图的分布可看到区域内不同质子密度的出现总量，红色线条表示映射函数形状。

　　数据不透明度用公式计算：

$$V_{i,j,k}(\alpha) = S(f, D_{\nabla f}^2 f) \cdot \left\| D_{\nabla f_{i,j,k}}^2 f \right\| \tag{8-12}$$

式中，f 为体素的 RGB 颜色值，具体实现时 RGB 三个分量可使用不同的梯形映射；c 和 w 为有效数据的数据中心和宽度；$\hat{w}$ 为梯形斜坡的宽度；$\left\| D_{\nabla f_{i,j,k}}^2 f \right\|$ 为在 i, j, k 处体素的梯度二阶导数的幅值；$S(f, \nabla f)$ 为由梯度幅值与体素值构成的二维查找表。本书在式（8-12）的基础上使用对数形式来进一步规化透明度值。有

$$V_{i,j,k}'(\alpha) = 1.0 - \frac{1}{-a} \ln \left[(1 - \mathrm{e}^{-a}) V_{i,j,k}(\alpha) + \mathrm{e}^{-a} \right] \tag{8-13}$$

式中，常数 a 的值用户可根据需要调整。算法通过片段程序来运行转换函数。

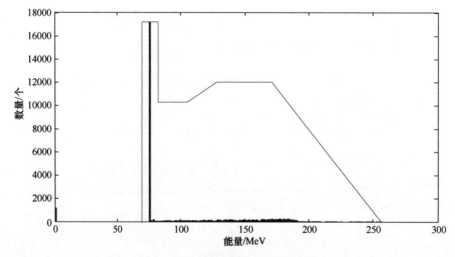

图 8.2　地球辐射带质子密度直方图

2）Blinn-Phong 光照模型

使用光照模型所计算的光照强度值可用来修正转换函数的颜色值和透明度，因此光

照模型常常用来改善物体绘制的视觉效果。为了提高光照模型的计算速度，可使用 Blinn-Phong 局部光照模型（徐青，2000）。其光强度由环境光光强 I_{ambien}、漫反射光光强 $I_{diffuse}$ 和镜面反射光光强 $I_{specular}$ 三部分线形组合而成，单光源的 Phong 光照模型计算公式如下：

$$I(P) = I_{ambien} + I_{diffuse} + I_{specular}$$
$$= k_{ambien}I_O + k_{diffuse}I_O(\vec{l}\cdot\vec{n}) + k_{specular}I_O(\vec{h}\cdot\vec{n})^n \tag{8-14}$$

式中，$I(P)$ 为 P 点的光强；k_{ambien}、$k_{diffuse}$ 和 $k_{specular}$ 分别为环境光反射系数、漫反射散射系数和镜面光反射系数，是取值范围为 [0,1] 的常量；$\vec{l}$ 为入射光线矢量；$\vec{n}$ 为 P 点的表面法向量，可用该点的梯度值近似表示；$\vec{h}$ 为 P 点指向视点的单位矢量，用于近似代替光线反射矢量 $\vec{r}$；n 为指数因子，用于控制高光的强度。

光照模型计算中最为耗时的是镜面反射中的指数运算，在此我们使用 Schlich 提出的一个简单的函数来对指数操作进行近似计算，其计算公式如式（8-15）。该近似公式的计算结果与精确计算值非常接近：

$$(\vec{h}\cdot\vec{n})^n \approx \frac{\vec{h}\cdot\vec{n}}{n - n(\vec{h}\cdot\vec{n}) + \vec{h}\cdot\vec{n}} \tag{8-15}$$

8.2.2　星体大气的体绘制技术

体绘制不需要显式地从数据里抽取几何表面就可以产生 3D 体数据集的图像。该技术直接研究光线穿过三维数据场时发生的吸收、散射、反射等光学现象，使用光学模型把数据值映射为光学特性值，如颜色和不透明度。在渲染的时候，沿着视线积累每个体数据的光学特性值，从而形成最终的图像（洪歧等，2007）。因而光学模型是体绘制的关键因素之一，直接决定了绘制的效果。

体绘制中光照模型就是研究光线穿过体中的粒子（体素）时光强变化的数学模型。Klassen（1987）、Nishita 等（1993）对自然光在大气中的传播模型进行了研究，如图 8.3 所示。

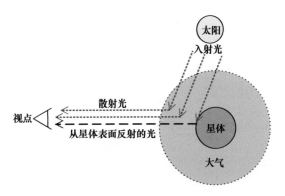

图 8.3　大气光照模型示意图

波长为 λ 的光线从某一方向到达人眼的光强 $I_v(\lambda)$ 包括两部分内容：①所看物体的

反射光强度 $I_r(\lambda)$（如果没有物体，视线朝向天空无穷远处，则该强度值等于零）；②空间每一点沿视线方向的散射强度，该强度值沿视线方向同时发生衰减和累积。所以 $I_v(\lambda)$ 的计算如下式：

$$I_v(\lambda) = I_r(\lambda) + I_S(\lambda) \qquad (8\text{-}16)$$

1. 大气反射光照模型

如图 8.4 所示，假设星体表面与视线方向相交的点是 P_g，e 是视点的位置。太阳光 $I_{\text{sun}}(\lambda)$ 到达 P_g 点的光强等于 $I_{\text{in}}(P_g, \lambda)$，$\lambda$ 是光的波长。光线反射可以通过兰勃特（Lambertian）阴影模型来计算，计算公式如下：

$$I_{\text{out}}(P_g, \lambda) = \cos(\theta_g) r(P_g, \lambda) I_{\text{in}}(P_g, \lambda) \qquad (8\text{-}17)$$

式中，$r(P_g, \lambda)$ 为物体的反射率；$I_{\text{in}}(P_g, \lambda)$ 为进入粒子点 P 的给定波长 λ 的光强；$I_{\text{out}}(P_g, \lambda)$ 则为光线在 P 点沿角度 φ 的散射光强。

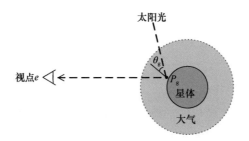

图 8.4　大气反射光照模型示意图

2. 大气散射光照模型

如果一个光柱在大气中传播，在光柱中的某些点上，将由于大气中存在的粒子而发生光线的散射。由于光线在大气中的散射非常复杂，因此我们必须作一个简化假设：同一光线在粒子中的散射最多发生一次，即不考虑多散射情况。这样的话我们可认为所有被散射进眼睛的光线仅仅来自一个方向——太阳。因为太阳相对于行星来说，其距离非常远，因而认为太阳光都是平行光。这样的假设将大大简化计算。

如图 8.5 所示，某一方向上散射光的多少主要取决于光线入射方向和散射方向的夹角 φ，因此散射函数又可称之为角度散射函数。

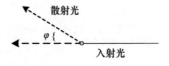

图 8.5　大气散射模型示意图

大气中最常见的大气散射形式包括 Rayleigh 散射和 Mie 散射。Rayleigh 散射是由空气中的小分子引起的，其散射与波长强烈相关。它对波长短的光散射最强。因为它对可见光中的蓝色散射最强烈，蓝光在整个空间不断散射，最后从各个方向进入人眼，所以天空看上去是蓝色的。另外该散射还与大气中的粒子密度有关。

在 P 点沿某一方向光线 φ 的散射强度 $I_{\text{out}}(P,\varphi,\lambda)$ 可由式（8-18）计算：

$$I_{\text{out},R}(P,\varphi,\lambda) = K_R(\lambda)\rho_R(h(P))F_R(\varphi)I_{\text{in}}(P,\lambda)$$

$$K_R(\lambda) = \frac{K}{\lambda^4} \qquad\qquad (8\text{-}18)$$

$$F_R(\varphi) = \frac{3}{4}(1+\cos^2\varphi)$$

式中，F_R 叫作 Rayleigh 散射的相位函数；$K_R(\lambda)$ 为与波长相关的 Rayleigh 散射系数；K 为散射常数，取决于大气海平面的大气密度。其计算公式如下所示[①]：

$$K = \frac{2\pi^2(n^2-1)^2}{3N_S} \qquad\qquad (8\text{-}19)$$

式中，N_S 为标准大气密度的分子数量；n 为大气折射率。

Mie 散射是由大气中的大粒子引起的，这些粒子又称为浮尘（如灰尘和污染物）。它对所有波长的光的散射基本相等。散射光强 $I_{\text{out},M}$ 可由下式计算：

$$I_{\text{out},M}(P,\varphi,\lambda) = K_M\rho_M(h(P))F_M(\varphi)I_{\text{in}}(P,\lambda) \qquad\qquad (8\text{-}20)$$

在大多数计算机图形绘制模型中，K_M 是与波长不相关的 Mie 散射常数，但有些实现认为它也和波长相关，因而将该系数除以 $\lambda^{0.84}$，即 $K_M(\lambda) = \dfrac{K}{\lambda^{0.84}}$。

$F_M(\varphi)$ 是散射相位函数，可由下式计算（Nishita et al.，1993）：

$$F_M(\varphi) = \frac{3(1-g^2)(1+\cos^2\varphi)}{2(2+g^2)(1+g^2-2g\cos\varphi)^{\frac{3}{2}}} \qquad\qquad (8\text{-}21)$$

相位函数通过 φ 以及常数 g 描述了光朝视点方向散射的概率，其中 g 表示散射的对称性，其计算公式如下所示（Nishita et al.，1993；Cornette and Shanks，1992）：

$$g = \frac{5}{9}u - (\frac{4}{3} - \frac{25}{81}u^2)x^{-\frac{1}{3}} + x^{\frac{1}{3}}$$

$$ \qquad\qquad (8\text{-}22)$$

$$x = \frac{5}{9}u + \frac{125}{729}u^3 + (\frac{64}{27} - \frac{325}{243}u^2 + \frac{1250}{2187}u^4)^{\frac{1}{2}}$$

式中，u 取决于大气条件和范围的常数，取值通常在 $0.7\sim0.85$。如果 $g<0$，表示前向散射；如果 $g>0$，表示后向散射。Mie 散射的 g 值通常为 $-0.99\sim-0.75$。

这样，在某一方向上总的散射光强是 Rayleigh 和 Mie 散射之和。定义 R 是散射因子之和，则有公式：

$$I_{\text{out},M}(P,\varphi,\lambda) = I_{\text{out}}(P,\varphi,\lambda) + I_{\text{out},M}(P,\varphi,\lambda) = R(h(P),\varphi,\lambda)I_{\text{in}}(P,\lambda)$$

$$R(h(P),\varphi,\lambda) = K_R(\lambda)\rho_R(h)F_R(\varphi) + K_M\rho_M(h)F_M(\varphi) \qquad\qquad (8\text{-}23)$$

[①] Tobias Schafhitzel，Martin Falk，Thomas Ertl. 2008. Real-Time Rendering of Planets with Atmospheres. http://cgg.mff.cuni.cz/～pepca/i218/ElekPlanetaryAtmospheres2008.pdf.

3. 光线的大气衰减

由于 A 点发向 B 的光线在经过大气时部分被散射,使得从 A 点发出的光强 $I_A > I_B$,这就造成了光线强度的衰减, $\Delta I = I_A - I_B$ 就是光线的衰减值。对此现象称之为大气的衰减。

1)反射光的衰减

大气中的粒子对光线的散射,使得从目标点 P_g 沿视线方向反射的太阳光线在进入视点时有一部分被散射,不能进入视点。如图 8.6 所示,太阳光 I_{sun} 在进入目标点 P_g 前,由于大气散射作用,损失了部分光强,到达 P_g 的光强 I_{in} 通过一个因子 g_l 进行衰减,如式(8-24):

$$I_{in}(P_g, \lambda) = g_l(P_g, \lambda)I_{sun}(\lambda) \tag{8-24}$$

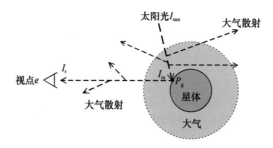

图 8.6 反射光衰减模型示意图

对于大气中的任意点 P_g ,我们可以以行星的中心为原点旋转坐标系,使得 P_g 点位于 Y 坐标轴的正轴,太阳的位置在 XY 平面内,如图 8.7 所示。该旋转的目的是使得衰减因子 g_l 只与 P_g 点的高度 $h(g)$,以及太阳光线和 P_g 点向上矢量即 Y 轴的夹角有关 θ_{sun} 。因而可以将 g_l 表示为 $g_l(h, \theta_{sun}, \lambda)$ 。这样的话如果 $h = 0$,则 g_l 仅仅取决于太阳光线和星体表面点法向量的夹角 θ_g 。

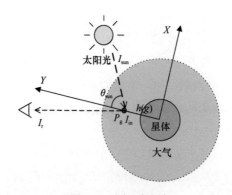

图 8.7 坐标系旋转

最后,当光线从 P 点传播到视点 e 后,再一次发生衰减,如图 8.8 所示。该衰减因

子表示为 g_v，根据式（8-14）可得到最后的反射光强 I_r：

$$I_r(P_g, E, \lambda) = g_v(P_g, E, \lambda)I_{out}(P_g, \lambda) = g_v(P_g, E, \lambda)\cos(\theta_g)r(P_g, \lambda)g_l(0, \theta_g, \lambda)I_{sun}(\lambda) \quad (8\text{-}25)$$

2）散射光的衰减

如图 8.8 所示，当视点位于 P_e，视线从 P_a 穿透大气层到达 P_g，太阳光与视线的夹角为 θ_{sun}，则对于 P_aP_b 上的任意一点 P，其到达视点的光线经过了两次衰减，第一次衰减发生在光线从光源进入大气层到达 P 的过程中，第二次衰减发生在 P 点沿视线散射的光到达视点 P_g 的过程中。衰减与光线传播的距离 S_1 和 S_2 有关。

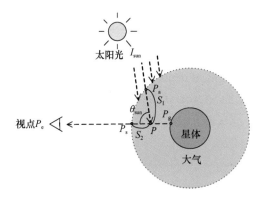

图 8.8　散射光衰减模型示意图

从光源发出的光到达位于光线上的某一点 P 后的光强可根据式（8-26）计算如下：

$$I_{in}(P, \lambda) = g_l(h(P), \theta_{sun}(P), \lambda)I_{sun}(\lambda) \quad (8\text{-}26)$$

沿视线方向被散射的光强可用式（8-27）计算：

$$I_{out}(P, \varphi, \lambda) = R(h(P), \varphi, \lambda)I_{in}(P, \lambda) = R(h(P), \varphi, \lambda)g_l(h(P), \theta_{sun}(P), \lambda)I_{sun}(\lambda) \quad (8\text{-}27)$$

最后，被散射的光沿视线方向通过衰减因子 g_v 进行衰减：

$$\begin{aligned} I_S(P, \lambda) &= g_v(PE, \lambda)I_{out}(P, \lambda) \\ &= g_v(PE, \lambda)R(h(P), \varphi, \lambda)g_l(h(P), \theta_{sun}(P), \lambda)I_{sun}(\lambda) \end{aligned} \quad (8\text{-}28)$$

式（8-28）计算的仅仅是 P 点沿视线方向散射进视点的光强，而为了计算视线上所有点散射进视点的总光强，我们需要沿视线方向对上式进行积分：

$$\begin{aligned} I_S(\lambda) &= \int_0^S I_S(P(t), \lambda)dt \\ &= I_{sun}(\lambda)\int_0^S g_v(PE, \lambda)R(h(P), \varphi, \lambda)g_l(h(P), \theta_{sun}(P), \lambda)dt \end{aligned} \quad (8\text{-}29)$$

3）光线衰减函数

光线衰减函数 g 可用下式计算[①]：

$$g(AB, \lambda) = e^{-\tau(AB, \lambda)}$$

① Emil L, Thomas T C. Real-Time Atmospheric Rendering From Any Viewpoint. http://www.koffietijd.net/atmosphere.pdf.

$$\tau(AB,\lambda) = \int_A^B K_R(\lambda)\beta_R(\lambda)\rho_R(h(t)) + K_M(\lambda)\rho_M(h(t))\mathrm{d}t \qquad (8\text{-}30)$$

式中，$g \in [0,1]$，$K_R(\lambda)$ 和 $K_M(\lambda)$ 分别为瑞利（Rayleigh）散射和 Mie 散射系数。针对行星大气的特点，密度 ρ_R 和 ρ_M 是高度 h 的指数函数：

$$\rho_R(h) = \mathrm{e}^{\frac{-h}{H_R}}$$
$$\rho_M(h) = \mathrm{e}^{\frac{-h}{H_M}} \qquad (8\text{-}31)$$

式中，H_R 和 H_M 分别为 Rayleigh 散射和 Mie 散射的大气标尺高度。这是根据大气的平均密度决定的，如 $H_R = 0.25$ 在大气层厚度 25%的高度处大气密度值就是大气的平均密度。H_R 和 H_M 通常不相等。当然，理论上大气是没有固定厚度的，但在进行可视化实现时，必须设定一个厚度值。

函数 τ 叫做光学深度（optical depth）函数。其积分计算结果近似等于 A 点 B 点的大气平均密度乘以光线的长度。Acrot[1]认为在地球表面某一点的天顶方向 Rayleigh 散射的光线长度为 8.4km，Mie 散射的光线长度为 1.25km。图 8.9 显示了不同方向大气的光学长度。

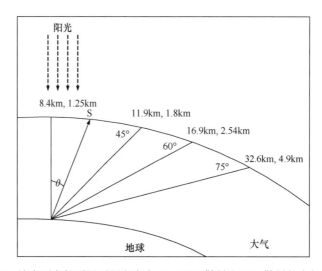

图 8.9　地表至大气顶层不同方向上 Rayleigh 散射和 Mie 散射的大气长度[1]

使用衰减函数 f_g，我们就可根据光线在开始部分的光强 $I_B(\lambda)$ 计算光线结束部分的光强 $I_E(\lambda)$：

$$I_E(\lambda) = I_B(\lambda)f_g(AB,\lambda) \qquad (8\text{-}32)$$

4）对光学模型的离散化

基于前面描述的光线传播模型，使用光线追踪算法，可绘制出非常真实的大气效果。

① Arcot J. Preetham. 2003. Modeling Skylight and Aerial Perspective.　http://ati.amd.com/developer/SIGGRAPH03/PreethamSig2003CourseNotes.pdf.

但是光线追踪算法由于计算量大，不能满足实时绘制的要求。

Dobashi 提出了一种基于现代图形硬件性能的高效简化光线追踪算法，该算法使用多个平面来拟合合成体场景。

A. 采样球

该算法的基本思想是通过分层取样的方法提高计算速度。如图 8.10 所示，该算法使用 n 个同心采样球，每个代表一个具有一定厚度的大气球体。如采样球 k 距星球表面的高度是 h_k，采样球 0 与星球表面重合，并不被渲染。

使用采样球，我们可以将通过大气层射向视点的光线进行离散化。如图 8.11 所示，光线与离散球面的交点分别为 $P_0, \cdots, P_m$，这样的话，反射光强 I_r 和散射光强 I_s 的计算便可在这些数量有限的离散点上进行。

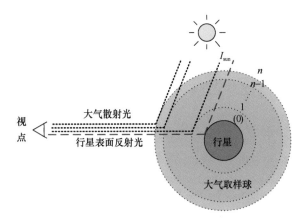

图 8.10　离散点光强计算

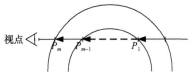

图 8.11　采样球

B. 反射光强 I_r

通过对视线的离散化，我们可将衰减函数 g_v 离散化为 Δg_v：

$$g_v(P_g E, \lambda) = \prod_{i=0}^{m-1} \Delta g_v(P_i P_{i+1}, \lambda) \tag{8-33}$$

与 $g_1(h, \theta_{sun}, \lambda)$ 类似，$\Delta g_v(P_i P_{i+1}, \lambda)$ 主要与相应采样球的高度 h_k，以及视线和铅垂线之间的夹角 θ 有关。因此每个采样球的 Δg_v 可以被预先计算，然后存储在一个一维纹理中。

这样的话，式（8-25）计算的反射光强 I_r 可以改写为下式：

$$I_r(P_g, E, \lambda) = \left(\prod_{i=0}^{m-1} \Delta g_v(P_i P_{i+1}, \lambda) \right) \cos(\theta_g) r(P_g, \lambda) g_1(0, \theta_g, \lambda) I_{sun}(\lambda) \tag{8-34}$$

C. 散射光强 I_s

与反射光相似，我们可将式（8-23）的积分离散化为和的形式：

$$I_s(\lambda) = I_{\text{sun}}(\lambda)\sum_{i=0}^{m-1}\int_{P_i}^{P_{i+1}} g_v(P(t)E,\lambda)R(h(P(t)),\varphi,\lambda)g_1(h(P(t)),\theta_{\text{sun}}(P(t)),\lambda)\mathrm{d}t \quad (8\text{-}35)$$

在一个离散化分段内，可认为 g_1 是一个常数，因而上式可改写成如下形式：

$$I_s(\lambda) = I_{\text{sun}}(\lambda)\sum_{i=0}^{m-1} g_1(h(P(t)),\theta_{\text{sun}}(P(t)),\lambda)\int_{P_i}^{P_{i+1}} g_v(P(t)E,\lambda)R(h(P(t)),\varphi,\lambda)\,\mathrm{d}t \quad (8\text{-}36)$$

同时也可以将大部分的 g_v 从积分中提出：

$$I_s(\lambda) =$$
$$I_{\text{sun}}(\lambda)\sum_{i=0}^{m-1} g_v(P_{i+1}E,\lambda)g_1(h(P(t)),\theta_{\text{sun}}(P(t)),\lambda)\int_{P_i}^{P_{i+1}} g_v(P(t)P_{i+1},\lambda)R(h(P(t)),\varphi,\lambda)\,\mathrm{d}t \quad (8\text{-}37)$$

这样的话便可将提出的 g_v 离散化：

$$I_s(\lambda) = I_{\text{sun}}(\lambda)\sum_{i=0}^{m-1}\left(\sum_{j=i+1}^{m-1}\Delta g_v(P_jP_{j+1},\lambda)\right)g_1(h(P(t)),\theta_{\text{sun}}(P(t)),\lambda)$$
$$\int_{P_i}^{P_{i+1}} g_v(P(t)P_{i+1},\lambda)R(h(P(t)),\varphi,\lambda)\mathrm{d}t \quad (8\text{-}38)$$

最后，积分式（8-38）可写成如下形式：

$$I_s(\lambda) = I_{\text{sun}}(\lambda)\sum_{i=0}^{m-1}\left(\sum_{j=i+1}^{m-1}\Delta g_v(P_jP_{j+1},\lambda)\right)g_1(h(P(t)),\theta_{\text{sun}}(P(t)),\lambda)$$
$$(F_R(\varphi)\Delta I_R(h_k,\theta_v,\lambda) + F_M(\varphi)\Delta I_M(h_k,\theta_v,\lambda)) \quad (8\text{-}39)$$

经过对光照积分公式的离散化，反射光强 I_r 和 I_s 的计算不再使用积分，而仅仅使用加法、乘法和三角函数。

4. 着色器实现及结果

本书使用 CG 着色器实现了大气光学模型的计算。对于地面、天空及空间的物体，每个物体有两个散射着色器，分别用于相机在空间中以及相机在大气中的两种情况，如 Space From Atmosphere.vert 顶点着色器用于绘制视点在大气中时天空的效果。着色器分为顶点着色器和片段着色器。顶点着色器中 Kr 是 Rayleigh 散射常数，Km 是 Mie 散射常数，ESun 是太阳的光强。Rayleigh 散射对不同波长的光的散射比率是不一样的，本书的计算式为 $K_R(\lambda) = \dfrac{K}{\lambda^4}$。

大气光学模型的积分计算使用 CG 着色器语言实现，使用 OpenGL 对 CG 着色器进行调用，实现绘制。行星表面的绘制采用纹理与几何模型叠加的方式，月亮的绘制使用了辉光纹理公告牌技术（glow texture billboard）。当视点在大气层内部时，Mie 散射会在天空中创建一个看上去像太阳的光晕。图 8.12 是大气光照模型的相关参数（Rayleigh 散射常数 Kr，Mie 散射常数 Km，Mie 散射不对称因子 g）在不同取值情况下的绘制效果。太阳光波长为：R=650nm，G=570nm，B=475nm。

(a) Kr = 0.0025, Km=0.0015, g = −0.999

(b) Kr = 0.001, Km=0.0002, g = −0.766

(c) Kr = 0.0025, Km=0.0185, g = −0.79

(d) Kr = 0.0161, Km=0.0187, g = −0.176

(e) Kr = 0.0006, Km=0.0005, g = −0.7

(f) 太阳光晕效果的模拟

(g) 火星大气效果(Kr = 0.0006, Km=0.0005, g = −0.7)

(h) 火星上太阳光晕效果的模拟

图 8.12　行星表面大气绘制效果图

如果将光线的波长更改为 R=0.65，G=0.917，B=0.888，则可以模拟地球黄昏和火星大气的光照效果，如图 8.13 和图 8.14 所示。

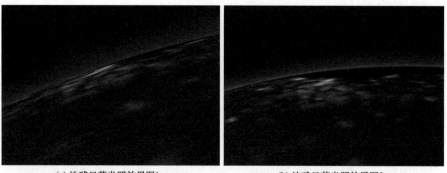

(a) 地球日落光照效果图1　　　　　(b) 地球日落光照效果图2

图 8.13　地球黄昏时刻大气效果的绘制

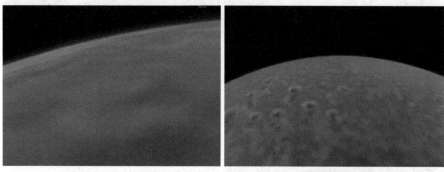

(a) 火星大气光照效果图1　　　　　(b) 火星大气光照效果图2

图 8.14　火星大气效果的绘制

8.3　行星形貌数据的多分辨率表示

形貌绘制所面临的主要问题就是数据量的大小。在现实世界中，当一个人在室外行走时，他所能看到的景观范围很大，从远处的山峦到脚下的鹅卵石，随着视距的变化，人眼所能分辨的细节特征也在变化。在计算机中实时绘制大范围地形景观时，所面临的一个重要问题就是如何实时绘制所有这些能被人眼所感受信息。即使按照中等分辨率存储形貌数据，其数据量也是相当惊人的。例如，如果选择 1m 的格网分辨率来存储 $10km^2$ 的地形高程值，其存储的数据点将会达到惊人的 10 亿个。而包含 10 亿个高程点的地形数据的三角剖分将产生 20 亿个三角面。显然，对于更大范围的地形，要一次性绘制所有的信息是不现实的（周杨等，2009）。

当前，平衡地形绘制的速度与效果问题的常用方法是使用细节层次技术（level-of-detail，LOD）。使用该技术，可根据给定的视点和视线方向来绘制必要的数据。例如，视点附近的景物使用高细节层次进行绘制，而远处的地形则可使用较低的细节层次进行绘制。

8.3.1　目前常用的地形多分辨率表示方法

1. CLOD（continuous level of detail）算法

1996 年，Lindstrom 提出了 CLOD 算法（Lindstrom et al.，1996），该算法分为两步：

第一步是进行地形粗略简化（coarse grained simplification），也可称为基于地形块的简化；第二步进行地形的精细简化（fine grained simplification），也可称为基于顶点的简化。

算法的粗略简化步骤简单有效，能很好地在现代图形硬件上实现。但是精细简化步骤对 CPU 资源的消耗大，没有充分利用图形硬件。这是由于算法出现之初，图形加速硬件相对较少，算法的优化主要依靠 CPU 实现。但随着图形硬件的发展，利用图形硬件优化算法已成为发展趋势。

2001 年，Lindstrom 和 Pascucci 提出了一种新算法，该算法比 Lindstrom 等（1996）提出的算法更加充分地利用了硬件特性。算法是基于 CLOD 算法中的精细简化步骤中的最长边二等分思想。但是该算法使用自顶向下的地形精化方法，并没有用到 CLOD 算法中的数据块。

算法的优点是将三角形条带的生成和使用分开，从而可有效利用硬件特性。与 Lindstrom 等（1996）提出的算法比较，其更好地利用了硬件特性。该算法特性包括：使用了三角形条带技术，提高了三角面处理能力，加快了地形绘制速度；有效地消除了地形裂缝；使用 DAG（directed acyclic graph）和包围球金字塔结构，在一次递归遍历 DAG 过程中数据精细化、三角条带化以及视域剔除可同时进行。

2. ROAM（real-time optimally adapting meshes）算法

目前，Duchaineau 等（1997）是被引用最多的地形绘制简化算法文章之一，与 Lindstrom 的两个算法相似，ROAM 算法也使用最长边对分。但 Lindstrom 算法是基于顶点操作的，而 ROAM 算法是基于三角形操作的。

因为每次对一个三角形的分裂总会生成两个三角形，因此 Duchaineau 使用三角形二叉树（Bintree）来表示地形最长边对分的精化过程。图 8.15 为四层三角形二叉树结构示意图。

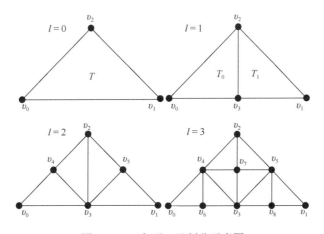

图 8.15　三角形二叉剖分示意图

如图 8.16 所示，三角形 T 有三个邻居，当三角形 T 和他的底邻居 T_B 都处于二叉树的同一层，则两个三角形形成一个钻石形，两个三角形可以被对分。如果 T 与它的底部邻居没有形成钻石形，则 T 暂时不能被对分。对分被递归执行，直至钻石形成，则 T 能对分。

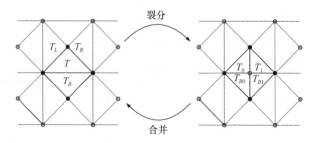

图 8.16 三角形邻域关系

网格的细分是通过自顶向下遍历二叉树进行钻石三角形剖分的方式实现的。当剖分后生成的多边形的屏幕误差小于给定阀值后，递归剖分停止。

目前 ROAM 算法发展为 ROAM2.0[①]。ROAM2.0 一个新的特性就是通过在图形硬件中存储和重用更多的三角面来进一步利用图形硬件。另外几何数据的分配和传输与几何数据的生成也是新特性之一。

3. 视点相关的渐进网格

Hoppe（1998）阐述了如何将 Hoppe（1997）中的视点依赖渐进格网（view dependent progressive mesh，VDPM）算法进行改造，应用于地形渲染中。VDPM 是一种视点相关的渐进网格（progress mesh）细分处理算法。Hoppe（1996）对 VDPM 视点相关和渐进网格的基本思想进行了详细描述。

VDPM 算法可分为基于边折叠的 LOD 算法和基于三角形折叠的 LOD 算法（周杨等，2004），基于边折叠的 LOD 简化算法原理如图 8.17 所示。

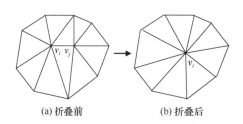

(a) 折叠前   (b) 折叠后

图 8.17 边折叠操作，(v_i, v_j) 折叠成 v_i

渐进网格对物体的连续多分辨率表示提供了一种巧妙的解决方法。该方法对一个物体的原始网格模型：$\hat{M} = M^n$ 每执行一次折叠操作就得到一个简化模型 M^i，同时将该折叠操作 ecol_i 记录下来。通过一系列边折叠（edge collapse）操作原始网格模型渐进简化为基网格 M^o，也得到了一个折叠操作序列 $\text{ecol}_{n-1}, \text{ecol}_{n-2}, \cdots, \text{ecol}_0$，即

$$\hat{M} = M_n \xrightarrow{\text{ecol}_{n-1}} M_{n-1} \cdots M_i \xrightarrow{\text{ecol}_{i-1}} M_{i-1} \cdots M_1 \xrightarrow{\text{ecol}_0} M_0 \qquad (8\text{-}40)$$

通过其逆变换点分裂操作 vsplit_i，可将基网格 M^o 渐进细化为原始网格模型 $\hat{M}$：

$$\hat{M} = M_n \xleftarrow{\text{vsplit}_{n-1}} M_{n-1} \cdots M_i \xleftarrow{\text{vsplit}_{i-1}} M_{i-1} \cdots M_1 \xleftarrow{\text{vsplit}_0} M_0 \qquad (8\text{-}41)$$

---

① Mark Duchaineau. Roam algorithm version 2.0 – work in progress. World Wide Web. http://www.cognigraph.com/ROAM homepage/ROAM2/.

Hoppe 将 $\left(\hat{M},\{\mathrm{ecol}_{n-1},\mathrm{ecol}_{n-2},\cdots,\mathrm{ecol}_0\}\right)$ 称作物体的渐进格网表示。

Hoppe 将顶点和 ecol_i 与 vsplit_i 操作通过树结构来存储（Hoppe，1996），如图 8.18 所示。

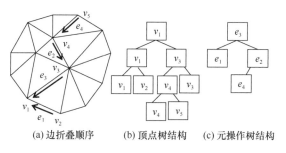

(a) 边折叠顺序　　　(b) 顶点树结构　　　(c) 元操作树结构

图 8.18　元操作二叉树结构

图 8.18 将顶点和元操作分别以二叉树进行存储，且二叉树的各个节点相互对应。元操作包括折叠和分裂操作。

因为地形数据本质上是二维的，而 VDPM 处理的是三维数据，因而将 VDPM 应用于地形绘制可以对该算法进行一些简化。地形被划分成一些块，为每一块建立顶点层次结构。进行简化时，可通过递归执行对 2×2 地形块的缝合和简化，直至所有的地形块被简化缝合在一起。为了避免块之间的裂缝产生，在部分块边界上的边不能进行边塌陷。

地形 VDPM 算法与其他大多数地形简化算法最大的不同在于，VDPM 算法对数据源的限制较少，对数据的要求不一定是规则格网，而可以是任意网格多边形。这样的数据结构特点使得某些地形特征如洞穴、悬崖能被保留，这也是大多数地形绘制算法所不具备的。但是复杂的数据结构使得该算法实现过于复杂，与其他较早的算法一样，其在图形硬件上的执行效率较低，每一帧的渲染需要占用较多的 CPU 资源（周杨，2009）。

4. geometrical mipmapping 算法

2000 年，Willem 介绍了一种充分利用图形硬件的层次细节算法。算法将地形划分成若干大小相等的矩形块（Willem，2000）[①]。在每一个地形块内，使用类似于纹理 mipmapping 的方法进行地形的实时简化。

每一个地形块可认为是一个 geomipmap，可通过移除在一个当前 geomipmap 上的顶点所在的行和列达到所期望的细节层次，直到没有顶点可被移除（除了四个角点，其他顶点都可被移除）。

如图 8.19 所示，当一个顶点 i 被移除，误差值等于 δ_i。δ_i 等于顶点位置到简化网格的垂直距离。其可以被看作顶点与三角形中其他两点连线的距离。每一 geomipmap 层的误差值是 $\max\limits_{i=1,\cdots,n-1}(\delta_i)$，$n$ 是当前 geomipmap 层中被移除顶点的数量。

① Willem H de Boer. 2000. Fast terrain rendering using geometrical mipmapping. World Wide Web，October 2000.http://www.flipcode.com/tutorials/geomipmaps.pdf.

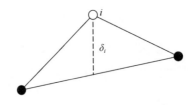

图 8.19 顶点误差的计算

通过将每一 geomipmap 的物方空间误差投影到屏幕空间,然后将其与用户定义的误差阈值进行比较,以选择合适的 geomipmap 层。如果投影的屏幕空间误差大于误差阈值,则选择高一级的 geomipmap 层。如果投影的屏幕空间误差小于误差阈值,判断较低层的 geomipmap 是否能用,否则保持当前层。

该算法需要采用一定的手段消除裂缝。当相邻两个 geomipmap 使用不同的层次细节,由于在共享边上其顶点数量不同,因而会出现裂缝。消除裂缝的推荐方法是在较低层有较多顶点边的 geomipmap 中进行特殊三角化。如图 8.20 所示,在顶点较多的边上忽略部分顶点(如顶点 A 和顶点 B),使得相邻两 geomipmap 的公共边具有相同的顶点。

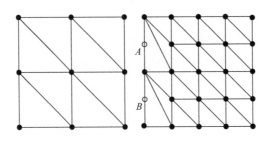

图 8.20 具有不同分辨率的相邻两 geomipmap

该算法具有两大优点:①实现简单;②在图形硬件中的运行效率相对较高。该算法的高效在于细节层次的选择是在块水平,而不是在三角面水平,从而在绘制三角面时减小了 CPU 的负担。由于利用了图形硬件的顶点编程特性来执行 geomorph,从而将更多的本应在 CPU 上完成的工作转移到了 GPU。

为了消除裂缝,每当细节层次发生变化时,geomipmap 算法都需要对地形数据重新进行三角化,使得算法的效率没有得到最优化。

5. 基于地形数据块的 LOD(chunked level-of-detail control)算法

在 2002 年 Siggraph 大会上,Ulrich 提出了一种层次细节算法,该算法目的是在现代图形硬件上高效地渲染海量地形数据[①]。算法借鉴了 geomipmap 的一些思想,但做了较大的改进。

该算法基于四叉树结构。四叉树的每个节点覆盖某一块区域,形成一个连续继承的关系。根节点有一个最低分辨率的多边形网格覆盖整个地形,其四个子节点分别覆盖 1/4 地形,但分辨率更高。地形递归细分,直至得到原始分辨率的地形。

---

① Ulrich T. 2003. Chunked LOD: Rendering Massive Terrains Using Chunked Level of Detail Control. http://www. vterrain.org, 2003.

地形数据多边形网格存储在四叉树的每个子节点，称之为"地形块"（chunk）。每个地形块与其他地形块的关系相互独立。图 8.21 是一个三层四叉树地形块的示意图，从左至右分别代表父节点、四个子节点、16 个孙子节点。

每个节点即地形块有一个最大几何误差。与 geomipmap 一样，几何误差就是当前数据与原始数据在物方空间的最大背离。当地形块被构建时，它们的误差值随着每一层的细分而减半。例如，一个节点有误差值 16，则其子节点误差值为 8，其他层次节点误差以此类推。

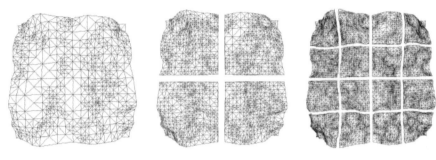

图 8.21   瓦片四叉树

要选择合适的细节层次需要从四叉树的顶部开始递归。因为在 geomipmap 算法中是假设视点沿着水平面移动，所以每个 chunk 的节点的物方空间误差 δ 被投影到屏幕空间得到误差 ρ。

因为 chunk 块的选择是独立的，所以不能保证两个相邻 chunk 块的公共边之间相互匹配，这就造成了裂缝。为了避免裂缝的产生，算法使用了一种叫垂直裙的技术。如图 8.22 所示，从块的边缘向下垂直绘制一条具有一定高度的边，使其能够遮盖由于块之间接边处的不匹配造成的裂缝。该方法虽然是一种近似简化的裂缝消除方法，但能有效地从视觉上消除裂缝。

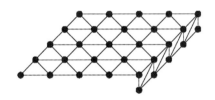

图 8.22   从边上垂直悬挂的裙

6. geometry clipmaps 算法

2004 年，Losasso 和 Hoppe（2004）介绍了一种全新的用于地形渲染的 LOD 模型：基于 geometry clipmaps 的嵌套规则格网地形模型（geometry clipmaps:terrain rendering using nested regular grids）。如图 8.23 所示，这种方法将地形缓存到一组嵌套规则格网里，这个嵌套格网伴随着视点的移动而被增量地推移。这种自适应格网模型具备简单的数据结构、平稳的渲染速率、巧妙的更新策略、高效的压缩，以及实时的细节层次表达等众多优点。

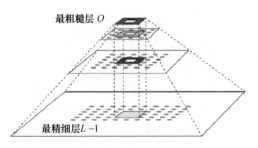

最粗糙层 O

最精细层 $L-1$

图 8.23　geometry clipmaps 嵌套模型（Losasso and Hoppe，2004）

只有最高的层次（$L-1$ 级）渲染为完整的方形网格。其他层次都渲染为空心环，因为空心部分已经由较高层次填充。当视点移动时，clipmap 窗口也作相应的改变，同时更新数据。为了保证高效的持续更新，以一种环形的方法来访问 clipmap 每一层的窗口，也就是说使用 2D 环绕寻址。

算法实现的难点之一就是如何隐藏相邻层次之间的边界，同时，保证一个完美的网格，避免出现裂缝。geometry clipmaps 算法的嵌套网格结构提供了一种简单的解决方案。其中，关键的思想就是每层在靠近外层边界的地方引入一个交换区域（transition region），这样，几何体和纹理都能平滑的通过插值过渡到下一个粗糙层次。使用顶点和像素着色器，可以分别高效的实现这些交换区域。

geometry clipmaps 的嵌套网格结构同样能实现高效的数据压缩及合成。它可以通过对较粗糙的层次的数据提高取样率，预测每一层的高度数据。因此，算法只需要储存多余的细节信息并合成到预测的信号上便可实现高效的数据压缩。另外，算法每一层的 DEM 可视区域的网格点数均为 $N \times N$，通常 $N = 2^k + 1 = 257$。纹理尺寸成 2 的幂次分割，有利于硬件的快速映射；精细层次不会位于粗糙层次的中心，即对于 $i-1$ 层次，第 i 层的区域投射在 x 或 y 方向总有一个网格单位的偏移，这种偏移为算法的漫游更新提供了快速的缓冲机制。

8.3.2　基于四叉树的 CLOD 算法

通过上一节的介绍，可以看到目前地形 LOD 绘制算法的数据结构主要基于规则格网 RSG（regular square grid）模型和不规则三角网 TIN（triangulated irregular network）模型两种。而地形 RSG 模型由于具有结构简单，处理方便，通过相应压缩算法可使得数据存储量减小等优点，目前大多数的 LOD 算法都是基于 RSG 模型。基于 RSG 模型的 LOD 算法主要分为基于四叉树瓦片块的 LOD 算法和顾及视点和地形特征的连续 LOD（CLOD）算法。本节将对 CLOD 算法进行研究和实现。

CLOD 算法使用四叉树数据结构，假设地形数据大小为 $(2^n + 1) \times (2^n + 1)$。使用四叉树结构可对正方形地形数据进行划分。根节点覆盖整个地形，其四个子节点分别覆盖 1/4 地形区域，四叉树兄弟结点之间由一条边重叠。以此类推，可对地形进行递归细分，如图 8.24 所示。

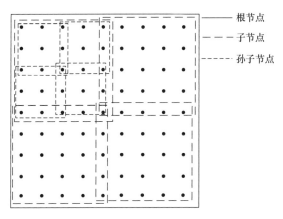

图 8.24　基于四叉树的地形递归细分

1. 四叉树节点细分度量标准

四叉树细分程度即节点深度将决定地形绘制的分辨率。子节点的深度越深，则所对应区域的地形分辨率越高。而决定四叉树节点细分深度的因子主要有两个。

1）视距因子

视距即视点位置与绘制地形的距离。同样大小的地形视距越小，在屏幕上的投影越大，对视觉的贡献也越大。因而需要更高的分辨率进行绘制。反之亦然。视距因子 f_d 可用式（8-42）计算：

$$f_d = \frac{l}{d \times C} \tag{8-42}$$

式中，l 为四叉树节点所对应地形数据块中心点到视点的距离；d 为该四叉树数据块的边长（图 8.25）；常数 C 根据绘制精度的要求设定。当 $f < 1$ 时，四叉树节点进一步细分，反之停止细分，进行绘制。因此常数 C 决定模型的整体精度，当 C 增大时，LOD 模型的整体分辨率提高。

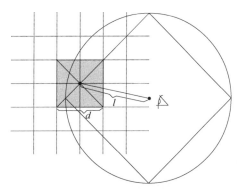

图 8.25　视距因子

2）地形因子

某一四叉树节点采用的分辨率还应该和该节点所表示区域的地形粗糙度相关。该区域越平坦，采用的分辨率越低；反之，则要采用较高的分辨率。地形粗糙度标准用于考虑地形起伏因素对最后输出图像的影响，它可以采取各种不同的表示方法（Röttger et al.，1998；许妙忠，2005），本书称之为地形因子。

地形因子计算方法中较为简单的是利用四叉树节点所对应地形矩形范围的中心点和四条边的中点来计算。如图 8.26 所示，dh_1 等于 B 点沿铅垂方向至 AC 边的距离，于是四个边的中点与其边的距离分别为 $dh_1 \cdots dh_4$，而矩形中心点对应两条对角边的距离为 dh_5、dh_6。于是，地形因子的计算公式如下：

$$f_T = \frac{1}{d} \max_{i=1,\cdots,6} \left(\left| dh_i \right| \right) \tag{8-43}$$

于是，综合距离因子和地形因子，决定四叉树节点细分的度量标准可采用如下评价函数表示：

$$f = \frac{1}{d \times C \times \max(c \times f_T, 1)} \tag{8-44}$$

对于四叉树的某个节点，如果该节点的评价函数值 $f \geqslant 1$，则表示该节点为叶节点，不须进一步细分，参加绘制。否则该节点需进一步细分。式中，常数 c 与 C 一样，其取值决定地形模型的分辨率，在 C 给定的基础上，可实时调整小 c 以使地形分辨率满足绘制要求。

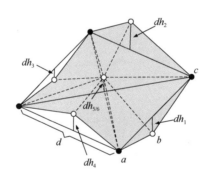

图 8.26　地形因子

2. 裂缝消除

由于地形四叉树节点对应范围的地形具有不同的粗糙度，使得四叉树的各个兄弟节点可能具有不同的深度，这就造成相邻地形子块的分辨率不同，于是出现了所谓的地形裂缝，如图 8.27 所示。

消除裂缝的方法较多（David et al.，2002），在 CLOD 算法中使用最多的便是限制四叉树。限制四叉树的实现方式较多，Röttger 等（1998）通过限定所生成的四叉树结构中所有相邻四叉树节点间细节层次的差异不得大于一个层次。如图 8.28 所示，如果节点 1 和 2 的分辨率正好相差一个层次（即节点 1 的边长是节点 2 边长的两倍），这样的三角形构网便不会出现裂缝。

用节点评价函数对节点 A 和 B 进行评价，结果分别为 f_A 和 f_B。假设 $f_A < 1$ 成立，即节点 A 要进行细化，那么与节点 A 相邻且边长为节点 A 边长两倍的节点 B 也必须进

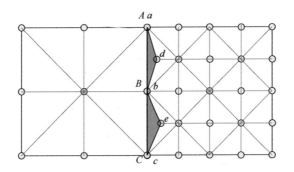

图 8.27　地形裂缝

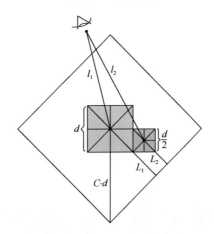

图 8.28　四叉树限制

行细分。如果节点 B 满足条件 $f_B < 1$，则节点 B 可被细分。如果视点位于节点 B 的矩形范围内，则条件 $f_B < 1$ 肯定满足。因为这时 $f_{dB} = \dfrac{l}{d \times C} < 1$，而 $\max(c \times f_T, 1)$ 肯定小于 1。但当视点不在节点 B 的矩形范围内时，该条件就不一定满足。因而我们可通过强制手段使得 $f_B < f_A$，即

$$\frac{l_A}{d \times f_{TA}} > \frac{l_B}{\dfrac{d}{2} \times f_{TB}} \text{ 或 } f_{TA} < \frac{2l_1}{l_2} f_{TB} \tag{8-45}$$

f_{TA} 和 f_{TB} 分别为 A 节点和 B 节点的地形因子，它们的大小是由该节点对应区域的地形起伏来确定的，并不一定满足以上条件。因此在构建四叉树时，计算节点的地形因子除了考虑自身地形起伏的情况外，必须考虑其相邻节点的地形因子。

于是在四叉树节点构建过程中，每一节点的地形因子的值是它本身的计算值和它的前一层次邻接节点地形粗糙度值的 K 倍中的最大值。其中：

$$K = \frac{C}{2(C-1)} \quad (C > 2) \tag{8-46}$$

在构建地形四叉树时，地形因子通过自底向上的方式传递，其传递方式如图 8.29 所示。

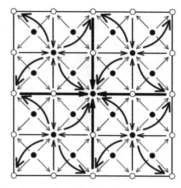

图 8.29　地形因子传递方式（Röttger S et al., 1998）

3. 算法实验

周杨（2009）使用的实验数据是某地区 30m 分辨率 DEM 和 1m 分辨率遥感影像，原始 DEM 大小为 2266×1895，原始影像大小为 13974×11535。对原始数据进行重采样，使得 DEM 大小为 2048×2048，影像大小为 8192×8192。实验的硬件平台是 DELL670 图形工作站，具体配置：Xeon3.2GHz 双核处理器，NVIDIA 的 Quadro FX4400 图形显示卡，显示内存 512M，2G 内存。图 8.30 是实验结果：（a）是叠加纹理时的绘制效果图；（b）～（d）分别是视点在同一位置时，简化控制因子取不同值，使得地形具有不同分辨率。图 8.31 表示的是绘制三角形与绘制帧率之间的关系。

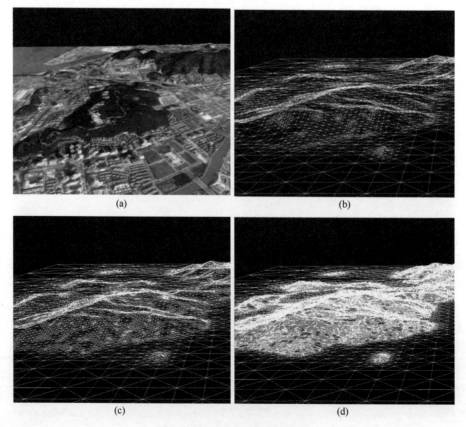

图 8.30　CLOD 算法试验结果

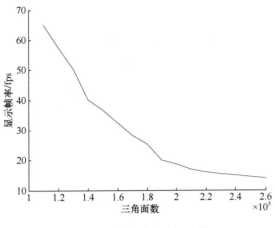

图 8.31　绘制帧率统计结果

从图 8.30 中可看到，由于算法考虑了视点因子和地形因子，不论视点远近，地形平坦地区使用的三角面非常少，极大地优化了绘制性能。当地形控制常数 c 增大以提高细节水平时，增加的三角面主要分布在地形起伏较大地区，这使得在提高绘制效果的同时，所增加的数据量尽可能少。

8.3.3　基于嵌套网格的 geometry clipmaps 改进算法

基于 geometry clipmaps 的嵌套规则格网根据视点的位置确定细节层次，如图 8.32 所示（周杨，2009）。

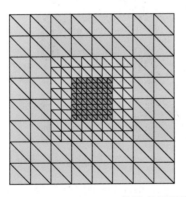

图 8.32　geometry clipmaps 的嵌套规则格网

geometry clipmaps 使用规则格网的金字塔多分辨率层次数据结构，该算法以视点到地形的距离做为衡量标准，对 DEM 金字塔多分辨率模型分别计算每一层的可视区域大小，在靠近视点的地方使用分辨率最高的数据（精细层），该矩形区域完全绘制，外层数据分辨率按照距视点距离依次降低，并绘制为逐层嵌套的空心矩形环（非精细层），这样就组成了一个个逐层嵌套的矩形环，如图 8.32 所示。当视点移动时，可视区域也随之进行更新，然后计算每一层的渲染区域，进行图元装配发送给图形渲染管线。为方便将非精细层渲染成空心矩形环，同时提高视景体裁剪的效率，需将每个空心嵌套环等分为 12 块，如图 8.33 所示。

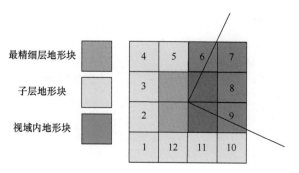

	4	5	6	7
	3			8
	2			9
	1	12	11	10

最精细层地形块

子层地形块

视域内地形块

图 8.33 geometry clipmaps 空心嵌套

为了提高数据的更新效率，geometry clipmaps 算法使用环状数组和模运算的方式来存储每一层显示的数据块，随着视点的移动，每次只更新"L"形的新区域（图8.34），由于使用环状数组和模运算来存储和访问数据，这对于每一个固定顶点在数组中存储的位置保持不变。例如，假设 $n=129$，格网点的编号为 $a=0 \rightarrow 128$，存储在数组中的下标为 a 与 n 的模运算，即从 $0 \rightarrow 128$，当视点移动造成格网点编号变为 $1 \rightarrow 129$ 时，编号 129 的格网点在数组中的位置为 129 与 $n=129$ 的模仍然为 0。如图8.34 所示，当视点更新时，新的"L"形区域数据正好保存在数组中原有的"L"形数据位置上。

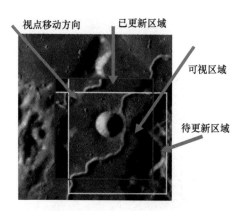

图 8.34 L 形区域数据更新

geometry clipmaps 算法的地形精化和层次选择的唯一标准是视距，康宁提出了一种简单快速的选择标准（康宁，2007）。对于 1 层，可视区域表现为以视点 (x, y) 为中心的大小为 $ng_l \times ng_l$ 的矩形区域（其中，$g_l = 2^l$）。在地形起伏不大，视点平行于地面，视角为 90°时，某一层可视区域的深度平均为 0.4^{ng_l}，由于格网间距（宽度为 g_l）与之成反比，所以屏幕空间三角形 s 的像素尺寸为

$$s = \frac{g_l w}{0.4 n g_1 \tan\left(\dfrac{\varphi}{2}\right)} = 1.25 \times \frac{w}{n \tan\left(\dfrac{\varphi}{2}\right)} \tag{8-47}$$

式中，w 为窗口尺寸；φ 为视野。对于 $w=1024$（像素），$\varphi=90°$时，取 $n=257$，则 $s < 5$（像素）。从式（8-47）可以看出，geometry clipmaps 算法中每一层的格网单元在透视投

影后三角形大小大致相等。当视线不是水平的时候，屏幕空间的深度大于 0.4^{ng_l}，所以屏幕空间三角形的尺寸小于 s。对于层 1 判断标准为，如果视点距地面的高度大于 0.4^{ng_l} 时，则该层不显示。

如图 8.35（a）所示，使用 geometry clipmaps 算法进行地形渲染时，以视点为中心的范围为 $2D\times2D$ 的地形数据块分辨率最高，然后围绕中心块的环状地形数据块由内向外分辨率以 1/2 的倍率依次递减。于是沿视线方向最精细层数据的有效可视距离为 D，本书称之为精细距离，精细距离之外的地形由于分辨率的降低，绘制效果受到影响。如图 8.35（b）所示，有时视点的兴趣点可能超过了精细距离 D，则视觉效果将会大打折扣。

本书通过将视点位置沿视线反方向平移距离 D，则可将精细距离增大两倍，如图 8.36 所示。其计算公式如下：

$$V_{\text{eye}} = V_{\text{eye}} - \vec{V} \tag{8-48}$$

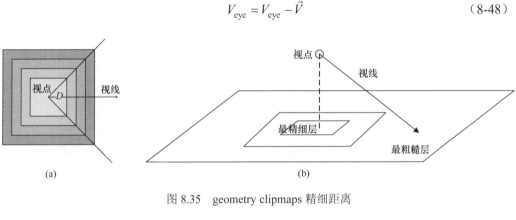

图 8.35　geometry clipmaps 精细距离

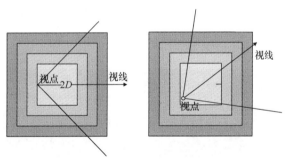

图 8.36　非对称 clipmaps 嵌套格网

通过对视点沿视线反方向的平移，使得随视点的移动和视线方向旋转时，始终能有效地增加精细视域范围。

本书使用的实验数据为 Apollo15 登月地区的高分辨率遥感影像和 DEM 数据，影像大小为 10753×11063，分辨率为 1.5m/pixel；DEM 数据为 3319×3226，格网间距 50m。影像数据和 DEM 数据都被划分为 5 层。图 8.37～图 8.39 是试验结果。

从以网格显示的图 8.39 中可以看到，经过非对称嵌套格网的改进后，视点可见的精细范围得到有效扩大，改善了绘制效果。

图 8.37　Apollo15 登月地区三维绘制图

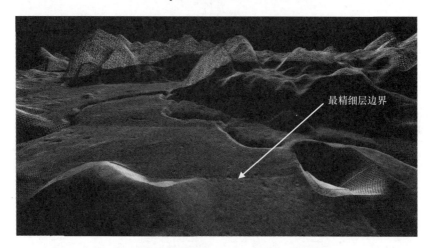

最精细层边界

图 8.38　Apollo15 地区原 clipmap 算法绘制效果

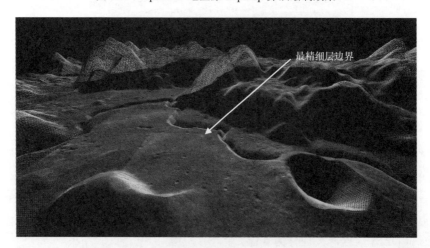

最精细层边界

图 8.39　Apollo15 地区非对称 clipmap 算法绘制效果

　　图 8.40 是数据 1 使用视域裁剪和不采用视域裁剪时，绘制帧率的比较，如前所述，使用视域裁剪后可剔除 2/3 的数据，因此绘制效率有较大提高（周杨等，2009）。从统计

结果分析，geometry clipmaps 算法在不同的视点位置时绘制帧率能保持一个相对稳定状态。使用球面视域裁剪后，绘制平均帧率 34fps（帧/s），较之没有使用球面视域裁剪时平均 13.5 fps 的绘制效率提高两倍多。在使用球面视域裁剪后，当视点漫游至分块数据的文件边界时，系统需对硬盘上不同的数据文件进行读取和检索操作，这就导致了绘制效率发生瞬时恶化的情况。如果不使用球面视域裁剪，绘制效率本身较低，因而硬盘数据文件的检索和读取不会对绘制效率产生影响。

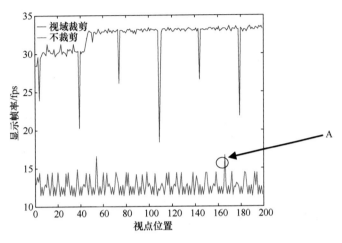

图 8.40　clipmap 算法显示帧率的统计

　　与 CLOD 算法相比较，该算法的缺点在于细节层次仅与视点距离相关，而与地形起伏情况无关，因而在地形相对平坦的地区三角面的使用存在较大浪费。

8.3.4　基于可扩展瓦片四叉树的 LOD 算法

　　如前所述，CLOD 算法综合考虑了距离因子和地形因子，所构造的多分辨率地形模型能最大限度地简化对视觉贡献小的三角面，绘制的地形具有较强的视觉连续性。但由于其需要在系统运行时实时进行四叉树剖分构网，因而占用 CPU 资源较大，绘制效率受到影响。基于图形硬件的 clipmap 算法以及球面 clipmap 算法，通过将地形数据存储在图形显存中，并且通过环状数组提高数据的利用率，极大程度地提高了绘制速度，但是 clipmap 算法对地形数据和影像数据要求高，数据预处理复杂。目前，随着图形硬件的不断发展，图形硬件所能存储和绘制的三角形的数量不断增多，那种通过 CPU 的实时计算构建地形的最优化网格的算法（ROAM 算法和 CLOD 算法）占用了大量的计算资源，在提高绘制速度上得不偿失。为此，目前所使用的大多数全球地形可视化框架多采用基于块的 LOD 算法，即将地形的最小更新单元从"顶点"粗化到"地形块"。为此，本书设计了一种可扩展的四叉树结构对全球地形数据进行分层分块，建立地形和影像四叉树金字塔，从而实现超出内存（out of core）的海量数据绘制。

　　本书提出的层次细节算法是综合了 Lindstrom 等（1996）、Willem H de Boer[①]、

① Willem H de Boer. 2000. Fast terrain rendering using geometrical mipmapping. World Wide Web，October 2000.http://www.flipcode.com/tutorials/geomipmaps.pdf.

Ulrich T[①]提出的三种细节层次算法的优点，基本原理与 Lindstrom 提出的算法中粗略简化部分相似。算法基于四叉树结构，使用 Willem H de Boer[②]的 mipmapping 方法进行网格简化。这使得算法保持了 Ulrich 算法的高效性，又具备 geomipmapping 的简单性。

为了算法实现方便，本书对地形高程数据作出如下限定：

（1）高程数据必须是规则排列的正方形，即高程数据行、列数相同，且具有同样的采样间隔；

（2）在 x 和 y 方向的行列数必须是 n^2+1，n 是整数值。

1. 瓦片四叉树结构

本书的 LOD 算法的核心是四叉树结构，其结构如图 8.41 所示。

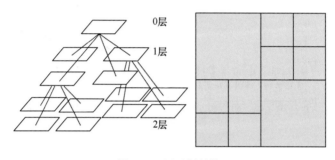

图 8.41　四叉树结构

四叉树顶部的节点称为根节点，而没有子节点的节点称为叶子节点。其他节点称为内部节点。使用四叉树结构可对正方形地形数据进行划分。四叉树结构中每个节点都包含一定细节层次的地形多边形网格。根节点的多边形网格覆盖整个地形，但是分辨率最低。其四个子节点分别覆盖整个地形的 1/4 区域，分辨率较其根节点提高一倍。以此类推，直至每个叶子节点所包含的地形网格具备最高分辨率。

四叉树节点所包含的多边形网格的数据量是决定 LOD 算法绘制性能的一个重要因素。四叉树节点中存储的最简单的多边形网格是一个由两个三角形构成的四边形。但这种存储方式将会造成地形绘制时会频繁地遍历四叉树节点调用绘制 API，而为 CPU 带来更大的计算负担，从而影响多边形的生成能力。

为了最大限度地提高多边形生成能力，就要求算法在调用一次绘制 API 时能够处理更多的三角形。满足要求的一种最简单方法就是在四叉树节点中存储数量合适的多边形网格。本书将四叉树节点中存储的地形网格称为地形瓦片块。为了更好地利用当前图形显示硬件的性能，经过试验，本书认为在四叉树节点中存储的瓦片数据块网格大小为 33×33 时，绘制性能最佳。

在瓦片四叉树中每个瓦片数据块是完全独立于其他数据块甚至于树本身。这种独立

① Ulrich T. 2003. Chunked LOD: Rendering Massive Terrains Using Chunked Level of Detail Control. http://www. vterrain.org.
② Willem H de Boer. 2000. Fast terrain rendering using geometrical mipmapping. World Wide Web，October 2000.http://www.flipcode.com/tutorials/geomipmaps.pdf.

性对于简化的实现，以及对超出内存的数据调度是一个很好的特性。

2. 网格简化

通过对整个地形数据进行自底向上的网格简化过程，就能产生不同细节层次的瓦片数据块。在四叉树底部的叶子节点，多边形网格直接由原始高程数据产生。然后通过合并相邻的 2×2 块地形数据，多边形网格被简化并产生父节点。该过程持续直至多边形网格被简化至符合要求的简单网格并放置于根节点。

该简化方法与 geometrical mipmapping 相似。每执行一个简化步骤，网格中每隔一行和一列的顶点数据将被移除，四叉树中的四个子节点合并成一个父节点，如图 8.42 所示。

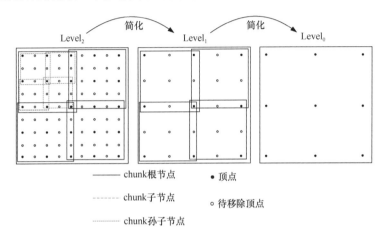

图 8.42　用 geomipmapping 原理进行的高程数据简化

本书使用该简化方案的原因是因为其实现起来简单方便，另外该方案还有一个特点就是它能在所有的多边形网格中保持同样的网格结构，即所有网格都是具有同样大小的规则三角化的正方形。这将保证算法能充分利用 GPU 批量处理三角面的能力，实现内存和速度的优化。

3. 简化误差的计算

要决定哪个层次的瓦片块将被渲染，主要取决于每个瓦片块的误差值 δ_C。误差值 δ_C 等于其包含的所有顶点误差 $\{\delta_1, \delta_2, \cdots, \delta_n\}$ 的最大值，即

$$\delta_C = \max\{\delta_1, \delta_2 \cdots, \delta_n\} \tag{8-49}$$

某一顶点的误差值 δ 在物方空间中进行计算，等于该顶点与其相邻两个顶点构成的边的距离，如图 8.43 所示。

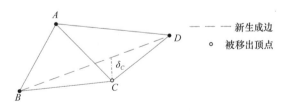

图 8.43　顶点误差的计算

其计算公式如下：

$$\delta_C = \left| C_Z - \frac{B_Z + D_Z}{2} \right|$$ （8-50）

式中，B_Z，C_Z，D_Z 分别为顶点 B，C，D 的高程。

一个具有较低细节层次的瓦片块的误差值 δ_C 将大于具有比较高层次细节瓦片的误差值。为了保证瓦片的误差沿四叉树增加，这里使用 Duchaineau 等（1997）提出的方法计算误差值 δ_C，即误差值 δ_C 与其所有子节点的误差值 δ_{ci} 的最大值与自身误差值 δ_m 的和，其计算公式见式（8-51）：

$$\delta_C = \begin{cases} 0 & \text{如果chunk是叶子节点} \\ \max\{\delta_{c1}, \delta_{c2}, \delta_{c3}, \delta_{c4}\} + \delta_m & \text{否则} \end{cases}$$ （8-51）

通过比较误差值 δ_C，我们能判断某一层次的瓦片是否满足合适的层次细节，或者说它是否需要被其他更高细节层次的瓦片所替代。计算得到每个瓦片在物方空间的误差值 δ_C 后，还需将误差 δ_C 投影至屏幕空间产生屏幕空间误差 ε，然后与用户定义的阈值 τ 进行比较。如果 ε 大于 τ，则需要选择更高分辨率的层次细节，否则认为当前瓦片具有满足要求的层次细节。

有学者描述了如何将误差值 δ_C 投影至屏幕空间得到 δ'。但其计算过于复杂，为此本书采用了一种计算 δ_C 投影至屏幕空间得到 δ' 的近似简化方法，该方法假设视点的视线方向总是平行于水平面的，如图 8.44 所示。

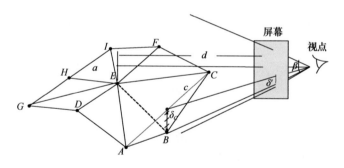

图 8.44　投影误差简化计算

将误差值 δ_C 投影至屏幕空间得到 δ' 可用式（8-52）表示：

$$\delta' = \delta_C \frac{S}{2d \left| \tan\left(\frac{\beta}{2}\right) \right|}$$ （8-52）

式中，S 为屏幕以像素为单位的高度；d 为视点到瓦片的距离；β 为以弧度为单位的视域角。

因为每次进行层次细节选择都需要进行投影计算，为了简化计算，Willem H de Boer[①]提出将式（8-52）进行改化，计算视点至瓦片的最小距离 d_m 来代替用户给定的误

---

① Willem H de Boer. 2000. Fast terrain rendering using geometrical mipmapping. World Wide Web，October 2000.http://www.flipcode.com/tutorials/geomipmaps.pdf.

差阈值 τ。这样的话,我们只需要计算视点至瓦片的距离 d,然后与 d_m 进行比较,如果 d 小于 d_m,则需要选择较高层次细节。

当 δ' 等于误差阈值 τ 时,对应的 d 就等于 d_m,于是根据式(8-52)就可得到式(8-53):

$$\tau = \delta_c \frac{S}{2d_m \left| \tan\left(\dfrac{\text{fov}}{2}\right) \right|} \tag{8-53}$$

对于每个瓦片块而言,d_m 可以事先计算后存储。但是如果误差阈值 τ 发生改变,则重新计算所有 d_m。为此,我们只是存储预先计算值 $C = \dfrac{S}{2\tau \left| \tan\left(\dfrac{\text{fov}}{2}\right) \right|}$ 而不存储 δ_C。在层次细节选择时再将 C 乘以 δ_C 得到 d_m。这种做法的优点是当 τ 发生变化时,仅仅需要计算 C。

4. 基于四叉树数据结构的细节层次选择

在计算得到瓦片的投影误差值后,便可用四叉树数据结构进行地形数据的描述,于是选择正确的细节层次进行选择将会变得简单易行。细节层次选择实现的伪代码如下所示。

```
detail_level_select(node)
{
    d=distance from viewpoint to node
    if ( d<δc(node)·C ) and node is internal then
        for each child of node
            detail_level_select(child)
    else
        select node to be rendering
}
```

该函数从给定的节点处沿树向下以深度优先的方式进行递归遍历。当某个节点瓦片的投影误差值 δ_C 小于视点距瓦片的距离 d,则认为该节点具有合适的层次细节,则递归停止,选择该节点进行绘制。否则对其子节点进行递归遍历,直至满足条件或到达四叉树叶子节点。如果对整个地形进行细节层次的选择,则函数从树的根节点进行递归调用。

5. 裂缝的消除

当进行 LOD 简化时,相邻两个数据块可能分辨率的不一致,使得两块的接边处会出现裂缝,这是因为两个数据块在接边处并不共享顶点数据。如图 8.44 所示,顶点对 $(A,a),(B,b),(C,c)$ 的位置分别对应。但并不能保证位于 ab 边的顶点 d 在和 bc 边的顶点 e 在对应的 AB 边和 BC 上也有对应的顶点。

很多算法,如 Willem H de Boer[①]、Röttger 等(1998)、Larsen 和 Christensen(2003)

---

① Willem H de Boer. 2000. Fast terrain rendering using geometrical mipmapping. World Wide Web, October 2000.http://www.flipcode.com/tutorials/geomipmaps.pdf.

中的算法都使用了较为复杂的技术进行裂缝的修补。可这样就增加了算法的复杂性和CPU 的负担，极大地影响了算法执行的效率。

一个简单而有效的消除裂缝的方法就是使用"裙"技术（Ulrich[①]），即在瓦片块的边界处垂直向下绘制一条边（图 8.45）。因为误差值就是某一顶点与相邻两个顶点所形成的边之间的距离，所以误差值可以被用于决定"裙"的高度。因为误差值是最大误差值，且是嵌套计算得到的，这就保证了每一个具有一定细节层次的节点都有一个误差值或者说高度值。这个值足够大，能够覆盖可能出现的裂缝。所以说与瓦片关联的误差值可以被用来作为裙的高度值。

这种方法可能会造成多边形数量的少量增加，但其效率要远高于非常耗费 CPU 的裂缝方法，同时实现起来非常简单。

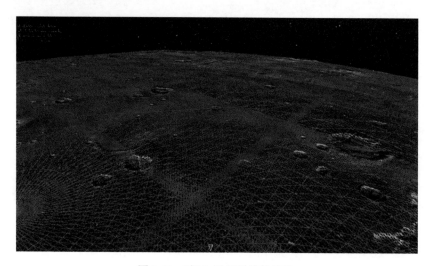

图 8.45 "裙"用于裂缝的消除

6. 可扩展四叉树的实现

如前所述，我们可通过增加更多的采样值来为高程数据增加更多的细节，算法中的高程数据存储在瓦片四叉树中，为了增加更多的采样值，四叉树必须用新的瓦片扩展。由于我们的目的是实时扩展四叉树，所以输入的可能是低分辨率的高程数据，但是渲染时可能会具有较高的细节层次。

1）动态和静态节点

这里称原始四叉树做为静态节点而扩展的节点作为动态节点。这两种节点的唯一不同是产生的方法不同。静态节点从文件中读入，而动态节点通过分形算法产生。

在层次细节算法中，为了层次细节递归精化能够在叶子节点停止，叶子节点的误差值 $\delta_C = 0$。为了在静态叶子节点中插入动态子节点，必须使得静态叶子节点的误差值不为零。

为了层次细节选择能够在第一层动态节点基础上进一步进行，这些动态节点的误差值也不能为零。与静态误差值一样，获得动态误差值的精确值是很困难的。本书使用的

① Ulrich T. 2003. Chunked LOD: Rendering Massive Terrains Using Chunked Level of Detail Control. http://www.vterrain.org.

方法是给子节点的误差值等于其父节点的一半。这是一种非常近似的方法，但应用的效果不错。

2）经过调整的细节选择

因为根据需要，节点可动态地增加到四叉树中，所以原则上四叉树中的每个节点都是内部节点。这样的话在进行层次细节选择时就不再需要判断节点是否是内部节点，这造成了层次细节算法的少许变化。层次细节算法经过调整后，伪代码如下所示：

```
detail_level_select (node)
    d = distance from viewpoint to node
if d<δc(node)·C then
    if children not in memory then
        request loading of children into memory
            select node for rendering
    else
        sort children according to distance
        for each children of node
            detail_level_select (child)
else
    select node to be rendering
```

3）在四叉树中增加节点

由于四叉树中叶子节点的误差都大于零，所以可以判断叶子节点如果有较大的误差，则需要更高的细节层次 chunk 数据。

生成动态节点是细节层次简化方法的逆过程。首先，其父节点的高程数据范围被划分成四个较小的区域，通过在每一行和每一列之间增加新的采样值，采样密度四倍增加，如图 8.46 所示。

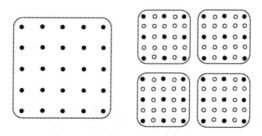

图 8.46 四叉树节点增加

新采样值的高程数据可通过前面描述的分形算法计算得到。使用新的高程值，四个新的动态节点产生，然后插入四叉树中作为四个子节点。

7. 试验结果及结论

试验用硬件平台为 DELL670 图形工作站，具体配置：Xeon3.2GHz 双核处理器，NVIDIA 的 Quadro FX4400 图形显示卡，显示内存 512M，2G 内存。操作系统为

WindowsXP SP2，开发语言为 VC++6.0，三维图形标准为 OpenGL 2.0，显示窗口大小为
1680×1050 像素。

试验以火星和月球全球 DEM 数据和影像数据为试验数据，数据划分为 5 层。图
8.47～图 8.50 是实验结果。

分析试验结果可以看到：由于在瓦片四叉树中每个瓦片数据块是完全独立于其他数
据块甚至于树本身，因而数据的调度简单，调度效率高；使用"裙"技术从视觉上消除
裂缝，极大地简化了算法的实现；通过批量处理和绘制瓦片数据，算法可很好地利用
GPU 的图形处理性能，提高数据的绘制效率。

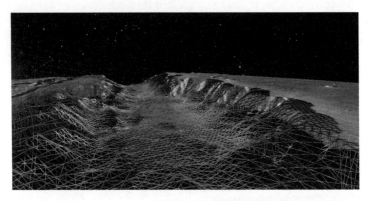

图 8.47　火星表面地形某一细节层次网格绘制结果

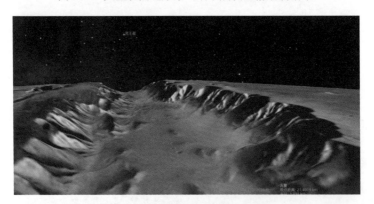

图 8.48　火星表面地形数据纹理叠加绘制结果

图 8.49　月球表面地形某一细节层次网格绘制结果

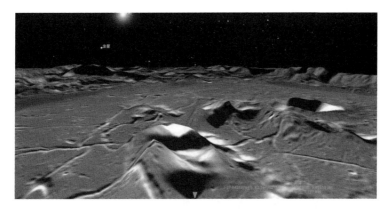

图 8.50　月球表面地形数据纹理叠加绘制结果

8.4　基于分形的行星形貌细节增加

8.4.1　分形理论

20 世纪 70 年代，美籍法国数学家曼德勃罗在（B.B.Mandelbrot）首次提出了分维和分形（fractal）几何的设想。"分形"一词，其原意包含不规则、支离破碎等含义，被用来描述不规则、支离破碎的复杂图形。由于分形几何概括了人类早已认识到的自然界的固有特征，所以能对客观世界（无论是微观还是宏观）作出比欧氏几何更精细的描绘（徐青，2000）。

随着分形理论近年来飞速发展，分形技术已能在自然界无处不在的分数维现象和自相似特征中得到应用，对自然景物进行逼真的模拟，描绘出山、云、树、花等自然景物，因而在计算机图形学领域得到了广泛的应用。

1. 分形的定义

曼德勃罗给分形下的原始数学定义为：分形是豪斯道夫维数（Hausdorff dimension，D_h）严格大于拓扑维数（D_t）的集，即 $D_h > D_t$。后来有的研究者将这一定义进行扩展，得到了以下的修改定义。分形是具有下列性质的集：①具有精细的结构，具有任意小尺度下的细节；②其不规则性在整体和局部均不能用传统几何语言来描述；③具有某种自相似性，可能是近似的自相似或统计上的自相似；④其分形维数其拓扑维数（$D_h > D_t$）；⑤在多数情况下可递归地定义。

分形研究一般用分维（fractal dimension）计算作为主要工具。常用的指标有 Hausdorff 维数 D_h、相似维数 D_s、容量盒维数 D_c、关联维数 D_g、信息维数 D_i、谱维数 D_f、填充维数 D_p 和分配维数 D_d（李爽和姚静，2007）。不同的分形维数是研究客体的形状、结构和功能复杂程度的分形反映，研究内容不同。不同的分形维数指标表征不同的意义和信息含量。

2. 分形布朗函数的定义

分形布朗运动（fractal Brownian motion，fBm）是一种在统计意义下自相似性的非平稳随机过程，能充分反映研究对象的统计特征，是地形仿真领域最常用的数学模型之一。

fBm 的定义如下：

设 u 是 $(-\infty, +\infty)$ 的一实参数，w 是某一随机函数的值域，设 h 是一个参数，且 $0 \leqslant h \leqslant 1$, b_0 是任意实数，则参数为 h，初值为 b_0 的 fBm 函数 $B_h(u,w)$ 为

$$B_h(0,w) = 0$$

$$B_h(u,w) - B_h(0,w) = \frac{1}{\Gamma(h+0.5)} \times \left\{ \int_{-\infty}^{0} \left[(u-s)^{h-\frac{1}{2}} - (-s)^{h-\frac{1}{2}} \right] \mathrm{d}B(s,w) + \int_{0}^{u} (u-s)^{h-\frac{1}{2}} \mathrm{d}B(s,w) \right\} \quad (8\text{-}54)$$

特别地，当 $h = 0.5$ 时，$B_h(u,w)$ 就是普通布朗运动。

显然，fBm 具有如下 6 个性质：①服从正态分布 $B_h(u,w) \propto N(0, u^{2h})$；②$B_h(u,w)$ 是非平稳过程；③增量平稳；④具有统计自相似；⑤平方变差异为 u^{2h}，绝对变差异为 $\left(\dfrac{2}{\sqrt{2\pi}} \right) u^h$；⑥fBm 面的 Hausdorff 维数和盒维数以概率 1 等于（$2-h$）。

分形布朗运动是现代非线性时序分析中的重要随机过程，它能有效地表达自然界中许多非线性现象，也是迄今为止能够描述真实地形最好的随机过程。

8.4.2　基于分形布朗运动的地形细节生成

分形地景建模方法有多种，大致可分为泊松阶跃法（Poisson faulting）、傅里叶滤波法（Fourier filtering）、中点位移法（midpoint displacement）、逐次随机增加法（successive random additions）、带限噪声累积法（summing band limited noises）、小波变换（wavelet transform）等（齐敏等，2000）。

随机中点位移算法是用来实现分形布朗运动最常用的方法。它是利用细分过程中，在 2 个点或多个点之间进行插值的方法来构造地形，如图 8.51 所示。

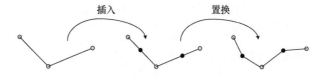

图 8.51　随机中点位移法

随机中点位移算法有三角形边界细分法和菱形-正方形细分法两种（何方容和戴光明，2002）。三角形边界细分法的缺点是由于不同细分阶段产生的点在相邻区域中有不同的统计特性，这常会留下一道明显痕迹，即所谓的"拆痕问题"（creasing problem）。而菱形-正方形细分法（即 diamond-square 算法），相对于三角形细分法它能很好地解决拆痕问题，大大地降低拆痕的出现概率。

菱形-正方形细分法是将随机中点位移程序用于正方形地平面而生成地面特征。如图 8.52 所示，取正方形的四个顶点 A, B, C, D 的高度值作为初始种子，然后计算正方形的中点 E，以及构成正方形四条边的中点 F, G, H, I。其中正方形中点的计算过程称为菱形步骤，而边的中点的计算过程则称为正方形步骤。

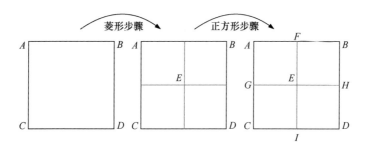

图 8.52　菱形-正方形细分法

正方形中点 E 处的高程可用下式计算：

$$E_Z = \frac{A_Z + B_Z + C_Z + D_Z}{4} + \Delta^2 G() \tag{8-55}$$

式中，$\Delta^2 G()$ 为所加偏移量；$\Delta^2 = \left(\frac{1}{2}\right)\sigma^2$ 为节点处的根方差，用来控制地形的粗糙度；$G()$ 为服从正态分布的高斯随机噪声。

如图 8.53 所示，正方形边的中点（如 H ）的高程可由正方形中点 E 、顶点 B、D，以及相邻正方形的中点 K 的值来计算，如式（8-56）所示：

$$H_Z = \frac{E_Z + D_Z + K_Z + B_Z}{4} + \Delta^2 G() \tag{8-56}$$

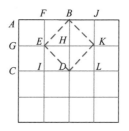

图 8.53　正方形中点高程计算

这种插值方法构成了一个双二次曲面的效果，它的一个重要优点是地景表面的法线是连续的，所以减少了三角细分法中的折痕现象。此外由于双二次曲面的效果影响，用这个算法的地景轮廓比较柔和。但如果需要，也可以使地形表面更粗糙，还可以使山峰更突出。

8.4.3　月面形貌特征数据的拟合

1. 月面形貌概况

月球形貌是指月球表面高低起伏的状态。据资料，月面上山岭起伏，峰峦密布，主要形貌有：月海、类月海、撞击坑、山脉、峭壁、月谷、月溪、月湖、月湾、月沼和月面辐射纹等主要形貌数据（欧阳自远，2007）。肉眼所看到的月面上的暗淡黑斑叫月海，是广阔的平原，月海有 22 个。最大的是风暴洋，面积 500 万 km²。月球上呈碗状凹坑结构的陨石撞击坑通常又称为环形山，直径大于 1000m 的环形山有 33000 多个，它是月面上最明显的特征。环形山的形成可能有两个原因，一是陨石撞击的结果；二是火山活动。但是大多数的环形结构均属于陨星的撞击结果。图 8.54 为一张 Appolo15 登月地区的陨石坑遥感影像。

由于受到获取手段的限制，已有月面形貌数据的精度和分辨率还很低。根据美国国家地质调查局提供的资料显示，目前分辨率最高的全月面 DEM 数据是由 ULCN 2005 月面控制网所内插得到，分辨率大约是 1.895km。Clementine 全月面遥感影像的分辨率约为 100m/像素。嫦娥一号所获取的月面影像数据约为 150m/像素。而月球探测的相关研究，如月球车研制的仿真试验需要高分辨率的月面形貌数据。本章根据几何月球表面形貌数据的特点，采用分形算法对原有较低分辨率的月面 DEM 数据进行了内插加密，然后在分形生成的加密地形上添加月球陨石坑，以及月球石块等数据，以最大限度地模拟高分辨率的月面形貌。

图 8.54　月球陨石坑影像

2. 月面形貌的模拟

月球上陨石撞击坑的直径分布范围很广，小的只有几十厘米甚至更小。直径大于 1km 的陨石撞击坑的总面积约占整个月球表面积的 7%～10%。所以对陨石撞击坑建模是构建真实感月面的关键。而目前月面 DEM 数据的分辨率只有千米级，因而要想表现直径小于 10km 的陨石撞击坑，只能在现有数据基础上根据上述的分形算法首先加密地形数据，然后根据经验公式生成月面陨石坑和岩石块。

据统计，陨石撞击坑的高度（即坑底深度）与该撞击坑直径之比具有坑径越小，比值越大的规律。Melosh（1989）对大量月球陨石坑作了测量和计算，得出直径在 21km 以内的撞击坑深度与直径的比值经验公式：

$$\begin{cases} H = 0.196D^{1.01} & \text{当} D < 11\text{km} \\ H = 0.036D^{1.01} & \text{当} D < 21\text{km} \end{cases} \tag{8-57}$$

式中，D 为陨石坑直径；H 为陨石撞击坑深度。

已知陨石坑中心点的深度 H 后，陨石坑中某一点 i 与中心点之间的高差 Δh_i 可使用以下公式计算：

$$\Delta h_i = 2\left(\left(\frac{d_i}{R}\right)^2 - 0.25\right) \times R \times \left(1 - \frac{d_i}{R}\right) \tag{8-58}$$

为了使根据上式生成的陨石撞击坑分布更加真实，必须考虑月球陨石撞击坑在月面上的分布。Melosh（1989）根据对月球表面陨石坑分布的统计计算，给出了以下经验公式：

$$N = cD^{-b} \tag{8-59}$$

式中，N 为在单位面积内直径等于 D 的月球陨石坑数量；c 和 b 均为常量。

张玥等（2007）对该公式进行了具体化，给出如下表达式：

$$\begin{cases} N = 10^{-1}D^{-2} & (D < 40\text{m}) \\ N = 10^{0.602}D^{-3} & (40\text{m} < D < 100\text{m}) \\ N = 10^{-2.038}D^{-1.68} & (100\text{m} < D < 200\text{m}) \\ N = 10D^{-3} & (200\text{m} < D) \end{cases} \tag{8-60}$$

在分形加密地形上添加陨石坑的处理过程如下：

（1）参照式（8-57），在一定范围之内随机产生陨石坑的中心位置和直径大小；

（2）根据直径大小，利用公式计算坑的深度，然后利用公式拟合坑的形状。

陨石坑范围内陨石坑模型与基础地形是一个简单的加法过程，但每添加一个新的陨石坑，需要判断新陨石坑是落在基础地形之上还是落在陨石坑之上，如果是落在陨石坑之上，两者的关系是相交还是覆盖或者是包含于老陨石坑等情况。因此，添加陨石坑是一个较为耗时的过程。

3. 月面石块分布

与陨石坑的模拟一样，月面石块的生成方法对月面形貌的仿真同样重要。本书使用3DMAX 软件进行石块建模，由于月球石块的形状可能是圆形、矩形、凹坑形等，建模时可随机确定各种表面类型的石块所占总体石块数的比例。对于不同形状石块的尺寸，可根据 "Lunar surface models NASA space vehicle design criteria Enviroment"[1]对月表石块数的统计信息，按照一定的规律随机生成。月表每1km² 面积范围内的石块数分布规律如下：高度 h 取值在 $(6\text{cm}, 25\text{cm}]$ 的石块数 100 块；$h \in (25\text{cm}, 50\text{cm}]$ 的石块数为 7~8 块；$h \in (50\text{cm}, +\infty)$ 的石块数为 0.8 块。

8.4.4 试验结果及结论

本书的试验数据来自 USGS 官方网站[2]，其数字高程模型 DEM 分辨率为 1.895km，全月面 DEM 的原始大小为 5760×2880，由 2005 统一月球控制网（unified Lunar control network）ULCN2005 经过内插而来，如图 8.55 所示。

由于所能得到的月面形貌数据分辨率很低，不能满足相关的应用需求，本书采用分

---

[1] Marshall Space Flight Center. 1969. Lunar surface models NASA space vehicle design criteria Enviroment. NASA SP-8023，1969-05-01.

[2] http://pubs.usgs.gov/of/2006/1367/dems/.

形算法对月面形貌进行了细分处理，旨在增加地形细节、提高地形分辨率。然后使用月面陨石坑生成算法、月面岩石随机生成算法进一步增加月面形貌的细节特征，以满足相关课题应用的需求。

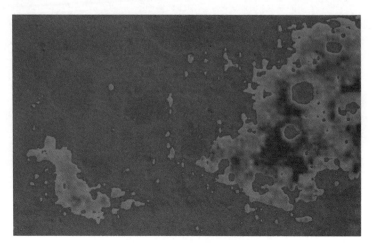

图 8.55　月面 DEM 数据

http://pubs.usgs.gov/of/2006/1367/dems/

图 8.56 是使用分形算法提高月面形貌分辨率的试验结果。图 8.56（a）为某一局部地区原始分辨率的形貌数据，图 8.56（b）～（d）分别是使用分形算法将格网分辨率提高 2 倍、4 倍和 8 倍的试验结果。图 8.56（e）、（f）分别是原始分辨率月面形貌和分辨率提高两倍后月面形貌的 3 维图。从试验结果可看到，使用分形算法提高原始形貌数据网格分辨率的两倍后，形貌特征得到了有效的增加，效果改善明显。格网分辨率分别增加 4 倍和 8 倍后，形貌特征同样得到增加，但较之两倍分辨率的分形结果，细节特征的改善并不明显，且开始出现"拆痕问题"（creasing problem），对三维景观的显示影响较大。由此得出结论：分形算法能将形貌数据的分辨率有效提高两倍，如果在进一步进行分形，改善效果有限。

图 8.57 是对月面陨石坑的模拟结果，实验数据是 Appolo15 登月地区的 DEM。图 8.57（a）是原始 DEM 的三维绘制效果，图 8.57（b）～（d）分别是陨石坑的深度和密度参数取不同值时生成数据的绘制效果。

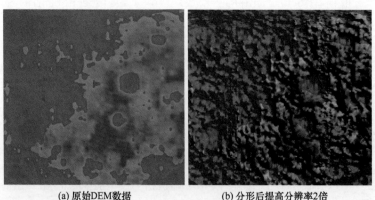

(a) 原始DEM数据　　　　　　　　　　(b) 分形后提高分辨率2倍

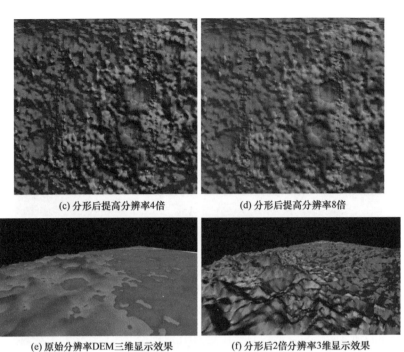

(c) 分形后提高分辨率4倍　　　　(d) 分形后提高分辨率8倍

(e) 原始分辨率DEM三维显示效果　　(f) 分形后2倍分辨率3维显示效果

图 8.56　月面 DEM 分形结果

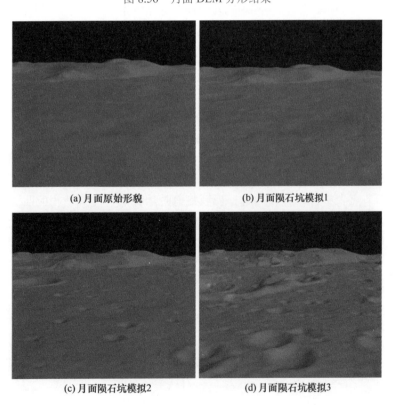

(a) 月面原始形貌　　　　　　　(b) 月面陨石坑模拟1

(c) 月面陨石坑模拟2　　　　　　(d) 月面陨石坑模拟3

图 8.57　月面陨石坑的模拟

图 8.58 是根据月面岩石分布统计规律自动生成的岩石数据绘制效果。

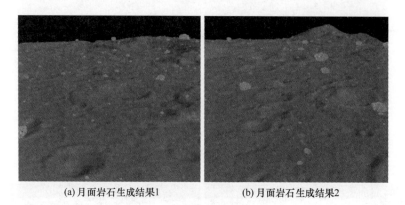

(a)月面岩石生成结果1　　　　(b)月面岩石生成结果2

图 8.58　月面岩石生成结果

8.5　基于松散场景四叉树的数据检索与裁剪

　　星体表面的地理数据包含形貌 DEM、地物几何模型、纹理影像和矢量数据等子集。为了处理矢量数据和地物几何模型等数据，我们使用前述的地形四叉树结构来建立"场景四叉树金字塔"，以方便对矢量数据和地物几何模型数据的索引。其中，"场景"指的是包含独立的一个 DEM、与该地形相关联的矢量数据、不同类型多个地物模型、对应的纹理影像及元数据信息的集成体。与构建地形四叉树相似，根据地理数据的位置坐标和覆盖范围，将其分配在一定深度的相应四叉树子节点中，这个四叉树子节点也可称为"子场景"。

　　建立场景四叉树的目的是便于对地理数据进行管理，提高数据的检索效率。尤其在三维场景绘制时，场景四叉树的应用将极大提高视域裁剪的效率。例如，当四叉树的深度 $N=3$ 时，场景四叉树的构建如图 8.59 所示。地物 D1 的标识符记录在第二层子节点 1 的对象索引节点表中；地物 D2 的标识符则记录在叶节点 10 的对象索引节点表中；地物 D3 的标识符记录在内部子节点 3 的对象索引节点表中；地物 D4 的标识符记录在根节点 0 的对象索引节点表中。这样，当进行视域裁剪时，我们可先判断相应四叉树节点是否在视域范围内，如果在视域范围内，则再逐一对存放于该节点的数据进行裁剪。这将极大地减少视域裁剪的计算量。

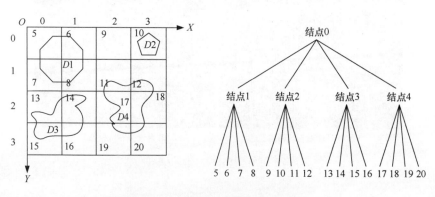

图 8.59　场景四叉树剖分及其结构

但是场景四叉树在进行地物划分时，有时会出现一个称为"黏性平面"（sticky plane）的问题。如果一个物体跨在一个节点的任何一个划分平面之上，即使物体微小而节点所对应的范围巨大，物体就会存储在那个节点，而不是它的子节点中，如图8.60所示。

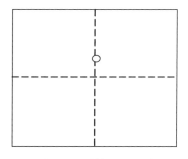

图 8.60　黏性平面问题

该问题的出现，将会影响在进行可见性剔除时四叉树检索物体的效率。解决该问题的一种方法就是使位于划分平面上的物体分裂，然后对这些分裂碎片分别进行划分。但这种方法操作复杂，且会破坏物体的固有拓扑结构。为此，我们提出使用"松散四叉树"的方法划分场景，解决黏性平面问题。所谓"松散四叉树"就是通过调整结点的包围矩形来解决黏性平面的问题，即"放松"包围立方体，但是令节点的层次和节点的中心不变，如图8.61和图8.62所示。

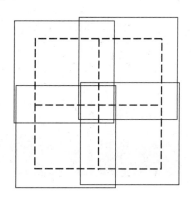

图 8.61　松散四叉树划分

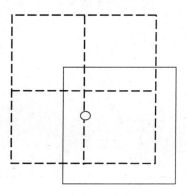

图 8.62　松散四叉树解决黏性平面问题

假设在四叉树的根节点，其包围矩形边长为 W ，则深度为 Depth 的子节点的包围矩形边长为 $L = W/(2^{Depth})$ 。松散四叉树的实质就是将节点的包围矩形的边长适当加大为 $kL, k > 1$ 。这样在深度为 Depth 的结点中，如果物体的包围半径小于 $(k-1) \times L/2$ ，则该物体不会存储在该节点，而是存储在其子节点中。 k 值如果过大，将会导致过分松散的包围盒，但 k 值过小，则会产生"黏性平面"问题。 k 在此称为松散系数。

为测试基于松散四叉树的视域裁剪算法，本书随机生成了 2000 个半径为 30 的点状物体均匀分布在一个矩形范围内，矩形边 $W = 1000$ ，然后分别基于普通四叉树和松散四叉树对这些物体进行了视域裁剪测试。图 8.63 是使用松散四叉树进行物体剔除试验的结果，绘制的圆点代表空间地物，视域范围用红色线条表示，白色原点表示实际在视域内的点，红色原点则表示不在视域范围内但没有被剔除的点。

图 8.63（a）是没有使用四叉树视域裁剪的结果，大量不再视域范围内的点被显示，显示效率最低；图 8.63（b）是使用正常四叉树进行视域裁剪的结果，可以看到，由于"黏性平面"的存在，很多处于四叉树相邻节点处的物体被粘附在上一级结点中，从而没能被正确裁剪；图 8.63（c）是使用松散四叉树且松散系数为 $k = 1.2$ 时，视域裁剪效率有所提高，但仍存在一些被"黏性平面"吸附的物体；图 8.63（d）是使用松散四叉树且松散系数为 $k = 2$ 时，裁剪效率有了非常大的提高，只是在视域边界处由于四叉

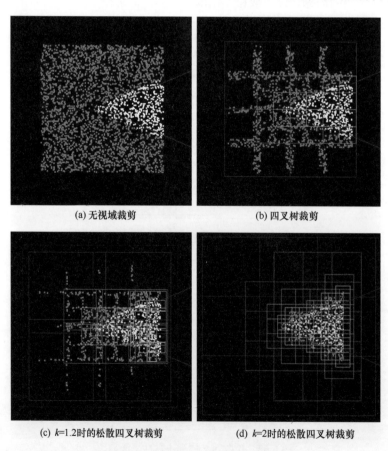

(a) 无视域裁剪   (b) 四叉树裁剪

(c) $k=1.2$ 时的松散四叉树裁剪   (d) $k=2$ 时的松散四叉树裁剪

图 8.63　松散四叉树裁剪试验结果

树节点深度较深，包围盒边界较小，造成少量的物体被吸附。如果 $k = 2$ 时，松散四叉树中一个给定的层次能够容纳包围半径小于等于该层次包围盒 1/4 边长的物体。

图 8.64 是对月面某地区的形貌和岩石进行绘制时，分别使用显示列表算法、四叉树视域裁剪算法、松散四叉树视域裁剪算法，以及不使用裁剪算法时绘制帧率的比较。随机生成的大小不同的岩石共 5500 个，绘制的效果图可见上节。从帧率统计结果可看到，不使用优化算法时绘制效率最低，平均只有 5 帧/s，使用显示列表后帧率提高 1 倍，而使用四叉树裁剪后帧率改善明显，且松散四叉树裁剪绘制效率最高。

从试验结果可以看到，使用松散四叉树后可以极大地提升空间物体剔除的效率，该方法同样可以应用在碰撞检测、遮挡剔除等方面。松散系数的选择与物体的包围半径和四叉树节点的包围边长有关。

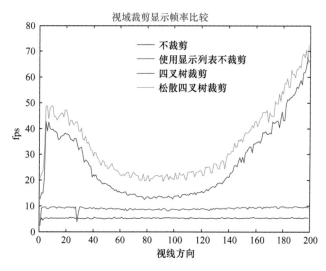

图 8.64 月面岩石绘制效率比较

参 考 文 献

何方容, 戴光明. 2002. 三维分形地形生成技术综述. 武汉化工学院学报, 24(3): 85～88

洪歧, 张树生, 杨敏. 2007. 基于三维规则数据场的快速光线投射法. 计算机工程与应用, 43(5): 39～40

胡永祥, 蒋鸿. 2006. 直接体绘制中传输函数设计综述. 株洲工学院学报, 20(9): 51～54

康宁. 2007. 基于 GPU 的全球地形实时绘制技术. 郑州: 解放军信息工程大学硕士学位论文

李爽, 姚静. 2007. 基于分形的 DEM 数据不确定性研究. 北京: 科学出版社

欧阳自远. 2007. 月球科学概论. 北京: 中国宇航出版社

齐敏, 郝重阳, 佟明安. 2000. 三维地形生成及实时显示技术研究进展. 中国图象图形学报, 5(A), (4): 269～274

宋涛, 欧宗瑛, 王瑜, 李冠华, 刘斌. 2005. 八叉树编码体数据的快速体绘制算法. 计算机辅助设计与图形学学报, 17(9): 1990～1996

王鹏. 2006. 基于 HLA 的空间环境要素建模与仿真技术研究. 郑州: 解放军信息工程大学博士学位论文

徐青. 2000. 地形三维可视化技术. 北京: 测绘出版社

许妙忠. 2005. 大规模地形实时绘制的算法研究. 武汉大学学报(信息科学版), 30(5): 392～395

张玥, 李清毅, 许晓霞. 2007. 月球表面地形数学建模方法. 航天器环境工程, 24(6): 341～343

中国科学院空间科学与应用中心. 2000. 宇宙空间环境手册. 北京：科学出版社

周芳芳, 樊晓平, 杨斌. 2008. 体绘制中传递函数设计的研究现状与展望. 中国图象图形学报, 13(6): 1034～1045

周杨. 2009. 深空测绘时空数据建模与可视化技术研究. 郑州：解放军信息工程大学博士学位论文

周杨, 徐青, 康宁, 张勇. 2009. 月球形貌的 3 维可视化算法. 测绘学报, 38(6): 539～544

周杨, 姬渊, 蓝朝桢, 徐青. 2004. 基于三角形折叠的连续多分辨率 LOD 算法. 测绘学院学报, 21(4): 279～285

Cornette W, Shanks J. 1992. Physical reasonable analytic expression for the singlescattering phase function. Applied optics, 31(16): 3152～3160

David L, Martin R, Cohen J D, et al. 2002. Level of Detail for 3D Graphics . San Francisco: Morgan Kaufmann Publishers

Duchaineau M, Wolinsky M, Sigeti D E, Miller M C, Aldrich C, Mark B. 1997. Mineev-Weinstein. ROAMing terrain: Realtime optimally adapting meshes. In: IEEE Visualization: 81～88

Hoppe H. 1997. View-dependent refinement of progressive meshes. In: Proceedings of the ACM SIGGRAPH Conference on Computer Graphics. New York: 189～198

Hoppe H. 1998. Smooth view-dependent level-of-detail control and its application to terrain rendering. In: IEEE visualization. Los Angeles: 35～42

Kindlmann G, Durkin J. 1998. Semi-automatic generation of transfer function for derect volume rendering. In: Proceedings of the IEEE Symposium on Volume Visualization. New York: 79～86

Kindlmann G, Whitaker R, Tasdizen T, MÊl ler T. 2003. Curvature-based transfer functions for volume rendering: methods and applications. In: Proceedings of IEEE Visualization. Seattle, WA: 513～520

Klassen R V. 1987. Modeling the effect of the atmosphere on light. ACM Transactions on Graphics, 6(3): 215～237

Kniss J, Kindlmann G, Hansen C. 2001. Interactive volume rendering using multi-dimensional transfer functions and direct manipulation widgets. In Proceedings of IEEE Visualization: 255～262

Kniss J, Premo E S, Ikits M, et al. 2003. Gaussian transfer functions for multi—field volume visualization. In: Proceedings of IEEE Visualization 2003. Seattle, WA：497～504

Lamar E C, Hamann B, Joy K I. 1999. Multiresolution techniques for interactive texture-based volume visualization. In: IEEE Visualization 99. San Francisco: 355～362

Larsen B D, Christensen N J. 2003. Real-time terrain rendering using smooth hardware optimized level of detail. Journal of WSCG, 11(1): 282～289

Lindstrom P, Pascucci V. 2002. Terrain simplification simplified: A general framework for view-dependent out-of-core visualization. Visualization and Computer Graphics, IEEE Transactions on: 239～254

Lindstrom P, Pascucci V. 2001. Visualization of large terrains made easy. In: Proceedings of Visualization 2001. California: 363～574

Lindstrom P, Koller D, Ribarsky W, Hodges L F, Faust N, Turner G A. 1996. Real-time, continuous level of detail rendering of height fields. In: Proceedings of ACM SIGGRAPH: 109～118

Losasso F, Hoppe H. 2004. Geometry clipmaps: Terrain rendering using nested regular grids. ACM Transactions on Graphics, 23(3): 769～776

Lum E B, Ma K L. 2004. Lighting transfer functions using gradient aligned sampling. In: Proceedings of IEEE Visualization: 289～296

Melosh H J. 1989. Impact Cratering-A Geologic Process. New York: Oxford University Press

Nishita T, Sirai T, Tadamura K, Nakamae E.1993. Display of the earth taking into account atmospheric scattering. In: SIGGRAPH'93: Proceedings of the 20th annual conference on computer graphics and interactive techniques. New York: 175～182

Potts S, Moeller T. 2004. Transfer functions on a logarithmic scale for volume rendering. In: Proceedings of Graphics Interface 2004. London, Ontario, Canada: 57~63

Renato P, Enrico G. 2007. Survey on semi-regular multiresolution models for interactive terrain rendering. The Visual Computer, 23(8): 583~605

Röttger S, Heidrich W, Slasallek P, Seidel H P. 1998. Real-time generation of continuous levels of detail for height fields. In: Proceedings of 1998 International Conference in Central Europe on Computer Graphics and Visualizatio: 315~322

附录一 行星形貌测绘成果图

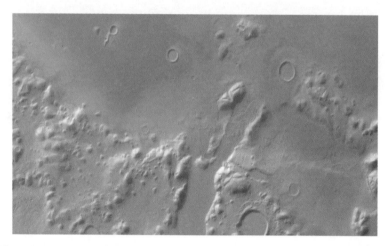

附图 1 Phlegra Montes 红绿立体（由 H9465 轨 Level 2 级产品经核线重采样生成）

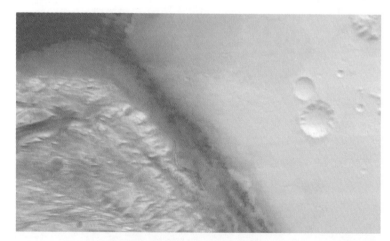

附图 2 好奇号着陆区盖尔陨石坑红绿立体（由 H5273 轨 Level 2 级产品经核线重采样生成）

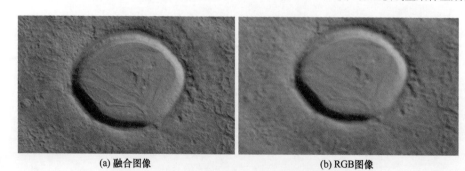

(a) 融合图像   (b) RGB图像

附图 3 火星 HRSC 影像全色与 RGB 图像融合

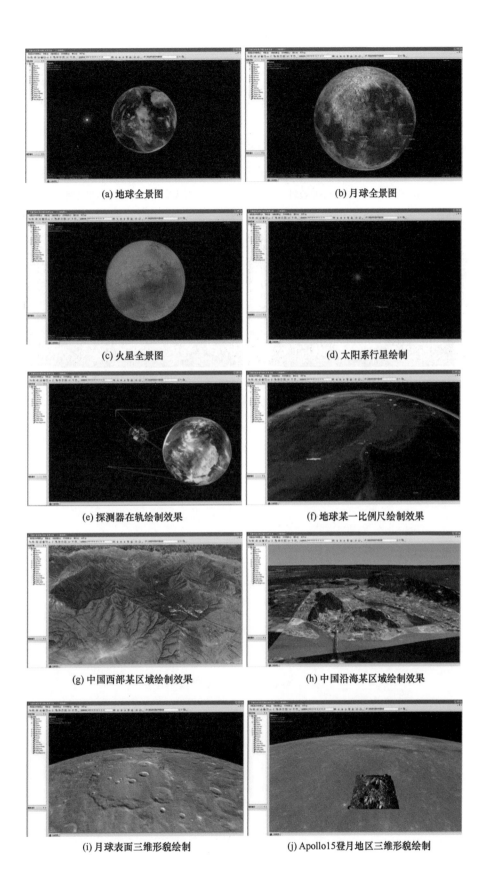

(a) 地球全景图

(b) 月球全景图

(c) 火星全景图

(d) 太阳系行星绘制

(e) 探测器在轨绘制效果

(f) 地球某一比例尺绘制效果

(g) 中国西部某区域绘制效果

(h) 中国沿海某区域绘制效果

(i) 月球表面三维形貌绘制

(j) Apollo15登月地区三维形貌绘制

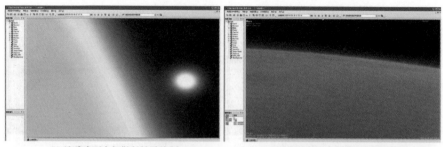

(k) 地球表面大气散射效果绘制   (l) 火星表面大气散射效果绘制

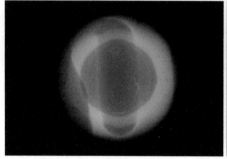 

(m) 电离层绘制效果   (n) 地磁场绘制效果

附图 4　深空环境与目标可视化部分成果图片

附录二　深空测绘中英词汇

月球　Lunar

火星　Mars

土星　Saturn

木星　Jupiter

金星　Venus

水星　Mercury

天王星　Uranus

海王星　Neptune

冥王星　Pluto

灶神星　Vesta

谷神星　Ceres

爱神星　Eros

丝川小行星　Itokawa

图塔蒂斯小行星　Toutatis

土卫一　Mimas

土卫四　Dione

火卫一　Phobos

火卫二　Deimos

航天摄影　space photography

航天摄影测量　space photogrammetry

立体视觉　stereo vision

数字图像处理　digital image processing

影像分辨力　image resolution

相机检校　camera caliberation

几何校正　geometric rectification

像移补偿　image motion compensation

焦距　focal length

快门　shutter

光圈　aperture

感光度　sensitivity

像场角　objective angle of image field

瞬时视场　instantaneous field of view

径向畸变　radial distortion

切向畸变 tangential distortion
摄影基线 photographic baseline
影像质量 image quality
左右视差 horizontal parallax
上下视差 vertical parallax
像主点 principal point of photograph
像底点 photo nadir point
像点位移 displacement of image
高差位移 relief displacement
倾斜位移 tilt displacement
像片内方位元素 elements of interior orientation
像片外方位元素 elements of exterior orientation
姿态参数 attitude parameter
像片倾角 tilt angle of photograph
航向倾角 longitudinal tilt
旁向倾角 lateral tilt
像片旋转 swing angle
内部定向 interior orientation
外部定向 exterior orientation
相对定向 relative orientation
绝对定向 absolute orientation
仿射纠正 affine rectification
构像方程 imaging equation
共线方程 collinearity equation
共面方程 coplanarity equation
连接点 tie point
地面点反投影 back projection of ground point
精确点位预测模型 precise point prediction model
核线 epipolar line
近似核线重采样 approximate epipolar line resampling
逐像素匹配 pixel-wise image matching
联合平差 combined adjustment
类球型小行星 similar-spherical asteroid
形貌特征 topography feature
撞击坑提取 impact crater detection
成像模型 imaging model
数字地形模型 digital terrain model
坐标格网 coordinate grid
双阈值分割 double threshold segmentation

边缘检测 edge detection

等高距 contour interval

等值线分析 analysis of contour line

等高距 contour interval

月球探测器 Luna

阿波罗号 Apollo

克莱门汀号 Clementine

月球勘探者号 Lunar prospector

月球勘察轨道器 Lunar reconnaissance orbiter

火星探索漫游车 Mars exploration rovers

火星探路者号 Mars Pathfinder

火星奥德赛号 Mars Odyssey

火星环球勘测者号 Mars Global Surveyor

火星快车号 Mars Express

火星环境勘测 Mars environmental survey

火星气象卫星 Mars climate orbiter

伽利略号 Galileo

海盗号 Viking

居里夫人号 Marie Curie

卡西尼号 Cassini

旅行者号 Voyager

旅居者号 Sojourner

徘徊者号 Ranger

水手号 Mariner

深空探测器 deep space detector

机遇号 Opportunity

罗塞塔号 Rosetta

勇气号 Spirit

黎明号 DAWN

电荷耦合器件 charge-coupled device

导航相机 navigation camera

像幅摄影机 format camera

三线阵测绘相机 three-line array mapping camera

避险照相机 hazard avoidance camera

全景照相机 panoramic camera

立体摄影机 stereocamera

多光谱摄影机 multispectral camera

大气红外探测仪 atmospheric infrared sounder

成像光谱仪 imaging spectrometer

成像雷达 imaging Radar

激光测高仪 Laser altimeter

激光测距仪 Laser range finder

测距雷达 range-only Radar

国际天文联合会 International Astronomical Union

美国国家航空航天局 National Aeronautics and Space Administration

欧洲空间局 European Space Agency

日本宇宙航空研究开发机构 Japanese Space Agency

国际摄影测量与遥感学会 International Society for Photogrammetry and Remote Sensing

入降着陆 entry、descent、landing，EDL

深空探测网 deep space network

测量控制网 surveying control network

本初子午线 prime meridian

参考椭球 reference ellipsoid

地固坐标系 body-fixed coordinate system

天球坐标系 celestial coordinate system

地心坐标系 geocentric coordinate

测量标志 survey mark

高程基准 height datum

高度角 altitude angle

大地方位角 geodetic azimuth

天文方位角 astronomical azimuth

恒星时 sidereal time

世界时 universal time

卫星星下点 satellite nadir point

旋转参数 rotation parameters

平移参数 translation parameters

最小二乘法 least square method

误差检验 error test

附录三 主要资源

国外

1. 美国国家航空航天局网站

   http://www.nasa.gov/

2. 欧空局网站

   http://www.esa.int/ESA

3. 日本航天局网站

   http://global.jaxa.jp/

4. 美国地质勘探局（USGS）网站

   https://www.usgs.gov/

5. ISIS（Integrated Software for Imagers and Spectrometers）网站

   https://isis.astrogeology.usgs.gov/

6. 行星命名网站：

   http://planetarynames.wr.usgs.gov/

7. 行星数据系统网站：

   http://astrogeology.usgs.gov/facilities/imaging-node-of-nasa-planetary-data-system-pds

8. 行星摄影测量客户端

   http://astrogeology.usgs.gov/facilities/photogrammetry-guest-facility

9. 行星影像定位工具

   http://pilot.wr.usgs.gov/

国内

10. 中国国家航天局

    http://www.cnsa.gov.cn/n1081/index.html

11. 中国科学院国家天文台月球与深空探测研究部

    http://moon.bao.ac.cn/

12. 中国科学院空间应用工程与技术中心

    http://www.csu.cas.cn/

13. 中国科学院上海天文台

    http://www.shao.ac.cn/

14. 北京理工大学宇航学院

    http://sae.bit.edu.cn/index.htm

15. 中国地质大学（武汉）行星科学研究所

    http://psi.cug.edu.cn/en.aspx

16. 哈尔滨工业大学

    http://www.hit.edu.cn/